Periodic Table of the Elements

- Metals (main-group)
- Metals (transition)
- Metals (inner transition)
- Metalloids
- Nonmetals

MAIN GROUP ELEMENTS | TRANSITION ELEMENTS | MAIN GROUP ELEMENTS

Period	IA (1)	IIA (2)	IIIB (3)	IVB (4)	VB (5)	VIB (6)	VIIB (7)	VIIIB (8)	VIIIB (9)	VIIIB (10)	IB (11)	IIB (12)	IIIA (13)	IVA (14)	VA (15)	VIA (16)	VIIA (17)	VIIIA (18)
1	1 **H** 1.008																	2 **He** 4.003
2	3 **Li** 6.941	4 **Be** 9.012											5 **B** 10.81	6 **C** 12.01	7 **N** 14.01	8 **O** 16.00	9 **F** 19.00	10 **Ne** 20.18
3	11 **Na** 22.99	12 **Mg** 24.31											13 **Al** 26.98	14 **Si** 28.09	15 **P** 30.97	16 **S** 32.07	17 **Cl** 35.45	18 **Ar** 39.95
4	19 **K** 39.10	20 **Ca** 40.08	21 **Sc** 44.96	22 **Ti** 47.88	23 **V** 50.94	24 **Cr** 52.00	25 **Mn** 54.94	26 **Fe** 55.85	27 **Co** 58.93	28 **Ni** 58.69	29 **Cu** 63.55	30 **Zn** 65.39	31 **Ga** 69.72	32 **Ge** 72.61	33 **As** 74.92	34 **Se** 78.96	35 **Br** 79.90	36 **Kr** 83.80
5	37 **Rb** 85.47	38 **Sr** 87.62	39 **Y** 88.91	40 **Zr** 91.22	41 **Nb** 92.91	42 **Mo** 95.94	43 **Tc** (98)	44 **Ru** 101.1	45 **Rh** 102.9	46 **Pd** 106.4	47 **Ag** 107.9	48 **Cd** 112.4	49 **In** 114.8	50 **Sn** 118.7	51 **Sb** 121.8	52 **Te** 127.6	53 **I** 126.9	54 **Xe** 131.3
6	55 **Cs** 132.9	56 **Ba** 137.3	57 **La** 138.9	72 **Hf** 178.5	73 **Ta** 180.9	74 **W** 183.9	75 **Re** 186.2	76 **Os** 190.2	77 **Ir** 192.2	78 **Pt** 195.1	79 **Au** 197.0	80 **Hg** 200.6	81 **Tl** 204.4	82 **Pb** 207.2	83 **Bi** 209.0	84 **Po** (209)	85 **At** (210)	86 **Rn** (222)
7	87 **Fr** (223)	88 **Ra** (226)	89 **Ac** (227)	104 **Rf** (261)	105 **Db** (262)	106 **Sg** (266)	107 **Bh** (262)	108 **Hs** (265)	109 **Mt** (266)	110 **Ds** (269)	111 **Rg** (272)	112 **Uub** (277)	113 **Uut**	114 **Uuq** (285)	115 **Uup**	116 **Uuh** (289)	117 **Uus**	118 **Uuo**

INNER TRANSITION ELEMENTS

Period															
6	Lanthanides	58 **Ce** 140.1	59 **Pr** 140.9	60 **Nd** 144.2	61 **Pm** (145)	62 **Sm** 150.4	63 **Eu** 152.0	64 **Gd** 157.3	65 **Tb** 158.9	66 **Dy** 162.5	67 **Ho** 164.9	68 **Er** 167.3	69 **Tm** 168.9	70 **Yb** 173.0	71 **Lu** 175.0
7	Actinides	90 **Th** 232.0	91 **Pa** (231)	92 **U** 238.0	93 **Np** (237)	94 **Pu** (242)	95 **Am** (243)	96 **Cm** (247)	97 **Bk** (247)	98 **Cf** (251)	99 **Es** (252)	100 **Fm** (257)	101 **Md** (258)	102 **No** (259)	103 **Lr** (260)

List of the Element with their Symbols and Atomic Masses

영문명	한글명	기호	원자번호	원자량	영문명	한글명	기호	원자번호	원자량
Aluminum	알루미늄	Al	13	26.98	Iridium	이리듐	Ir	77	192.22
Americium	아메리슘	Am	95	(243)	Iron	철	Fe	26	55.85
Antimony	안티몬	Sb	51	121.75	Krypton	크립톤	Kr	36	83.80
Argon	아르곤	Ar	18	39.95	Lanthanum	란탄	La	57	138.91
Arsenic	비소	As	33	74.92	Lead	납	Pb	82	207.20
Astatine	아스타틴	At	85	(210)	Lithium	리튬	Li	3	6.941
Barium	바륨	Ba	56	137.33	Lutetium	루테튬	Lu	71	174.97
Berkelium	버클륨	Bk	97	(247)	Magnesium	마그네슘	Mg	12	24.31
Berylium	베릴륨	Be	4	9.012	Manganese	망간	Mn	25	54.94
Bismuth	비스무트	Bi	83	208.98	Mendelevium	멘델레븀	Md	101	(258)
Boron	붕소	B	5	10.81	Mercury	수은	Hg	80	200.59
Bromine	브롬	Br	35	79.90	Molybdenum	몰리브덴	Mo	42	95.94
Cadmium	카드뮴	Cd	48	112.41	Noedymium	네오디뮴	Nd	60	144.12
Calcium	칼슘	Ca	20	40.08	Neon	네온	Ne	10	20.18
Carbon	탄소	C	6	12.01	Nickel	니켈	Ni	28	58.69
Cerium	세륨	Ce	58	140.12	Niobium	니오브	Nb	41	92.90
Cesium	세슘	Cs	55	132.90	Nitrogen	질소	N	7	14.01
Chlorine	염소	Cl	17	35.45	Nobelium	노벨륨	No	102	(259)
Chromium	크롬	Cr	24	52.00	Osmium	오스뮴	Os	76	190.20
Cobalt	코발트	Co	27	58.93	Oxygen	산소	O	8	16.00
Copper	구리	Cu	29	63.55	Palladium	팔라듐	Pd	46	106.42
Curium	퀴륨	Cm	96	(247)	Phosphorus	인	P	15	30.97
Dysprosium	디스프로슘	Dy	66	162.50	Platinum	백금	Pt	78	195.08
Einsteinium	아인슈타이늄	Es	99	(252)	Potassium	칼륨	K	19	39.10
Erbium	에르븀	Er	68	167.26	Selenium	셀레늄	Se	34	78.96
Europium	유로퓸	Eu	63	151.96	Silicon	규소	Si	14	28.10
Feropium	페르뮴	Fu	100	(257)	Silver	은	Ag	47	107.87
Fluorine	플루오르	F	9	19.00	Sodium	나트륨	Na	11	23.00
Francium	프랑슘	Fr	87	(223)	Strontium	스트론튬	Sr	38	87.62
Gadolinium	가돌리늄	Gd	64	157.25	Sulfur	황	S	16	32.06
Gallium	갈륨	Ga	31	69.72	Tellurium	텔루륨	Te	52	127.60
Germanium	게르마늄	Ge	32	72.59	Thallum	탈륨	Tl	81	204.38
Gold	금	Au	79	196.97	Tin	주석	Sn	50	118.71
Hafnium	하프늄	Hf	72	178.49	Titanum	티타늄	Ti	22	47.88
Helium	헬륨	He	2	4.003	Tungsten	텅스텐	W	74	183.85
Holmium	홀뮴	Ho	67	164.93	Uranium	우라늄	U	92	238.03
Hydrogen	수소	H	1	1.008	Vanadium	바나듐	V	23	50.94
Indium	인듐	In	49	114.82	Zinc	아연	Zn	30	65.39
Iodine	요오드	I	53	126.91	Zirconium	지르코늄	Zr	40	91.22

쉽게 배우는

유기화학

박정환 편저

도서출판 동화기술

머리말

유기화학은 응용화학의 필수과목으로서 유기화학을 처음 접하는 이공계 및 이과계 전공의 학생이 유기화학의 기본개념을 단순한 노력과 열정만으로 쉽게 이해하기에는 그리 간단한 문제는 아니다. 더구나 요즘 화학에 대한 기초가 부족한 학생들이 많고 실력 또한 천차만별인 점을 감안할 때 유기화학의 기초를 효과적으로 교수하는 것이 절실한 실정이다. 현재 수많은 유기화학 교재가 출판되고 있으나 기초가 부족하고 화학이 어렵다고 느끼는 학생들에게는 이러한 책들은 분량이 너무 방대하고 내용도 어려워 스스로 배우기에는 다소 거부감과 부담감이 있다. 따라서 본 교재는 유기화학의 기본이 절실한 화학 및 환경관련 학과의 교육을 목적으로 그 동안의 경험을 바탕으로 유기화학에 대한 기본개념을 간략하고 보다 체계적으로 학습할 수 있도록 주안점을 두어 편집하였다. 즉, 유기화합물에 대한 명명법부터 화학반응에 이르기까지 되도록 기초이론을 다루고 교과내용을 토대로 다양한 예제를 다루고 또한 충분히 문제를 스스로 풀 수 있도록 문제의 난이도를 조절하였다.

유기화학은 어느 면에서는 계통적인 학문으로서 앞에서 배운 내용을 이해하지 못하면 뒤의 내용을 이해하기가 다소 곤란하다. 예를 들면 탄화수소의 명명법을 알지 못하면 다른 화합물에 대한 명명법을 이해하기가 어려운 것이 사실이다. 다른 면에서 보면 앞에서 배운 내용을 충분히 이해하면 뒤의 내용은 매우 수월하다는 의미이기도 하다. 따라서 본 교재는 유기화합물의 기초인 탄화수소부터 아민까지 각 화합물의 명명법, 성질 및 구조, 합성법, 화학반응에 대한 기본개념을 체계적이고 계통적으로 알기 쉽도록 다루었다. 아울러 생체유기화합물에 대하여 기초적이고 원론적인 내용을 간단히 다루었다. 화합물의 명명은 관용명과 IUPAC명을 동시에 사용하였으며 되도록 IUPAC명을 쓰는 것을 권장하고 있다. 더 나아가 최근(2004년) 개정된 IUPAC 추천명을 따랐다. 우리말 이름은 대한화학회 화합물 명명 원칙에 준하여 표기하였다. 각 장마다 그 장에서 배운 내용을 이해하면 충분히 풀 수 있을 정도의 난이도를 가진 연습문제를 주어 학습의 효과를 높이고자 하였다. 문제 풀이는 유기화학에서는 필수사항이다. 따라서 각 절마다 제공되는 예제 문제는 반드시 스스로 풀어서 배운 내용을 숙지하다 보면 유기화학을 체계적으로 이해하게 될 것이다.

본 교과서가 화학에 대한 기초가 다소 부족한 학생들도 유기화학을 좀 더 쉽게 이해하는데 도움이 되었으면 하는 바람이다. 본 교재를 집필하는데 다수의 유기화학 관련교재를 참조하였음을 밝혀두는 바이며 부족한 점은 계속하여 보완해 나갈 것이다. 끝으로 이 책이 나오기까지 수고를 아끼지 않으신 도서출판 동화기술 담당 여러분들께 깊은 감사의 말씀을 드리는 바이다.

1 원자와 결합

1.1 서론 ········· 8
1.2 원자구조 ········· 9
1.3 원자모형 ········· 10
1.4 궤도함수 ········· 11
1.5 궤도함수의 모양 ········· 13
1.6 원자의 전자배치 ········· 14
1.7 화학결합 ········· 16
1.8 공명 ········· 19
1.9 분자궤도함수 ········· 20
1.10 혼성궤도함수 ········· 22
1.11 화학구조식 ········· 28

2 알케인과 사이클로알케인

2.1 유기화합물 ········· 34
2.2 작용기 ········· 35
2.3 유기화합물의 명명법 ········· 39
2.4 알케인 ········· 40
2.5 알케인의 명명법 ········· 42
2.6 알킬기 ········· 47
2.7 알케인의 성질 ········· 50
2.8 알케인의 형태 ········· 51
2.9 사이클로알케인 ········· 52
2.10 사이클로알케인의 성질 ········· 54
2.11 알케인의 화학반응 ········· 57
2.12 유기반응의 종류 ········· 58
2.13 유기반응의 메커니즘 ········· 61

3 알켄과 알카인

3.1 정의 ········· 66
3.2 알켄과 알카인의 명명법 ········· 66
3.3 알켄의 구조 ········· 70
3.4 E - Z 규칙 ········· 72
3.5 알켄의 첨가반응 ········· 74
3.6 알켄의 산화반응 ········· 78
3.7 알켄의 중합반응 ········· 79
3.8 알카인의 첨가반응 ········· 80
3.9 알켄의 제법 ········· 82
3.10 알켄의 친전자성 첨가반응 메카니즘 ········· 84
3.11 반응에너지 도표 ········· 86

4 방향족 화합물

4.1 방향족 화합물의 정의 ········· 94
4.2 벤젠의 구조 ········· 95
4.3 방향족 화합물의 명명법 ········· 96
4.4 친전자성 방향족 치환반응 ········· 100
4.5 친전자성 방향족 치환반응의 메카니즘 ········· 103
4.6 친전자성 방향족 치환반응의 지향성 ········· 105
4.7 유기합성의 지향성 효과 ········· 107
4.8 방향족 화합물의 산화 및 환원반응 ········· 109
4.9 다환 방향족 화합물 ········· 111

5 입체화학

5.1 이성질체 116
5.2 카이랄성 116
5.3 거울상 이성질체 117
5.4 배열 및 R-S 규정 121
5.5 Fischer 투영법 123
5.6 광학활성 125
5.7 부분입체 이성질체 127
5.8 메소 화합물 128

6 할로젠화 알킬

6.1 서론 134
6.2 할로젠화 알킬의 명명법 134
6.3 알코올로부터 할로젠화 알킬의 합성 136
6.4 할로젠화 알킬의 반응 139
6.5 할로젠화 알킬의 치환반응 141
6.6 친핵성 치환반응의 반응속도론 144
6.7 S_N2 반응 145
6.8 S_N1 반응 148
6.9 할로젠화 알킬의 제거반응 151
6.10 제거반응의 메커니즘 153
6.11 치환반응과 제거반응의 예측 155

7 알코올, 페놀, 에터 및 싸이올류

7.1 정의 162
7.2 알코올의 구조 및 분류 162
7.3 알코올의 명명법 163
7.4 페놀류의 명명법 167
7.5 에터의 명명법 168
7.6 알코올과 페놀의 성질 169
7.7 알코올의 제법 172
7.8 알코올의 반응 177
7.9 페놀의 제법과 용도 182
7.10 페놀의 반응 184
7.11 에터의 합성 186
7.12 에터의 반응 186
7.13 고리형 에터 : 에폭시화물 188
7.14 싸이올과 황화합물 190

8 알데하이드와 케톤

8.1 서론 200
8.2 카보닐기의 구조 및 성질 201
8.3 알데하이드와 케톤의 명명법 202
8.4 알데하이드와 케톤의 합성 207
8.5 카보닐 화합물의 친핵성 첨가반응 메커니즘 209
8.6 알데하이드와 케톤의 친핵성 첨가반응 210
8.7 알데하이드와 케톤의 환원반응 213
8.8 알데하이드와 케톤의 산화반응 214
8.9 케토-엔올 토토머화 216

9 카복실산 및 유도체

9.1 정의 ········· 222
9.2 카복실산 및 유도체의 명명법 ········· 223
9.3 카복실산의 구조와 물리적 성질 ········· 232
9.4 카복실산의 산도 ········· 233
9.5 카복실산의 합성 ········· 236
9.6 카복실산의 반응 ········· 238
9.7 친핵성 아실 치환반응 및 카복실산 유도체의 반응성 ········· 241
9.8 산 염화물 ········· 242
9.9 산 무수물 ········· 245
9.10 에스터 ········· 248
9.11 아마이드 ········· 252
9.12 나이트릴 ········· 255

10 아민

10.1 서론 ········· 264
10.2 아민의 명명법 ········· 265
10.3 아민의 구조 및 성질 ········· 268
10.4 아민의 염기성 ········· 269
10.5 아민의 합성 ········· 271
10.6 아민의 반응 ········· 274
10.7 알칼로이드 ········· 276

11 생체화합물

11.1 서론 ········· 282
11.2 탄수화물 ········· 282
11.3 아미노산 ········· 294
11.4 지질 ········· 300
11.5 핵산과 뉴클레오타이드 ········· 308

부록

A. 접두사로 사용되는 치환기의 명명 ········· 314
B. 여러 작용기를 가진 유기화합물의 명명법 ········· 318
C. 화합물의 한글 명명법 기본원칙 ········· 321
D. 용어해설 ········· 326

찾아보기 ········· 337

1장
원자와 결합

1.1 서론
1.2 원자구조
1.3 원자모형
1.4 궤도함수
1.5 궤도함수의 모양
1.6 원자의 전자배치
1.7 화학결합
1.8 공명
1.9 분자궤도함수
1.10 혼성궤도함수
1.11 화학구조식

1.1 서론

유기화학(有機化學)은 우리가 일상생활을 살아가면서 알게 모르게 매우 밀접하게 연관되어 있는 유용한 학문이다. 유기화학에서 다루는 유기화합물은 우리 일상생활에 필수불가결한 물질이다. 자연에서 얻어지는 면, 모직, 천연고무 등은 물론이고, 가솔린과 같은 각종 연료유, 플라스틱, 나일론과 폴리에스터(polyester) 등의 합성섬유, 타이어와 같은 합성고무, 비타민과 페니실린 등의 의약품, 염료, 살충제, 접착제, 향료, 세제 등이 모두 합성 유기화합물이다. 또한 우리의 몸의 주요 구성성분인 단백질, 탄수화물, 지질(지방), 핵산(DNA, RNA), 세포막, 효소, 호르몬 등도 유기화합물로 이루어져 있다.

유기화합물(有機化合物, Organic Compound)은 분자식에 탄소(C)를 가진 화합물로 자연에서 얻은 화합물뿐 아니라 합성된 화합물을 일컫는다. 현재 실험실에서 합성되는 유기화합물의 수가 자연에서 분리하여 얻는 것보다 훨씬 많다. 비타민, 아미노산, 인디고 염료(indigo dye, 쪽빛 천연물감), 페니실린 등은 처음에는 자연으로부터 얻었지만 지금은 합성되어 상업화된 화합물들이다. 이와 같이 유기화합물은 인간생활과 생명에 관련된 수많은 화합물과 깊은 연관을 맺고 있다. 따라서 유기화학을 배우게 되는 것이다.

유기화학을 들어가기 전에 우선 유기화학을 위한 일반적인 화학기초에 대하여 알아야 한다. 즉, 유기화학 학습을 위해서 모든 물질을 이루고 있는 원자와 분자 그리고 그 결합방식 등에 대한 일반화학에서 다루었던 기초화학이론에 대한 개념을 우선 이해해야 한다. 특히 일반화학에 대한 기초지식이 부족한 학생들이 유기화학을 배우기 위해서는 본 장을 반드시 완전히 숙지하고 시작할 필요가 있다.

유기화학을 이해하고 배우는 방법으로 유기화학 교재를 주의 깊게 읽고 반복하여 학습하는 것만으로는 충분하지 않다. 유기화학을 잘 이해하기 위해서는 문제풀이가 필수이다. 유기화학을 배우는 확실한 방법으로 문제를 직접 풀어보는 것만큼 확실한 방법은 없다고 해도 과언이 아니다. 수학에서 문제를 풀지 않고 공식만 보는 것으로는 충분하지 않은 것과 같이 유기화학도 문제를 풀어보면서 여러분이 배우고 읽은 내용을 응용할 수 있고 새로운 지식을 적용할 수가 있다. 유기화학은 어느 정도는 체계적으로 구성된 학문이다. 예를 들면, 유기화합물의 명명법에서 특히 그러한데, 알케인에서 배운 명명법이 그 후의 모든 화합물의 명명법에 상당히 많은 부분이 그대로 적용되는 것을 알 수 있을 것이다. 앞에서 배운 유기화학 내용들이 뒤에서도 계속하여 연결되는 그런 특성이 있으므로 공부할 때는 문제풀이 시간을 할애하여 기초부터 철저하게 체계적으로 공부한다면 유기화학은 그리 어려운 학문이 아닐 것이라 생각한다.

1.2 원자구조

물질을 구성하고 있는 원자에 대한 개념은 영국의 화학자인 달톤(John Dalton)에 의해 처음 가설로 제시되었다. 물질의 가장 작은 입자 단위를 **원자**(atom)라 하고, **원소**(element)는 오직 한 종류의 원자로만 구성된 물질임을 밝혔다. 원자는 더 이상 쪼갤 수 없는 기본 입자라고 주장하였다. 그러나 19C 말에 톰슨(Joseph Thomson)이 음극선관을 이용하여 **전자**(electron)를 발견하여 원자가 물질의 최소 단위라는 달톤의 원자론이 수정되었다. 그 후 러더포드(Ernest Rutherford), 보어(Niels Bohr) 등과 같은 많은 물리학자들에 의해 원자의 구조가 자세히 밝혀졌다.

우리 주변의 모든 물질은 약 80여종의 원자로 이루어져 있다. 원자의 크기는 매우 작아 일반적으로 10^{-10}m 정도 밖에 되지 않는다. 모든 원자는 공통된 구조를 가지고 있으며, 원자의 중심부에 **원자핵**(nucleus)이라는 작은 입자가 있는데, 그 주변을 전자가 돌고 있다. 원자핵의 크기는 원자의 10만분의 1 정도이다. 원자핵은 양의 전기를 띠는 **양성자**(proton)와 전기를 띠지 않는 **중성자**(neutron)가 여럿 모여 이루어진다. 예를 들면, 탄소 원자는 양성자 6개와 중성자 6개를 가진 원자핵을 가지며, 그 주위를 6개의 전자가 돌고 있다. 산소 원자는 양성자 8개와 중성자 8개를 가지며, 전자 8개가 원자핵 주위를 돌고 있다. 여기서 중요한 것은 우리 주변의 모든 물질은 전자, 양성자, 중성자라는 3종류의 입자로 이루어져 있다는 사실이다. 양성자와 중성자의 크기는 10^{-15}m 정도이고, 전자는 이 보다 훨씬 작다.

원소는 보통의 물리적 · 화학적 방법으로는 보다 작은 물질로 분해될 수 없으나, 고에너지의 입자와 충돌시키면 더 작은 입자로 분해된다. 더 이상 작게 나눌 수 없는 자연계의 최소 단위를 소립자(elementary particle, subatomic particle)라 한다. 우리 주변의 물질을 이루고 있는 3종의 입자 가운데 전자는 소립자로 간주된다. 반면에 원자핵을 구성하고 있는 양성자와 중성자는 소립자가 아님을 알고 있다. 양성자나 중성자를 향해 소립자인 전자를 발사하면 대부분의 전자는 양성자나 중성자를 관통한다. 한편 전자가 양성자나 중성자에서 튕겨 나오는 경우도 있다. 이것은 양성자나 중성자가 더 작은 입자로 되어 있음을 의미한다. 즉, 양성자나 중성자 안에 단단한 입자가 존재하여 여기에 부딪혀서 전자가 튀어 나오는 것이다. 이러한 실험에 의해 현재는 양성자나 중성자가 더욱 작은 **쿼크**(quark)라는 소립자로 이루어져 있음이 밝혀졌다. 양성자는 업 쿼크(up quark) 2개와 다운 쿼크(down quark) 1개로 구성되어 있고, 중성자는 업 쿼크 1개와 다운 쿼크 2개로 되어 있다. 소립자 관점에서 보면, 우리 주변의 모든 물질은 전자와 업 쿼크, 다운 쿼크 3종으로 이루어져 있는 셈이다. 현재 소립자물리학에 따르면, 가속된 양성자끼리 정면 충돌시키면, 전자와 쿼크 입자도 각각 6종의 다양한 초소립자가 발생된다. 이와 같이 오늘날 원자가 내부구조를 가지고 있으며 더 작은 소립자로 구성되어 있음이 밝혀지고 있다.

화학원소로서의 특성을 유지하는 입자로는 원자가 가장 작은 단위이다. 원소의 종류는 현재 118개로 밝혀졌으며 이중에서 94개는 자연계에 존재하고 24개는 실험실에서 합성된 것이다. 화학자들은 원소의 이름을 한 개 또는 두 개의 영문자로 구성된 화학 기호로 표시한다. 여기서

화학기호의 첫 문자는 항상 대문자로 표시하고 두 번째 문자는 소문자로 표시한다. **원자번호**(atomic number)는 원자핵 내의 양성자 수로 정의되며 핵 외부의 전자 수와 동일하다. 원자는 전기적으로 중성으로 원자 안에서 양성자와 전자의 수는 같다. 유기화학에서 자주 사용되는 원소들로는 C, H, O, N, S, P와 할로젠 원소인 F, Cl, Br, I 등의 10여종에 불과하다.

1.3 원자모형

물질들과 화학반응의 성질을 설명하기 위해 많은 과학자들이 원자의 모형을 제시하였다. 그러나 제시된 원자모형으로 설명할 수 없는 현상들이 발견되면서 종래의 모형이 수정되어 또 다른 모형이 제시되고, 또 그러한 일이 반복되면서 원자모형은 변천되어 왔다.

원자의 모형은 어떻게 생겼으며 원자내의 전자들은 어떻게 분포되어 있는가? 일반화학에서 배운 내용을 정리해 보자. 양자역학(quantum mechanics)은 분자의 결합에 대한 기초적인 이론을 제시한다. 원자의 양자역학적 이론을 도입하여, 1926년 Schrödinger는 원자내의 전자의 거동을 기술하기 위하여 유체속에서 파의 운동을 기술하는 데 사용되었던 **파동방정식**(wave equation)을 제시하였다. 파동방정식은 양자역학에서 물질입자, 즉 원자내의 전자의 운동을 전자의 파동에 의해 설명하였으며 성질을 나타낸 것이다. 파동방정식의 해(解)를 **파동함수**(wave function) 또는 **궤도함수**(orbital, 오비탈)라 부르고, 그리스 문자 Ψ(psi, 프사이)로 나타낸다. 파동함수는 원자내의 전자에 대해서 정해진 에너지 상태에 대응되며 특별한 공간에서 전자를 발견할 수 있는 영역(확률)과 관련된다. 이러한 전자 발견 확률을 점으로 찍어보면 원자의 전자모형이 나타나는데 마치 전자가 구름처럼 나타난다고 하여 **전자구름**(electron cloud) **모형** 또는 **궤도함수**(orbital) **모형**이라 한다. 오늘날 원자의 모형은 원자핵 주위 공간에 전자가 구름처럼 분포되어 있다고 알려져 있다.

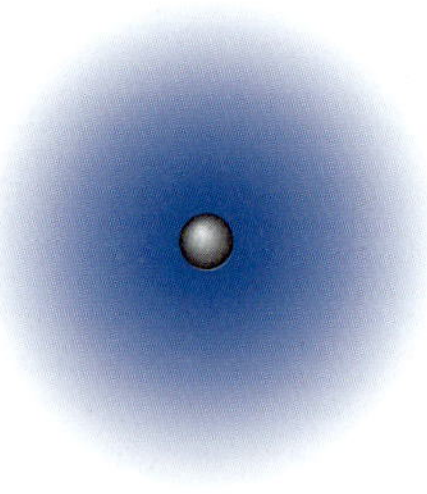

전자구름 모형

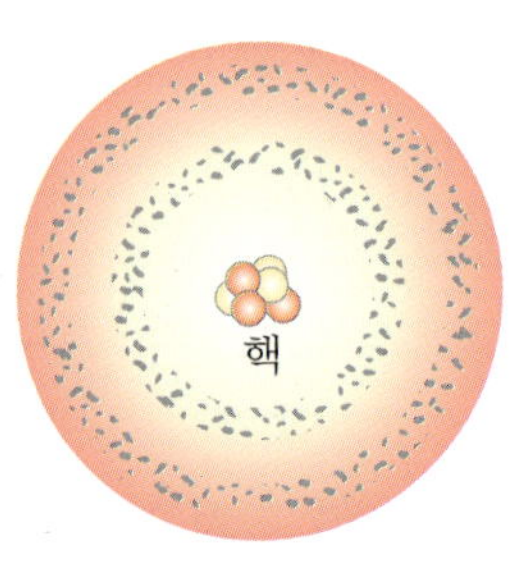

궤도함수 모형

그림 1.1 원자모형

1.4 궤도함수

파동방정식은 전자의 파동함수(Ψ)와 그의 에너지 사이의 관계를 기술한 식으로 하나의 양자와 하나의 전자가 갖는 총 에너지의 양을 나타내는 수학적 개념이다. 궤도함수는 파동방정식에 대한 해는 Ψ로 나타내고, 각각의 파동함수는 서로 다른 전자의 상태를 나타낸다. 파동함수의 제곱 Ψ^2은 공간의 특별한 장소에서 전자를 발견할 수 있는 확률을 나타낸 것으로 **궤도함수**(orbital)라 한다. 즉, 궤도함수는 하나의 전자가 핵 주위에서 가장 가능성이 높게 위치하고 있음직한(90~95% 확률) 공간의 부피를 나타낸다. Ψ^2이 크면 공간에서 전자를 발견할 확률이 높다. 일반적으로 원자궤도함수의 형태와 크기는 전자의 에너지 준위에 따라 다르다.

원자 내의 전자들은 모두 특정한 에너지를 가지고 있다. 또한 같은 전자껍질이라도 전자가 가질 수 있는 에너지 상태는 다르다. 따라서 각각의 전자들이 가지는 에너지 상태를 나타낼 필요가 있다. 파동역학에서 여러 개의 전자를 포함하는 원자의 전자분포는 순차적으로 작은 크기와 에너지를 가진 층으로부터 보다 큰 크기와 에너지를 가진 층들인 **원자껍질**(shell)에 채워진다. 하나의 원자껍질은 하나 또는 그 이상의 **부원자껍질**(subshell)로 구성되어 있으며 이 부원자껍질은 하나 또는 그 이상의 궤도함수로 구성되어 있고 여기에 전자가 들어가게 된다. 원자의 각 전자는 다음의 네 개의 양자수 조합으로 나타낸다.

(1) 주양자수(principal quantum number), n

원자껍질로 전자를 발견할 수 있는 확률이 큰 영역으로 궤도함수의 크기와 에너지준위를 결정한다. n으로 나타내며 양의 정수값을 가진다.

$$n = 1,\ 2,\ 3,\ 4 \cdots \ (\text{정수})$$

주양자수는 n에 따라 원자 주위에 있는 원자껍질로, $n=2,\ 3 \cdots$ 인 궤도함수를 두 번째, 세 번째 원자껍질이라고 부른다.

(2) 부양자수(subsidiary quantum number), ℓ

부원자껍질(subshell)로 궤도함수의 모양을 결정한다. 주양자수 n값이 결정되면 부양자수 ℓ값이 다음과 같이 결정된다.

$$\ell = 0,\ 1,\ 2 \cdots \ (n-1)$$

ℓ	기호
0	s
1	p
2	d
3	f

s : sharp p : principal
d : diffuse f : fundamental

이때 부양자수 값을 다음과 같이 기호로 나타낸다. 즉, $\ell=0$를 s로, $\ell=1$을 p로, $\ell=2$를 d, … 등으로 표시한다. 예를 들면, $n=2$ 이고 $\ell=1$인 궤도함수는 $2p$궤도함수이다. 2는 두 번째 원자껍질을 나타내고, p는 $\ell=1$인 부원자껍질을 나타낸다.[1)]

(3) 자기궤도함수 양자수 (magnetic orbital quantum number), m_ℓ

궤도함수의 배향(orientation)을 나타내는 것으로, 부양자수가 결정되면 m_ℓ값은 다음 값들을 가진다.

$$m_\ell = -\ell,\ -(\ell-1)\ \cdots\ 0\ \cdots\ +(\ell-1),\ +\ell$$

$\ell=0$이면 $m_\ell=0$, $\ell=1$이면 $m_\ell=+1, 0, -1$, 그리고 $\ell=2$이면 $m_\ell=+2, +1, 0, -1, -2$이 된다. 즉 부양자수, s인 경우에는 m_ℓ은 0으로 한 개의 궤도함수가 존재하고, p인 경우에는 $m_\ell=+1, 0, -1$로 세 개의 궤도함수가 존재한다. 즉, 궤도함수의 수$=2\ell+1$이 된다. 첫 번째 네 개의 원자껍질에 대한 양자수의 조합을 요약하면 다음과 같다.

표 1.1 원자껍질에 대한 궤도함수 표시

원자껍질 (n)	부원자껍질 (ℓ)	궤도함수 (m_ℓ)	부원자껍질 기호	부원자껍질당 궤도함수 수
1	0	0	$1s$	1
2	0	0	$2s$	1
	1	+1, 0, −1	$2p$	3
3	0	0	$3s$	1
	1	+1, 0, −1	$3p$	3
	2	+2, +1, 0, −1, −2	$3d$	5
4	0	0	$4s$	1
	1	+1, 0, −1	$4p$	3
	2	+2, +1, 0, −1, −2	$4d$	5
	3	+3, +2, +1, 0, −1, −2, −3	$4f$	7

(4) 자기스핀 양자수 (magnetic spin quantum number), m_s

전자의 회전방향을 표시한다. 전자는 자신의 축을 중심으로 자전하기 때문에 두 개의 회전방향만이 가능하다.

$$m_s = +½,\ -½$$

1) 유기화학에서는 주로 s, p 궤도함수가 중심이다.

1.5 궤도함수의 모양

궤도함수의 모양은 핵 주위에서 전자가 발견될 수 있는 확률이 90%인 등확률면을 그려 그 궤도함수의 전자가 차지하는 공간의 모양을 나타낸다. 여러 가지 가능한 궤도함수 중에서 유기화학에서는 주로 s 및 p궤도함수가 가장 일반적이다. Ψ^2을 3차원 공간에 플로트하면 궤도함수의 모양을 얻을 수 있다.

s궤도함수는 중앙에 핵이 있는 구형 모양이다. s궤도함수에서 전자를 발견할 확률은 오직 핵으로부터 전자까지 거리에 의존하며 방향과 무관하다. s궤도함수는 공간에서 구형의 가능한 배향은 오직 한 가지이므로, 각 s궤도함수는 오직 한 개의 궤도함수만을 갖는다. 껍질수가 증가하면 s궤도함수의 크기가 커진다. 바깥껍질 s궤도함수에 있는 전자는 안쪽 s궤도함수에 있는 전자보다 평균적으로 더 멀리 떨어져 있다는 것을 의미한다.

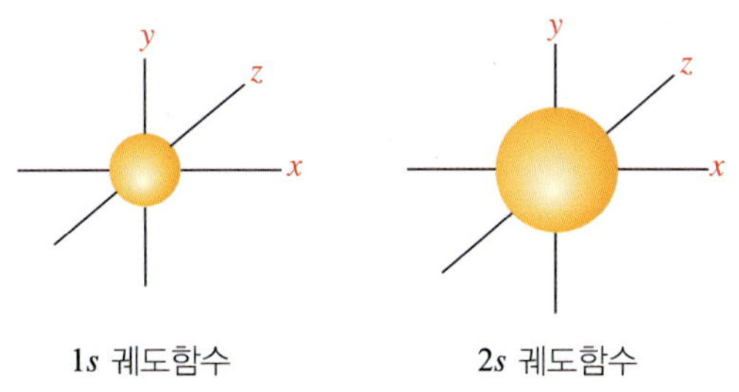

그림 1.2 s궤도함수의 모형

p형 궤도함수는 아령모양으로 핵의 양쪽의 동일한 아령에 집중된 전자분포를 가지면서 원자핵을 지나는 마디평면에 의하여 분리되어 있다. 여기서 원자핵은 원점에 있다. p궤도함수는 세 개가 있으며, 세 궤도함수의 모양은 동일하나 방향은 서로 다르다. 둥근 부분이 각각 x, y, z 축에 서로 직각으로 놓여 있기 때문에 p_x, p_y, p_z의 세 가지 공간 배위가 있다. 두 번째 원자껍질에 있는 세 p궤도함수는 $2p_x$, $2p_y$, $2p_z$라고 표시한다.

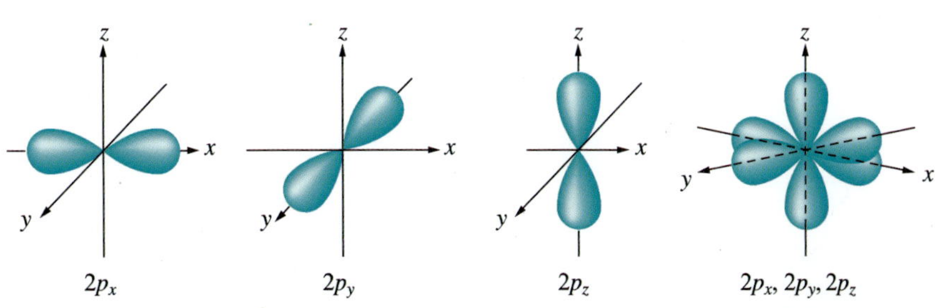

그림 1.3 p궤도함수의 모양

1.6 원자의 전자배치

원자 내의 전자는 어떻게 배치되어 있는지를 알아보는 것은 분자를 형성하는 과정을 이해하는데 필수적이다. 여러 가지 궤도함수의 상대적 에너지를 알면 전자가 어느 궤도함수에 어떻게 채워져 있는가를 예측할 수 있는데, 이것을 원자의 **전자배치**(electron configuration)라 한다. **축조원리**(Aufbau principle)에 의하면 원자를 채우는 전자들은 에너지가 낮은 궤도함수부터 채운다. 이렇게 해서 얻은 최저 에너지의 전자배치를 원자의 **바닥상태 전자배치**(ground state electron configuration)라 한다. 반면에 원자가 에너지를 얻어 전자가 바닥상태보다 높은 에너지의 원자껍질로 이동한 상태를 **들뜬 상태**(exited state)라 한다. 원자의 전자배치는 다음의 세 가지 규칙에 따라 예측할 수 있다.

규칙 1. 전자의 배열은 가장 안정한 궤도함수 즉, 가장 낮은 에너지를 가진 궤도함수부터 $1s$, $2s$, $2p$, $3s$, $3p$, $4s$, $3d$ … 순으로 배치된다(**축조원리**). $4s$ 궤도함수 에너지는 $3p$와 $3d$궤도함수의 중간이다.[2)]

규칙 2. 각각의 에너지 궤도함수는 두 개의 전자를 가질 수 있으며 반대의 스핀을 가진다. 전자는 지구가 회전하는 것과 같은 방식으로 축 주위를 회전하고, 위 ↑와 아래 ↓로 표시한다. 한 개의 궤도함수에는 두 개의 전자만이 배치될 수 있고, 이들은 반대 스핀을 가져야만 한다(**Pauli의 배타원리** : Pauli exclusion principle)

규칙 3. 궤도함수의 에너지준위가 같고 그들 궤도함수를 완전히 채울 전자가 모자라면 전자가 짝을 이루지 않고 궤도함수에 먼저 한 개씩 들어간다(**훈트규칙 :** Hund's rule).

각 세분된 궤도함수에는 각각 전자가 두 개까지 수용될 수 있으므로 s, p, d 궤도함수에는 각각 2, 6, 10개의 전자가 수용될 수 있다. 원자의 전자배치 상태를 나타내는 방법에는 전자표기법과 궤도함수표로 표기하는 두 가지 방식이 널리 사용된다. **전자표기법**은 원자의 부원자껍질의 기호(s, p, d)와 전자수로 표시하는 방법이다. 특정 궤도함수에서의 전자수는 $1s^2\,2s^2\,3p^3$ 등과 같이 위 첨자로 나타낸다. **궤도함수표**(orbital diagram)는 각 궤도함수의 수를 ' __ '로 표시하고 전자스핀의 방향을 화살표 표시 (↑ ↓) 하여 전자를 배치하는 방법이다. 다음 표는 몇 가지 원소의 바닥상태에 대한 전자배치를 나타낸다.

---

2) Madelung rule : 일반적으로 $(n+\ell)$값이 적은 것이 에너지가 낮은 궤도함수이다. $(n+\ell)$값이 같으면 n이 적은 것이 낮은 에너지 준위이다.

표 1.2 몇 가지 원소의 바닥상태의 전자배치

원소	전자표기법	궤도함수표				
		1s	2s	2p	3s	3p
${}_1H$	$1s^1$	↿				
${}_2He$	$1s^2$	↿⇂				
${}_6C$	$1s^22s^22p^2$	↿⇂	↿⇂	↿ ↿ _		
${}_7N$	$1s^22s^22p^3$	↿⇂	↿⇂	↿ ↿ ↿		
${}_8O$	$1s^22s^22p^4$	↿⇂	↿⇂	↿⇂ ↿ ↿		
${}_9F$	$1s^22s^22p^5$	↿⇂	↿⇂	↿⇂ ↿⇂ ↿		
${}_{10}Ne$	$1s^22s^22p^6$	↿⇂	↿⇂	↿⇂ ↿⇂ ↿⇂		
${}_{16}S$	$1s^22s^22p^63s^23p^4$	↿⇂	↿⇂	↿⇂ ↿⇂ ↿⇂	↿⇂	↿⇂ ↿ ↿
${}_{17}Cl$	$1s^22s^22p^63s^23p^5$	↿⇂	↿⇂	↿⇂ ↿⇂ ↿⇂	↿⇂	↿⇂ ↿⇂ ↿
${}_{18}Ar$	$1s^22s^22p^63s^23p^6$	↿⇂	↿⇂	↿⇂ ↿⇂ ↿⇂	↿⇂	↿⇂ ↿⇂ ↿⇂

전자배치에서 최외각 원자껍질에 배열된 전자를 **원자가전자**(valence electron)라 한다. 원자가전자는 모든 화학반응에 관여하며 원소의 화학적 성질을 지배한다. 원자들이 어떤 화학결합(이온결합·공유결합)으로 결합하는가에 관계없이 원자구조는 원자가전자에 의해 제한을 받는다. 주기율표상의 전형원소(A족원소)의 원자가전자수는 족(族 group)수와 같다.

예제 1.1 탄소 원자의 전자배치를 전자표기법 및 궤도함수표로 나타내고 원자가전자를 말하시오.

풀이

	전자표기법	궤도함수표	원자가전자
${}_6C$	$1s^2\ 2s^2\ 2p^2$	$2p$ ↿ ↿ _ $2s$ ↿⇂ $1s$ ↿⇂	4

주기율표상의 VIII족(혹은 영족) 기체들로 He ($1s^2$), Ne ($1s^2\ 2s^2\ 2p^6$), Ar ($1s^2\ 2s^2\ 2p^6\ 3s^2\ 3p^6$) 등이 있다. 이들은 부원자껍질에 전자가 완전히 채워져 있어 안정하며 반응성이 없는 화합물로 **불활성기체**(inert gas)라 한다. 이들의 전자배치를 살펴보면, 헬륨을 제외한 모든 불활성기체의 원자가전자는 8개인 것을 알 수가 있다. 이와 같이 원자가전자가 8개를 가지는 규칙을 **팔전자규칙**(octet rule)이라 한다.

문제 1 다음 원소 혹은 이온의 전자배치에 대하여 답하시오.

(1) P (2) Na (3) Cl (4) Ar (5) K^+ (6) O^{2-}

1) 전자표기법 및 궤도함수표법으로 전자배치를 나타내시오.
2) 원자가전자수는 얼마인가?
3) 영족기체(불활성기체)의 전자배치를 하는 것은?

(힌트) K^+는 전자를 한 개 잃어서 양이온이 된 것이고, 반대로 O^{2-}는 원자의 바닥상태보다 전자를 두 개 더 받아 음이온이 된 것이다.

1.7 화학결합

원자들은 서로 다른 원자와 화합하여 구성원자의 성질과 다른 **화합물**(compound)을 만든다. 화합물 내에서는 원자들간에 인력이 작용하여 **화학결합**(chemical bond)을 형성한다. 화학결합 시에 원자들의 최외각껍질의 전자배치가 주기율표에서 가장 가까운 불활성기체의 전자배치를 닮는다. 원자들은 최외각원자껍질이 완전히 채워질 때 가장 안정하다. 수소와 헬륨 원소는 원자껍질에 두 개의 전자로 채워지고, 대부분의 다른 원소는 원자가껍질에 여덟 개의 전자로 채워져 VIII족 원소의 원자가전자 배열을 하게 된다. 예를 들면, IA족의 알칼리금속은 원자가껍질(최외각껍질)에서 한 개의 전자를 잃어서 불활성기체의 전자배치를 이루어 **양이온**(cation)을 형성한다. 반면에 VIIA족의 할로젠 원소는 한 개의 전자를 얻어 불활성기체의 전자배치를 하여 **음이온**(anion)이 된다. 이렇게 형성된 양이온과 음이온의 정전기적 인력에 의한 결합을 **이온결합**(ionic bond)이라 하며, Na^+Cl^-와 같은 화합물을 만든다.

주기율표상의 중앙에 있는 4A족 원소는 어떻게 결합을 이룰까? 탄소는 원자가전자가 네 개로 전자 네 개를 잃거나 얻어서 불활성기체의 전자배치를 하는 것은 매우 어렵다. 실제로 탄소 원자는 전자들이 이동하지 않고 원자들 사이에 전자를 공유하여 불활성기체의 전자배치를 형성하는 결합형태를 취한다. 이와 같이 원자들간에 전자를 서로 공유하여 만들어진 결합을 **공유결합**(covalent bond)이라 하고, 미국의 화학자 루이스(G. N. Lewis)가 1916년 처음 제안하였다. 공유결합으로 이루어진 화합물을 공유결합 화합물이라 한다. 대부분의 유기화합물은 공유결합 화합물이다.

공유결합 화합물을 가장 간단하게 나타내는 방법은 **루이스 구조식**(Lewis structure) 또는 **전자-점 구조식**(electron-dot structure)을 사용하는 것이다. 루이스 구조식은 분자를 구성하는 원자들의 원소기호와 원자가전자를 점(dot)으로 표시한 식이다. 예를 들면, 수소는 $1s$ 궤도함수에 있는 전자 한 개를 점 하나로 나타내고, 탄소는 원자가껍질의 전자 $2s^2\,2p^2$ 네 개의 전자를 네 개의 점, 그리고 산소는 여섯 개의 점($2s^2\,2p^4$)으로 나타낸다. 메테인(CH_4)과 물(H_2O)과 같은 공유결합 화합물은 각 전자가 전자를 공유함으로써 안정한 불활성기체의 전자배치를 가지는데, 수소는 두 개, 다른 주족 원소는 모두 여덟 개의 전자로 채워져 결합을 형성하게 된다.

```
                          H                                  ..
 ·Ċ·  +  4H·  ──▶   H:C:H        2H·  +  ·Ö:  ──▶   H:O:
                          H                                   H
```

공유결합에서 공유된 원자들은 공유결합 분자에서 원자들을 함께 결합시키며 전자의 **공유전자쌍**은 짧은 선(−)으로 나타내기도 한다. 원자 주위에 공유되지 않은 전자는 **비공유전자**(non-bonding electron) 또는 **고립전자쌍**(lone-pair electron)이라고 부르며 원자간의 결합에 어떠한 기여도 하지 않는다. 위 그림에서 물 분자는 산소 원자에 있는 여덟 개의 원자가전자 중에서 네 개만 수소와 두 개의 공유결합을 형성하는데 사용되고 나머지 네 개의 전자는 비공유 고립쌍으로 남아있게 된다. 메테인과 물 분자의 공유결합선(공유결합수)을 사용한 구조는 다음과 같다.

```
      H
      |               ..
 H ── C ── H     H ── O :
      |               |
      H               H
```

공유결합 화합물에서 한 원자가 형성할 수 있는 공유결합의 수는 그 원자가 몇 개의 원자가전자를 가지고 있으며 불활성기체의 전자배치를 이루기 위해 몇 개의 전자가 필요한가에 달려 있다. 원자가전자를 한 개, 두 개 혹은 세 개를 가진 원소들은 한 개, 두 개, 혹은 세 개의 결합을 형성하고, 네 개를 가진 원소(C)는 네 개, 그리고 다섯 개를 가진 원소(N, P)는 세 개, 여섯 개를 가진 원소(O, S)는 두 개, 그리고 일곱 개를 가진 할로젠 원소(F, Cl, Br, I)는 한 개의 결합을 만들 수 있다. 유기화합물을 구성하는 주요 원소들의 공유결합 수를 표 1.3에 나타내었다.

표 1.3 유기화합물의 주요 구성원소의 전형적인 공유결합 수

원 소	공유결합 수	원 소	공유결합 수
H	1	F	1
C	4	Cl	1
O	2	Br	1
N	3	I	1
S	6 (3)		

Lewis구조에서 원자 – 원자간에 두 개의 전자가 결합에 관여하는 결합을 **단일결합**(single bond)이라 한다. 즉, 단일결합은 한 개의 공유전자쌍을 가지고 있으며 공유 결합수를 한 개 가지고 있다. 네 개의 전자가 결합에 관여하는 결합, 즉 두 개의 공유전자쌍을 가진 결합을 **이중결합**(double bond), 여섯 개의 전자가 결합에 관여하는 세 개의 공유전자쌍을 가진 결합을 **삼중결합**(triple bond)이라 한다. 탄소 – 탄소간의 결합에는 단일결합(C – C), 이중결합(C = C), 그리고 삼중결합(C ≡ C)이 있다.

$\ddot{\underset{..}{O}}=C=\ddot{\underset{..}{O}}$　　H—C≡N:　　H_3C-CH_3　　$H_2C=CH_2$　　HC≡CH

공유결합에서 어떤 원자가 전자를 자기쪽으로 끌어당기는 경향을 나타낼 때 **전기음성도**(electronegativity)를 사용한다. 전기음성도는 Linus Pauling이 제안한 것으로 전자를 잡아당기는 상대적인 크기로 나타낸다. 전기음성도는 플루오르가 가장 크며 주기율표의 왼쪽에서 오른쪽으로 갈수록 그리고 아래에서 위로 갈수록 커진다.

표 1.4 Pauling의 전기음성도 값

족 / 주기	I	II	III	IV	V	VI	VII
1	H 2.1						
2	Li 1.0	Be 1.5	B 2.0	C 2.5	N 3.0	O 3.5	F 4.0
3	Na 0.9	Mg 1.2	Al 1.5	Si 1.8	P 2.1	S 2.5	Cl 3.0
4	K 0.8	Ca 1.0					Br 2.8
5							I 2.5

H_2, N_2, O_2와 같은 전기음성도가 같은 동종원자들의 공유결합이나 CH_4, CO_2 등과 같이 분자에 작용하는 인력이 대칭인 형태의 공유결합을 **비극성 공유결합**(non-polar covalent bond)이라고 한다. 때로는 CH_4, CO_2 등은 극성 공유결합으로 **비극성 공유결합 화합물**이라고도 한다. 반면에 다른 원자들로 구성된 이종 공유결합 분자들에서는 결합된 원자들의 전기음성도가 서로 같지 않아 결합전자쌍에 대한 인력이 같지 않다. 이러한 인력의 차이는 이 분자가 이온으로 분해될 정도에는 못 미치지만, 분자 내에서 전기음성도가 큰 원자가 더 많은 전자밀도를 갖게 된다. 이와 같이 불균등한 전자밀도 분포를 지닌 공유결합을 **극성 공유결합**(polar covalent bond)이라 한다. 예를 들면 HCl에서 Cl 원자가 H 원자보다 전자를 끌어당기는 힘이 강하여 염소 원자 주위로 전자구름이 밀집되어 편극화된다. 따라서 염소의 끝은 **부분음전하**(δ^-)를 띠고 수

소의 끝은 **부분양전하**(δ^+)를 갖는다. 이때 부분전하는 완전한 이온(양이온, 음이온) 전하와는 구별된다. 극성공유결합에서 전자밀도가 편극되는 것을 다음과 같은 방법으로 나타낸다.

$$\overset{\delta^+}{H}—\overset{\delta^-}{Cl} \qquad \overset{+\!\!\longrightarrow}{H—Cl}$$

문제 2 다음 화합물의 Lewis 구조를 그리시오.

(1) CH_2O (2) NH_3 (3) CH_3CH_2OH (4) C_2H_4

문제 3 다음 화합물이 이온결합 혹은 공유결합인지를 밝히고, 이중에서 극성 공유결합 화합물은 어느 것인지를 나타내시오.

(1) BeF_2 (2) $NaOH$ (3) CH_3OH (4) CH_3COCH_3
(5) SiH_4 (6) CaO (7) CBr_4 (8) CH_3Cl

문제 4 다음 화합물의 결합에서 극성의 방향을 δ^+/δ^- 및 화살표를 사용하여 나타내시오.

(1) $H-Br$ (2) CH_3-Cl (3) CH_3-OH (4) CH_3-NH_2

1.8 공명

대부분의 화합물은 Lewis구조를 사용하여 나타낼 수 있으나, 어떤 분자는 Lewis구조로 나타내면 화합물의 성질을 완전하게 설명하지 못할 때가 있다. 예를 들어 아세트산 이온(acetate ion) $CH_3CO_2^-$의 Lewis구조를 그려보면 여러 가지 면에서 만족스럽지 못하다. 탄소 원자에 결합된 산소 한 개는 이중결합으로 나타내고, 다른 하나는 단일결합으로 나타나 있다. 일반적으로 단일결합은 이중결합보다 결합길이가 길다. 따라서 C−O 단일결합은 C=O 이중결합보다 결합길이가 길 것으로 예상할 수 있다. 그러면 두 개의 산소 중에서 어떤 산소가 이중결합을 가지고 있는가? 아세트산 이온의 두 개의 산소는 Lewis구조에서는 서로 다르게 보이지만, 실험에 의하면 탄소−산소의 결합은 두 개가 똑같은 것을 알 수 있다.

아세트산 이온

어떤 분자를 표시하는데 두 개 혹은 그 이상의 Lewis구조로 표시할 수 있는데 이러한 분자구조를 **공명구조**(resonance structure)라 한다. 아세트산 이온의 경우에 서로 동등한 루이스 구조로 나타낼 수 있으며, 이들 사이의 공명을 나타내기 위하여 양방향 화살표를 사용한다.

아세트산 이온의 공명구조

아세트산 이온에 대한 두 개의 루이스 구조에서 어느 것도 실제 구조와 맞지 않다. 공명구조에서 양방향 화살표가 나타내는 것은 이들 구조의 상호 전환을 의미하는 것이 아니라 이들 두 구조의 어느 한 구조를 가지고 있다는 의미이다. 아세트산 이온의 실제 구조는 이들 두 구조의 중간형태이다. 탄소－산소간의 결합은 단일결합과 이중결합의 중간이다. 전형적인 C－O 단일결합 길이는 135 pm, C＝O 이중결합 길이는 120 pm이며, 아세트산 이온의 C－O 결합길이는 127 pm로 단일결합과 이중결합의 중간 정도이다.

아세트산 이온의 공명구조에서 두 개의 산소 원자는 동등한 전하 분포로 비편재화 되어 있으며 동등한 형식전하를 가진다. **형식전하**(formal charge)는 이온이나 분자에서 원자가 전하를 띠는 것을 말한다. 분자나 이온에서 어떤 원자의 형식전하는 원자의 족번호에서 공유결합수와 비공유전자수를 뺀 값으로 계산한다. 예를 들면, 아세트산 이온의 공명구조에서 왼쪽 루이스 구조의 아래에 위치한 산소의 형식전하는 $6-(1+6) = -1$이 되고, 위에 있는 산소의 형식전하는 $6-(2+4) = 0$가 됨을 알 수 있다. 아세트산 이온에서 두 개의 산소 원자는 동등한 음의 형식전하($\frac{1}{2}^-$)를 가지는 것으로 전하는 비편재화 되어 있다.

공명구조의 화학적 도식에서 곡선 화살표는 전자의 흐름방향을 나타내는데 사용된다. 곡선 화살표는 항상 전자쌍 중 하나가 화살표의 꼬리에 있는 원자로부터 화살표의 머리에 있는 원자로 이동하는 것을 의미한다. 예를 들면, C＝O 결합에서 나와 산소 원자 쪽으로 향하는 화살표는 탄소와 산소의 공유결합 중 하나에 해당하는 두 전자가 산소 원자 쪽으로 이동하는 것을 의미한다.

문제 5 나이트로메테인(nitromethane) CH_3NO_2의 공명구조를 나타내시오.

1.9 분자궤도함수

두 원자간의 공유결합을 Lewis 개념을 도입하여 전자쌍을 공유하는 모형으로 결합 형성을 설명하는데 이것을 **원자가결합 이론**(valence bond theory)이라 한다. 탄소 원자의 공유결합을 살펴볼 때 Lewis개념에 의한 원자가결합 모형으로 설명하기에는 어려움이 있다. 원자들이 분자를 형성할 때 원자의 홀전자(외짝전자)를 서로 공유하면서 안정된 결합을 이루는데 홀전자가 들어있는 원자궤도함수가 서로 겹쳐서 이루어진 결합 모형을 **분자궤도함수 이론**(molecular orbital theory)이라 한다. 화학자들은 이 두 가지 모형을 적절히 사용하여 공유결합 형성을 설명하고 있다. 가장 간단한 원자간의 결합인 수소(H_2) 분자의 결합을 살펴보자. 수소 원자의 원자가전자 한 개씩을 서로 공유하여 헬륨과 같은 전자배치를 함으로써 공유결합을 형성하는 모형이 원자가결합 이론이다. 또한 분자궤도함수 이론적 관점에서 살펴보면, 수소 분자는 수소 원자에 전자 한 개가 들어 있는 $1s$ 궤도함수와 다른 수소 원자에 전자 한 개 들어 있는 $1s$ 궤도함수가 서로 겹쳐서 공유결합을 만든다. 이렇게 겹쳐진 궤도함수에 존재하는 새로 짝지은 전자들이 두 원자핵을 당기게 되고 두 원자는 서로 결합하게 된다. 두 개의 s 궤도함수들이 합쳐질 때 두 핵 사이의 전자밀도가 증가되어 결합궤도함수가 생겨난다.

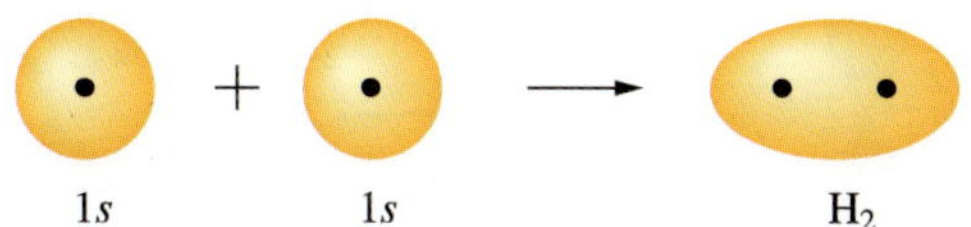

그림 1.4 H−H 결합의 $s-s$ 원자궤도함수간의 결합분자궤도함수 모형

공모양의 두 개의 $1s$ 궤도함수간의 $s-s$ 결합은 두 개의 공 모양이 핵간 축을 따라 수평으로 합쳐져서 타원형 모양을 한다. 이와 같이 공유하는 전자가 두 핵 사이에 축을 따라 원자궤도함수가 수평 겹침에 의해 형성된 결합을 **시그마(σ)결합**(sigma bond)이라 한다.

아령 모양인 두 개의 p 원자궤도함수가 합쳐지는 경우는 두 핵의 중심선상에서 수평으로 합쳐지는 경우와 수직으로 마주보며 합쳐지는 경우의 두 가지 형태가 가능하다.

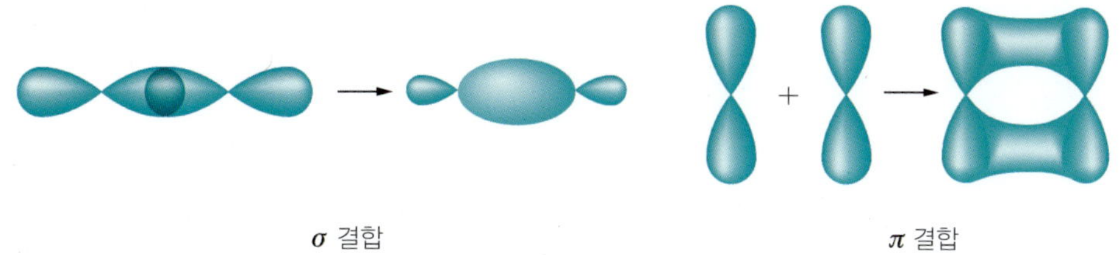

그림 1.5 $p-p$ 원자궤도함수간의 결합분자궤도함수 모형

이때 두 개의 p 궤도함수 간에 수평으로 합쳐지는 결합분자궤도함수는 시그마결합이고, 수직으로 합쳐지는 결합분자궤도함수는 **파이(π)결합**(pi bond)이라 한다. 그리고 s 궤도함수와 p 궤도함수가 동일 중심선상에서 수평으로 겹치는 결합분자궤도함수는 시그마결합이라 한다. 따라서 시그마결합은 다음과 같은 경우의 원자궤도함수들 간의 겹침에 의한 분자궤도함수이다.

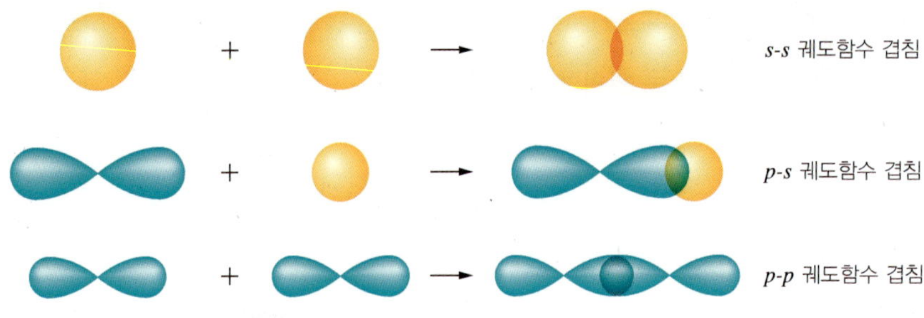

그림 1.6 시그마결합 모형

파이결합은 p궤도함수와 p궤도함수가 서로 수직으로 평행하게 겹쳐져서 생긴 분자궤도함수이다.

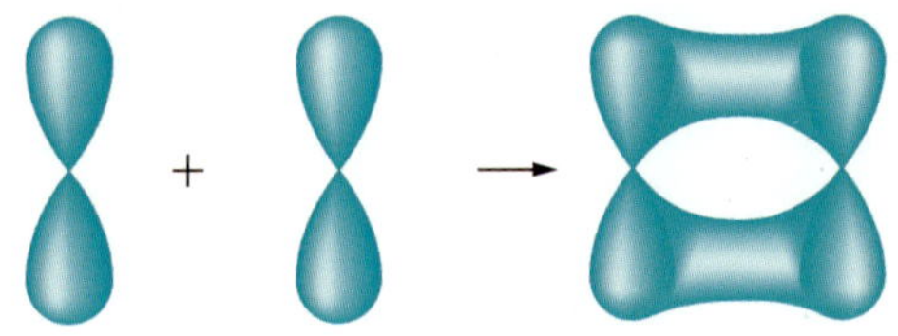

그림 1.7 $p-p$ 원자궤도함수간의 겹칩에 의한 파이결합 모형

1.10 혼성궤도함수

메테인(methane) 분자 CH_4의 결합을 생각해 보자. 탄소 원자의 전자배치는 $1s^2\,2s^2\,2p^2$로 공유결합에 관여하는 네 개의 원자가전자는 두 종류의 궤도함수($2s$, $2p$)를 결합형성에 이용하기 때문에 메테인은 두 종류의 C－H 결합을 가지리라 예상할 수 있다. 그러나 실험적으로 메테인은 네 개의 C－H 결합이 모두 동등하다. 즉 네 개의 C－H 결합은 결합길이 및 결합에너지가 모두 동일하고, 네 개의 수소 원자는 입체적으로 정사면체의 각 꼭지점을 향하고 있다. 따라서 메테인의 결합궤도함수는 지금까지의 원자궤도함수 및 분자궤도함수이론으로는 설명이 불가능하다. 따라서 다음과 같은 **혼성궤도함수**(hybrid orbital) 이론을 도입하여 설명하고 있다. 혼성궤도함수는 분자에서 원자가전자의 혼합과정을 거쳐 원자궤도함수들을 섞어서 만든 변형된 새로운 궤도함수 형태로 1931년에 폴링(Linus Pauling)이 제안한 이론이다.

(1) sp^3 혼성궤도함수

메테인에서 네 개의 동등한 C－H 결합을 가지기 위해서는 네 개의 동등한 궤도함수가 필요하다. 따라서 탄소가 사용하는 네 개의 동등한 원자궤도함수들은 한 개의 $2s$궤도함수와 세 개의 $2p$궤도함수를 혼합하여 만들어지게 된다. 이와 같이 필요한 네 개의 혼성궤도함수는 s 궤도함수 한 개와 p궤도함수 세 개로부터 이루어져 이를 **sp^3 혼성** (sp^3 hybridization)이라 한다. 혼성 시 바닥상태의 원자궤도함수들이 재배치되며 궤도함수의 수는 변하지 않는다. 혼성된 네 개의 궤도함수는 에너지가 모두 같으며 혼성궤도함수의 에너지 준위는 $2s$와 $2p$ 에너지준위의 중간이다. sp^3 혼성궤도함수의 모양은 p궤도함수와 유사하나, 전자분포가 한 쪽으로 치우쳐져 있는 곤봉(lobe) 모양이다.

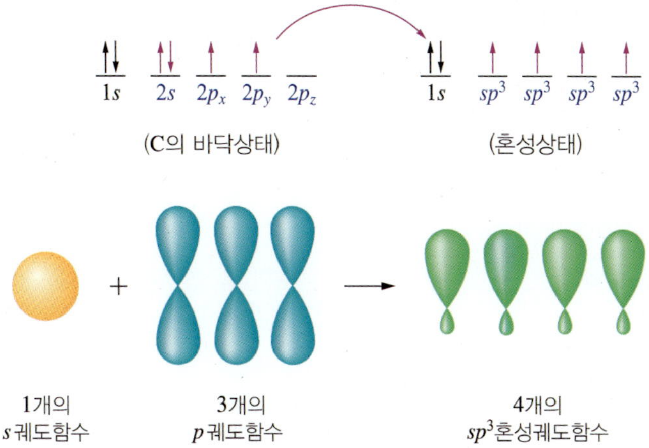

1s 2s $2p_x$ $2p_y$ $2p_z$ → 1s sp^3 sp^3 sp^3 sp^3

(C의 바닥상태) (혼성상태)

1개의 s궤도함수 + 3개의 p궤도함수 → 4개의 sp^3혼성궤도함수

그림 1.8 sp^3 혼성화

메테인의 탄소는 $2s$궤도함수 한 개와 $2p$궤도함수 세 개가 혼성되어 sp^3 혼성궤도함수 네 개를 만들고 여기에 전자가 각각 한 개씩 배치되게 된다. 이렇게 형성된 탄소의 sp^3 혼성궤도함수는 동등한 에너지 준위를 가지게 되고 이것이 수소의 $1s$궤도함수와 분자궤도함수를 이루게 되어, 네 개의 C－H 결합은 모두 동일하게 된다. 혼성화된 네 개의 sp^3 혼성궤도함수는 수소 원자의 $1s$궤도함수와 sp^3-s겹침으로 시그마 결합을 형성한다. 구조는 정사면체 구조(tetrahedral structure)로 H－C－H의 각도는 109.5° 이다.

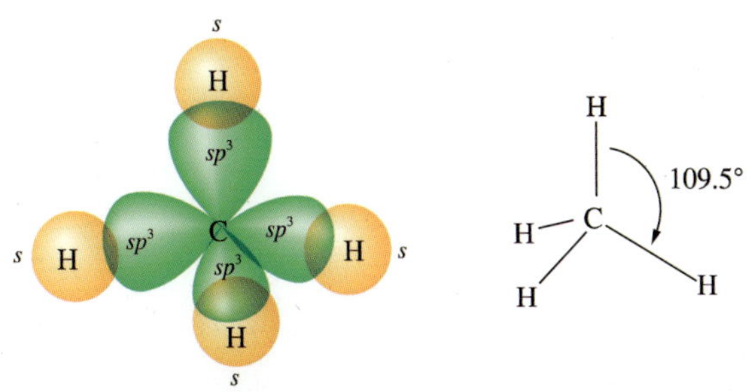

그림 1.9 메테인의 sp^3 혼성궤도함수 겹침

혼성궤도함수로부터의 시그마(σ)결합 형성은 분자궤도함수의 결합형태인 시그마결합 모형과 아주 유사하며 다음과 같은 형태로 이루어진다.

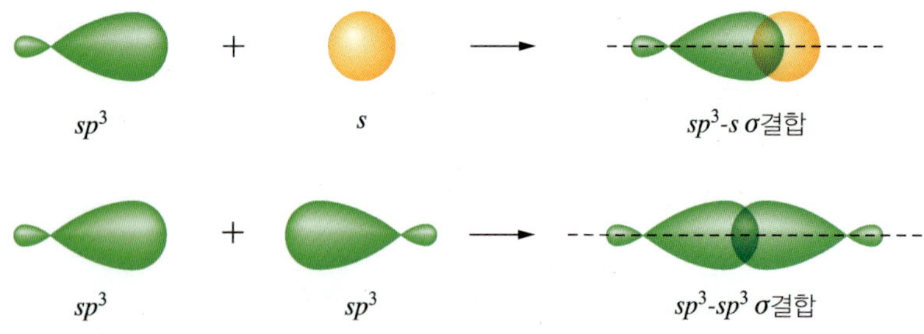

그림 1.10 sp^3 혼성궤도함수의 시그마결합

메테인과 유사한 에테인(ethane) C_2H_6의 구조를 살펴보면 두 탄소는 각각 네 개의 다른 원소와 결합을 가진다. 따라서 각 탄소는 네 개의 공유결합을 형성하므로 네 개의 sp^3 혼성궤도함수를 사용하고 있다.

H H
H—C—C—H
H H

에테인(ethane)

탄소의 네 개의 sp^3 혼성궤도함수 중에서 한 개의 sp^3 혼성궤도함수는 다른 탄소의 한 개의 sp^3 혼성궤도함수와 sp^3-sp^3 시그마결합으로 C−C 결합을 형성하고, 각 탄소의 세 개의 sp^3 혼성궤도함수는 수소의 s궤도함수와 겹쳐서 sp^3-s 시그마결합을 형성하여 각 탄소는 세 개씩의 C−H 결합을 만들게 된다. 에테인의 두 탄소는 정사면체에 가깝고, 결합각은 거의 109.5°이다.

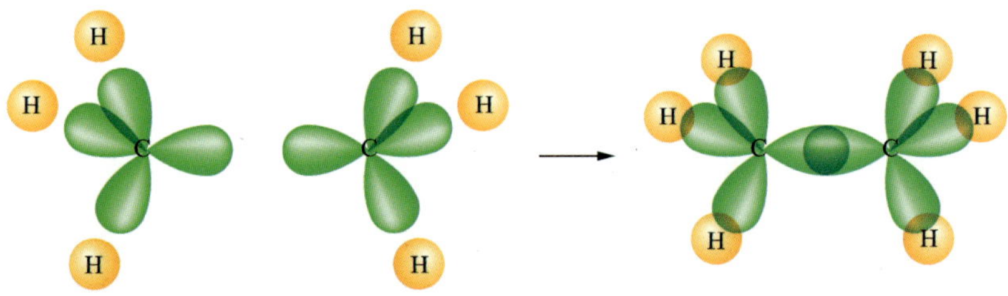

그림 1.11 에테인의 sp^3 혼성궤도함수 겹침

(2) sp^2 혼성궤도함수

석유화학공업에서 제조하는 가장 중요한 유기화합물 중의 하나인 에텐(ethene)은 에틸렌(ethylene)이라고도 하며 분자식이 C_2H_4로 그 구조식은 다음과 같다.

$$\begin{matrix} H & & & & H \\ & \diagdown & & \diagup & \\ & & C=C & & \\ & \diagup & & \diagdown & \\ H & & & & H \end{matrix}$$

에텐 혹은 에틸렌

$(CH_2=CH_2)$

에텐의 탄소들은 서로 두 개의 결합을 이룬다. 이와 같이 원자들이 두 개의 결합을 가진 것을 **이중결합**(double bond)이라 한다. 에텐의 각 탄소는 세 개의 다른 원자와 결합을 가지고 있다. 따라서 탄소는 세 개의 동등한 결합궤도함수가 필요하므로, $2s$궤도함수 한 개와 $2p$궤도함수 두 개를 혼합하여 세 개의 sp^2 혼성궤도함수를 만들고 나머지 혼성되지 않은 전자 한 개는 p궤도함수에 남아 있게 된다.

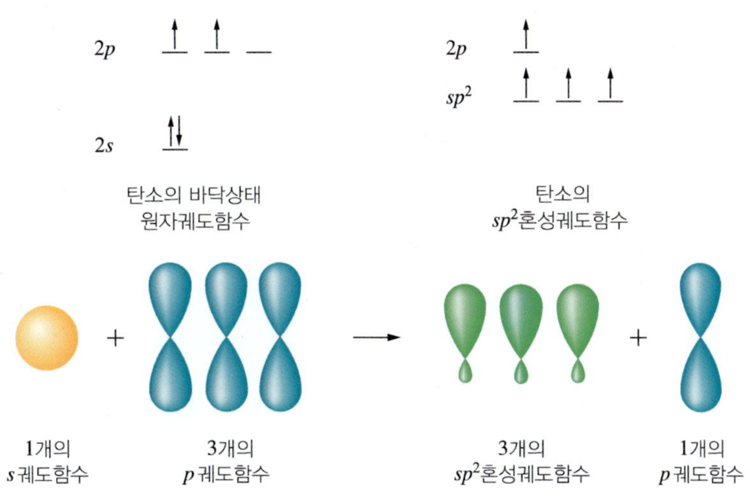

그림 1.12 sp^2 혼성화

세 개의 sp^2 혼성궤도함수는 삼각평면형으로 배치된다. 전자들은 반발을 최소화하기 위하여 궤도함수들은 가능한 가장 멀리 떨어져 있으려고 하므로 이들의 결합각은 120°가 된다. 세 개의 sp^2 궤도함수의 축은 한 평면에 존재하고 혼성화되지 않은 p궤도함수는 sp^2 궤도함수의 축에 수직으로 위치하게 된다.

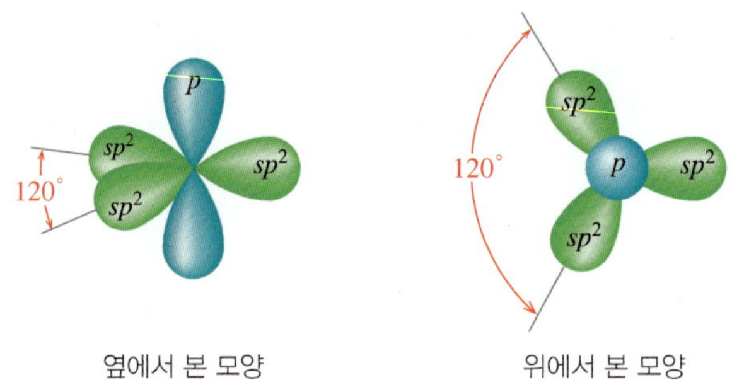

그림 1.13 탄소의 sp^2 혼성궤도함수 모양

한 탄소의 세 개의 혼성궤도함수 중에서 두 개의 sp^2 혼성궤도함수는 수소의 s 궤도함수와 겹쳐서 sp^2-s 시그마결합을 형성하게 되고 따라서 각 탄소는 두 개씩의 C−H 결합을 만들게 된다. 에텐의 모든 C−H 결합은 시그마결합이다. 그리고 한 탄소의 남은 한 개의 sp^2 혼성궤도함수는 다른 탄소의 한 개의 sp^2 혼성궤도함수와 sp^2-sp^2 시그마결합으로 C−C 결합을 형성하게 된다. 또한 각 탄소의 혼성되지 않은 한 개씩의 p 궤도함수는 서로 수직으로 평행하게 겹쳐서 파이결합을 형성하게 된다. 파이결합에 관여하고 있는 전자를 파이전자(π electron)라고 한다.

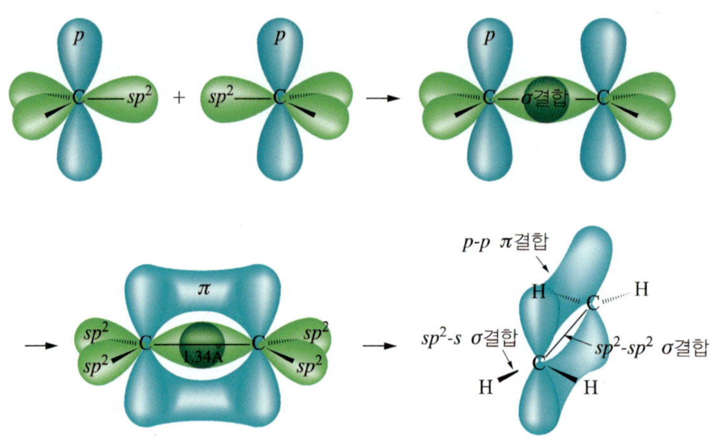

그림 1.14 에텐의 sp^2 혼성궤도함수 겹침

탄소−탄소 이중결합은 시그마결합 한 개와 파이결합 한 개로 이루어져 있다. 따라서 탄소−탄소의 단일결합보다 더 강하고 짧다고 예상할 수 있다. 에텐의 C=C 이중결합 길이는 134 pm이고 결합에너지는 611 kJ/mole이며, 에테인의 C−C 단일결합 길이는 154 pm이고 결합에너지는 376 kJ/mole이다. 에텐은 원자 여섯 개가 모두 동일한 평면에 위치하는 평면구조이다. H−C−H 및 H−C−C의 결합각은 거의 120° 이다.

(3) *sp* 혼성궤도함수

에타인(ethyne, C_2H_2)은 아세틸렌(acetylene)이라고도 하며 이 화합물은 sp 혼성궤도함수가 적용된다. 아세틸렌의 구조식은 H−C≡C−H 형태로 탄소−탄소가 삼중결합을 가진다. 각 탄소는 다른 원자 두 개와 각각 두 개의 결합을 가진다. 따라서 탄소는 두 개의 동등한 궤도함수가 필요하며 이때 탄소의 $2s$궤도함수 한 개와 $2p$궤도함수 한 개를 혼합하여 두 개의 sp 혼성궤도함수를 만들고 나머지 혼성되지 않은 전자 두 개는 p궤도함수에 남아 있게 된다. 이러한 혼성궤도함수 형태를 ***sp* 혼성**(sp hybridization)이라 한다.

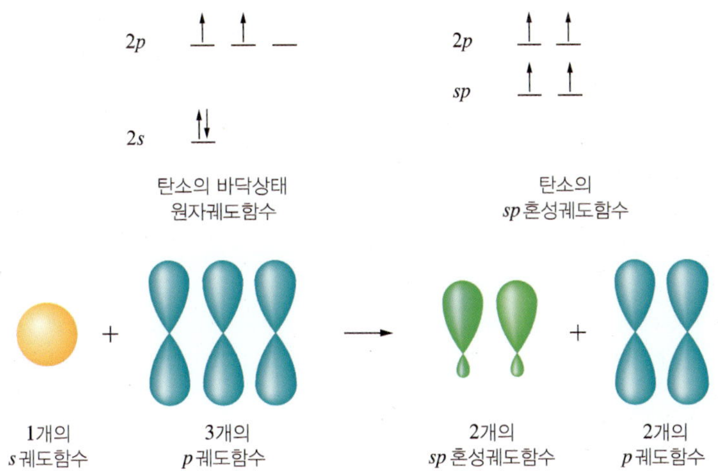

그림 1.15 sp 혼성화

두 개의 sp 혼성궤도함수는 가장 멀리 떨어져 있으려는 경향으로 서로 반대방향에 위치한다. 아세틸렌의 한 탄소의 sp 혼성궤도함수 두 개 중에서 한 개는 수소의 s궤도함수와 겹쳐서 $sp-s$ 시그마결합을 형성하게 되고 따라서 각 탄소는 한 개씩의 C−H 결합을 만들게 되며, 한 탄소의 남은 sp 혼성궤도함수는 다른 탄소의 sp 혼성궤도함수와 $sp-sp$ 시그마결합을 형성하게 된다. 또한 혼성되지 않은 두 개의 p궤도함수는 서로 수직으로 평행하게 겹쳐서 두 개의 파이결합을 각각 형성하게 된다.

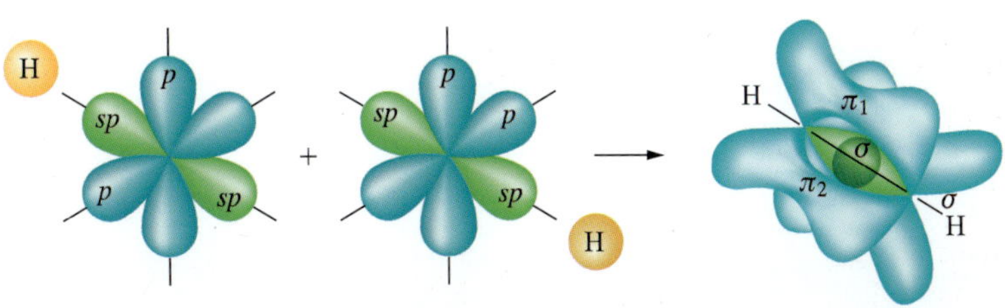

그림 1.16 아세틸렌의 sp 혼성궤도함수 겹침

아세틸렌의 H－C－C 결합각은 180°를 이루고 선형의 직선구조를 가진 분자이다. 탄소－탄소 삼중결합은 하나는 시그마결합이고 두 개의 파이결합으로 이루어져 있다. 이러한 삼중결합은 결합에너지가 가장 크고 결합길이도 가장 짧다.

일반적으로 탄소가 네 개의 다른 원자와 직접 결합하면 그 탄소는 sp^3 혼성, 다른 원자 세 개와 결합하면 sp^2 혼성, 그리고 탄소가 다른 원자 두 개와 결합하면 sp 혼성을 하고 있다. 또한 탄소－탄소 결합이 단일결합이면 시그마결합, 이중결합이면 시그마결합 한 개와 파이결합 한 개로 이루어져 있으며 삼중결합은 시그마결합 한 개와 두 개의 파이결합으로 구성되어 있다. 그리고 탄소가 sp^3 혼성형태를 가진 분자의 구조는 사면체 구조, sp^2 혼성은 평면삼각형 구조, sp 혼성은 선형구조로 이루어져 있다. 탄소－탄소 결합에너지는 삼중결합 〉 이중결합 〉 단일결합 순서이고, 결합길이는 삼중결합이 가장 짧고 단일결합이 가장 길다.

예제 1.2 다음 화합물의 각 탄소의 혼성화 형태를 설명하시오.
(1) 폼알데하이드(HCHO) (2) 메탄올(CH_3OH)

풀이

(1) 폼알데하이드($H-\overset{\overset{\large H}{|}}{C}=O$)는 탄소가 세 개의 원자와 결합하고 있으므로 sp^2 혼성이다.

(2) 메탄올의 C는 세 개의 수소와 한 개의 산소와 총 네 개의 다른 원자와 결합하고 있으므로 sp^3 혼성이다.

문제 6 다음 화합물의 각 탄소의 혼성궤도함수 형태를 쓰시오.

(1) 프로페인(propane) $CH_3CH_2CH_3$

(2) 프로펜(propene) $CH_3CH=CH_2$

(3) 프로파인(propyne) $CH_3C\equiv CH$

문제 7 아세트알데하이드(CH_3CHO)의 루이스 구조식을 그리고 각 탄소의 혼성화를 쓰시오.

1.11 화학구조식

유기화합물은 여러 가지 방법으로 분자의 구조를 나타낸다. 앞에서 사용한 Lewis구조식에서 공유결합 전자쌍, 즉 공유결합 수를 '－'로 나타내고 비공유전자쌍을 생략하기도 한다. 루이스 구조식을 더욱 간략히 하면 공유결합 수를 생략하여 표현하고 동일한 원자에 붙어 있는 동일한 기(radical, group)에 대해서는 아래첨자를 사용하여 치환기의 수를 나타내는 **축소 구조식**(condensed structural formulas)을 사용하기도 한다. 일반적으로 유기화학에서 사용되는 구조식에는 완전한 구조식 및 축소 구조식이 널리 사용되는데 그 예는 다음과 있다. 탄소와 수소로 이루어진 화합물의 구조식을 그리는 데에 있어, 모든 탄소는 공유결합 수가 네 개가 되어야 하고, 수소는 한 개의 결합수가 되어야 한다. 탄소－탄소 원자간에 단일결합으로만 이루어진 화합물의 구조식에서, 양쪽 끝에 있는 탄소 원자에는 세 개의 수소가 연결되어 있고, 구조식의 중간에 위치한 탄소 원자에는 수소 원자가 두 개가 연결되어야 한다.

완전한 구조식	축소 구조식
H H H－C－C－H H H H H H:C:C:H H H 루이스 구조식	CH_3CH_3
H H H H H H H－C－C－C－C－C－C－H H H H H H H	$CH_3CH_2CH_2CH_2CH_2CH_3$ (또는) $CH_3(CH_2)_4CH_3$
H H H H H H－C－C－C=C－C－H H H H	$CH_3CH_2CH=CHCH_3$

유기화합물의 구조식을 **탄소골격 구조식**(carbon skeletal structure) 혹은 **결합선분 구조식**으로 나타내기도 한다. 이때 각 선은 탄소－탄소 결합을 나타내고, 수소는 생략되어 있지만 탄소의 공유결합수 4에서 각 선분의 꼭지점에 연결된 선만큼 뺀 수만큼의 수소가 각 탄소에 연결되어 있는 것으로 간주한다.

축소 구조식	탄소골격 구조식
$CH_3(CH_2)_4CH_3$	
CH_3 CH_3 $CH_3-CH-CH-CH_2-CH_3$	
H_2C-CH_2 H_2C-CH_2	
$CH_3CH_2CH_2CH_2OH$	OH

탄소골격 구조식에서 탄소에 결합하고 있는 수소는 생략하지만 수소와 탄소를 제외한 원소들(헤테로 원자라 함)은 구조식에 그대로 써주어야 한다.

분자식 C_4H_{10}의 가능한 구조식을 적어보면, 다음 두 가지의 구조식이 그려진다.

	완전한 구조식	축소 구조식
뷰테인 (곧은 사슬구조)	H H H H │ │ │ │ H—C—C—C—C—H │ │ │ │ H H H H	$CH_3CH_2CH_2CH_3$
아이소뷰테인 (가지달린 사슬구조)	H H H │ │ │ H—C—C—C—H │ │ │ H │ H H—C—H │ H	$H_3C—CH—CH_3$ │ CH_3

모든 탄소가 연속된 사슬 형태로 연결되어 있는 구조식, 즉 가지가 없는 탄소사슬의 구조를 **곧은 사슬구조**(straight chain structure)라 하고, 곧은 사슬에 가지가 달린 구조식을 **가지달린 사슬구조**(branched chain structure)라 한다.

분자의 모양을 나타내기 위하여 2차원 평면 구조식 외에 3차원(3D) 효과를 나타내기 위하여 점선 쐐기(dash)나 실선의 쐐기(wedge) 모양을 사용하는 **원근법**(perspective view)이 이용된다. 예를 들면, 메테인에서 탄소에 결합된 네 개의 수소는 같은 평면에 있는 것이 아니라 정사면체를 이루는 삼차원 구조를 원근법으로 나타낼 수 있다.

```
    H                 H
    |                 |
H — C — H       H ····C
    |                /  \
    H               H    H
```

원근법에서 실선은 지면 위에 있는 것을 나타내며, 실선으로 된 쐐기는 평면으로부터 지면 앞을 향하는 것, 점선으로 된 쐐기는 지면 뒷면을 향하고 있는 것으로 간주한다.

문제 8 다음 화합물의 완전한 구조식을 그리고 각 화합물의 분자식을 제시하시오.

(1) $CH_3(CH_2)_3CH_3$ (2) $CH_3CH(CH_3)CH_2CH_3$ (3) CH_3CH_2OH

(4)

(5)

추가문제

9. 주기율표의 3주기에 속하는 원소들의 바닥상태 전자배치를 쓰시오. 또한 각 원소에 대한 원자가전자를 말하시오.

10. 다음 화합물의 Lewis구조를 쓰시오.

(1) CH_3Br　　(2) CH_3SH

(3) CH_3OCH_3　　(4) $COCl_2$

11. 다음 화합물의 공명구조를 그리고 형식전하를 함께 표시하시오.

(1) CO_3^{2-}　　(2) $HONO_2$

12. 화합물 $CH_3CH=CHCH_2C\equiv CH$에서 각 탄소의 혼성화 상태를 적으시오. 시그마결합 및 파이결합의 개수를 말하고 어떤 궤도함수들이 겹쳐서 결합을 형성하는지를 밝히시오

13. 요소(NH_2CONH_2)의 Lewis구조를 그리고 탄소(C) 및 질소(N)의 혼성화를 설명하시오.

14. 다음 공유화합물의 예상되는 극성방향을 부분 양전하(δ^+)와 부분 음전하(δ^-)를 사용하여 표시하시오. 또한 화살표를 사용하여 극성방향을 표시하시오.

(1) H_3C-Cl　　(2) H_3C-NH_2

(3) H_3CO-CH_3　　(4) $H_3C-MgBr$　　(5) $H-OH$

15. 다음 탄소골격 구조식을 축소 구조식으로 나타내시오.

(1) 　　(2)

(3) Cl　　(4)

16. 암모니아(NH_3) 분자의 3차원 모형을 원근법으로 나타내시오.

제2장
알케인과 사이클로알케인

2.1 유기화합물
2.2 작용기
2.3 유기화합물의 명명법
2.4 알케인
2.5 알케인의 명명법
2.6 알킬기
2.7 알케인의 성질
2.8 알케인의 형태
2.9 사이클로알케인
2.10 사이클로알케인의 성질
2.11 알케인의 화학반응
2.12 유기반응의 종류
2.13 유기반응의 메커니즘

2.1 유기화합물

유기화학(organic chemistry)은 19세기 초까지 '생명체가 생성한 화합물에 관한 화학'이라고 정의한 생명력설(vitalism)이 우세하였다. 그러나 1828년 독일의 과학자 F. Wöhler는 실험실에서 유기화합물을 합성하였다. 즉, 사이안산암모늄(ammonium cyanate)을 가열하여 인공적으로 요소(urea)를 합성하는데 성공함으로써 생명력설은 수정되었다.

$$NH_4OCN \xrightarrow{heat} H_2N-\overset{\overset{\displaystyle O}{\|}}{C}-NH_2$$

1859년 Kekulé는 **유기화학**을 '탄소(C)의 화학(chemistry of carbon)'이라 정의하였다. 오늘날 유기화학은 '탄소와 그 화합물에 관한 화학' 혹은 '탄소와 그 유도체에 관한 화학'으로 정의하고 있다. **유기화합물**(organic compound)은 탄소를 가진 화합물로 정의된다. 단, 탄소화합물 중에서 일산화탄소(CO), 이산화탄소(CO_2), 탄산(H_2CO_3), 탄산염(MCO_3, M은 금속원소), 이황화탄소(CS_2), 사이안화수소(HCN), 탄화칼슘(CaC_2), 탄화규소(SiC) 등은 탄소 원자를 가지고 있으나 무기화합물로 취급한다.

현재까지 3,700백만 여종의 화합물이 알려져 있고 그 중에서 99% 이상이 유기화합물이다. 우리의 일상생활에 영향을 미치는 물질인 플라스틱, 세제, 의약품, 살충제, 가솔린, 타이어, 의류, 종이, 필름, 향료 등 수많은 화합물들이 탄소 화합물로 유기화합물이다. 이러한 유기화합물에 대한 명명법, 구조 및 성질, 제법, 화학반응 등을 이해함으로써 공업 및 일상생활에 사용되는 유기화합물에 대한 이해가 수월해 질 것이다. 유기화학에 대한 어느 정도의 지식을 갖게 되면 특정한 반응조건에서 어떤 화합물이 어떻게 반응을 할 것인지 어느 정도 예측이 가능하다. 유기화합물들은 몇 가지 종류의 구조적 특징을 가지며 그 구조에 따라 가능한 반응이 정해져 있기 때문이다.

유기화합물의 일반적인 특성은 대부분 공유결합을 하고 있고, 분자간의 인력이 이온결합에 비해 작아서 녹는점 및 끓는점이 비교적 낮고, 유기용매(벤젠, 톨루엔, 알코올 등)에는 잘 녹으나 물에는 잘 녹지 않는다. 반응속도가 느리고 열, 빛 혹은 촉매 등을 가하지 않으면 반응이 어렵다. 또한 하나의 분자에 대하여 **이성질체**(isomer)[3)]가 많다. 유기화합물은 대부분 합성으로 만들고 있으나 그외 천연에서 얻기도 하고(원유, 천연가스, 당류 등) 알코올과 항생물질 및 유기산 등은 발효에 의해 얻어진다.

---

3) 이성질체(isomer) : 원자의 수나 종류가 동일한 화합물이나 원자들의 배열이 다른 화합물

유기화합물의 대부분의 원료인 석유와 천연가스의 주성분은 탄화수소(炭化水素)로 이루어져 있다. **탄화수소**(hydrocarbon)는 탄소(C)와 수소(H)로만 이루어진 화합물을 말하며, 그 구조에 따라 지방족 탄화수소와 방향족 탄화수소로 대별된다. **지방족 탄화수소**(aliphatic hydrocarbon)는 탄소 원자들간에 사슬(chain) 형태의 공유결합으로 이루어진 유기화합물로 탄소 원자들 사이의 결합 형태에 따라서 세분되는데, 탄소－탄소간의 결합이 모두 단일결합인 탄화수소는 **포화 탄화수소**(saturated hydrocarbon)라 하고, 탄소－탄소간의 결합이 이중결합 혹은 삼중결합을 가진 탄화수소를 **불포화 탄화수소**(unsaturated hydrocarbon)라 한다. **방향족 탄화수소**(aromatic hydrocarbon)는 여섯 개의 탄소 원자로 이루어진 고리 화합물인 벤젠(benzene)과 이와 유사한 구조를 가진 고리화합물로 된 불포화 탄화수소이다. 방향족 탄화수소는 지방족 탄화수소와 매우 다른 성질을 가지고 있으며, 이들은 대부분 향기가 있는데 이로 인해 방향성(芳香性)이라는 이름이 붙었다.

2.2 작용기

작용기(functional group)는 분자 안의 원자들로 이루어진 원자단으로 어떤 특정한 조건에서 분자의 화학반응에 영향을 주는 단위구조이다. 같은 작용기를 가진 유기화합물은 분자의 크기와 복잡성에 상관없이 동일하거나 비슷한 화학반응을 일으킨다. 유기화학에서 작용기는 유기화합물을 분류하는 기본단위가 되고 유기화합물 명명의 기준이 된다.

탄소는 수소 및 다른 탄소와 결합하거나 할로젠 원소, 산소, 질소, 황 등과 결합하여 여러 가지의 작용기를 가진 유기화합물을 만든다. 몇 가지의 보편적인 작용기를 가진 화합물과 간단한 구조의 예를 살펴보기로 하자. 작용기의 구조에서 기호 R 및 R′은 결합된 수소나 탄화수소 곁사슬(hydrocarbon side chain)을 나타내고, 기호 Ar은 방향족 탄화수소의 곁사슬을 나타낸다. 앞으로 이들 작용기를 가진 화합물에 관한 화학을 배우게 될 것이다.

(1) 탄화수소 그룹

탄화수소는 탄소와 수소로만 이루어진 유기화합물로 탄소－탄소간에 다중결합을 가질 수 있다. **알케인**(alkane)은 탄소－탄소간에 단일결합을 가진 포화 탄화수소, **알켄**(alkene)은 이중결합을 그리고 **알카인**(alkyne)은 삼중결합을 가진 불포화 탄화수소 화합물이다. **아렌**(arene)은 방향족 탄화수소로 탄소 원자의 육각 고리에 단일결합과 이중결합을 교대로 가지고 있다.

표 2.1 탄화수소 작용기 그룹

이름	구조	명명(접미어)	대표적인 예
알케인 (alkane)	$R(CH_2)_nH$	–에인 (–ane)	CH_3CH_3 에테인(ethane)
알켄 (alkene)	$R_2C{=}CR_2$	–엔 (–ene)	$H_2C{=}CH_2$ 에텐(ethene)
알카인 (alkyne)	$R{-}C{\equiv}C{-}R$	–아인 (–yne)	$HC{\equiv}CH$ 에타인(ethyne)
아렌 (arene)	Ar–H	–	벤젠(benzene)

(2) 탄소–할로젠 결합을 가진 그룹

탄소–할로젠 원소의 결합을 가진 화합물을 **할로알케인**(haloalkane)이라 한다. 이 결합은 상대적으로 약하거나 안전한 결합이다. 이 화합물들은 용매로 주로 많이 사용되는 유기화합물이다.

표 2.2 탄소–할로젠 작용기를 가진 그룹

이름	구조	명명(접두어)	대표적인 예
할로알케인 (haloalkane)	R–X (X=F, Cl, Br, I)	할로 (halo–)	–
플루오로알케인 (fluoroalkane)	R–F	플루오로 (fluoro–)	CH_3F 플루오로메테인 (fluoromethane)
클로로알케인 (chloroalkane)	R–Cl	클로로– (chloro–)	CH_3Cl 클로로메테인 (chloromethane)
브로모알케인 (bromoalkane)	R–Br	브로모– (bromo–)	CH_3Br 브로모메테인 (bromomethane)
아이오도알케인 (iodoalkane)	R–I	아이오도– (iodo–)	CH_3I 아이오도메테인 (iodomethane)

(3) 탄소–산소 단일결합을 가진 그룹

탄소에 산소가 단일결합으로 이루어진 화합물로 **알코올**(alcohol)이 있다. 알코올은 탄소에 하이드록시기(–OH, hydroxy group)가 결합된 화합물이다. 산소에 다른 탄소 두 개가 단일결합으로 이루어진 화합물은 **에터**(ether)이다. 방향족화합물인 벤젠에 하이드록시기가 결합된 화합물은 알코올과 물리화학적 성질이 현저하게 다르며 **페놀**(phenol)**류**라 한다. 알코올, 페놀 및 에터는 자연에 넓게 존재하며 산업, 제약 및 생물학적으로 많이 이용되고 있다.

표 2.3 탄소-산소 단일결합 작용기를 가진 그룹

이름	구조	명명(끝이름)	대표적인 예
알코올 (alcohol)	R−OH	−올 (−ol)	CH_3OH 메탄올(methanol)
페놀류	Ar−OH	−	(벤젠 고리)−OH 페놀(phenol)
에터 (ether)	R−O−R′	에터 (ether)	CH_3OCH_3 다이메틸 에터 (dimethyl ether)

(4) 탄소-황 단일결합을 가진 그룹

탄소와 황의 단일결합 작용기를 가진 화합물에는 **싸이올**(thiol), **설파이드**(sulfide) 및 다이설파이드(disulfide) 등이 있다. 싸이올과 설파이드는 알코올과 에터의 황 유사체이다.

표 2.4 탄소-황 단일결합 작용기를 가진 그룹

이름	구조	명명(끝이름)	대표적인 예
싸이올 (thiol)	R−SH	−싸이올 (−thiol)	CH_3SH 메테인싸이올 (methanethiol)
설파이드 (sulfide)	R−S−R	설파이드 (sulfide)	CH_3SCH_3 다이메틸 설파이드 (dimethyl sulfide)
다이설파이드 (disulfide)	R−S−S−R	다이설파이드 (disulfide)	CH_3SSCH_3 다이메틸 다이설파이드 (dimethyl disulfide)

(5) 탄소-산소 이중결합(카보닐기)를 가진 그룹

탄소에 산소가 이중결합을 가진 작용기 C=O를 **카보닐기**(carbonyl group)라 한다. 유기화학의 가장 중요한 화합물들이 카보닐기를 가진 것들이다. 이들은 카보닐기의 탄소에 결합된 원자들의 종류에 따라 분류된다. **알데하이드**(aldehyde)는 카보닐기 C=O에 수소 원자 한 개가 결

합된 화합물이고, **케톤**(ketone)은 카보닐기에 두 개의 탄소가 결합되어 있다. **카복실산**(carboxylic adid)은 카보닐기에 한 개의 수소와 −OH기가 결합된 화합물이고, 그 유도체인 **에스터**(ester)는 한 개의 탄소와 한 개의 에터 같은 산소(−OR)가 붙어 있고, **아마이드**(amide)는 한 개의 탄소와 한 개의 질소가, 그리고 **산 할로젠화물**(acyl halide)은 한 개의 탄소와 할로젠 원소가 결합되어 있는 화합물이다. 산 염화물(acyl chloride)이 공업적으로 가장 널리 사용된다.

표 2.5 카보닐 작용기를 가진 그룹

이름	구조	명명(끝이름)	대표적인 예
알데하이드 (aldehyde)	R−C(=O)−H	−알(−al) −카브알데하이드 (−carbaldehyde)	CH_3CHO 에탄알 (ethanal)
케톤 (ketone)	R−C(=O)−R'	−온 (−one)	CH_3COCH_3 프로판온 (propanone)
카복실산 (carboxylic acid)	R−C(=O)−O−H	−산(−oic acid) −카복실산 (−carboxylic acid)	CH_3COOH 에탄산 (ethanoic acid)
에스터 (ester)	R−C(=O)−O−R'	−오에이트 (−oate)	$CH_3COOC_2H_5$ 에틸에탄오에이트 (ethyl ethanoate)
아마이드 (amide)	R−C(=O)−N<	−아마이드 (−amide)	CH_3CONH_2 에탄아마이드 (ethanamide)
산 할로젠화물 (acyl halide)	R−C(=O)−X	−오일 −이드 (−oyl −ide)	CH_3COCl 에탄오일 클로라이드 (ethanoyl chloride)
산 무수물 (acid anhydride)	R−C(=O)−O−C(=O)−R'	−산 무수물 (−oic anhydride)	$CH_3COOCOCH_3$ 에탄산 무수물 (ethanoic anhydride)

(6) 탄소−질소 결합을 가진 그룹

탄소가 질소와 결합을 하고 있는 화합물은 아마이드 외에 **아민**(amine) 화합물이 있다. 질소에 결합된 탄소의 개수에 따라 1차, 2차, 3차 아민으로 분류된다. 질소에 탄소 원자가 하나 결합되어 있는 아민은 1차 아민(primary amine), 두 개가 결합되어 있는 것은 2차 아민(secondary amine), 그리고 세 개가 결합되면 3차 아민(tertiary amine)이라 한다. 탄소에 삼중결합으로 질소가 결합되어 있는 화합물은 **나이트릴**(nitrile)이 있다.

표 2.6 탄소–질소 단일결합을 가진 작용기 그룹

이름	구조	명명(끝이름)	대표적인 예
1차 아민 (primary amine)	$R-NH_2$	–아민 (–amine)	CH_3NH_2 메탄아민 (methanamine)
2차 아민 (secondary amine)	R_1-NH-R_2	–아민 (–amine)	$(CH_3)_2NH$ *N*–메틸 메탄아민 (*N*–methyl methanamine)
3차 아민 (tertiary amine)	$R_1-N(R_3)-R_2$	–아민 (–amine)	$(CH_3)_3N$ *N,N*–다이메틸 메탄아민 (*N,N*–dimethyl methanamine)
나이트릴 (nitrile)	$R-C\equiv N$	–나이트릴 (–nitrile)	CH_3CN 에테인나이트릴 (ethanenitrile)

문제 1 다음 분자가 가지고 있는 작용기를 확인하시오.

(1) $HO-CH_2-CH(NH_2)-COOH$

(2) $H_3C-CH(OCH_3)-CH_2-C(=O)-CH_2-CHO$

(3) 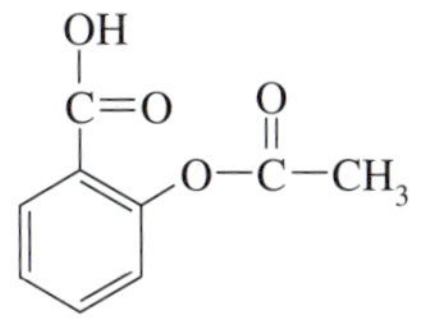 아스피린(aspirin) (벤젠 고리에 $-COOH$와 $-O-C(=O)-CH_3$가 결합한 구조)

(4) 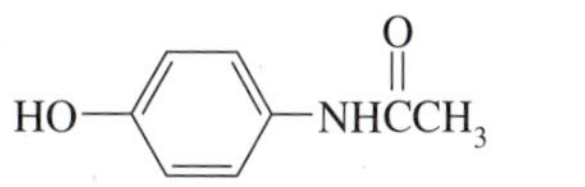 $HO-C_6H_4-NHC(=O)CH_3$

아세트아미노펜(acetaminophen)

2.3 유기화합물의 명명법

유기화학 발달 초기에는 모든 새로운 화합물은 그 화합물이 어디에서 유래되었는지 또는 어느 용도에 사용되는 지에 따라 이름을 붙였다. 예를 들면, 아세트산(acetic acid, CH_3COOH)은 라틴어 식초(acetum)에서 유래된 액체물질이며, 요소(urea, NH_2CONH_2)는 소변(urine)에서 분리된 결정물질이고, 해열 진통제인 아스피린(aspirin)은 아세틸 살리실산(acetyl salicylic acid)으로 바이엘사에서 상품명으로 아스피린이라는 이름을 지었다. 19C초에 과학이 발전하여 유기화합물의 수가 많아짐으로써 화합물을 관습적으로 불러오던 **관용명**(trivial name) 대신에 화합물의 체계적인 명명법이 필요하게 되었다. 따라서 화합물의 명명법에 대한 국제적 공인 체계가

국제 순수 및 응용화학 협회(IUPAC, International Union of Pure and Applied Chemistry)에 의해 제안되었다. 유기화합물의 IUPAC **계통명**은 1979년에 처음 발표되어(Nomenclature of Organic Chemistry; Blue Book) 1993년에 완본이 출판되었으며(A Guide to IUPAC Nomenclature of Organic Compounds) 2004년에 IUPAC 추천명(PIN ; Preferred IUPAC Name)이 제시되었다. 유기화합물 계통명은 계속 수정보완 되고 있다. 그러나 아직도 많은 유기화학 교과서들조차 IUPAC명을 혼용하여 사용하고 있는 실정으로 앞으로 통일된 계통명이 정착되리라 믿는다.

화합물의 한글명은 대한화학회(http://www.kcsnet.or.kr)에서 1998년 IUPAC 화합물 이름을 우리말로 표현하는 데에 필요한 원칙을 수정 발표하였다(부록 C 참조). 여기에서 한글명은 화합물의 IUPAC명을 영어로 발음되는 대로 적는 것이 특징이다. 예를 들면, formaldehyde (HCHO)를 종전에는 '포름알데히드'로 불렀으나 현재는 '폼알데하이드'로 명명하고 있다. 이 책은 최근의 IUPAC 규약 및 대한화학회에서 정한 규칙에 따라 유기화합물을 명명할 것이다. 그러나 IUPAC 계통명 외에 어떤 경우에는 관용명이 오히려 더 많이 사용되기도 하기 때문에 이들 또한 익힐 필요가 있다. 특히 산업현장에서는 아직도 관용명을 사용하는 경우가 비일비재하다. 예를 들면, 관용명인 아세트산(acetic acid)이 계통명인 에탄산(ethanoic acid)보다 그리고 에틸렌(ethylene)이 에텐(ethene)보다 더 자주 쓰이는 경우이다.

2.4 알케인

알케인(alkane)은 탄소－탄소와 탄소－수소 결합이 단일결합만으로 이루어진 포화 탄화수소로 **파라핀계 탄화수소**(paraffins)라고도 한다. 탄소와 수소가 결합하여 알케인을 만드는 방법을 생각해보면, 탄소는 네 개의 공유결합수를 가지고 수소는 한 개의 공유결합수만을 가짐으로써 탄소가 1개인 알케인은 수소가 4개인 하나의 구조(CH_4)가 가능하고, 탄소 2개와 수소 6개로 된 알케인은 한 개의 구조(C_2H_6), 그리고 탄소 3개와 수소 8개의 결합으로 가능한 알케인도 오직 하나의 구조(C_3H_8)만이 가능함을 알 수 있다. 탄소 4개와 수소 10개의 단일결합으로 만든 알케인 분자는 C_4H_{10}으로 두 개의 가능한 구조를 그릴 수 있으며, 탄소 4개가 일렬로 된 구조와 가지가 달린 구조가 있다. 유사한 방법으로 탄소 5개인 알케인의 분자 C_5H_{12}는 세 가지의 구조, 그리고 더 많은 탄소를 가진 분자는 더 많은 구조가 가능하다. 표 2.7에 몇 가지 알케인의 분자식 및 구조식을 나타내었다. 알케인의 일반식은 C_nH_{2n+2} $(n \geq 1)$이다.

표 2.7 몇가지 알케인의 구조

탄소수	분자식	구조식	축소구조식	공-막대 모형
1	CH_4	$\begin{array}{c} H \\ \vert \\ H-C-H \\ \vert \\ H \end{array}$	CH_4	
2	C_2H_6	$\begin{array}{c} H\ \ H \\ \vert\ \ \ \vert \\ H-C-C-H \\ \vert\ \ \ \vert \\ H\ \ H \end{array}$	CH_3CH_3	
3	C_3H_8	$\begin{array}{c} H\ \ H\ \ H \\ \vert\ \ \ \vert\ \ \ \vert \\ H-C-C-C-H \\ \vert\ \ \ \vert\ \ \ \vert \\ H\ \ H\ \ H \end{array}$	$CH_3CH_2CH_3$	
4	C_4H_{10}	$\begin{array}{c} H\ \ H\ \ H\ \ H \\ \vert\ \ \ \vert\ \ \ \vert\ \ \ \vert \\ H-C-C-C-C-H \\ \vert\ \ \ \vert\ \ \ \vert\ \ \ \vert \\ H\ \ H\ \ H\ \ H \end{array}$	$CH_3CH_2CH_2CH_3$	
		$\begin{array}{c} H\ \ H\ \ H \\ \vert\ \ \ \vert\ \ \ \vert \\ H-C-C-C-H \\ \vert\ \ \ \vert\ \ \ \vert \\ H\ \ \ \vert\ \ \ H \\ H-C-H \\ \vert \\ H \end{array}$	$\begin{array}{c} H_3C-CH-CH_3 \\ \vert \\ CH_3 \end{array}$	

분자의 구조식에서 탄소가 일렬로 연결된 화합물은 **곧은 사슬 알케인**(straight-chain alkane) 또는 **노말 알케인**(normal alkane)이라 한다. 그러나 노말 알케인의 실제의 탄소 사슬은 직선이 아니라 지그재그 형태의 구조이다(공-막대 모형 참조). 분자의 구조식에서 가지가 달린 알케인이 가능한데 이와 같은 알케인을 **가지달린 사슬 알케인**(branched-chain alkane)이라 한다.

2.5 알케인의 명명법

(1) IUPAC 명명법

규칙 1. 곧은 사슬 알케인은 탄소수에 따라 다음 접두어 뒤에 접미어 '–ane'을 붙여 명명한다.

표 2.8 알케인 명명의 접두어

탄소수	접두어	탄소수	접두어	탄소수	접두어	탄소수	접두어
1	meth–	6	hex–	11	undec–	20	icos–
2	eth–	7	hept–	12	dodec–	21	henicos–
3	prop–	8	oct–	13	tridec–	22	docos–
4	but–	9	non–	14	tetradec–	23	tricos–
5	pent–	10	dec–	15	pentadec–	30	triacont–

한글명은 접두어 뒤에 접미어 '–에인(–ane)'을 붙여 명명한다. 그러나 널리 사용되고 있는 C_1~C_8의 methane부터 octane까지의 경우에는 당분간 '–ane'를 '–안'으로 적는 것을 허용한다. 즉 '메탄, 에탄, 프로판, 부탄, 펜탄, 헥산, 헵탄, 옥탄' 이름의 병용을 허용한다(대한화학회 유기화합물명명 규칙, 1998). 표 2.9에 탄소 열 개까지의 알케인의 이름을 나타내었다.

표 2.9 곧은 사슬 알케인의 이름

탄소수(n)	이 름	한 글 명	화학식 (C_nH_{2n+2})	구 조 식
1	methane	메테인	CH_4	CH_4
2	ethane	에테인	C_2H_6	CH_3CH_3
3	propane	프로페인	C_3H_8	$CH_3CH_2CH_3$
4	butane	뷰테인	C_4H_{10}	$CH_3(CH_2)_2CH_3$
5	pentane	펜테인	C_5H_{12}	$CH_3(CH_2)_3CH_3$
6	hexane	헥세인	C_6H_{14}	$CH_3(CH_2)_4CH_3$
7	heptane	헵테인	C_7H_{16}	$CH_3(CH_2)_5CH_3$
8	octane	옥테인	C_8H_{18}	$CH_3(CH_2)_6CH_3$
9	nonane	노네인	C_9H_{20}	$CH_3(CH_2)_7CH_3$
10	decane	데케인	$C_{10}H_{22}$	$CH_3(CH_2)_8CH_3$

규칙 2. 가지 달린 사슬 알케인은 가장 긴 사슬을 기본명으로 하고, 가지의 위치가 작은 번호가 되도록 탄소 원자에 아라비아 숫자를 붙인다. 이때 가지가 달린 탄소 원자의 결합위치

를 나타내는 숫자와 치환기의 이름 사이에 하이픈(－)을 사용하여 기본명 앞에 붙여서 명명한다.

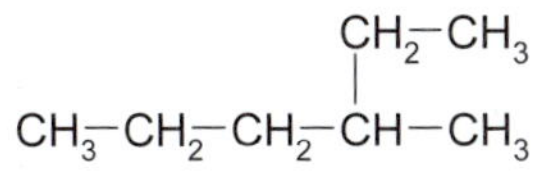

$$\begin{array}{l} \qquad\qquad\qquad\qquad\quad CH_2-CH_3 \\ \qquad\qquad\qquad\qquad\quad | \\ CH_3-CH_2-CH_2-CH-CH_3 \end{array}$$

위 구조에서 가장 긴 탄소 사슬은 C6인 것을 알 수 있다(C5가 아님에 유의). 또한 번호를 붙이는 경우, 왼쪽부터 시작하면 가지가 달린 탄소가 4번이 되고 오른쪽에서 시작하면 3번이 된다. 가지 달린 탄소가 가능한 작은 번호가 되여야 하므로 오른쪽에서 시작하여 3번을 붙인다.

주사슬에 붙은 원자단을 치환기라 하고 포화 탄화수소의 치환기는 **알킬기**(alkyl group)라 한다. 알킬기는 알케인에서 수소 원자 한 개를 떼어낸 원자단으로 알케인의 어미 '－ane' 대신에 '－일(yl)'을 붙여 명명한다. 예를 들면, 메테인에서 수소 한 개를 떼어낸 치환체인 CH_3-는 메틸(methyl)기라 하고, 에테인에서 수소 한 개가 제거된 치환체인 CH_3CH_2-는 에틸(ethyl)기라 한다. 그 외의 자세한 알킬기는 다음 절에서 자세히 다룰 것이다. 따라서 화합물 명칭은 3-methylhexane(3-메틸헥세인)이 된다.

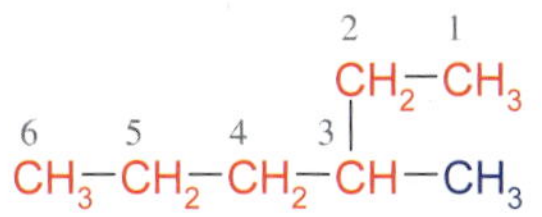

$$\begin{array}{l} \qquad\qquad\qquad\qquad\quad {}^{2}CH_2-{}^{1}CH_3 \\ \qquad\qquad\qquad\qquad\quad | \\ {}^{6}CH_3-{}^{5}CH_2-{}^{4}CH_2-{}^{3}CH-CH_3 \end{array}$$

3-methylhexane(3-메틸헥세인)
(4-methylhexane 아님, 2-ethylpentane 아님)

규칙 3. 두 개 이상의 동일한 치환기가 주사슬에 연결되어 있으면 치환기의 **결합위치－수－치환기명**을 기본명 앞에 붙여 명명한다. 동일 탄소에 두 개의 치환기가 붙어 있으면 같은 번호를 두 번 겹쳐 부여한다. 이때 동일치환기가 둘이면 다이(di－), 셋이면 트라이(tri－), 넷이면 테트라(tetra－) 등의 접두어를 알킬기명 앞에 붙이고, 숫자와 숫자사이에는 쉼표(,)를 넣고 숫자와 문자 사이에는 하이픈(－)을 사용하여 치환기와 기본명은 붙여 쓴다.

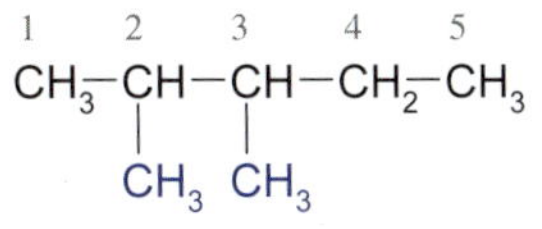

$$\begin{array}{l} {}^{1}CH_3-{}^{2}CH-{}^{3}CH-{}^{4}CH_2-{}^{5}CH_3 \\ \qquad\quad | \qquad\;\; | \\ \qquad\; CH_3 \;\; CH_3 \end{array}$$

2,3-dimethylpentane
(2,3-다이메틸펜테인)

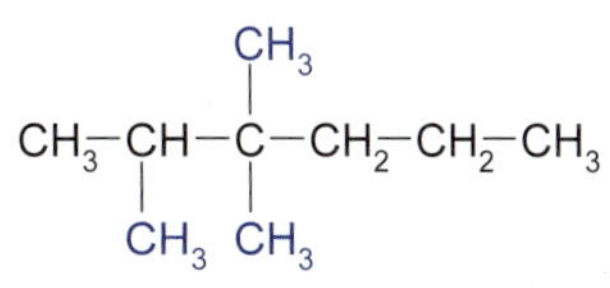

$$\begin{array}{l} \qquad\qquad\qquad CH_3 \\ \qquad\qquad\qquad | \\ CH_3-CH-C-CH_2-CH_2-CH_3 \\ \qquad\quad | \qquad | \\ \qquad\; CH_3 \;\; CH_3 \end{array}$$

2,3,3-trimethylhexane
(2,3,3-트라이메틸헥세인)

규칙 4. 둘 이상의 다른 치환체가 있을 경우, 처음 나타나는 치환체가 낮은 번호가 되도록 번호를 붙인다. 치환기의 순서는 번호순이 아닌 알파벳순으로 배열하며, 이 때 di－, tri－, tetra－ 등의 접두어는 알파벳 순서에 고려하지 않는다. 이때 마지막 치환기 이름과 기본 알케인의 이름은 붙여서 쓴다.

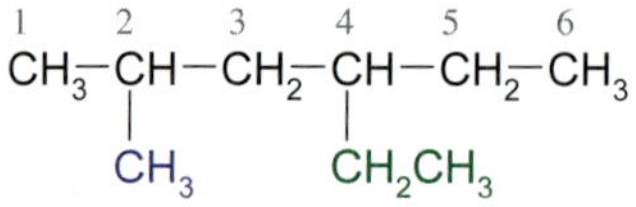

```
 1     2      3     4      5     6
CH3－CH－CH2－CH－CH2－CH3
       |            |
      CH3         CH2CH3
```

4-ethyl-2-methylhexane
(3-ethyl-5-methylhexane 아님)

- 처음 나타나는 치환체의 위치가 왼쪽에서 번호를 시작하면 2, 오른쪽에서 시작하면 3이 되어, 번호가 작은 2가 되도록 아라비아 숫자를 붙임
- ethyl기가 methyl기보다 알파벳순위가 우선하므로 ethyl기를 먼저 붙여 명명

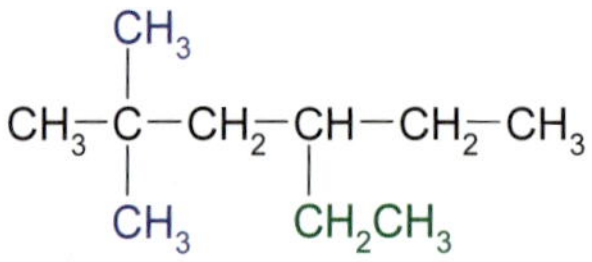

```
      CH3
       |
CH3－C－CH2－CH－CH2－CH3
       |            |
      CH3         CH2CH3
```

4-ethyl-2,2-dimethylhexane
(2,2-dimethyl-4-ethylhexane아님)
(3-ethyl-5,5-dimethylhexane아님)

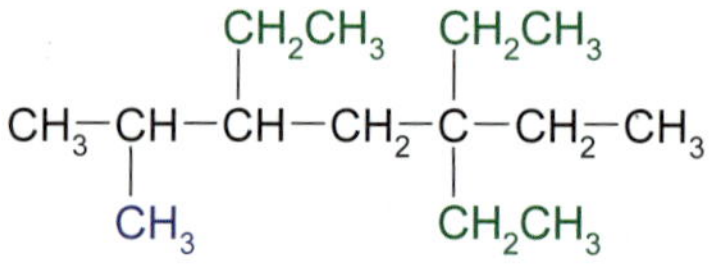

```
           CH2CH3       CH2CH3
             |            |
CH3－CH－CH－CH2－C－CH2－CH3
       |                  |
      CH3               CH2CH3
```

3,5,5-triethyl-2-methyl heptane
(2-methyl-3,5,5-triethylheptane 아님)
(3,3,5-triethyl-6-methylheptane아님)

- 다이(di－), 트라이(tri－), 테트라(tetra－) 등의 알킬기 앞에 붙은 접두사와 하이픈(－)으로 연결된 이차(*sec*－), 삼차(*tert*－)와 같은 알킬기 앞에 붙는 접두사는 알파벳 순서에 고려하지 않는다. 그러나 접두사 '아이소(iso)', '사이클로(cyclo)'는 하이픈을 붙인 접두사가 아니며 알파벳 순서에 포함하여 명명한다.

치환기의 위치가 양쪽 방향에서 같은 번호가 붙여진다면 치환기 이름이 알파벳 순서 규칙에 우선하는 쪽에 작은 번호를 붙인다.

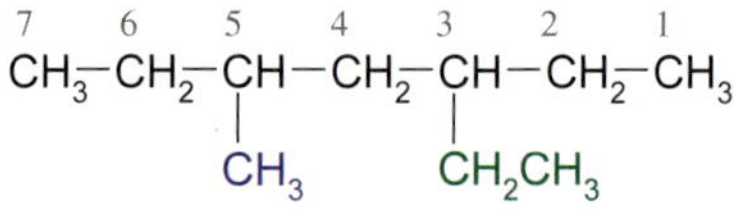

```
 7     6      5     4      3     2     1
CH3－CH2－CH－CH2－CH－CH2－CH3
              |            |
             CH3         CH2CH3
```

3-ethyl-5-methylheptane
(5-ethyl-3-methylhexane 아님)

만일 가장 긴 탄소의 길이가 동일한 두 개 이상의 사슬이 있을 경우에는 치환체가 가장 많이 붙어 있는 사슬을 기본명으로 하여 명명한다.

3 4 5 6
$CH_3-CH_2-CH-CH_2-CH_2-CH_3$
2 $CH-CH_3$
1 CH_3

3-ethyl-2-methylhexane
(2치환체)

1 2 3 4 5 6
$CH_3-CH_2-CH-CH_2-CH_2-CH_3$
$CH-CH_3$
CH_3

(3-isopropylhexane 아님)
(1치환체)

(2) 관용명(Trivial Name)

알케인의 관용명은 '노말($n-$)', '아이소(iso)', '네오(neo)'의 접두사를 붙여 명명한다. 탄소가 일렬로 연결된 곧은 사슬 알케인을 **노말-알케인** (n-alkane)이라 한다. **아이소알케인**(isoalkane)은 탄소의 곧은 사슬 끝에 메틸기가 곁가지로 붙어있는 알케인을 일컫고, **네오알케인**(neoalkane)은 두 개의 메틸기가 곧은 사슬에 같이 붙어 있는 알케인을 말한다. 일반적으로 뷰테인, 펜테인 및 헥세인은 이런 관용명을 자주 사용한다.

$CH_3CH_2CH_2CH_3$

n-butane (노말-뷰테인)

CH_3
$H_3C-CH-CH_3$

isobutane(아이소뷰테인)

$CH_3CH_2CH_2CH_2CH_3$

n-pentane (노말-펜테인)

CH_3
$H_3C-CH-CH_2CH_3$

isopentane(아이소펜테인)

CH_3
$H_3C-C-CH_3$
CH_3

neopentane(네오펜테인)

동일한 원자와 동일한 수를 가진 화합물이 원자들의 배열방법이 다른 것을 **이성질체**(isomer)라 한다. 뷰테인은 두 개의 구조가 가능하고 펜테인은 세 개의 구조가 가능하다. 이와 같이 분자식은 같으나 원자들이 다르게 연결된 화합물을 **구조이성질체**(structural isomer)라 한다. 알케인의 탄소의 갯수가 많아질수록 구조이성질체의 수가 훨씬 많아지는 것을 알 수 있다.

표 2.10 분자에 따른 구조이성질체 수

알케인	뷰테인	펜테인	헥세인	헵테인	옥테인	노네인
이성질체 수	2	3	5	9	18	35

예제 1.1 다음 알케인의 IUPAC 이름을 쓰시오.

(1)

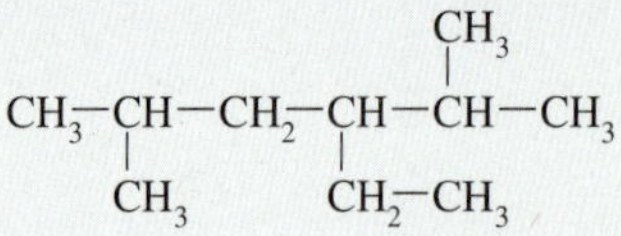

```
                        CH3
                        |
CH3-CH-CH2-CH-CH-CH3
     |        |
     CH3      CH2-CH3
```

(2)

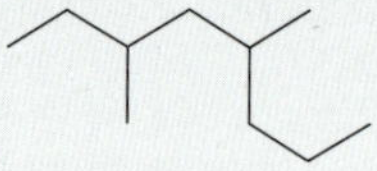

풀이 (1) 탄소에 작은 번호를 부여하려면 오른쪽부터 번호를 붙여야 한다 (2,3,5가 2,4,5보다 우선한다).

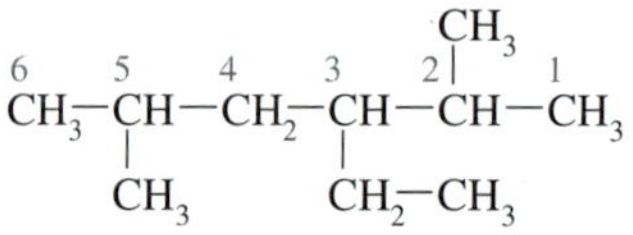

```
                        CH3
 6    5    4    3    2  |   1
CH3-CH-CH2-CH-CH-CH3
     |        |
     CH3      CH2-CH3
```

기본명은 탄소가 여섯 개 이므로 hexane이 되고, 알킬기는 C2, C5에 메틸기가 각각 붙어 있으므로 2,5-dimethyl이고, C3에 에틸기가 붙어 있으므로 3-ethyl이 된다. 명명하는 순서는 알파벳 순서로 배열하는데 dimethyl의 접두어 di－는 고려하지 않으므로 ethyl기가 우선하여, 3-에틸-2,5-다이메틸헥세인(3-ethyl-2,5-dimethylhexane)이 된다.

(2) 가장 긴 탄소의 수는 C8이 되고, 번호를 붙이면 가지의 위치가 작은 번호가 되도록 붙여야 하므로 왼쪽부터 번호를 붙인다. C3와 C5에 메틸기가 붙어 있으므로, 3,5-dimethyl이 되어, 3,5-다이메틸옥테인(3,5-dimethyloctane)이 된다.

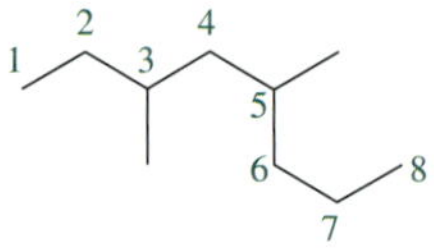

1 2 3 4 5 6 7 8

문제 2 다음 화합물의 IUPAC명을 쓰시오.

(1)

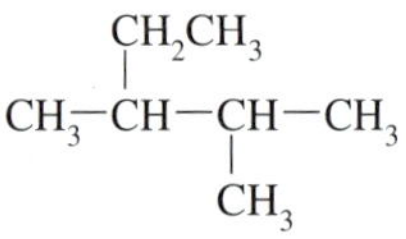

```
     CH2CH3
     |
CH3-CH-CH-CH3
        |
        CH3
```

(2)

```
     CH3
     |
CH3-C-CH2-CH-CH3
     |        |
     CH3      CH2CH3
```

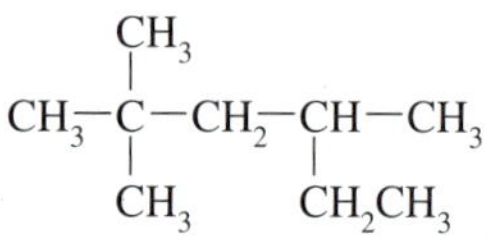

(3) $(CH_3)_3CCH_2CH(CH_2CH_3)_2$

(4) $(CH_3CH_2)_2CHCH_2CH(CH_3)_2$

(5)

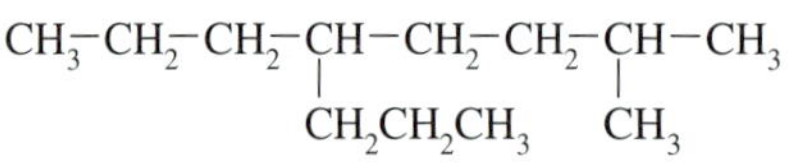

```
CH3-CH2-CH2-CH-CH2-CH2-CH-CH3
             |             |
             CH2CH2CH3     CH3
```

(6)

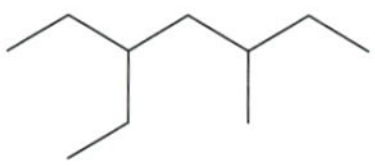

문제 3 다음 화합물의 구조식을 그리시오

(1) 2-메틸펜테인 (2-methylpentane)
(2) 2,2,4-트라이메틸옥테인 (2,2,4-trimethyloctane)
(3) 3,3-다이에틸헵테인 (3,3-diethylheptane)
(4) 3-에틸-2-메틸헥세인 (3-ethyl-2-methylhexane)
(5) 2,3,6-트라이메틸-5-프로필옥테인 (2,3,6-trimethyl-5-propyloctane)
(6) 5-에틸-2,5-다이메틸헵테인 (5-ethyl-2,5-dimethylheptane)

문제 4 헥세인(hexane)의 구조이성질체를 모두 나타내고 IUPAC명으로 명명하시오.

2.6 알킬기

알케인에서 수소가 하나 제거되어 남아 있는 부분적인 원자단을 **알킬기**(alkyl group)라 하고 보통 R로 표기한다. 알킬기 자체는 안정한 화합물이 아니며 단지 큰 화합물의 일부분이다. 알킬기의 구조식에서 '−'는 그 위치에 다른 원자 또는 작용기가 붙을 수 있다는 것을 의미한다.

메테인과 에테인에서 유도되는 알킬기는 한 개이고, 프로페인 $CH_3CH_2CH_3$에서 수소 한 개를 제거하는 경우에는 말단의 탄소에서 수소 한 개를 떼어내든지 또는 사슬 안쪽의 탄소에서 수소 한 개를 떼어내어 생기는 두 개의 알킬기가 가능하다. 또한 탄소 네 개의 알킬기는 *n*-뷰테인에서 수소 한 개씩을 떼어내어 생기는 두 개와 아이소뷰테인에서 생기는 두 개로 총 네 개가 가능하다.

알킬기의 명명은 알케인의 어미 '−에인(−ane)' 대신에 '**−일(−yl)**'을 붙여 명명한다. C3 이상의 알킬기의 계통명은 알케인 접미어 '−ane'의 'e' 대신에 '−yl'을 붙인다. 탄소 원자의 번호는 '−'가 붙은 탄소가 작은 번호가 되도록 하여 숫자를 부여한다. 예를 들면, IUPAC 추천명인 PIN (preferred IUPAC names, 2004)의 규약에 의하면 프로페인에서 생기는 두 개의 알킬기의 계통명은 propyl (propan-1-yl은 허용 안됨), propan-2-yl (혹은 1-methylethyl)이다. 네 개의 뷰틸기는 butyl (butan-1-yl 허용 안됨), butan-2-yl (혹은 1-methylpropyl), 2-methylpropyl, 그리고 2-methylpropan-2-yl (혹은 1,1-dimethylethyl)로 명명한다. 알킬기들은 관습에 따라 관용명을 사용하기도 하는데, 아이소프로필(isopropyl), *sec*-뷰틸(*sec*-butyl), 아이소뷰틸(isobutyl), *tert*-뷰틸(*tert*-butyl 혹은 *t*-butyl)기가 있으며 이중에서 특히 *tert*-butyl기는 IUPAC에서 승인된 추천명이다. 다음은 유기화합물 명명에서 자주 등장하는 알킬기의 계통명이다. 괄호 안은 관용명을 나타낸다.

CH_3-	CH_3CH_2-	$CH_3CH_2CH_2-$	$CH_3\underset{\vert}{C}HCH_3$
methyl	ethyl	propyl (not propan-1-yl)	propan-2-yl* (isopropyl)
$CH_3CH_2CH_2CH_2-$	$CH_3\underset{\vert}{C}HCH_2CH_3$	$CH_3\underset{CH_3}{C}HCH_2-$	$H_3C-\underset{CH_3}{\overset{CH_3}{C}}-$
butyl* (not butan-1-yl)	butan-2-yl* (*sec*-butyl)	2-methylpropyl* (isobutyl)	2-methylpropan-2-yl (*tert*-butyl*)
$CH_3CH_2CH_2CH_2CH_2-$	$CH_3CH_2CH_2\overset{CH_3}{C}H-$	$CH_3CH_2\overset{CH_3}{C}HCH_2-$	$CH_3\overset{CH_3}{C}HCH_2CH_2-$
pentyl* (not pentan-1-yl)	pentan-2-yl* 또는 1-methylbutyl	2-methylbutyl*	3-methylbutyl (isopentyl)

* PIN (preferred IUPAC name, 2004)

여기서 알킬기의 계통명은 2004년 정해진 새로운 IUPAC 추천명(PIN)을 따른 이름이다. 새로운 규칙이 적용된 IUPAC 계통명은 아직 전세계에서 널리 채택되지 않았고 많은 유기화학 교재는 종전의 계통명을 사용하고 있는 실정이다. 그러나 본 교재에서는 되도록 새로운 명명 체계를 따를 것이다. 특히 뒤에 나올 알켄이나 알코올 등에서 종전의 계통명과 새로운 계통명이 다소 차이를 보이고 있음을 배우게 될 것이다. 관용명 중 *tert*-butyl기를 제외하고 *sec*-butyl 및 isobutyl, isopentyl기 등은 PIN에서 제외되고 있으나 많은 교과서와 산업현장에서 아직도 종종 사용되고 있어 경우에 따라서 사용하기도 하였다.

알킬기의 이름에 사용되는 접두어 *sec*－ (secondary, 이차), *tert*－ (tertiary, 삼차) 등은 결합능력이 있는 탄소 원자에 결합된 다른 탄소의 개수를 나타낸다. 어떤 결합능력이 있는 탄소에 단 한 개의 탄소만이 연결되어 있으면 **일차**(primary, 1°), 다른 탄소가 두 개 결합되어 있으면 **이차**(secondary, 2°), 세 개 결합되어 있으면 **삼차**(tertiary, 3°), 그리고 네 개 결합되어 있으면 **사차**(quaternary, 4°) 탄소 원자라 한다. 알킬기에 대한 탄소의 결합능력은 기가 붙은 탄소에 대하여 1차, 2차, 3차 탄소가 있음을 알 수 있다.

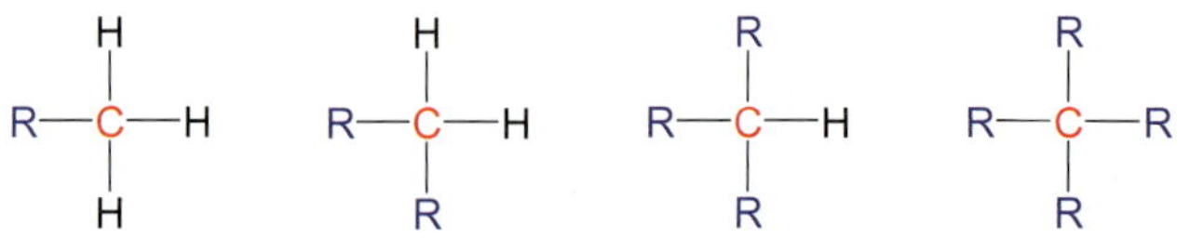

$R-\underset{H}{\overset{H}{C}}-H$ $R-\underset{R}{\overset{H}{C}}-H$ $R-\underset{R}{\overset{R}{C}}-H$ $R-\underset{R}{\overset{R}{C}}-R$

1차 탄소 2차 탄소 3차 탄소 4차 탄소

알케인에서 치환기로 할로젠 원소들이 결합되어 있는 화합물은 R－X로 **할로알케인**(haloalkane)이라 한다(6.2절). 할로젠 원소가 치환기로 사용되었을 경우의 할로젠기 이름은 할로젠 원소 이름의 어미 '－ine'대신에 '－o'로 바꾼다. 즉, F (fluorine)은 '플루오로(fluoro－)', Cl (chlorine)은 '클로로(chloro－)', Br (bromine)은 '브로모(bromo－)', I (iodine)는 '아이오도(iodo－)'로 명명한다.

F－	Cl－	Br－	I－
fluoro－ (플루오로)	chloro－ (클로로)	bromo－ (브로모)	iodo－ (아이오도)

그 외에 자주 사용되는 치환기로 $-NO_2$ 나이트로(nitro－)기와 $-NH_2$ 아미노(amino－)기 있다. 이러한 치환기들의 알케인 유도체 명명법도 알킬기가 치환된 화합물의 명명법과 동일한 규칙에 준하여 작은 번호가 되도록 치환기가 붙은 탄소의 번호를 부여한 후에 알파벳순으로 치환기를 나열하여 기본명 앞에 붙여 명명하면 된다. 단, 치환기 아미노기가 붙은 화합물은 아민으로 제10장에서 자세히 다루게 된다.

예제 2.2 다음 화합물의 IUPAC명을 적으시오.

(1) $CH_3-CH(Cl)-CH(Br)-CH_2CH_3$

(2) $CH_3CH_2-CH(CH_3)-CH(NH_2)-CH_2CH_3$

풀이 (1) 탄소의 수가 다섯 개로 기본명은 pentane이고, 할로젠기가 달린 탄소에 작은 번호가 되게 번호를 붙이면 2번 탄소에 클로로기, 그리고 3번 탄소에 브로모기가 붙어 있다. 이름은 번호순이 아닌 알파벳 순으로 기본명 앞에 붙여 적으면 되므로 3-bromo-2-chloropentane이 된다.

(2) 기본명은 hexane이고 작용기는 모두 3번 탄소에서 시작하나 $-NH_2$인 아미노(amino)기가 methyl기보다 우선하므로 아미노기를 3번으로 하여 3-amino-4-methylhexane이 된다.

문제 5 다음 화합물의 계통명을 적으시오.

(1) $CH_3-CH(Cl)-CH(Br)-C(CH_3)(CH_2CH_2CH_2CH_3)-CH-CH_2CH_3$

(2) $CH_3-CH(CH_3)-CH(CH_2CH_2CH_3)-CH(F)-CH(NO_2)-CH_3$

문제 6 뷰테인(butane)에서 수소 하나가 염소 원자로 치환된 화합물의 구조이성질체를 모두 그리고, 계통명을 적으시오.

2.7 알케인의 성질

알케인은 물에 잘 녹지 않으나 유기용매에는 잘 녹는다. 물은 극성을 띤 공유결합 화합물이나 알케인은 비극성 공유결합을 이루고 있어 물분자와 수소결합을 형성할 수가 없고 물에 잘 용해되지 않는다. 그러나 알케인은 벤젠, 알코올, 에터 등과 같은 유기용매에는 잘 녹는다. 알케인은 상온, 상압에서 C-4까지인 메테인, 에테인, 프로페인, 뷰테인은 기체이고, C-5 ~ C-17은 액체이며 그 이상은 고체이다.

알케인은 비슷한 분자량을 가진 다른 유기화합물보다 끓는점과 녹는점이 낮다. 그 이유는 비극성 분자들간의 인력이 비교적 작고 분자간에 약한 분산력(dispersion force)이 작용하기 때문이다. 알케인은 사슬의 길이가 커지면 즉 분자량이 증가함에 따라 끓는점 및 녹는점이 모두 거의 규칙적인 증가를 나타낸다(그림 2.1). 그러나 사슬의 가지가 많을수록 끓는점은 낮아진다. 예를 들면, 펜테인의 끓는점은 36.1℃, 가지가 하나인 아이소펜테인은 27.9℃, 그리고 네오펜테인은 9.4℃이다.

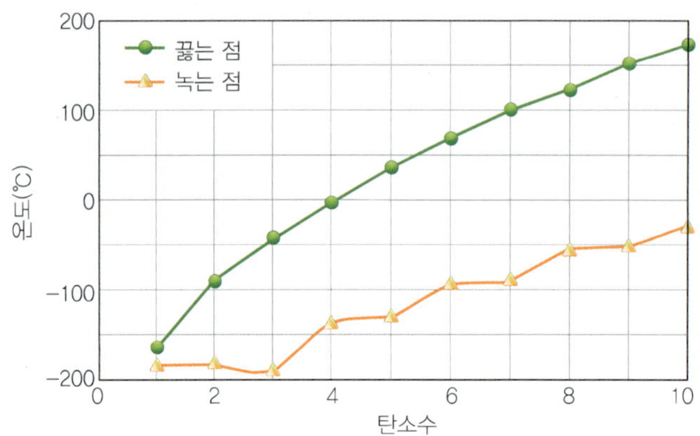

그림 2.1 탄소수에 따른 알케인의 끓는점과 녹는점

알케인을 얻는 가장 중요한 천연원료 두 가지는 원유와 천연가스이다. 원유(crude oil)는 여러 가지 탄화수소 액체 혼합물인데 이 중에서 많은 것이 알케인과 사이클로알케인이다. 원유는 석유정제를 통하여 끓는점에 따라 분별증류하여 석유가스, 가솔린, 등유, 경유, 중유를 얻고 잔유는 감압증류를 통하여 윤활유와 왁스 및 아스팔트를 얻는다. 천연가스(natural gas)는 메테인(70~95%)이 주성분이고, 에테인(2~10%) 그리고 소량의 기타 알케인으로 구성되어 있다. 천연가스는 정제한 후 액화시켜 난방 및 발전 등의 연료로 사용된다.

2.8 알케인의 형태

알케인의 탄소－탄소 단일결합은 한 탄소의 sp^3 혼성궤도함수와 다른 탄소의 sp^3 혼성궤도함수가 겹쳐서 시그마(σ)결합을 이루고 있다. 단일결합은 그 결합축을 중심으로 자유롭게 회전할 수 있으므로, 탄소－탄소 결합축을 중심으로 한 탄소를 작은 각도로 회전하면 무수히 많은 입체배열을 만들 수 있다. 같은 분자가 탄소－탄소 단일결합의 회전으로 서로 다른 모양의 공간 배향을 가진 이성질체를 **형태 이성질체**(conformational isomer)라 한다. 탄소－탄소 단일결합 중심축의 회전은 실온에서 초당 수백만 번 이상 회전이 가능할 정도로 매우 빠르며 입체형태간의 상호 전환도 매우 빠르다. 따라서 구조 이성질체와 달리 형태 이성질체는 분리할 수가 없다.

에테인은 탄소－탄소 단일결합을 축으로 하여 각 탄소를 회전시킬 수가 있어 공간적으로 무수히 많은 입체배열이 있다. 그 중에서 두 개의 극단적인 입체형태인 **엇갈린 입체형태**(staggered conformation)와 **겹친 입체형태**(eclipsed conformation)가 있다. 엇갈린 입체형태는 한 탄소에 결합된 수소가 다른 탄소의 수소와 가능한 가장 멀리 떨어져 있는 형태이고, 반면에 겹친 형태는 두 수소가 가장 가까이 있는 형태이다. 분자의 전자쌍 반발 모형에 의하면 엇갈린 형태가 원자들간의 반발력을 줄일 수 있어서 가장 안정한 형태가 되고, 겹친 형태가 가장 불안정한 상태이다.

그림 2.2 에테인의 두 형태

화합물은 실제로 3차원 모양이지만 우리는 2차원의 구조를 종이에 그려서 분자의 구조를 이해한다. 원자들의 3차원 공간배열을 효율적으로 나타내기 위한 방법으로 화학자들이 사용하는 것이 **원근법**(dash-wedge)과 **뉴만 투영도**(Newman projection)이다. 원근법은 실선 쐐기와 점선 쐐기 모양을 이용하여 3차원 구조를 나타내는 방법이다 (1.11절 참조). 뉴만 투영도는 탄소－탄소 결합을 한쪽 끝에서 투영하듯이 관찰하여 보이는 모양을 그린다. 에테인의 뉴만 투영도를 그려보면, 앞에 보이는 탄소는 세 개의 결합이 교차하는 점을 나타내고, 뒤에 보이는 탄소는 원으로 그린다. 각 탄소에서 뻗어 나온 세 개의 선은 탄소들이 세 개의 수소와 결합한 것이다.

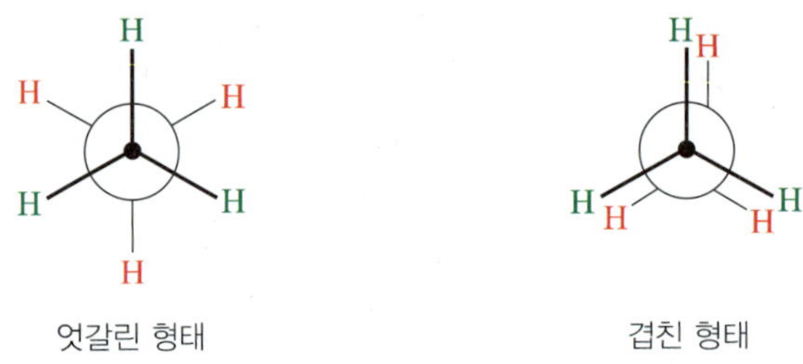

엇갈린 형태　　　　겹친 형태

그림 2.3 에테인의 뉴만 투영도

문제 7 프로페인(propane)의 가장 안정한 형태 및 가장 불안정한 형태의 뉴만 투영도를 그리시오.

2.9 사이클로알케인

사이클로알케인(cycloalkane)은 세 개 이상의 탄소가 고리(ring)로 결합된 포화 탄화수소이다. 사이클로알케인은 $-CH_2-$ 고리로 이루어져 있으므로 일반식은 C_nH_{2n} $(n \geq 3)$이 된다.

사이클로알케인의 탄소－탄소 결합은 선으로 그리고 탄소에 연결된 수소는 생략한 **탄소 골격구조**(carbon skeletal structure)로 그린다. 고리의 각 꼭지점은 탄소가 위치하고, 각 탄소는 네 개의 결합수를 가져야 하므로 적당한 수의 수소와 결합하고 있다고 생각한다. 사이클로알케인의 명명은 열린 사슬 알케인의 명명법 규칙과 비슷하다.

규칙 1. 알케인명에 접두어 '사이클로(cyclo－)'를 붙여서 부른다.

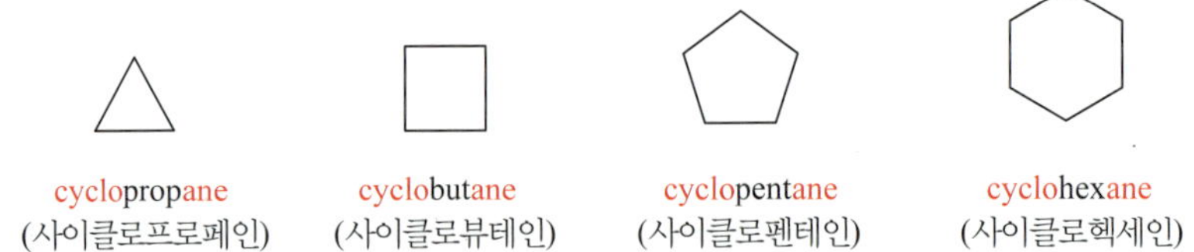

규칙 2. 치환기가 한 개 있는 사이클로알케인은 사이클로알케인을 기본명으로 하고 치환기의

이름을 앞에 붙여 명명한다. 이때 치환기 앞에 번호 1은 붙이지 않는다.

$-CH_3$ $\quad$ $-Cl$ $\quad$ $-CH_2CH_2CH_3$

methylcyclobutane $\quad$ chlorocyclopropane $\quad$ propylcyclopentane

규칙 3. 사이클로알케인의 고리의 탄소 원자의 수가 치환기의 탄소의 수보다 적은 경우에는 그 화합물은 알케인을 기본명으로 하고, 고리는 사이클로알킬기의 치환기로 간주하여 명명한다.

$-CHCH_2CH_3$ (with CH_3) $\quad$ $-CH_2CH_2CH_2CH_2CH_3$

2-cyclopropylbutane $\quad$ 1-cyclobutylpentane

규칙 4. 치환기가 두 개 이상 존재하면 치환기가 달린 고리에 있는 탄소들의 번호가 작은 번호가 되도록 고리를 돌아가면서 번호를 붙인다. 치환기의 순서는 번호순이 아니라 알파벳순으로 배열하고, 마지막 치환기 이름과 기본명은 붙여서 쓴다.

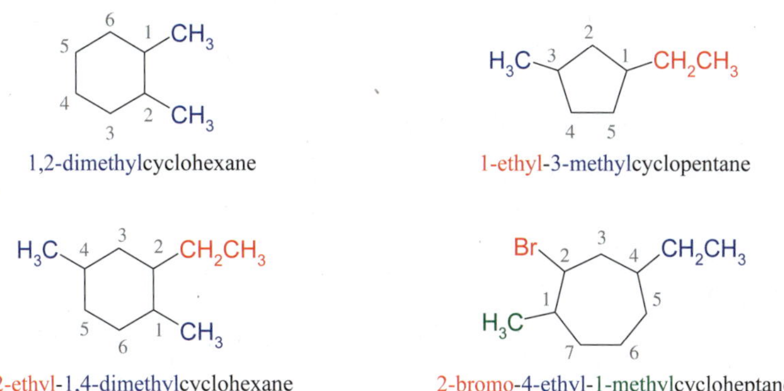

1,2-dimethylcyclohexane $\quad$ 1-ethyl-3-methylcyclopentane

2-ethyl-1,4-dimethylcyclohexane $\quad$ 2-bromo-4-ethyl-1-methylcycloheptane

문제 8 다음 화합물의 IUPAC명을 쓰시오.

(1) $-CH_2CH_3$ $\quad$ (2) $-Cl$ $\quad$ (3) H_3C- $-CH_3$

(4) H_3C, CH_3, Br $\quad$ (5) $CH_3CH_2CHCH_2CH_3$ $\quad$ (6)

2.10 사이클로알케인의 성질

사이클로프로페인의 입체배열에서 세 개의 탄소 원자는 동일한 평면에 놓여 있으며, C−C−C 결합각은 60°이다. 한 탄소의 두 수소 중 하나는 평면 위에 위치하고 다른 하나는 평면 아래에 위치한다. 여섯 개의 모든 C−H 결합은 이웃해 있는 결합과 겹친 입체배열을 가진다. 한 탄소에 네 개의 치환체가 연결되어 있는 경우의 이상적인 결합각은 메테인에서와 같이 109.5°이다. 그러나 사이클로프로페인은 각 꼭지점 각은 60°로 결합각 스트레인(angle strain)이 존재한다. 이로 인해 알케인보다 불안정하고 반응성이 더 크다.

사이클로뷰테인과 사이클로펜테인은 탄소들이 동일 평면상에 놓이지 않으며 약간 오므라든 모양의 주름잡인 형태를 취한다. 이로 인해 C−H 결합이 서로 가리워진 상태를 다소 감소시켜 비틀림 스트레인도 사이클로프로페인보다 적게 작용한다.

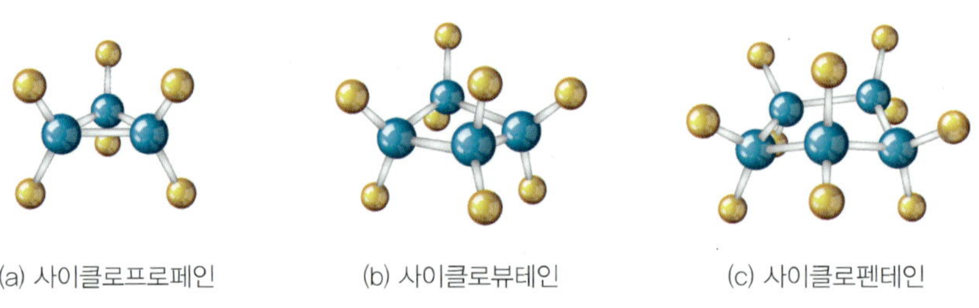

(a) 사이클로프로페인 (b) 사이클로뷰테인 (c) 사이클로펜테인

그림 2.4 사이클로알케인 형태

사이클로헥세인의 치환된 육원자 고리화합물은 자연계에 많이 존재하므로 다른 고리 화합물에 비하여 가장 널리 연구되었다. 사이클로헥세인은 내각이 120°인 평면형의 입체배열은 결합각 스트레인을 많이 받으므로 평면형이 아닌 **의자형태**(chair conformation)를 하고 있다. 의자형태의 열두 개의 수소가 **축방향**(axial)과 **적도방향**(equatorial)으로 여섯 개씩 나누어져 배치되어 있다. 각 탄소는 축방향(혹은 수직방향)과 적도방향(혹은 수평방향)으로 수소를 하나씩 가지고 있고, 인접 탄소는 반대방향으로 교대로 배열된다. 여섯 개의 축방향 수소 중에서 세 개는 탄소 평면의 위쪽에 그리고 나머지 세 개는 아래쪽에 하나씩 건너서 위치하고 있다. 여섯 개의 적도방향의 수소는 거의 수평면상에 위치한다. 인접 탄소에 붙은 모든 수소 원자는 완전히 엇갈린 형태로 배열된다. 따라서 사이클로헥세인은 의자형태가 가장 안정하고 대부분 이런 형태로 존재한다.

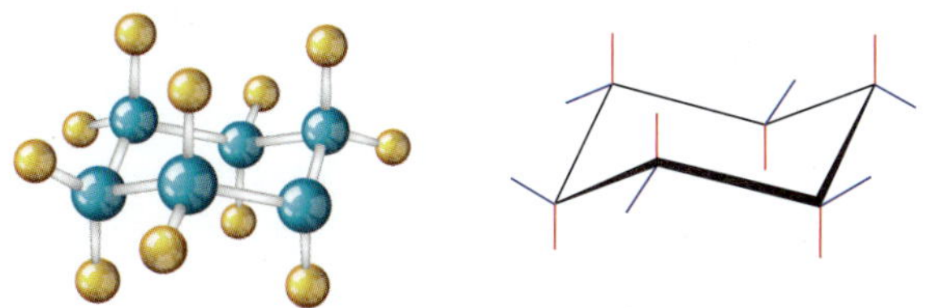

그림 2.5 사이클로헥세인의 의자 형태

사이클로헥세인을 볼 때, 고리의 아래에 있는 선은 앞쪽을 향하고 위에 있는 선은 뒤쪽으로 놓여 있다고 간주한다. 이를 나타내기 위하여 고리의 앞쪽 결합이 관찰자에게 더 가까이 있음을 나타내기 위하여 짙고 굵은 선으로 나타낸다.

메틸사이클로헥세인(methylcyclohexane)처럼 사이클로헥세인의 수소를 메틸기와 같은 부피가 큰 치환기로 치환된 구조를 살펴보도록 하자. 사이클로헥세인은 **고리 뒤집힘**(ring flip)에 의해 한 의자형태에서 다른 의자형태로 상호전환 한다. 의자형태의 양 끝을 잡고 반대 방향으로 젖히면 고리가 뒤집히는 입체배열이 만들어 진다.

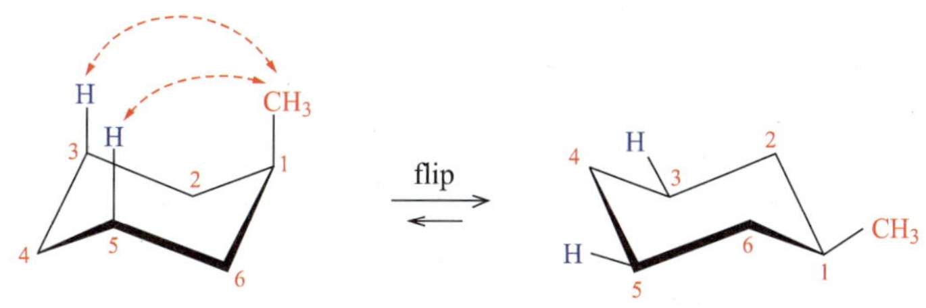

그림 2.6 메틸사이클로헥세인의 고리 뒤집힘 의자형태

메틸사이클로헥세인의 두 가지 의자형태는 상온에서 빠르게 전환하므로 두 형태의 이성질체를 분리하기는 어렵다. 메틸사이클로헥세인의 하나의 의자형태에서 축방향에 위치한 치환기는 고리 뒤집힘 형태에서는 적도방향에 위치하게 되고 반대로 적도방향의 치환기는 축방향의 치환기가 된다. 고리에서 같은 방향에 있는 세 개의 축방향 결합은 서로 평행하므로 어떤 축방향에 있는 치환체는 다른 두 축에 있는 치환체와 상대적으로 가깝게 된다. 부피가 큰 치환체가 적도방향에 있을 때 입체장애가 적기 때문에 메틸 치환기가 적도방향에 위치한 입체배열이 축방향에 있는 입체배열보다 더 안정하다. 구조에 대한 연구결과 메틸사이클로헥세인의 약 95%는 메틸 치환체가 적도방향의 위치에 있는 의자 입체배열을 하고 약 5%만이 축방향에 치환체가 있는 입체배열을 하는 것으로 알려져 있다. 메틸기 외에 다른 일치환 사이클로헥세인에서도 메틸사이클로헥세인과 같이 적도방향의 위치에 치환기가 존재하는 입체배열이 축방향에 위치하는 것보다 더 안정함을 예상할 수 있다. 사이클로알케인 화합물 고리에 치환체 두 개를 가진 입체배열을 살펴보면, 두 가지의 입체배열 상태가 가능하다. 예를 들면, 1,2-다이메틸사이클로

펜테인(1,2-dimethyl-cyclopentane)의 가능한 구조에서 메틸기가 사이클로펜테인 고리의 각각 같은 방향 혹은 반대 방향에 위치한다. 분자식이 같고 분자의 원자들이 같은 순서로 결합되어 있지만 원자의 공간배열이 서로 다른 이성질체를 **입체 이성질체**(stereoisomer)라 한다. 특히 분자식이 같고 원자들의 배열도 같으나 원자들의 공간 배향이 다른 입체 이성질체를 **기하 이성질체**(geometric isomer) 혹은 **시스–트랜스 이성질체**(*cis-trans* isomer)라고 한다. 시스-트랜스 이성질체에서 고정된 골격의 같은 쪽에 치환기들이 붙어 있으면 시스 이성질체 그리고 반대쪽에 치환기들이 붙어 있으면 트랜스 이성질체라 한다. 시스는 '같은 방향'이란 뜻이고, 트랜스는 '반대 방향'이라는 뜻이다. 시스-트랜스 이성질체는 물리·화학적 성질이 서로 다른 화합물이다. 이들은 서로 분리할 수 있다.

cis-1,2-dimethylcyclopentane   *trans*-1,2-dimethylcyclopentane

예제 2.3 다음은 1,2–다이메틸사이클로헥세인의 의자형태이다.

(1) 이 입체구조는 시스형인가? 트랜스형인가?
(2) 고리 뒤집힌 의자형태를 그리시오.
(3) 공간 구조가 다른 기하 이성질체의 의자형태를 그리시오.
(4) 평면육각형 모양으로 그리시오.

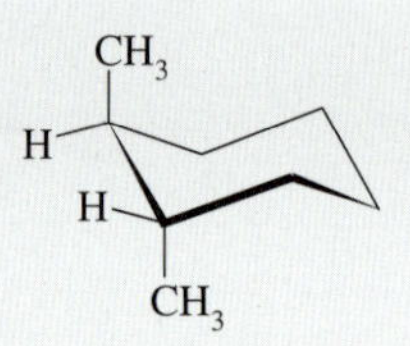

풀이 (1) 고리의 이웃해 있는 탄소에 붙은 기가 서로 다른 쪽에 위치하므로 트랜스형태이다. 두 메틸기가 모두 축방향에 위치해 있다. *trans*-1,2-dimethylcyclohexane이다.

(2) 위 형태를 고리 뒤집힘 하면 축방향의 메틸기가 모두 적도방향으로 향하게 된다. 따라서 트랜스 형태에서는 두 개의 치환기가 모두 축방향이든지 혹은 적도방향에 위치하고 있다.

(3) 위 구조가 트랜스 형태이므로 다른 기하이성질체는 *cis*-1,2-dimethylcyclohexane로 구조는 다음과 같다. 시스형의 의자형태에서는 치환기 하나는 축방향이고 다른 하나는 적도방향을 향하고 있다.

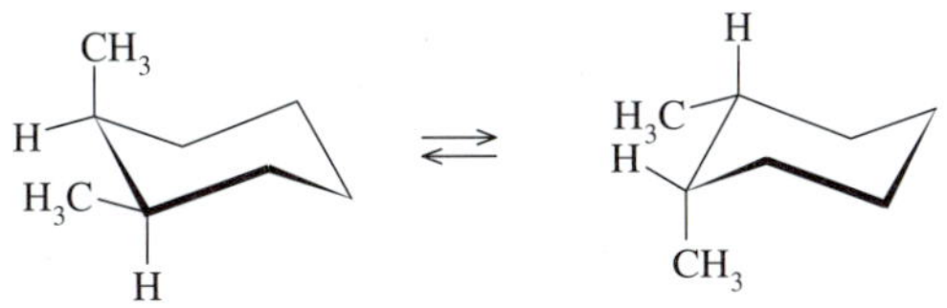

H, H_3C, CH_3, H ⇄ H, H_3C, H, CH_3

참고로 치환기가 1,4위치에 결합된 시스 형태의 경우에도 동일하다.

(4) 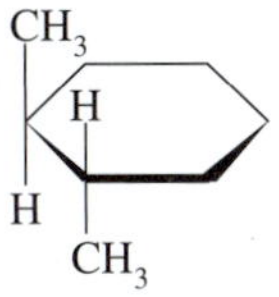 CH_3, H, H, CH_3

문제 9 다음 화합물의 가장 안정한 입체배열을 예측하시오.

(1) *tert*-뷰틸사이클로헥세인
(2) *트랜스*-1,4-다이메틸사이클로헥세인
(3) *시스*-1-클로로-3-메틸사이클로헥세인
(4) *시스*-1-아이소프로필-4-메틸사이클로헥세인

2.11 알케인의 화학반응

알케인은 단일결합의 공유결합이며 비극성 물질이기 때문에 반응성이 비교적 적다. 알케인을 파라핀(paraffin)이라고도 부르는데, 이 단어는 '친화력이 적은'이라는 라틴어 어원에서 보듯이 알케인은 다른 화합물과 화학적으로 비교적 반응성이 적은 물질임을 암시한다. 알케인은 가장 일반적인 산, 염기, 산화 및 환원제와 반응을 하지 않는다. 그러나 알케인은 산소, 할로젠 및 몇 가지 화합물과는 반응한다.

알케인의 가장 중요한 용도인 연료로 이용될 때 알케인은 산소와 반응하여 **연소반응**(combustion reaction)이 일어난다. 알케인이 연소를 하면 많은 열이 발생되며(발열반응), 이산화탄소(CO_2)와 물(H_2O)이 생성된다. 예를 들면, 천연가스(메테인)의 연소반응은 다음과 같다.

$$CH_4 + 2O_2 \rightarrow CO_2 + 2H_2O + 890\,\text{kJ/mole}$$

알케인의 일반적인 완전연소반응식은 다음과 같이 나타내진다.

$$C_nH_{2n+2} + \left(\frac{3n+1}{2}\right)O_2 \rightarrow nCO_2 + (n+1)H_2O$$

알케인을 염소 기체와 자외선($h\nu$)을 쪼이거나 혹은 높은 온도에서 가열하면 발열반응이 일어난다. 두 반응물의 상대적인 양과 반응시간에 염소에 의해 알케인의 수소가 순서대로 치환이 일어나고 과량의 염소 가스가 존재하면 반응이 계속 진행되어 다염소화 생성물이 얻어진다.

$$CH_4 + Cl_2 \xrightarrow{h\nu} CH_3Cl + HCl$$

$$CH_3Cl \xrightarrow{Cl_2} CH_2Cl_2 \xrightarrow{Cl_2} CHCl_3 \xrightarrow{Cl_2} CCl_4$$

이와 같이 알케인의 수소 원자가 염소 원자로 치환되는 반응을 **염소화 반응**(chlorination)이라 하고, 이런 반응은 **치환반응**(substation reaction)의 일종이다.

문제 10 다음 알케인의 화학반응을 적으시오.
(1) 펜테인의 연소반응
(2) 사이클로헥세인과 1몰의 브롬과의 브로민화반응

문제 11 프로페인의 단일 브로민화 반응에서 생성가능한 모든 생성물의 구조와 이름을 쓰시오.

2.12 유기반응의 종류

유기화합물이 반응하여 화학반응을 일으킬 때 어떤 종류의 반응이 일어나고 그리고 어떻게 일어날 것인가에 주로 관심을 두고 있다. 즉, 유기화학반응의 종류에는 어떤 것이 있으며 또한 이러한 화학반응들의 전체과정이 어떻게 일어나는 지에 대하여 알아보는 것을 **반응 메커니즘**(reaction mechanism)이라 한다. 유기반응의 종류는 크게 **첨가반응**(addition reaction), **제거반응**(elimination reaction), **치환반응**(substitution reaction)으로 분류한다.

(1) 첨가반응

이중결합이나 삼중결합을 가진 화합물에 원자 또는 원자단이 첨가되어 새로운 생성물을 생성하는 반응으로 **부가반응** 혹은 **첨가반응**이라고 한다.

$$>C=C< + X-Y \longrightarrow -\overset{|}{\underset{X}{C}}-\overset{|}{\underset{Y}{C}}-$$

예를 들면, 알켄의 첨가반응으로 에틸렌(ethylene)을 염화수소(HCl)와 반응시켜 클로로알케인(chloroalkane)을 생성하는 반응이다.

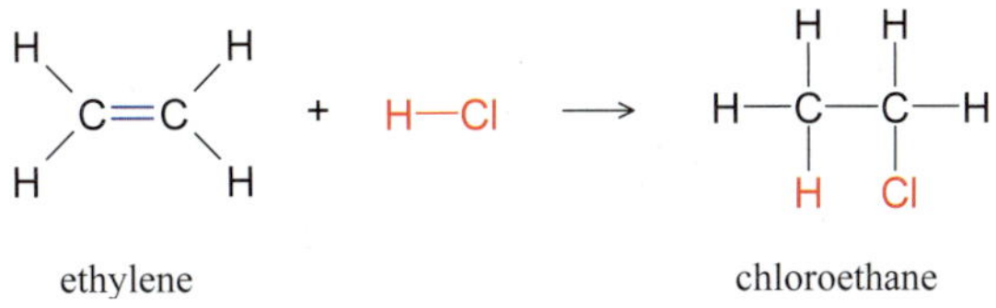

$$H_2C{=}CH_2 + H{-}Cl \longrightarrow H{-}CH_2{-}CH_2{-}Cl$$

ethylene　　　　chloroethane

(2) 제거반응

분자내의 서로 이웃해 있는 탄소 원자에 붙은 원자 또는 원자단이 제거되어 단일결합은 이중결합으로 이중결합은 삼중결합이 생성되는 반응이다. 어떤 면에서는 첨가반응의 역반응이며 하나의 반응물이 물이나 할로젠화수소와 같은 작은 분자의 생성과 함께 두 개의 생성물로 나누어지는 반응이다.

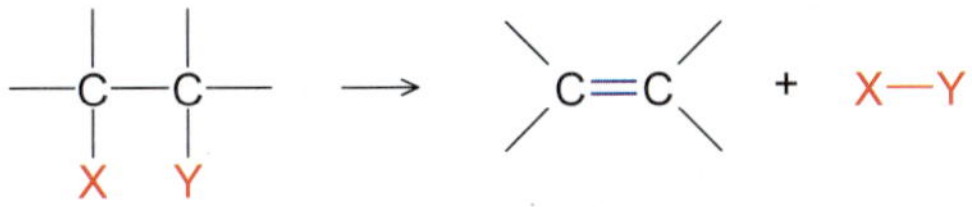

$$-\underset{X}{C}-\underset{Y}{C}- \longrightarrow \;>C{=}C< \; + X{-}Y$$

예를 들면, 에탄올(CH_3CH_2OH)을 산 촉매 하에서 가열하면 에틸렌과 물이 생성된다. **촉매**(catalyst)는 반응속도를 증가(혹은 감소)시키지만 그 자체는 화학반응에서 변화하지는 않는 물질이다.

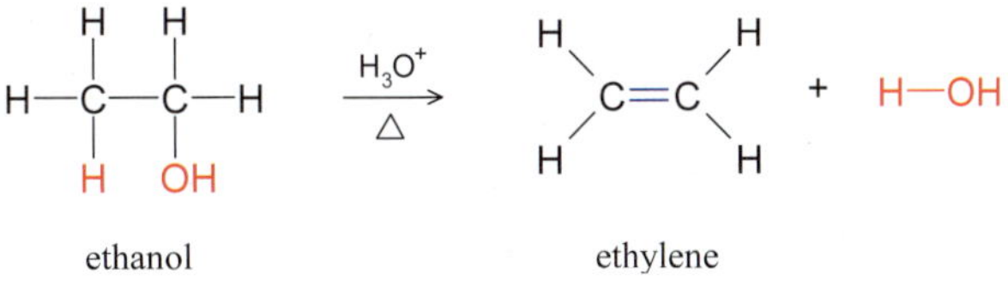

$$H{-}CH_2{-}CH_2{-}OH \xrightarrow[\Delta]{H_3O^+} H_2C{=}CH_2 + H{-}OH$$

ethanol　　　　ethylene

(3) 치환반응

반응물의 탄소 원자에 결합된 원자 또는 원자단이 다른 원자나 원자단에 의하여 치환되는 반응이다. 알케인의 H기가 $-X$기로 치환되며 두 개의 새로운 생성물이 생긴다.

$$R-H + X-X \longrightarrow R-X + H-X$$

예를 들면, 2.11절에서 보았던 알케인과 Cl_2가 자외선을 받아 클로로알케인을 생성하는 반응이다.

$$H-\underset{H}{\overset{H}{|}}{C}-H + Cl-Cl \xrightarrow{h\nu} H-\underset{H}{\overset{H}{|}}{C}-Cl + H-Cl$$

메테인 클로로메테인

문제 12 다음 화학반응의 종류(첨가, 제거, 치환)를 분류하시오.

(1) $CH_3CH_2Br + NaOH \rightarrow CH_3CH_2OH + NaBr$

(2) $CH_3CH=CH_2 + H_2 \rightarrow CH_3CH_2CH_3$

(3) $CH_3CH_2OH \rightarrow CH_2=CH_2 + H_2O$

(4) 유기반응의 표기법

유기반응 방정식은 반응물을 왼쪽에 놓고 생성물은 오른쪽에 놓은 후에 화살표로 연결한다. A+B→C 형태로 쓴다. 반응 촉매, 용매, 온도와 같은 반응조건에 대한 표기는 화살표 위 또는 아래에 적는다. 예를 들면 다음 반응에서 화살표에 적은 물질은 반응 용매와 반응 조건을 적은 것이다.

$$CH_2=CH_2 + HCl \xrightarrow[25℃]{ether} CH_3CH_2Cl$$

위 반응식을 다음 형태로 쓰기도 하는데, 이때는 반응물 HCl을 화학적으로 더 관심을 두고 있음을 강조하려는 의도이다. 반응물과 반응 용매 및 반응조건을 화살표에 함께 배치한다.

$$CH_2=CH_2 \xrightarrow[ether,\ 25℃]{HCl} CH_3CH_2Cl$$

혹은 반응물과 촉매를 화살표 위에 함께 표기하기도 한다. H^+는 촉매로 산을 의미하고 있다.

$$CH_3CH=CH_2 \xrightarrow{H_2O,\ H^+} CH_3CH_2CH_2OH$$

유기반응식에서 화살표 위 아래에 표기된 화합물의 역할을 알아보기 위해서는 전체 반응에 대한 변화를 자세히 살펴야 한다.

2.13 유기반응의 메카니즘

화학반응에서 반응물이 생성물로 어떻게 변하는지에 대한 전체 과정을 단계별로 기술한 것을 **반응 메커니즘**(reaction mechanism)이라 한다. 메커니즘은 어느 결합이 어떤 순서로 절단되며 또한 어느 결합이 어떤 순서로 생성되는지에 대한 과정과 각 단계의 상대적인 속도가 어떠한가를 나타내 준다. 모든 반응은 결합 절단과 결합 생성이 일어난다. 두 분자의 반응물이 반응하여 새로운 생성물을 만들 때 반응물은 특정한 결합의 절단이 일어나고 생성물에는 특정한 결합이 생긴다. 공유결합 화합물의 공유전자쌍 분해에는 두 가지 방법이 있다. 우선 결합을 이룬 전자들이 분해되어 생성물 조각들이 전자를 하나씩 나눠 가지는 경우와 두 개의 결합 전자가 한 개의 생성물 조각에 모두 남아 있고 다른 조각은 빈 궤도함수 형태로 남아 있는 경우이다. 전자의 이동을 나타낼 때 한 개의 전자 이동은 곡선 반쪽 화살표(⌒)로 나타내고, 두 개의 전자 이동은 곡선 완전한 화살표(⌒)로 나타낸다.

$$X:Y \longrightarrow X\cdot + \cdot Y$$

$$X:Y \longrightarrow X^{+} + :Y^{-}$$

홀수 개의 비공유 전자를 가진 분자 조각을 **자유 라디칼**(free radical)이라 한다. 예를 들면, 염소 라디칼(·Cl), 메틸 라디칼(·CH_3) 등이 있다. 라디칼 생성 및 라디칼 결합에 관련된 반응을 **라디칼 반응**(radical reaction)이라 한다. 메테인의 염소화 반응은 라디칼 치환반응이다. 라디칼 반응은 일반적으로 개시, 전파, 종결 단계를 거쳐 진행된다.

- **개시단계.** 할로젠 분자가 자외선을 받아 쪼개져 할로젠 라디칼이 생성된다. 할로젠 결합은 C–H 혹은 C–C 결합보다 약하여 자외선을 받아 Cl–Cl 결합이 쉽게 끊어진다.

$$:\ddot{Cl}:\ddot{Cl}: \xrightarrow{\text{빛}} 2\,:\ddot{Cl}\cdot$$

- **전파단계.** 염소 라디칼은 원자가 껍질에 8개를 가지는 대신에 7개의 전자를 가졌기 때문에 불안정하여 반응성이 매우 크다. 반응성이 큰 염소 라디칼이 메테인 분자와 충돌하여 수소 원자를 떼어내고 메틸 라디칼(·CH_3)과 HCl을 생성한다. 형성된 메틸 라디칼 역시 반응성이 커서 염소 분자와 충돌하여 chloromethane과 염소 라디칼을 만든다. 이 단계에서 생성된 염소라디칼은 계속 반응하여 (a), (b) 과정을 반복한다. 이러한 과정이 자발적으로 연쇄적으로 일어나 연쇄반응(chain reaction)을 일으킨다.

(a) $:\ddot{Cl}\cdot + H:CH_3 \longrightarrow H:\ddot{Cl}: + \cdot CH_3$

(b) $\cdot CH_3 + :\ddot{Cl}:\ddot{Cl}: \longrightarrow :\ddot{Cl}:CH_3 + :\ddot{Cl}\cdot$

- **종결단계.** 염소 라디칼과 메틸 라디칼이 결합하여 세 가지의 안정한 생성물을 만들 수 있다. 이렇게 되면 연쇄반응은 종결된다.

$$:\ddot{Cl}\cdot + \cdot\ddot{Cl}: \longrightarrow :\ddot{Cl}:\ddot{Cl}:$$

$$:\ddot{Cl}\cdot + \cdot CH_3 \longrightarrow :\ddot{Cl}:CH_3$$

$$H_3C\cdot + \cdot CH_3 \longrightarrow CH_3:CH_3$$

모든 자유 라디칼은 반응성이 큰 화학종이지만, 상대적인 크기는 서로 다르다. 알킬 라디칼의 상대적인 안정도는 3차 라디칼이 가장 안정하고, 이어서 2차, 1차, 그리고 메틸 라디칼 순으로 불안정하다. 뷰틸 라디칼은 네 개의 종류가 있다.

$CH_3CH_2CH_2CH_2\cdot$	$CH_3-\dot{C}H-CH_2CH_3$	$CH_3-CH(CH_3)-CH_2\cdot$	$CH_3-C\cdot(CH_3)_2$
1차 라디칼	2차 라디칼	1차 라디칼	3차 라디칼

문제 13 알케인(R−H)이 염소화 되어 클로로알케인(R−Cl)이 형성되는 라디칼 반응의 모든 단계에 대한 반응식을 쓰시오.

반응요약 : 알케인과 사이클로알케인의 반응	
1. 연소반응	$C_nH_{2n+2} + \left(\frac{3n+1}{2}\right)O_2 \longrightarrow nCO_2 + (n+1)H_2O$
2. 할로젠화 반응	$R-H + X-X \longrightarrow R-X + H-X$ (X = Cl, Br)

| 추가문제 |

14. 다음 화합물의 IUPAC명을 쓰시오.

(1)
$$\begin{array}{c} \qquad CH_2CH_3 \\ CH_3CH_2\underset{|}{C}H\overset{|}{C}H\underset{|}{C}HCH_2\underset{|}{C}HCH_3 \\ \quad CH_3 \quad CH_3 \quad CH_3 \end{array}$$

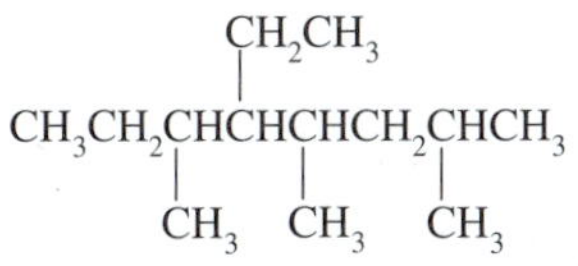

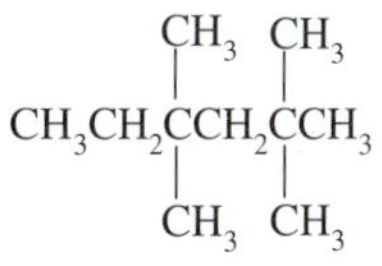

(2)
$$\begin{array}{c} CH_3 \quad CH_3 \\ CH_3CH_2\overset{|}{\underset{|}{C}}CH_2\overset{|}{\underset{|}{C}}CH_3 \\ CH_3 \quad CH_3 \end{array}$$

(3)
$$\begin{array}{c} CH_3 \quad CH_2CH_3 \\ CH_3CH_2\overset{|}{C}HCH_2\overset{|}{\underset{|}{C}}CH_3 \\ CH_3 \end{array}$$

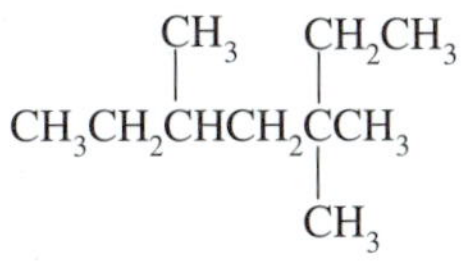

(4)
$$\begin{array}{ccc} CH_2 & - & CH-Br \\ | & & | \\ CH_2 & - & CH_2 \end{array}$$

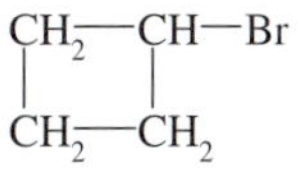

15. 다음 화합물의 IUPAC명을 쓰시오.

(1)

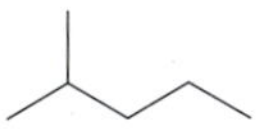

(2)

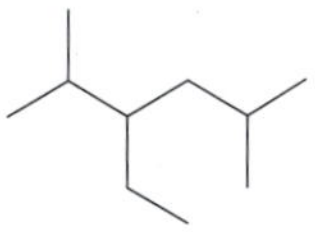

(3) Br, Cl

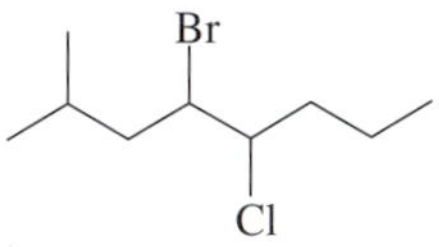

(4) Cl, NO_2

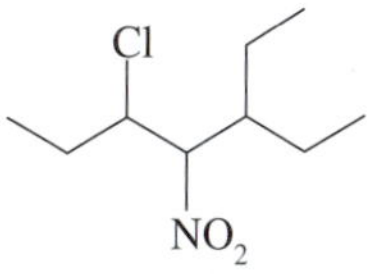

(5) H_3C, H, H, CH_3

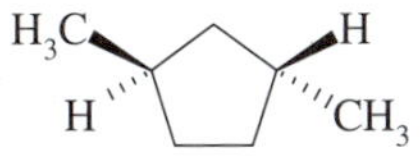

(6) H, CH_3, CH_3, H

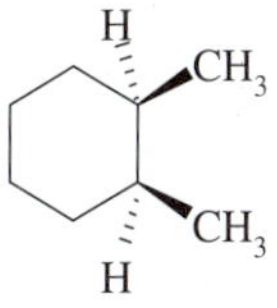

16. 다음 화합물의 구조식을 쓰시오.

(1) 4-ethyl-2-methylhexane

(2) 5-bromo-2-chloroheptane

(3) 1,1-dimethylcyclopentane

(4) cyclobutylcyclohexane

(5) 4-isopropyl-2,2-dimethyloctane

(6) *cis*-1-amino-3-bromocyclopentane

17. 다음 화합물의 이름은 옳지 않다. 구조를 그리고 알맞은 IUPAC명을 적으시오.

(1) 2,2-다이메틸-5-에틸헥세인

(2) 2-에틸-2,4-다이메틸펜테인

(3) 3-에틸-5,6-다이메틸옥테인

(4) 3-아이소프로필-4-메틸헥세인

18. 다음 각 구조식에서 번호를 매긴 각 탄소의 종류(1°, 2°, 3°, 4°)를 나타내시오.

(1) $\overset{1}{CH_3}-\overset{2}{CH}(CH_3)-\overset{3}{C}(CH_3)_2-\overset{4}{CH_3}$

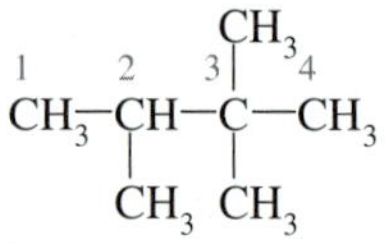

(2) 1,1,2,2-테트라메틸사이클로헥세인 구조 (고리 탄소 1, 2, 3 번호 표시; 탄소 1에 CH_3 두 개, 탄소 2에 H_3C, CH_3)

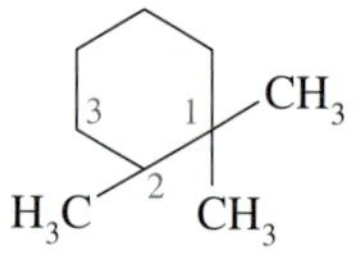

19. 2,2-다이메틸프로페인의 Newman 투영도를 그리시오.

20. 다음 화합물의 가능한 의자 입체배열을 그림으로 나타내시오. 이때 치환기가 축방향인지 적도방향인지 나타내고, 어느 입체배열이 안정한지를 표시하시오.

(1) 사이클로헥세인 고리$-CH_2CH_3$

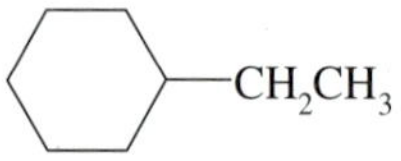

(2) H_3C-사이클로헥세인 고리$-CH_3$

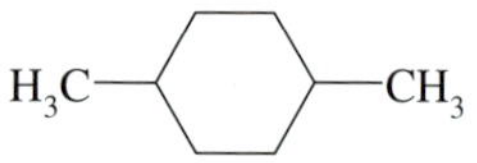

21. 1,3-다이메틸사이클로헥세인에서 시스 이성질체가 트랜스 이성질체보다 더 안정한 구조인데 그 이유를 설명하시오.

22. 헥세인의 완전연소 및 불완전연소 반응식을 쓰시오.

23. 다음 화학반응을 적으시오.

(1) 에테인의 단일 염소화반응

(2) 에테인의 완전 염소화반응

(3) 사이클로펜테인의 단일 브롬화반응

24. 에테인의 단일 염소화반응에서 클로로에테인이 생성되는 라디칼 반응의 모든 단계(개시, 전개, 종료)에 대한 반응 메커니즘을 적으시오.

3장
알켄과 알카인

3.1 정의
3.2 알켄과 알카인의 명명법
3.3 알켄의 구조
3.4 E-Z 규칙
3.5 알켄의 첨가반응
3.6 알켄의 산화반응
3.7 알켄의 중합반응
3.8 알카인의 첨가반응
3.9 알켄의 제법
3.10 알켄의 친전자성 첨가반응 메카니즘
3.11 반응에너지 도표

3.1 정의

탄소－탄소 결합이 이중결합(double bond) 혹은 삼중결합(triple bond)을 하나 이상 가진 탄화수소를 **불포화 탄화수소**(unsaturated hydrocarbon)라 한다. **알켄**(alkene)은 탄소－탄소 결합이 이중결합을 이루고 있는 불포화 탄화수소로 **올레핀**(olefin) 혹은 **에틸렌계 탄화수소**라고도 한다. 일반식은 C_nH_{2n} (n=정수, n≥2)이다. 알켄은 천연에 많이 존재하고 생물학적으로 중요한 역할을 한다. 예를 들면, 에틸렌(ethylene)은 식물 성장 호르몬이다. 석유화학공업에서 에틸렌을 비롯한 다양한 알켄류를 제조하고 이들로부터 다양한 유기화합물을 합성해 내고 있다.

알카인(alkyne)은 탄소－탄소 결합이 삼중결합을 가진 불포화 탄화수소로 **아세틸렌계 탄화수소**라고도 한다. 일반식은 C_nH_{2n-2} (n=정수, n≥2)이다. 알카인은 알켄보다 덜 보편적인 화합물로 많이 다루지 않을 것이다. 알켄에서 작용기는 이중결합이고 알카인에서 작용기는 삼중결합이다. 탄소가 두 개, 세 개인 알켄은 각각 C_2H_4, C_3H_6이고 이 구조식은 오직 한 개씩이다($CH_2=CH_2$, $CH_2=CHCH_3$). 그러나 탄소가 네 개인 알켄 C_4H_8의 구조식은 두 개가 가능하고($CH_2=CHCH_2CH_3$, $CH_3CH=CHCH_3$) 그 이상의 알켄에서는 더 많은 구조식이 가능하다. 마찬가지로 알카인도 C3까지는 한 개의 구조식이 존재하고 C4 이상은 두 개 이상의 구조식을 가질 수 있다.

3.2 알켄과 알카인의 명명법

알켄과 알카인의 명명법은 알케인과 유사하며 알케인에 상응하는 포화 탄화수소의 접미사 '**－에인**(－ane)' 대신에 '**－엔**(－ene)' 혹은 '**－아인**(－yne)'으로 바꾸어 명명한다.

(1) IUPAC명

규칙 1. 알켄은 이중결합을 포함한 가장 긴 사슬에 알케인의 접미사 '－에인(－ane)' 대신에 '－엔(－ene)'을 사용하여 명명한다. 이중결합이 붙은 탄소 원자에 작은 번호가 되도록 번호를 붙인다. 이때 이중결합 위치를 나타내는 번호를 접미사 -ene 앞에 놓는다.

$CH_2=CH_2$
ethene(에텐)

$CH_2=CHCH_3$
propene(프로펜)

$\overset{1}{C}H_2=\overset{2}{C}H-\overset{3}{C}H_2-\overset{4}{C}H_3$
but-1-ene
(뷰트-1-엔)

$\overset{1}{C}H_3-\overset{2}{C}H=\overset{3}{C}H-\overset{4}{C}H_3$
but-2-ene
(뷰트-2-엔)

$\overset{5}{C}H_3-\overset{4}{C}H_2-\overset{3}{C}H=\overset{2}{C}H-\overset{1}{C}H_3$
pent-2-ene
(펜트-2-엔)

종전에는 이중결합의 위치를 나타내는 숫자를 접미사 모체이름 앞에 붙여서 명명하였으나, 지금은 알켄 탄소의 번호를 써서 이중결합의 위치를 나타내고 그 번호를 접미사 −ene 바로 앞에 놓아 명명한다 (IUPAC명 수정안, 1993년).

	$CH_2=CHCH_2CH_3$	$CH_3CH=CHCH_3$
(종전)	1-butene	2-butene
(수정)	but-1-ene	but-2-ene

규칙 2. 가지가 달린 사슬 알켄인 경우 이중결합을 포함한 가장 긴 탄소 사슬을 기본명으로 하고, 이중결합의 탄소가 작은 번호가 되게 번호를 부여 한다. 만일 양쪽에서 같은 거리에 이중결합이 있으면 치환기가 붙은 탄소 원자의 번호가 최소가 되게 한다.

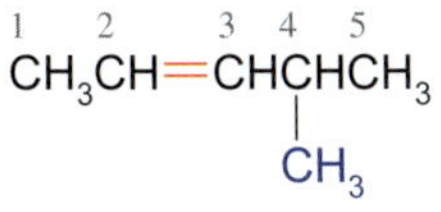

$CH_3CH=CHCH(CH_3)CH_3$ (numbered 1 2 3 4 5)
4-methylpent-2-ene

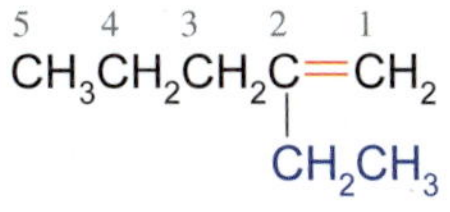

$CH_3CH_2CH_2C(CH_2CH_3)=CH_2$ (numbered 5 4 3 2 1)
2-ethylpent-1-ene

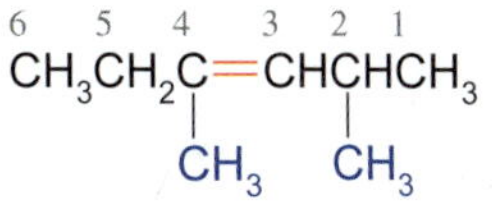

$CH_3CH_2C(CH_3)=CHCH(CH_3)CH_3$ (numbered 6 5 4 3 2 1)
2,4-dimethylhex-3-ene

규칙 3. 두 개 이상의 이중결합이 있으면 그 위치를 나타내는 번호를 접미사 −diene, −triene 앞에 놓아 명명한다. 이때 기본명의 접두사 뒤에 'a'를 넣는다. 번호는 첫 번째 이중결합의 탄소 원자가 작은 번호가 되도록 한다.

$\overset{1}{C}H_2=\overset{2}{C}H-\overset{3}{C}H=\overset{4}{C}H-\overset{5}{C}H_3$
penta-1,3-diene
(pent-1,3-diene 아님)

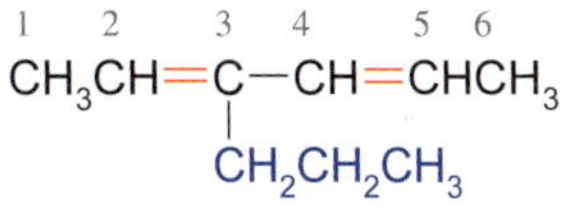

$CH_3CH=C(CH_2CH_2CH_3)-CH=CHCH_3$ (numbered 1 2 3 4 5 6)
3-propylhexa-2,4-diene
(3-propylhex-2,4-diene 아님)

규칙 4. 알카인의 명명은 알켄의 명명법과 동일하며, 접미사 '−아인(−yne)'을 사용하여 명명한다.

$HC\equiv CH$
ethyne
(에타인)

$HC\equiv C-CH_3$
propyne
(프로파인)

$HC\equiv CCH_2CH_3$
but-1-yne
(뷰트-1-아인)

규칙 5. 화합물 내에 이중결합과 삼중결합을 동시에 가지고 있는 경우에는 '－en－yne'의 형태로 명명한다(－ene－yne가 아님에 유의). 이때 다중결합을 가진 탄소가 작은 번호가 되도록 번호를 붙여서 명명한다. 이중결합과 삼중결합이 사슬 끝으로부터 같은 거리에 있으면 이중결합에 더 낮은 번호를 부여한다.

$\overset{5}{C}H_3\overset{4}{C}H{=}\overset{3}{C}H\overset{2}{C}{\equiv}\overset{1}{C}H$ — pent-3-en-1-yne

$\overset{1}{C}H_2{=}\overset{2}{C}H\overset{3}{C}H_2\overset{4}{C}{\equiv}\overset{5}{C}H$ — pent-1-en-4-yne

$H_2\overset{1}{C}{=}\overset{2}{C}H\overset{3}{C}(CH_3){=}\overset{4}{C}H\overset{5}{C}{\equiv}\overset{6}{C}H$ — 3-methylhexa-1,3-dien-5-yne

규칙 6. 사이클로알켄은 이중결합을 가진 탄소부터 번호를 붙이되 이중결합이 포함되게 한다. 고리에 이중결합이 한 개만 있을 경우에는 이중결합은 항상 C1과 C2 사이에 있으므로 이름에 이중결합의 위치를 지정할 필요가 없다. 이중결합이 두 개 이상인 경우에는 이중결합의 번호가 최소가 되게 한다.

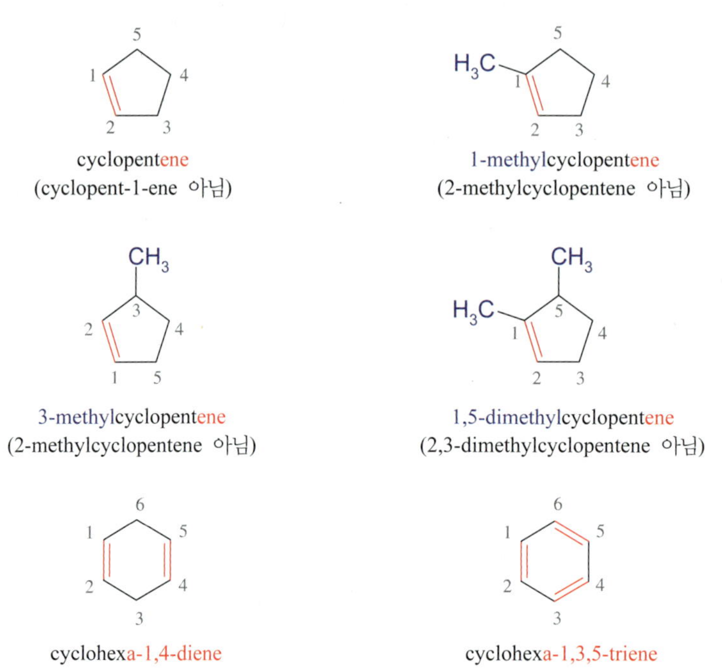

cyclopentene (cyclopent-1-ene 아님)

1-methylcyclopentene (2-methylcyclopentene 아님)

3-methylcyclopentene (2-methylcyclopentene 아님)

1,5-dimethylcyclopentene (2,3-dimethylcyclopentene 아님)

cyclohexa-1,4-diene

cyclohexa-1,3,5-triene

(2) 관용명

몇 가지의 알켄은 관용명이 널리 쓰인다. 예를 들면, 에텐은 오랫동안 에틸렌(ethylene)으로 불러 왔기 때문에 IUPAC에서 인정하고 있는 이름이다. 관용명이 널리 사용되는 몇 가지의 알켄 및 알카인을 표 3.1에 나타내었다.

표 3.1 몇 가지 널리 사용되는 알켄 및 알카인의 관용명

화합물	관용명	계통명
$CH_2=CH_2$	에틸렌(ethylene)	에텐(ethene)
$CH_2=CHCH_3$	프로필렌(propylene)	프로펜(propene)
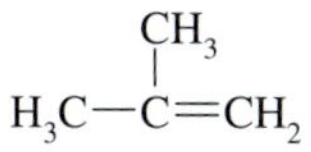 $H_3C-C(CH_3)=CH_2$	아이소뷰틸렌(isobutylene)	2-메틸프로펜 (2-methylpropene)
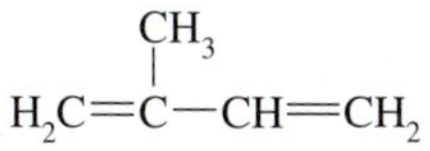 $H_2C=C(CH_3)-CH=CH_2$	아이소프렌(isoprene)	2-메틸뷰타-1,3-다이엔 (2-methylbuta-1,3-diene)
$HC\equiv CH$	아세틸렌(acetylene)	에타인(ethyne)

(3) 알켄일기

알케인에서 유도되는 알킬기와 같이 알켄에서 수소 한 개가 제거된 기를 알켄일기(alkenyl group)라 한다. 알켄일기는 알킬기와 같이 석유화학공업 등에서 관용명이 주로 사용되고 있다. 계통명은 –ene의 '–e'대신에 '–일(yl)'을 붙인다. 번호는 결합능력이 있는 탄소부터 번호를 매긴다.

	$CH_2=CH-$	$CH_2=CH-CH_2-$
(관용명)	vinyl(바이닐)	allyl(알릴)
(계통명)	ethenyl	prop-2-en-1-yl

예제 3.1 다음 화합물의 IUPAC 이름을 쓰시오.

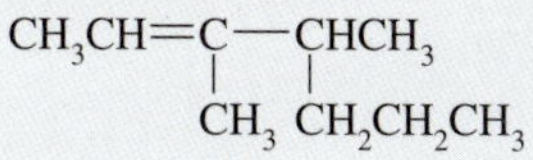

$$CH_3CH=C(CH_3)-CH(CH_2CH_2CH_3)CH_3$$

풀이 우선 이중결합을 포함한 가장 긴 사슬을 찾으면 C7으로 heptene이다. 이중결합 탄소가 작은 번호가 되도록 사슬에 번호를 매기면, C2에 이중결합이 있으므로 접두사 –ene앞에 이중결합을 나타내는 숫자를 넣어 hept-2-ene이 된다. 그리고 각 탄소 자리에 붙은 치환기를 확인한다. C3와 C4에 메틸기 한 개씩이 있으므로 3,4-dimethyl이 되고, 따라서 3,4-dimethylhept-2-ene이 된다.

$$\overset{1}{C}H_3\overset{2}{C}H=\overset{3}{C}(CH_3)-\overset{4}{C}H(\overset{5}{C}H_2\overset{6}{C}H_2\overset{7}{C}H_3)CH_3$$

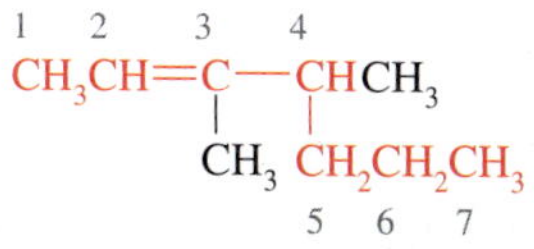

문제 1 다음 화합물의 IUPAC명을 적으시오.

(1) $(CH_3)_2CHCH=C(CH_3)_2$

(2) $CH_2=CHCH(Cl)CH_3$

(3)
Br
$CH_3CH_2-C=CCHCH_3$
CH_3 CH_3

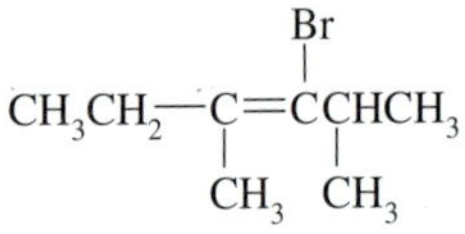

(4)
CH_3
$CH_3C\equiv C-CCH_3$
CH_2CH_3

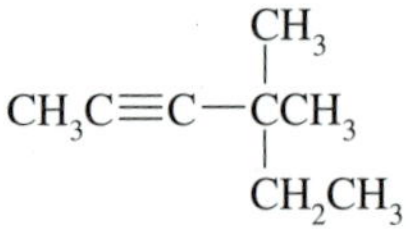

(5)
$CH_2CH_2CH_3$
$CH_3CH=C-CH_2CHCHCH_3$
CH_3 CH_3

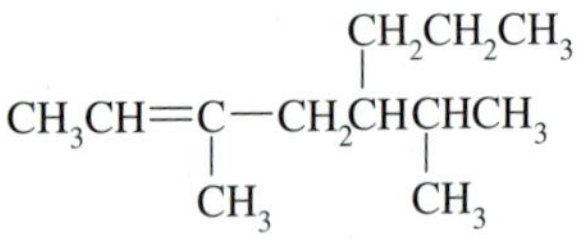

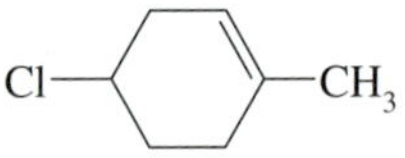

(6)
CH_2CH_3 CH_3
$H_2C=C-CH=C-CHCH_3$
CH_3

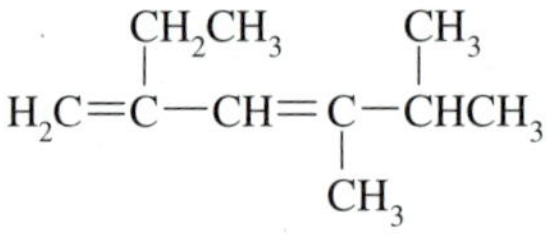

(7)

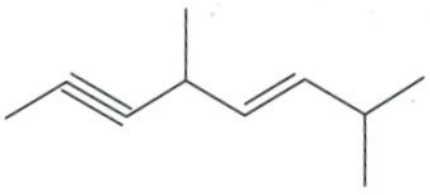

(8)
Cl Br

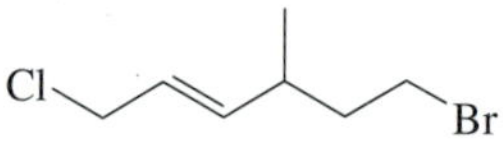

문제 2 다음 사이클로알켄의 이름을 적으시오.

(1) $-CH=CH_2$

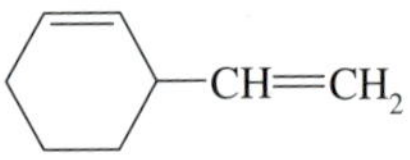

(2) Cl $-CH_3$

(3) $-CH_3$

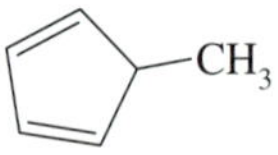

(4) CH_2CH_3 CH_3

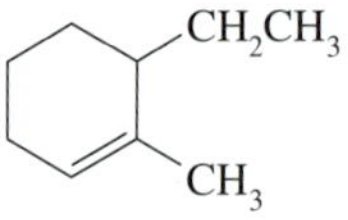

문제 3 다음 화합물의 구조식을 그리시오.

(1) 2,3-다이메틸펜트-2-엔(2,3-dimethylpent-2-ene)
(2) 2-메틸헵타-2,5-다이엔(2-methylhepta-2,5-diene)
(3) 4,4-다이클로로-3-메틸뷰트-1-엔(4,4-dichloro-3-methylbut-1-ene)
(4) 3-브로모-1-메틸사이클로헥센(3-bromo-1-methylcyclohexene)

3.3 알켄의 구조

알켄의 가장 작은 에틸렌의 이중결합의 탄소 원자들은 세 개의 동일한 sp^2 혼성궤도함수를 가지며 평면에서 120°의 각도를 가진다는 것을 제1장에서 살펴보았다. 다른 알켄의 구조도 비슷하다. 이중결합의 한 탄소의 sp^2 혼성궤도함수와 다른 탄소의 sp^2 혼성궤도함수가 정면 겹침에 의해 σ결합이 형성된다. 또 하나의 결합은 이중결합의 각 탄소가 가진 p궤도함수의 측면

대 측면 겹침으로 π결합을 형성한다. 이중결합을 가진 탄소 원자들과 이들 탄소에 연결된 원자들은 모두 동일 평면에 놓이게 된다.

단일결합은 탄소–탄소 결합축을 중심으로 회전할 수 있으나, 이중결합은 회전이 불가능하다. 이중결합의 회전이 안 되기 때문에 뷰트-2-엔 같은 알켄은 두 가지 형태로 존재한다. 뷰트-2-엔의 메틸기 두 개는 이중결합의 같은 쪽 또는 다른 쪽에 위치할 수 있다. 이중결합의 두 치환기가 같은 방향에 위치하면 시스 이성질체(cis isomer)라 하고, 반대 방향에 위치하면 트랜스 이성질체(trans isomer)라 한다. 이러한 화합물을 **시스–트랜스 이성질체** 또는 **기하 이성질체**라 한다. 2.10절에서 설명한 사이클로알케인의 시스-트랜스 이성질체를 살펴보면, 시스 이성질체는 두 치환체가 고리의 같은 쪽에 있고 트랜스 이성질체는 두 치환체가 다른 방향에 있다.

H　　　H
C=C
H_3C　　　CH_3

cis-but-2-ene

H_3C　　　H
C=C
H　　　CH_3

trans-but-2-ene

알켄에서 시스 이성질체는 트랜스 이성질체보다 불안정한데, 그 이유는 부피가 큰 치환기가 이중결합의 같은 쪽에 있을 때 입체 스트레인이 생기기 때문이다. 따라서 *트랜스*-뷰트-2엔이 더 안정한 화합물이다.

예제 3.2 2-methylbut-2-ene은 시스-트랜스 이성질체가 가능한가?

풀이 구조식에서 보듯이 2-메틸뷰트-2-엔 화합물의 구조는 하나밖에 없다 (두 구조는 동일하다). 이중결합의 왼쪽 탄소에 동일한 치환기가 붙어 있으므로 시스-트랜스 이성질체가 없다. 알켄이 시스-트랜스 이성질체를 가지려면, 이중결합의 각 탄소에 서로 다른 치환기가 각각 있어야 한다.

H_3C　　　H
C=C
H_3C　　　CH_3

H_3C　　　CH_3
C=C
H_3C　　　H

문제 4 펜트-2-엔(pent-2-ene)의 기하 이성질체 두 가지 구조식을 그리고 명명하시오.

문제 5 다음 화합물의 시스-트랜스 이성질체가 존재할 수 있는가? 존재하는 것은 시스-트랜스 이성질체를 그리고 명명하시오.

(1) $(CH_3)_2C=CHCH_2CH_3$

(2) $CH_3CH_2CH=CHCH_2CH_2CH_3$

3.4 *E*−*Z* 규칙

알켄의 시스-트랜스 이성질체는 이중결합의 수소 외에 치환기가 두 개인 이치환체에만 적용된다. 그러나 삼치환체나 사치환체 이중결합에는 시스-트랜스를 붙여서 명명하는 것이 애매하다. 예를 들면, 2-클로로뷰트-2-엔(2-chlorobut-2-ene)과 같은 알켄 화합물은 기하 이성질체가 존재하나 시스-트랜스를 붙여서 명명하기에는 애매하다. 이와 같은 이중결합을 가진 화합물에 대한 명명은 시스-트랜스 이름을 쓸 수가 없다.

(어떤 이성질체가 시스이고 어떤 이성질체가 트랜스인가?)

이런 종류의 화합물을 명명하기 위해 ***E*−*Z* 체계**가 고안되었다. 이성질체를 *E*−*Z* 체계에 따라 명명하려면, 이중결합 탄소들에 붙어 있는 치환기의 상대적인 우선순위를 결정해야 한다. 이중결합의 각 탄소에 결합된 두 개의 치환기의 우선순위를 비교하여 높은 순위의 기들이 반대 방향에 위치하면 *E*로 표시하고(*E*는 독일어 *entgegen* '반대'), 높은 순위의 기들이 같은 쪽에 위치하면 *Z*로 표시한다(*Z*는 독일어 *zusammen* '같이').

치환기의 상대순위는 다음 CIP **우선순위 규칙**(Cahn-Ingold-Prelog sequence rule)으로 정한다.

규칙 1. 이중결합의 탄소에 결합된 원자들을 비교한다. 원자번호가 큰 원자일수록 우선순위가 높다.

(a) (*E*)-2-chlorobut-2-ene (b) (*Z*)-2-chlorobut-2-ene

탄소는 수소보다 원자번호가 크므로 메틸기(CH_3)가 더 우선순위이다. 또한 Cl은 탄소보다 우선순위가 높다. 따라서 이성질체 (a)는 우선순위가 높은 기들이 이중결합 반대쪽에 위치하므로 (*E*)-이성질체이고, 이성질체 (b)는 우선순위가 높은 기들이 이중결합의 같은 쪽에 위치하므로 (*Z*)-이성질체이다.

규칙 2. 이중결합 탄소에 결합된 원자들이 동일한 원자라면, 두 번째 그리고 세 번째 원자의 원자번호를 차례로 비교하여 원자번호가 높은 것을 찾는다. 예를 들면, CH_3-기와

CH_3CH_2-기를 비교해 보면 둘 다 최초의 원자가 탄소 원자로 같다. 두 번째 원자를 비교해 보면, 메틸기는 수소 원자를 가지고, 에틸기는 가장 높은 원자로 탄소와 결합하고 있으므로 에틸기가 우선순위가 높다. 마찬가지로 $-OH$와 $-NH_2$기에서 $-OH$기가 우선순위가 높다.

$-CH_3$ (H, H, H 결합) < $-CH_2CH_3$ $\qquad$ $-NH_2$ < $-O-H$

규칙 3. 이중결합 및 삼중결합 원자들은 단일결합에 그 결합수만큼 원자가 결합되어 있는 것으로 간주한다.

$-CH=CH_2 \rightarrow -CH(C)-CH_2(C)$ $\qquad$ $-CH=O \rightarrow -CH(O)-O(C)$

예제 3.3 다음 화합물의 *E*−*Z* 배열을 결정하시오.

$(CH_3)_2HC(CH_3CH_2)C=C(Cl)(OH)$

풀이 이중결합의 왼쪽 탄소는 두 개의 치환기 $-CH(CH_3)_2$, $-CH_2CH_3$를 가지며, 첫 번째 원자와 두 번째 원자가 모두 탄소로 동일하고 세 번째 원자를 비교해 보면 $-CH(CH_3)$는 가장 높은 원자로 탄소 원자를 가지고 $-CH_2CH_3$는 수소 원자를 가지므로 $-CH(CH_3)_2$기가 우선순위가 높다. 오른쪽 탄소에는 $-Cl$과 $-OH$기를 가지는데 Cl이 원자번호가 더 크므로 우선순위가 높다. 따라서 이중결합의 같은 쪽에 우선순위가 높은 치환기가 위치하므로 *Z* 배열이다.

문제 6 다음 화합물을 *E*−*Z* 규칙으로 명명하시오.

(1) $H_3C(H)C=C(CH_2CH_3)(CH_3)$

(2) $H_3C(Cl)C=C(CH_3)(CH_2CH_3)$

(3) $Br(CH_3CH_2)C=C(CH_2CH_3)(F)$

(4) $F(Cl)C=C(CH_2CH_2CH_3)(CH_2CH_3)$

3.5 알켄의 첨가반응

알켄의 가장 일반적인 반응은 첨가반응이다. 알켄과 시약의 첨가반응은 알켄과 반응시약의 대칭 혹은 비대칭성에 따라 나눌 수 있다. 알켄이 대칭성인 경우에는 모든 반응시약에 대한 첨가반응은 오직 하나의 생성물만이 가능하다.

$$>C=C< + X-X \longrightarrow -\underset{X}{C}-\underset{X}{C}- \qquad >C=C< + H-H \longrightarrow -\underset{H}{C}-\underset{H}{C}-$$

$$>C=C< + H-X \longrightarrow -\underset{H}{C}-\underset{X}{C}- \qquad >C=C< + H-OH \longrightarrow -\underset{H}{C}-\underset{OH}{C}-$$

그러나 반응시약이 비대칭성이고 이중결합을 가진 두 개의 탄소가 서로 다른 개수의 수소를 가진 경우에는 다음과 같이 두 가지의 생성물이 가능하다.

$$RHC=CH_2 + H-X \longrightarrow R-\overset{H}{\underset{X}{C}}-\overset{H}{\underset{H}{C}}-H + R-\overset{H}{\underset{H}{C}}-\overset{H}{\underset{X}{C}}-H$$

주생성물

$$RHC=CH_2 + H-OH \longrightarrow R-\overset{H}{\underset{OH}{C}}-\overset{H}{\underset{H}{C}}-H + R-\overset{H}{\underset{H}{C}}-\overset{H}{\underset{OH}{C}}-H$$

주생성물

이런 경우 첨가반응은 두 생성물 중에서 한 가지 생성물만이 주로 만들어 지는 경향이 있다. 1870년 러시아 과학자 Vladimir Markovnikov는 할로젠화 수소와 같은 비대칭 시약의 비대칭 알켄에 대한 첨가반응을 광범위하게 조사한 후에 위치 선택성을 제안하였다. 비대칭 알켄에 비대칭 시약이 첨가될 때 비대칭 시약의 양성부분(수소)은 수소 원자가 많은 이중결합의 탄소 원자에 첨가된다. 이를 **Markovnikov 법칙**(Markovnikov's rule)이라 한다.

알켄에 대한 할로젠(X_2), 수소(H_2), 할로젠화수소(HX), 물(H_2O) 등의 시약과 첨가반응을 살펴보기로 하자.

(1) 할로젠 첨가반응

알켄에는 염소(Cl_2)와 브롬(Br_2)이 쉽게 첨가된다. 에틸렌에 염소를 첨가하여 1,2-다이클로로에테인(1,2-dichloroethane)을 합성하는데(우리나라 연간 생산량 2백만 톤 이상), 이 화합물은 용매와 폴리염화바이닐(PVC)의 합성원료로 사용된다. 이때 촉매는 $FeCl_3$나 $CuCl_2$ 등이 사용된다.

$$\underset{\text{ethylene}}{H_2C{=}CH_2} + Cl_2 \longrightarrow \underset{\text{1,2-dichloroethane}}{H_2\underset{|}{\overset{}{C}}{-}\underset{|}{C}H_2} \quad (\text{Cl}\ \ \text{Cl})$$

$$\underset{\text{but-1-ene}}{H_2C{=}CHCH_2CH_3} + Br{-}Br \longrightarrow \underset{\text{1,2-dibromobutane}}{H_2C(Br){-}CH(Br)CH_2CH_3}$$

(2) 수소 첨가반응

알켄은 백금(Pt), 팔라듐(Pd), 니켈(Ni) 등과 같은 금속 촉매와 함께 수소분자와 수소첨가반응(hydrogenation)을 한다. 이 반응은 환원(reduction) 반응이다. 환원반응은 수소의 첨가나 산소가 제거되는 반응이다.

$$\underset{\text{but-2-ene}}{CH_3CH{=}CHCH_3} + H_2 \xrightarrow{Pt} \underset{\text{butane}}{CH_3CH(H){-}CH(H)CH_3}$$

알켄의 수소첨가반응은 금속 표면에 수소 기체를 흡착하여 촉매와 알켄의 착물화에 의해 반응이 일어난다. 대부분의 유기반응이 용액 중에서 일어나는 균일반응(homogeneous reaction)과는 달리 이렇게 용액 중이 아닌 고체 촉매 표면에서 일어나는 반응을 **불균일 반응**(heterogeneous reaction)이라 한다. 알켄의 수소첨가반응에서 두 수소 모두 촉매 표면으로부터 이중결합의 같은 면으로 첨가 된다. 예를 들면, 1,2-다이메틸사이클로헥센의 수소첨가는 주로 *시스*-1,2-다이메틸사이클로헥세인이 형성된다.

$$\text{1,2-dimethycyclohexene} + H_2 \xrightarrow{PtO_2} \textit{cis}\text{-1,2-dimethylcyclohexane}$$

1,2-dimethycyclohexene　　*cis*-1,2-dimethylcyclohexane

촉매를 사용하는 알켄의 수소첨가반응은 식품산업에서 식물성 기름인 지방산(fatty acid)을 마가린이나 다른 요리용 포화지방산으로 전환하는 데 쓰인다. 불포화 식물성 기름은 수소로 환원되어 포화 지방산이나 트랜스 지방산으로 전환되는데 이러한 지방산은 혈액의 콜레스테롤 수준을 높이는 역할을 하는 것으로 알려져 있다.(11.4절 참조)

(3) 할로젠화 수소의 첨가반응

알켄에 할로젠화 수소를 첨가하는 반응은 극성반응이다. 이 반응을 **친전자성 첨가반응**(electophilic addition)이라고 한다. 알켄에 대한 HX의 첨가반응은 다양한 할로젠이 치환된 할로알케인을 합성하는 일반적인 방법이다. HCl, HBr, HI가 알켄에 첨가된다. 대칭 알케인에 비대칭 시약인 할로젠화 수소가 첨가되는 반응 생성물은 한 가지만이 생성된다.

$$H_3C(H)C{=}C(H)CH_3 + H{-}Cl \longrightarrow H_3C{-}CH(H){-}CH(Cl){-}CH_3$$

trans-but-2-ene 2-chlorobutane

이중결합을 가진 두 개의 탄소가 다른 수의 수소를 가진 비대칭 알켄에 비대칭 시약인 할로젠화 수소가 첨가될 때는 두 가지 반응이 가능할 것으로 예상되나 실제로는 한 가지 생성물만 주로 만들어 진다. 예를 들면, 뷰트-1-엔의 HCl 첨가반응은 1-클로로뷰테인과 2-클로로뷰테인이 생성될 것 같으나, 실제로는 하나만이 주로 생성되는 위치 선택성 반응을 일으킨다. 이때 Markovnikov 법칙에 의하여 HCl의 H는 수소가 많은 이중결합 탄소에 붙고, Cl은 알킬 치환기가 많은 이중결합 탄소에 붙는다. 따라서 2-클로로뷰테인이 주생성물이 되고 1-클로로뷰테인은 거의 생성되지 않는다.

$$CH_3CH_2(H)C{=}CH_2 + H{-}Cl \longrightarrow CH_3CH_2{-}HC(Cl){-}CH_2(H) + CH_3CH_2{-}HC(H){-}CH_2(Cl)$$

but-1-ene 2-chlorobutane (주생성물) 1-chlorobutane (생성 안됨)

$$\text{1-methylcyclopentene} + H{-}Br \xrightarrow{\text{ether}} \text{1-bromo-1-methylcyclopentane}$$

1-methylcyclopentene 1-bromo-1-methylcyclopentane

이중결합을 가진 두 개의 탄소가 같은 개수의 수소를 가진 비대칭 알켄의 비대칭 시약의 첨가반응 생성물은 두 가지 혼합물이 얻어진다.

$$CH_3CH_2CH{=}CHCH_3 + H{-}Cl \longrightarrow CH_3CH_2\underset{Cl}{CH}{-}\underset{H}{CH}CH_3 + CH_3CH_2\underset{H}{CH}{-}\underset{Cl}{CH}CH_3$$

pent-2-ene 3-chloropentane 2-chloropentane

(4) 물의 첨가반응(수화반응)

알켄의 물 첨가반응은 할로젠화 수소 첨가반응과 유사하다. 알켄을 산 촉매 하에서 물과 반응시키면 H－OH 형태로 첨가되어 알코올(R－OH)이 생성된다. 이런 반응을 **수화반응**(hydration)이라 한다. 공업적으로 에틸렌의 수화반응으로 에탄올을 만들어 내는데, 미국에서는 매년 30만톤 이상, 우리나라는 6만톤 이상 생산된다. 이때 촉매로 인산(H_3PO_4)이 사용된다.

$$H_2C{=}CH_2 + H{-}OH \xrightarrow{H^+} \underset{H}{H_2C}{-}\underset{OH}{CH_2}$$

ethylene ethanol

$$\text{cyclohexene} + H{-}OH \xrightarrow{H^+} \text{cyclohexanol}$$

cyclohexene cyclohexanol

비대칭 알켄인 2-메틸프로펜의 산 촉매 첨가반응으로 생성되는 알코올을 예측해보면, 할로젠화 수소에서와 마찬가지로 Markovnikov 법칙에 의하여 H－OH의 H는 수소가 많은 이중결합 탄소에 붙고, OH는 알킬 치환기가 많은 이중결합 탄소에 붙는다. 따라서 2-메틸프로판-2-올이 생성된다. 알코올에 대한 명명법은 제 7장에서 다룬다.

$$(H_3C)_2C{=}CH_2 + H{-}OH \xrightarrow{H^+} H_3C{-}\overset{CH_3}{\underset{OH}{C}}{-}\overset{H}{\underset{H}{C}}{-}H$$

2-methylpropene 2-methylpropan-2-ol

문제 1 다음 알켄의 첨가반응식을 적으시오.

(1) 헥스-3-엔과 H_2(Pt촉매), Br_2, HCl 및 H_2O(H^+ 촉매)의 반응
(2) 헥스-2-엔과 H_2(Pt촉매), Br_2, HCl 및 H_2O(H^+ 촉매)의 반응
(3) 2-메틸펜트-2-엔과 H_2(Pt촉매), Cl_2, HBr 및 H_2O(H^+ 촉매)의 반응
(4) 메틸렌사이클로펜테인과 H_2(Pt촉매), Cl_2, HBr 및 H_2O(H^+ 촉매)의 반응

3.6 알켄의 산화반응

알켄은 알케인에 비해 산화제에 의해 쉽게 산화된다. 알켄은 염기성 용액에서 과망간산칼륨($KMnO_4$)과 반응하여 하이드록시기(−OH)가 이중결합 탄소에 각각 한 개씩 첨가되어 다이올(diol)을 생성한다. 이 반응을 **하이드록실화 반응**(hydroxylation)이라 한다. 예를 들면, 뷰트-1-엔의 하이드록실화 반응으로 뷰테인-1,2-다이올이 생성된다.

$$H_2C{=}CHCH_2CH_3 + KMnO_4 \xrightarrow[NaOH]{H_2O} H_2C(OH){-}CH(OH)CH_2CH_3 + MnO_4 + KOH$$

but-1-ene　　butane-1,2-diol

알켄의 산화를 염기성 용액이 아닌 산성 용액에서 $KMnO_4$로 산화를 시키면 탄소-탄소 이중결합이 쪼개져서 각 탄소는 카보닐기(carbonyl group) C=O를 가진 생성물을 얻게 된다. 만일 이중결합 탄소가 네 개의 치환기를 가진 알켄이면 생성물은 두 개의 케톤(RCOR')이 되며, 이중결합 탄소에 수소가 하나 붙어 있으면 카보닐 생성물 중 하나는 알데하이드(RCHO)를 거쳐 카복실산(RCOOH)이 되고, 그리고 이중결합 탄소에 수소가 두 개 붙어 있으면 산화되어 이산화탄소가 생성된다.

$$(H_3C)_2C{=}C(CH_3)(CH_2CH_3) + KMnO_4 \xrightarrow{H^+} (H_3C)_2C{=}O + O{=}C(CH_2CH_3)(CH_3)$$

$$CH_3CH_2CH{=}CH_2 + KMnO_4 \xrightarrow{H^+} CH_3CH_2{-}C({=}O){-}OH + CO_2$$

알켄을 은(Ag) 촉매 하에 산소 또는 공기로 250~300℃에서 산화시키면 에폭시알케인(epoxyalkane)이 생성된다. 이것을 산 촉매 하에서 가수분해 시켜서 에틸렌 글라이콜(ethylene glycol)을 제조하는데, 이것은 자동차 부동액이나 폴리에스터 섬유 제조의 원료로 사용된다.

$$H_2C{=}CH_2 + \tfrac{1}{2}O_2 \xrightarrow{Ag} H_2C{-}CH_2\ (\text{epoxide, bridged by O}) \xrightarrow{H_3O^+} HO{-}CH_2CH_2{-}OH$$

ethylene　　epoxyethane　　ethylene glycol

문제 8 3-에틸펜트-2-엔과 다음 시약을 반응시켰을 때 생성되는 반응 생성물을 예측하시오.

(1) $KMnO_4$, OH^-, H_2O　　(2) $KMnO_4$, H_3O^+

문제 9 산성 용액 하에서 $KMnO_4$로 다음 화합물을 산화시킬 때 생성되는 화합물을 적으시오.

(1) 2-메틸프로펜

(2) 헥스-3-엔

3.7 알켄의 중합반응

이중결합을 가진 간단한 알켄은 소량의 적당한 촉매로 처리하여 작은 분자들이 반복적인 결합에 의해 **중합체**를 만든다. 중합체를 **고분자**(polymer)라고도 한다. 작은 단위의 반복되는 분자를 **단량체**(monomer)라 하고, 단량체가 서로 연결되어 중합체로 변환하는 화학반응을 **중합**(polymerization)이라 한다. 예를 들면, 에틸렌 분자를 중합시켜 긴 탄화수소 사슬을 가진 폴리에틸렌(polyethylene, PE) 중합체를 만든다. 연간 약 4백만 톤의 폴리에틸렌이 우리나라에서 생산되고 있다.

$$n\ H_2C{=}CH_2 \rightarrow \cdots{-}CH_2{-}CH_2{-}\left(CH_2{-}CH_2\right){-}CH_2{-}CH_2{-}\cdots$$

$$n\ H_2C{=}CH_2 \rightarrow \left({-}CH_2{-}CH_2{-}\right)_n$$

ethylene　　polyethylene(PE)

$$n\ H_2C{=}CH(CH_3) \rightarrow \left({-}CH_2{-}CH(CH_3){-}\right)_n$$

propylene　　polypropylene(PP)

예제 3.4 Chloroethene(vinyl chloride)의 중합으로 만드는 PVC [poly(vinyl chloride)]의 구조를 반복되는 단위로 나타내시오.

풀이 클로로에텐(관용명 염화바이닐)의 단량체 $CH_2{=}CHCl$의 이중결합에 단량체들끼리 부가되어 단일결합의 많은 단위의 긴 사슬을 만든다. PVC의 구조는 다음과 같다.

$$\sim{-}CH_2{-}CHCl{-}\left(CH_2{-}CHCl\right){-}CH_2{-}CHCl{-}\sim$$

3.8 알카인의 첨가반응

알켄과 첨가반응하는 여러 가지 시약들은 알카인과도 반응을 한다. 알켄의 이중결합의 반응에서와 같이 수소(H_2) 및 할로젠(X_2)과 할로젠화 수소(HX)는 알카인과 반응을 하게 되며, 알카인의 H_2O 첨가반응은 알켄과는 다소 상이한 반응이 이루어진다.

(1) 수소 첨가반응

알카인에 수소를 첨가하는 반응 조건은 알켄에 수소를 첨가하는 반응과 유사하다. 니켈이나 백금 촉매를 사용하여 하나의 탄소－탄소 삼중결합에 2당량의 H_2로 환원을 시키면 알켄 중간체를 거쳐 포화 탄화수소인 알케인을 얻게 된다. **Lindlar촉매** (Lindlar's Palladium catalyst)라는 특수한 촉매 하에서는 알카인 1당량에 수소 1당량이 첨가되고 알켄 단계에서 반응이 멈춘다. Lindlar촉매는 팔라듐을 아세트산납 [$Pb(OOCCH_3)_2$]과 퀴놀린으로 비활성화 시킨 것으로 알카인을 알켄으로 부분 환원시키는 동시에 시스 알켄만을 생성시키는 특징이 있다.

$$CH_3C{\equiv}CCH_2CH_3 \xrightarrow[\text{Lindlar 촉매}]{H_2} \underset{H_3C}{\overset{H}{}}C{=}C\underset{CH_2CH_3}{\overset{H}{}} \xrightarrow[Pt]{H_2} CH_3(CH_2)_3CH_3$$

pent-2-yne → pentane

(2) 할로젠 첨가반응

알카인의 Cl_2 및 Br_2 첨가 첫 단계에서는 첨가반응이 주로 트랜스 형태로 일어나고, 알켄은 계속 첨가반응이 일어나 할로알케인이 생성된다.

$$HC{\equiv}CCH_2CH_3 \xrightarrow[CH_2Cl_2]{Cl_2} \underset{Cl}{\overset{H}{}}C{=}C\underset{CH_2CH_3}{\overset{Cl}{}} \xrightarrow[CH_2Cl_2]{Cl_2} HCCl_2{-}CCl_2CH_2CH_3$$

but-1-yne, (*E*)-1,2-dichlorobut-1-ene, 1,1,2,2-tetrachlorobutane

(3) 할로젠화 수소의 첨가반응

알카인은 알켄처럼 HCl, HBr, HI와 첨가반응을 한다. 알카인은 보통 1당량의 HX와 반응하여 일치환 할로젠화물이 생성되나, 과량의 HX 존재 하에서는 이할로젠화물이 생성된다. 이때 일치환 할로젠화 첨가반응의 위치선택성은 Markovnikov의 법칙을 그대로 따른다. H 원자는 삼중결합을 가진 탄소 중에서 수소를 많이 가진 탄소에 첨가되며 X원자는 다른 탄소에 첨가된다.

$$CH_3CH_2CH_2C{\equiv}CH \xrightarrow{HBr} CH_3CH_2CH_2{-}C(Br){=}CH_2 \xrightarrow{HBr} CH_3CH_2CH_2{-}CBr_2{-}CH_3$$

pent-1-yne 2-bromopent-1-ene 2,2-dibromopentane

(4) 물의 첨가반응

알카인의 물의 첨가반응은 황산과 황산수은 촉매를 혼합한 용액으로 반응시키면 Markovnikov 규칙의 위치 선택성에 따라 H는 삼중결합 탄소의 수소가 많이 달린 탄소에 첨가되고, −OH는 수소를 적게 가진 탄소에 첨가된다. 이때 탄소−탄소 이중결합에 −OH가 붙어있는 특이한 성질을 가지는 화합물이 생성되는데, 이런 알코올을 **엔올**(enol)이라고 한다. 엔올은 이중결합을 나타내는 엔(ene)과 알코올을 의미하는 올(ol)의 합성어이다. 엔올의 중요한 성질 중의 하나는 엔올은 자리옮김을 하여 더 안정한 케톤(RCOR)으로 변환한다는 것이다. 엔올과 케톤은 빠르게 상호전환 한다. 이러한 과정에 대하여 후에 알데하이드와 케톤에서 다시 다룰 것이다. 엔올을 분리하는 것은 매우 어렵다.

$$R{-}C{\equiv}CH + H{-}OH \xrightarrow[HgSO_4]{H^+} R{-}C(OH){=}CH_2 \longrightarrow R{-}C({=}O){-}CH_3$$

alkyne enol ketone

말단이 알카인인 구조(RC≡CH)의 수화반응으로부터 위와 같이 단일 생성물인 메틸 케톤 ($RCOCH_3$)이 생성되는 것임에 유의하자.

문제 10 다음 화학반응의 예상되는 생성물의 구조식을 쓰고 명명하시오.

(1) $CH{\equiv}CCH_2CH_3$ + HBr (1당량, 2당량) →

(2) $CH_3CH_2C{\equiv}CCH_3$ + Cl_2 (1당량) →

(3) $CH_3CH_2C{\equiv}CCH_2CH_3 + H_2 \xrightarrow{\text{Lindlar 촉매}}$

(4) $CH_3CH_2C{\equiv}CH + H_2O \xrightarrow{Hg^{2+},\ H^+}$

3.9 알켄의 제법

에틸렌이나 프로필렌을 제조하는 방법은 실험실에서 수행할 수가 없으며 이들은 원유를 증류하여 나오는 경질 나프타(naphtha)를 열분해(thermal cracking)하여 얻는다. 현재 우리나라는 연간(2014년 기준) 에틸렌 생산량이 약 8백만 톤에 이르고 있다. 실험실에서 알켄을 얻는 방법은 대부분의 경우 알코올(R－OH)이나 할로젠화 알킬(R－X)의 제거반응에 의하여 합성한다.

(1) 알코올의 탈수반응

알코올에서 물을 제거하는 반응에서 알코올의 하이드록시기(－OH)와 인접한 탄소의 H가 물을 형성하여 제거되고, 물이 형성된 탄소들 간에 이중결합을 형성하여 알켄을 제조한다. 이때 촉매로 산이 필요하다. 알코올을 아직 배우지 않았지만 간략하게 이해할 필요가 있다. **알코올**(alcohol)은 알킬기에 －OH기가 결합된 화합물을 말한다. 알코올의 탈수반응 순서는 3차 알코올 〉 2차 알코올 〉 1차 알코올 순으로 3차와 2차 알코올은 탈수반응이 잘 진행되나 1차 알코올과 메탄올은 탈수반응이 어렵다. 1차, 2차, 3차의 의미는 탄소의 결합능력을 나타낸다. 즉, －OH기에 붙은 탄소가 다른 탄소 한 개와 결합하면 1차, 두 개와 결합하면 2차, 그리고 세 개의 탄소와 결합하면 3차 알코올이 된다.

인산 촉매 하에서 *tert*-뷰틸 알코올 (2-메틸프로판-2-올)을 가열하면 물이 제거되어 알켄이 생성된다.

$$H_3C-C(CH_3)(OH)-CH_2H \xrightarrow[\text{가열}]{H_3PO_4} (H_3C)_2C{=}CH_2 + H_2O$$

tert-butyl alcohol　　　2-methylpropene

$$\text{cyclohexanol} \xrightarrow[165℃]{H_2SO_4} \text{cyclohexene} + H_2O$$

cyclohexanol　　　cyclohexene

알코올이 탈수되어 알켄을 형성할 때 서로 다른 두 가지의 알켄을 형성하는 경우가 있다. 이런 경우에는 이중결합에 치환이 많이 된 알켄이 주생성물로 얻어진다. 즉, 제거되는 수소는 치환기가 붙어 있는 탄소의 인접 탄소 원자 중에서 수소 원자수가 더 적은 탄소의 것이 우선적이다. 이와 같이 이중결합에 더 많은 치환기를 가진 알켄을 생성하는 제거반응을 **자이체프 법칙**

(Zaitsev's rule)이라 한다. 예를 들면, 2-메틸뷰탄-2-올의 산 촉매 탈수반응은 −OH기와 인접한 탄소인 에틸기의 수소와 탈수되어 형성되는 2-메틸뷰트-2엔이 있고, 또 하나는 −OH기와 인접한 탄소인 메틸기의 수소와 탈수되어 형성되는 2-메틸뷰트-1-엔이 있다. 여기서 3치환체인 2-메틸뷰트-2-엔이 2치환체인 2-메틸뷰트-1-엔보다 이중결합에 더 많은 치환기를 가진 알켄으로 주생성물이 된다.

$$H_3C{-}C(CH_3)(OH){-}CH_2CH_3 \xrightarrow[25℃]{H_2SO_4} (H_3C)_2C{=}C(H)CH_3 + H_2C{=}C(CH_3)CH_2CH_3$$

2-methylbutan-2-ol → 2-methylbut-2-ene (주생성물) + 2-methylbut-1-ene (부생성물)

(2) 할로젠화 알킬의 탈 HX 반응

할로젠화 알킬을 강염기 존재 하에 알코올 용매 중에서 반응시키면 할로젠화수소(HX)가 제거되면서 알켄이 생성된다. **할로젠화 알킬**(alkyl halide)은 할로알케인(haloalkane)으로 알케인의 수소가 할로젠 원소로 치환된 화합물이다. 할로젠화 알킬의 탈 HX 반응에서 알코올 용매로 주로 사용되는 에탄올은 강염기 NaOH나 KOH와 소듐에톡사이드(CH_3CH_2ONa) 또는 포타슘에톡사이드(CH_3CH_2OK)를 형성하여 반응에 관여하게 된다. 할로젠화 알킬의 제거반응도 알코올의 탈수반응과 같이 자이체프 법칙을 따른다.

$$CH_3CH_2CH(Br)CH_3 \xrightarrow[ethanol]{CH_3CH_2ONa} CH_3CH{=}CHCH_3 + CH_3CH_2CH{=}CH_2$$

2-bromobutane → but-2-ene (주생성물) + but-1-ene (부생성물)

문제 11 다음 반응에서 생성될 수 있는 알켄을 예측하고, 주생성물을 알아내시오.

(1) $H_3C{-}C(CH_3)(OH){-}CH(CH_3)CH_3 \xrightarrow[\triangle]{H_2SO_4}$

(2) 2-메틸사이클로헥산올 (고리에 CH_3, OH) $\xrightarrow[\triangle]{H_2SO_4}$

(3) $CH_3CH_2{-}C(CH_3)(Cl){-}CH_2CH_3 \xrightarrow[ethanol]{CH_3CH_2ONa}$

3.10 알켄의 친전자성 첨가반응 메카니즘

탄소－탄소 이중결합을 가진 알켄 화합물이 할로젠화 수소 등과 반응하여 어떻게 첨가반응을 이루는지 그 메커니즘을 이해할 필요가 있다. 일반적으로 화학결합은 전자가 풍부한 화학종과 전자가 부족한 화학종간에 일어나는 상호작용이다. 유기반응에서 전자가 풍부한 화학종은 전자가 부족한 화학종과 결합을 하게 된다. 전자가 부족한 화학종을 **친전자체**(electrophile)라 하고, 전자가 풍부한 화학종을 **친핵체**(nucleophile)라 한다. 친전자체는 '전자를 좋아하는' 화학종이다(전자는 음으로 하전되어 있음을 상기하라). 친전자체는 전자가 부족한 원자를 가지고 있어 한 쌍의 전자를 받아들임으로써 결합을 형성할 수 있다. 예를 들면, 산(H_3O^+), 할로젠화 알킬의 탄소양이온은 전자를 받아들일 수 있으므로 친전자체이다($CH_3^+ - Cl^-$). 친전자체는 중성이나 양으로 하전되어 있다.

친핵체는 '핵을 좋아하는' 화학종이다(핵은 양으로 하전되어 있다). 친핵체는 공유할 수 있는 전자쌍을 가지고 있어 친전자체에 한 쌍의 전자를 제공하여 결합을 형성할 수 있다. 친핵체는 중성이나 음전하를 가질 수 있다. 암모니아, 물, 하이드록시 이온, 할로젠 이온 등이 그 예이다.

$:NH_3$　　$:\ddot{O}H_2$　　$^-:\ddot{\underset{..}{O}}H$　　$:\ddot{\underset{..}{Cl}}:^-$

화학자들은 기존의 공유결합의 절단과 새로운 공유결합의 생성에서 전자들의 이동을 나타내기 위하여 굽은 곡선 화살표를 사용한다. 화살표는 전자가 풍부한 지점(화살표의 꼬리)에서 시작하여 전자가 부족한 지점(화살표의 머리)으로 그린다. 예를 들면, 친전자체 A^+와 친핵체 $:B^-$와 결합할 때 곡선 화살표는 전자가 풍부한 $:B^-$에서 전자가 부족한 A^+로 이동함을 보여주고 있다.

$$A^+ + :B^- \longrightarrow A-B$$

곡선 화살표를 그릴 때 주의할 사항으로는 항상 음전하(친핵체)에서 시작하여 양전하(친전자체)를 향하여 그린다. 이중결합 등과 같은 곡선 화살표는 π결합에서 시작하고 탄소 원자에서 시작하지 않는다. 탄소음이온인 경우에는 탄소에서 곡선 화살표가 출발한다. 알켄의 탄소－탄소 이중결합은 탄소 원자간의 두 개의 $sp^2 - sp^2$ 혼성궤도함수의 겹침으로 생기는 σ결합과 $p-p$ 궤도함수의 겹침으로 생기는 π결합으로 이루어져 있다. 이중결합의 π결합은 σ결합보다 약하다. 알켄의 π전자는 위 아래에 전자구름으로 구성되어 있어 시약의 공격을 쉽게 받을 수 있고, 또한 전자가 풍부한 상태이다. 따라서 알켄의 C=C 이중결합은 친핵체처럼 작용하여 전자가 부족한 친전자체에 전자를 주어 새로운 결합을 형성한다.

반응물 HBr에서 HBr은 강산으로 강력한 양성자(H^+) 주개이다. H^+는 양으로 하전되어 있고 전자 부족이므로 친전자체이다. 따라서 알켄과 H^+의 반응은 친핵체－친전자체간의 전형적인 결합이다. 에텐과 HBr의 반응 예를 살펴보면, 우선 알켄의 C＝C 결합으로부터 π결합을 하고 있는 한 쌍의 전자를 HBr에 제공하여 부분적으로 양전하를 띠고 있는 HBr의 H로 끌리는 것을 보이기 위해 곡선 화살표가 그려진다. HBr의 브롬과 연결되어 있는 수소는 이미 두 개의 전자를 가지고 있고, 이중결합으로부터 수소로 또 다른 전자쌍이 이동하면 H－Br 결합에 있는 전자쌍은 이탈되어야 한다. 따라서 알켄의 π전자가 H로 이동할 때 H－Br 결합은 절단되어 전자들은 Br에 남고 Br^-이 생성된다.

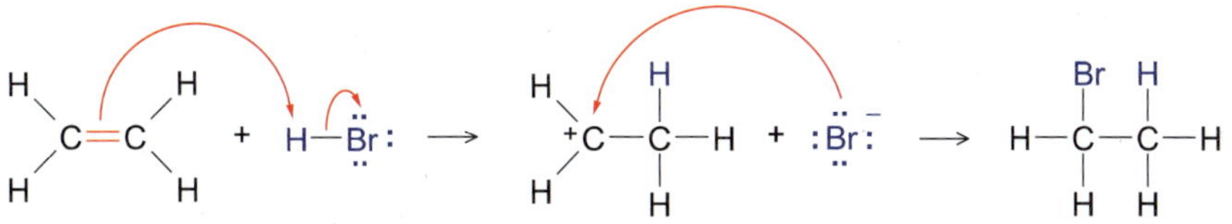

$$H_2C{=}CH_2 + H{-}\ddot{B}r: \longrightarrow H_2\overset{+}{C}{-}CH_3 + :\ddot{B}r:^- \longrightarrow H{-}CH_2{-}CH_2{-}Br$$

알켄의 탄소 원자의 한 개는 π결합을 이뤘던 두 전자와 HBr에서 절단된 H와 σ결합을 형성한다. 반면에 다른 탄소 원자는 이중결합에 공유되었던 π결합 전자쌍을 잃고 양의 전하를 띤 **탄소양이온**(carbocation)이 된다. 반응의 두 번째 단계에서 생성된 탄소양이온은 음전하를 띤 브롬 음이온의 전자쌍 한 개를 받아 C－Br 결합을 형성하여 최종 생성물인 브로모에테인이 생성된다.

문제 12 다음 물질을 친전자체와 친핵체로 구분하시오. 그 이유를 설명하시오.

(1) NH_4^+ (2) CH_3O^- (3) NO_2^+

(4) CN^- (5) $H_2C{=}CH_2$ (6) CH_3NH_2

문제 13 다음 반응에서 전자의 이동을 나타낼 수 있도록 곡선 화살표를 그려 넣으시오.

(1) $H{-}\ddot{N}H{-}H + :\ddot{Cl}{-}\ddot{Cl}: \longrightarrow H{-}\overset{+}{N}H(Cl){-}H + :\ddot{Cl}:^-$

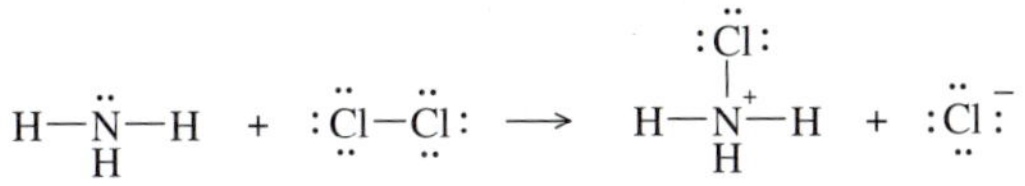

(2) $(CH_3)_3C{-}\ddot{B}r: \longrightarrow (CH_3)_3C^+ + :\ddot{B}r:^-$

(3) 사이클로헥센 $+ :\ddot{B}r^+ \longrightarrow$ (탄소양이온)$-\ddot{B}r:$

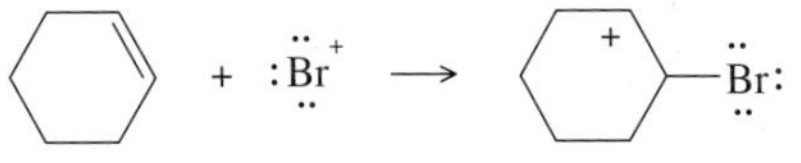

(4) $(H_3C)_2C{=}CH_2 + H{-}Br \longrightarrow H_3C{-}C(CH_3)_2{-}Br$

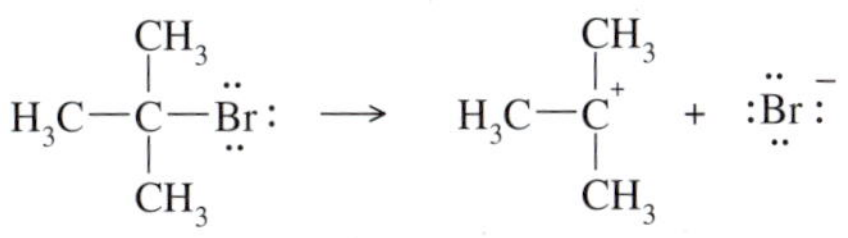

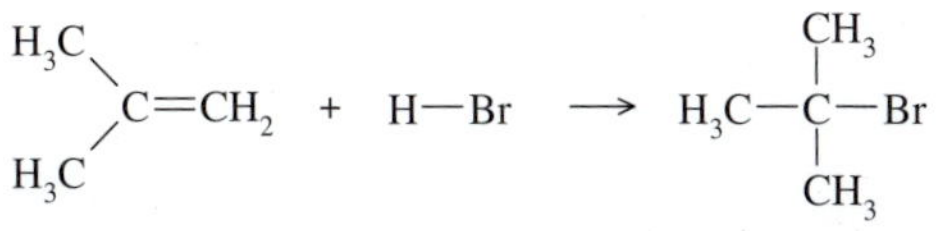

3.11 반응에너지 도표

반응이 일어나기 위해서는 분자들끼리 충분한 에너지로 충돌하여 결합이 절단되고 새로운 결합이 생성되어야 한다. 이 과정에서 필요한 에너지가 반응의 장애물이다. 장애물의 높이가 높으면 높을수록 반응속도가 늦어지게 된다. 화학자들은 반응이 진행되는 동안의 에너지 변화를 **반응에너지 도표**(reaction energy diagram)를 사용하여 나타낸다.

에텐에 HBr의 첨가반응을 살펴보면 두 단계로 반응이 진행된다. 반응 첫 단계는 알켄의 π결합이 끊어지고 C−H의 σ결합이 형성되어 탄소양이온 중간체를 생성한다. 탄소양이온은 전이 상태가 아니고 반응 과정 중에 순간적으로 존재하는 **반응 중간체**(reaction intermediate)이다. 두 번째 단계에서는 새로운 C−Br의 결합이 형성된다.

$$H_2C{=}CH_2 \xrightarrow{H-Br} \left[H_3C-\overset{+}{C}H_2 \right] \xrightarrow{:\ddot{Br}:^-} H_3C-CH_2-Br$$

반응중간체

그림 3.1은 에텐에 HBr의 첨가반응의 반응에너지 도표를 나타내었다. 도표의 세로축에는 모든 반응물의 전체 에너지를 나타내었고, 가로축은 반응시작부터 반응 완료까지의 진행과정으로 반응좌표라 한다.

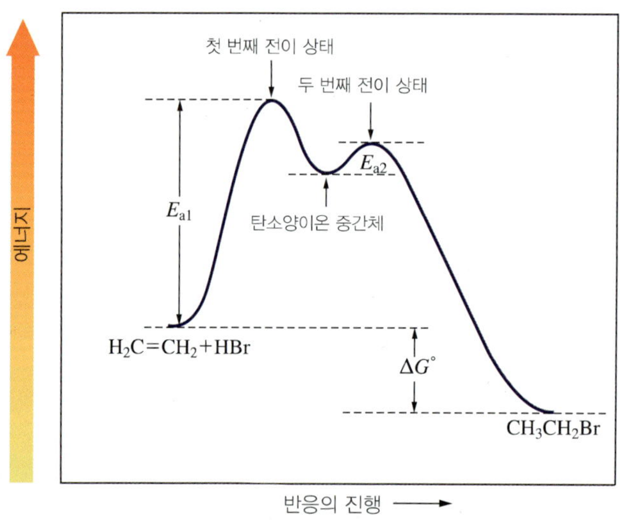

그림 3.1 에텐과 HBr 반응에너지 도표

반응 초기에 에텐과 HBr의 전체 에너지량은 그림 왼쪽에 있는 반응물의 위치에서 시작한다. π결합이 끊어지고 새로운 σ결합이 형성됨에 따라 생성되는 구조는 최대에너지에 도달하게 된다. 이 최대에너지의 구조에 이르게 되는 위치를 **전이상태**(transition state)라 한다. 전이상태는 분리할 수도 없고 첫 단계의 탄소양이온이 생성될 때까지 계속 변하게 된다. 반응물과 전이상태 사이의 에너지 차이를 **활성화에너지**(activation energy, E_a)라 한다. 이것은 반응이 얼마나 빨리 일어나는지를 결정하는 에너지이다. E_a가 작으면 반응이 빠르고, E_a가 크면 반응이 느리다. 왜냐하면 E_a가 작으면 반응물이 전이상태로 올라가는 데 에너지가 적게 필요하므로 빨리 전이상태에 도달할 수가 있어 반응속도가 빠르게 된다. 대부분의 유기반응은 E_a가 40~125 kJ/mole이다. E_a가 80 kJ/mole 이하인 반응은 상온이나 그 이하의 온도에서 반응이 자발적으로 일어나고, 그 이상의 에너지를 가진 반응은 보통 가열을 필요로 한다. 일단 첫 번째 전이상태에 도달하면 새로운 C－H 결합이 완전히 생성되므로 반응에너지 도표 그림의 탄소양이온 중간체 생성 위치에 도달할 때까지 에너지를 방출하게 된다. 일시적으로 형성된 중간체인 탄소양이온이 생성되자마자 두 번째 단계에서 브롬이온이 탄소양이온 중간체의 양전하를 띤 탄소로 접근함에 따라 에너지가 최대로 상승하게 된다. 이 최대에너지를 가진 구조가 두 번째 단계의 전이상태가 된다. 탄소양이온과 두 번째 전이상태의 에너지 차이는 둘째 단계의 활성화에너지 E_{a2}이다. 일단 두 번째 전이상태에 도달하면 새로운 C－Br 결합이 완전히 생성되어 최종 생성물이 되는 점까지 에너지를 방출하게 된다.

반응에너지 도표에서 탄소양이온의 중간체가 반응물보다 에너지가 높으므로 반응의 첫 단계는 흡열반응(endothermic reaction)이다. 두 번째 단계는 생성물이 탄소양이온보다 에너지가 더 낮으므로 발열반응(exothermic reaction)이다. 전체반응은 발열반응인데, 그 이유는 생성물의 에너지가 반응물보다 더 낮기 때문이다.

첫 단계의 활성화에너지 E_{a1}이 상당히 크므로 반응속도는 상대적으로 느리다. 반면에 둘째 단계의 E_{a2}는 매우 작기 때문에 반응속도는 빠르다. 따라서 전체반응에 대한 반응속도는 느린 단계인 첫 번째 단계의 속도에 의해 결정된다. 이런 단계를 **속도결정 단계**(rate-limiting step)라 한다.

문제 14 다음 상황에 맞는 반응에너지 도표를 그리시오.

(1) 반응속도가 빠르고 많은 열을 방출하는 한 단계 발열반응

(2) 반응속도가 느리고 적은 열을 흡수하는 한 단계 흡열반응

(3) 첫 단계는 에너지를 흡수하고 두 번째 단계는 에너지를 방출하는 두 단계 반응
(반응물, 전이상태, 반응 중간체, 활성화에너지 포함)

반응요약

1. 알켄의 반응	
(1) X_2의 첨가반응 (X=Cl, Br)	$\mathrm{>C=C<} + X-X \xrightarrow{CH_2Cl_2} -\underset{X}{\overset{\vert}{C}}-\underset{X}{\overset{\vert}{C}}-$
(2) H_2의 첨가반응	$\mathrm{>C=C<} + H-H \xrightarrow{Pt} -\underset{H}{\overset{\vert}{C}}-\underset{H}{\overset{\vert}{C}}-$
(3) HX의 첨가반응 (X=Cl, Br, I)	$\mathrm{>C=C<} + H-X \xrightarrow{ether} -\underset{H}{\overset{\vert}{C}}-\underset{X}{\overset{\vert}{C}}-$
(4) H_2O의 첨가반응	$\mathrm{>C=C<} + H-OH \xrightarrow{H^+} -\underset{H}{\overset{\vert}{C}}-\underset{OH}{\overset{\vert}{C}}-$
(5) 알칼리 $KMnO_4$를 이용한 알켄의 산화반응 (하이드록실화 반응)	$\mathrm{>C=C<} + KMnO_4 \xrightarrow[H_2O]{NaOH} -\underset{OH}{\overset{\vert}{C}}-\underset{OH}{\overset{\vert}{C}}-$
(6) 산성 $KMnO_4$를 이용한 알켄의 산화성 쪼개짐	$R_2C=CR_2 + KMnO_4 \xrightarrow{H^+} R_2C=O + O=CR_2$ $R(H)C=CH_2 + KMnO_4 \xrightarrow{H^+} R-\overset{O}{\overset{\Vert}{C}}-OH + CO_2$
(7) 에폭시화 반응	$H_2C=CH_2 + \frac{1}{2}O_2 \xrightarrow{Ag} H_2C\overset{O}{—}CH_2$ (에폭사이드 고리)
(8) 알켄의 중합반응	$n\ H_2C=CH_2 \longrightarrow \left(-\underset{H}{\overset{H}{C}}-\underset{H}{\overset{H}{C}}- \right)_n$

2. 알카인의 반응	
(1) H_2의 첨가반응	$R-C\equiv C-R' \xrightarrow[Pd]{2H_2} R-CH_2-CH_2-R'$ (R—C(H)(H)—C(H)(H)—R') $R-C\equiv C-R' \xrightarrow[\text{Lindlar 촉매}]{H_2}$ (H)(R)C=C(H)(R')
(2) X_2의 첨가반응 (X=Cl, Br)	$R-C\equiv C-R' \xrightarrow[CH_2Cl_2]{X_2}$ (X)(R)C=C(R')(X) $\xrightarrow[CH_2Cl_2]{X_2} R-CX_2-CX_2-R'$
(3) HX의 첨가반응 (X=Cl, Br, I)	$R-C\equiv C-R' \xrightarrow[CH_2Cl_2]{HX}$ (X)(R)C=C(R')(H) $\xrightarrow[CH_2Cl_2]{HX} R-CX_2-CH_2-R'$
(4) H_2O의 첨가반응	$R-C\equiv CH + H-OH \xrightarrow[HgSO_4]{H^+} R-C(OH)=CH-H \longrightarrow R-C(=O)-CH_2-H$ alkyne　　enol　　ketone
3. 알켄의 합성	
(1) 알코올의 탈수반응	$R-C(R)(OH)-CH_2-H \xrightarrow[heat]{H_3PO_4} R_2C=CH_2 + H_2O$
(2) 할로젠화 알킬의 탈HX 반응	$R-CH(X)-CH(H)-R' \xrightarrow[ethanol]{CH_3CH_2ONa} R-CH=CH-R' + HX$

| 추가문제 |

15. 다음 구조의 IUPAC명을 적으시오.

(1) $BrCH_2CH=CHCH_3$

(2) $CH_3CH_2CH=C(CH_3)_2$

(3) $CH_3CH_2C\equiv CCH_2CH_3$

(4) $CH_2=CH-C\equiv C-CH_3$

(5) 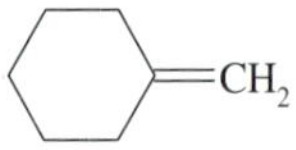 [structure: cyclohexane ring with =CH₂]

(6) 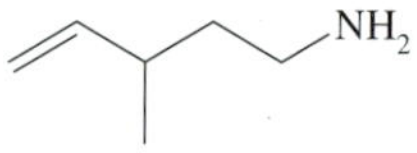 [structure: skeletal chain with terminal double bond, methyl branch, and NH₂]

(7) 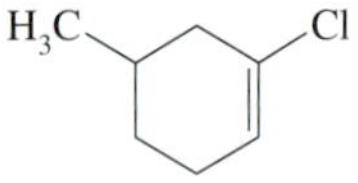 [structure: cyclohexene ring with H₃C and Cl substituents]

(8) 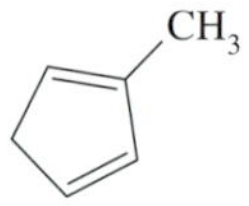 [structure: cyclopentadiene ring with CH₃]

16. 다음 화합물의 구조식을 그리시오.

(1) 2,3,4-trimethylpent-2-ene

(2) 4-methylhex-2-yne

(3) 3-methylpenta-1,3-diene

(4) 1,4-dichlorobut-2-yne

(5) 1,3-dibromocyclopentene

(6) 2-methylcyclohexa-1,3-diene

(7) (*E*)-3-methylhex-2-ene

(8) (*Z*)-1-chloro-2-methylpent-1-ene

17. 다음 화합물의 이름은 틀리다. 구조를 그리고 올바른 이름을 쓰시오.

(1) 2-ethyl-1-propene

(2) 3-methyl-1,3-butadiene

(3) 3-methyl-2-ethylcyclohexene

(4) 2-methyl-3-pentyne-1-ene

18. 다음 화합물의 가능한 이성질체의 구조식을 그리고, *cis-trans* 혹은 *E*, *Z* 계열로 명명하시오.

(1) $CH_3(Br)C=C(CH_3)CH_2CH_3$

(2) $CH_3CH_2(Br)C=C(Cl)CH_2CH_3$

19. 다음 화합물의 *E*, *Z* 입체배열을 결정하시오.

(1) 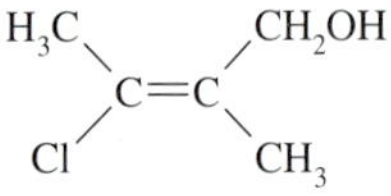 [structure: $C=C$ with H_3C and Cl on one carbon; CH_2OH and CH_3 on the other]

(2) 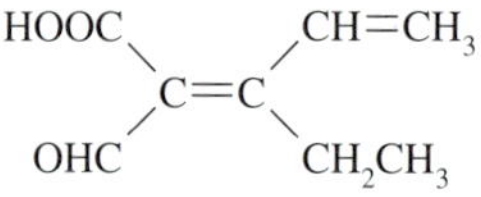 [structure: $C=C$ with HOOC and OHC on one carbon; $CH=CH_3$ and CH_2CH_3 on the other]

20. 다음 반응시약과 3-메틸펜트-2-엔의 반응식을 적으시오.

(1) Br_2

(2) HBr

(3) H_2 (Pt 촉매)

(4) H_2O, H^+

(5) $KMnO_4$, OH^-

(6) $KMnO_4$, H_3O^+

21. 다음 반응식을 완성하시오

(1) 4-메틸펜트-2-아인 + H_2 (1당량, Lindlar 촉매)

(2) 헥스-3-아인 + Br_2 (2당량)

(3) 프로파인 + HCl (2당량)

(4) 펜트-1-아인+H−OH(H^+, $HgSO_4$촉매)

22. 다음 반응의 가능한 생성물을 예측하시오. 주생성물을 표시하시오. 단, 입체화학은 무시한다.

(1) $CH_3CH_2-C(CH_3)(OH)-CH_2CH_2CH_3 \xrightarrow[\text{heat}]{H_2SO_4}$

(2) H_3C-(cyclohexane)$-OH \xrightarrow[\text{heat}]{H_2SO_4}$

(3) $H_3C-CH(Cl)CH_2CH_2CH_3 \xrightarrow[\text{ethanol}]{KOH}$

(4) 1-Br-2-CH_2CH_3-cyclopentane $\xrightarrow[\text{ethanol}]{CH_3CH_2ONa}$

23. 다음 화합물들을 합성하기 위해서는 어떠한 알켄을 출발물질로 사용해야 하는가?

(1) $CH_3CH_2-C(CH_3)(Br)-CH_2CH_3$

(2) H_3C-, Cl, Cl 치환 cyclohexane (1-CH_3-3,4-dichlorocyclohexane)

(3) cyclohexyl-CH(OH)-CH_3

(4) $CH_3CH_2-CH(OH)-C(CH_3)(OH)CH_3$

(5) $H_3C(CH_3CH_2)C=O + CO_2$

24. 다음 반응에서 전자들의 흐름을 보기 위한 곡선 화살표를 그려 넣으시오.

$$H_3C\text{–}CH_2Br\ (H-CH_2-CH_2(Br)) + {}^-OH \longrightarrow H_2C=CH_2 + H_2O + Br^-$$

25. 다음 반응 에너지 도표를 보고 답하시오.

(1) 반응물, 생성물, 전이상태, 중간체를 각각 표시하시오.

(2) 반응 단계는 몇 개인가?

(3) 어느 단계가 더 빠른가?

(4) 반응물과 생성물 중 더 안정한 것은?

(5) 전체반응은 발열반응인가 혹은 흡열반응인가?

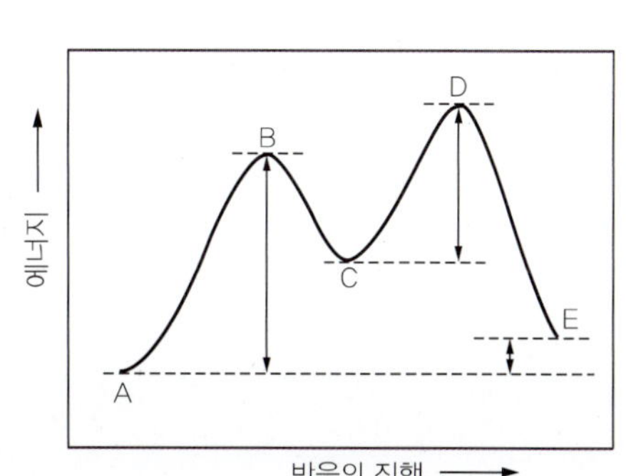

4장
방향족 화합물

4.1 방향족 화합물의 정의
4.2 벤젠의 구조
4.3 방향족 화합물의 명명법
4.4 친전자성 방향족 치환반응
4.5 친전자성 방향족 치환반응의 메카니즘
4.6 친전자성 방향족 치환반응의 지향성
4.7 유기합성의 지향성 효과
4.8 방향족 화합물의 산화 및 환원반응
4.9 다환 방향족 화합물

4.1 방향족 화합물의 정의

벤젠 고리를 가지고 있는 탄화수소를 **방향족 화합물**(aromatic compounds)이라 하고 방향족 탄화수소라고도 한다. 탄소의 수에 비해 상대적으로 수소의 수가 적은 벤젠, 톨루엔 같은 화합물은 자연에서 흔하게 발견되는데 이러한 화합물들은 향기 나는 물질이어서 방향족(芳香族, aromatic)이라는 말이 유래되었다. 그러나 방향족 화합물 중에 향기가 나지 않는 것이 있기도 하고 현재는 향기 때문이 아니라 특이한 화학적 성질을 의미한다. 방향족 화합물은 벤젠과 같이 세 개의 이중결합을 가진 고리 화합물뿐만 아니라 벤젠 유도체와 비슷한 화학적 성질과 반응성을 나타내는 고리형 불포화 탄화수소를 모두 일컫는다.

방향족 화합물의 특징으로는 불포화 탄화수소 구조를 가지고 있으나 이중결합을 가진 알켄류와 매우 다른 성질을 가지고 있다. 지방족 불포화 탄화수소보다 반응성이 훨씬 낮다. 그리고 알켄류가 첨가반응을 하는 것과는 달리 방향족 화합물은 첨가반응 보다는 친전자성 치환반응을 주로 한다.

방향족 화합물의 용도는 매우 다양하다. 방향족 화합물은 합성원료로서 수지, 섬유, 의약, 염료 등의 제조 원료로 중요하다. 의약품 중에 일반적인 진통제인 아스피린, 아세트아미노펜, 아이부프로펜 등은 모두 이치환된 벤젠 유도체이다.

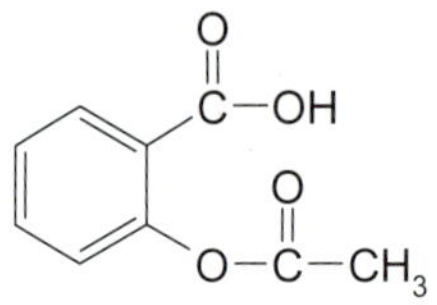

acetylsalicylic acid (asprin)
(아스피린)

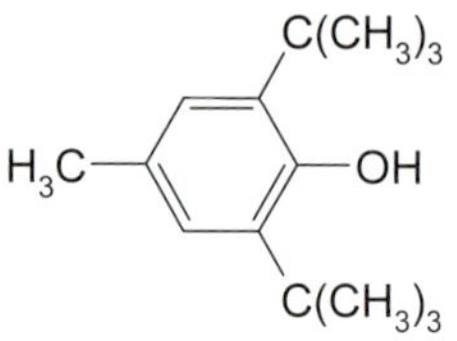

BHT(butylated hydroxyl toluene)
(식품방부제로 쓰이는 산화방지제)

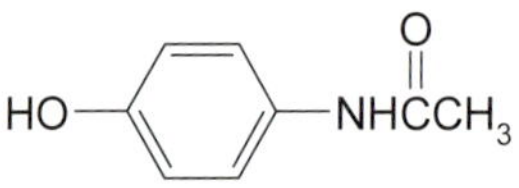

acetaminophen
(Tylenol의 진통성분)

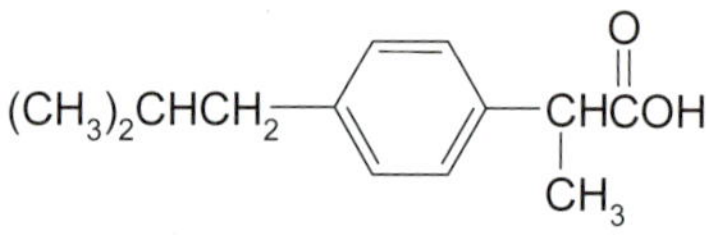

ibuprofen
(Motrin, Advil의 진통성분)

4.2 벤젠의 구조

벤젠(C_6H_6)의 구조는 여섯 개의 탄소로 이루어진 정육각형의 꼭지점에 탄소가 놓이고 탄소 고리는 단일결합과 이중결합이 교대로 있으며 각 탄소에 수소 한 개씩이 연결되어 있다고 Kekulé(독)가 처음으로 타당한 구조를 제안하였다.

Kekulé의 벤젠 구조식

벤젠의 Kekulé 구조는 실제 구조와 성질을 정확하게 나타내지 못한다. 벤젠은 현대적인 기기분석기법으로 구조와 모형을 확인할 수 있는데 그 결과 다음과 같은 특징을 가지고 있다. 벤젠은 각 탄소 원자가 정육각형의 꼭지점에 놓인 평면구조를 이룬다. 벤젠의 탄소–탄소 결합은 단일결합과 이중결합의 중간형으로 모든 C–C 결합길이가 같다. 벤젠의 C–C–C와 H–C–C의 결합각도는 120°로 모두 동일하다. 케큘레의 벤젠구조로는 이러한 사실을 설명할 수가 없다. 따라서 벤젠은 다음과 같이 **공명혼성** 상태에 있고 두 가지 공명구조로 나타내면 가장 적합하다.

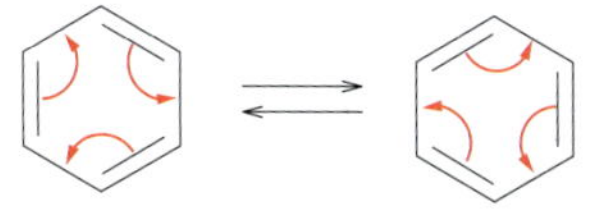

벤젠의 공명구조

벤젠의 여섯 개의 탄소 원자는 모두 같은 평면에 놓여 있다. 각 탄소 원자는 이웃한 다른 탄소 두 개와 수소 원자 한 개와 총 세 개의 다른 원자와 결합하므로 각 탄소는 sp^2 혼성궤도함수를 만든다. 각 탄소에는 혼성에 참여하지 않은 $2p$궤도함수가 하나씩 있으며 이들은 전자를 하나씩 가지고 있다. 따라서 벤젠의 혼성궤도함수모형은 그림 4.1과 같다.

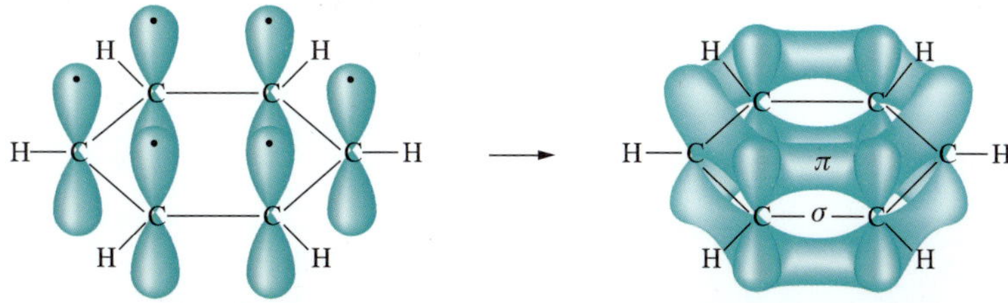

그림 4.1 벤젠의 혼성궤도함수 모형

여섯 개의 탄소 원자는 탄소－탄소 간에 서로 sp^2-sp^2 혼성궤도함수로 결합을 형성한다. 탄소－수소는 탄소의 sp^2 혼성궤도함수와 수소 원자의 $1s$궤도함수가 결합을 형성한다. 평면에 수직으로 존재하는 탄소들의 여섯 개의 $2p$궤도함수들은 이웃한 궤도함수들끼리 겹쳐 세 개의 편재된 결합을 만드는 것이 아니라 수평으로 겹쳐서 여섯 개의 탄소를 모두 포함하는 하나의 고리형태의 π 결합을 형성한다. 여섯 개의 π 전자들은 고리에 공유됨으로써 비편재화 되어 있다. 벤젠핵의 전자가 **비편재화** 되어 있으면 벤젠고리는 안정한 상태에 있게 된다. 이러한 벤젠의 공명 안정화 현상 때문에 벤젠은 알켄보다 더 안정하고 반응성은 떨어져서 알켄 결합에서 보이는 첨가반응을 일으키기보다 오히려 치환반응을 일으키게 된다.

벤젠의 구조식은 다음과 같이 두 가지 형태로 나타낸다. 하나는 Kekulé 구조와 또 하나는 벤젠고리에 분산되어 있는 π전자구름을 나타내기 위해 육각형 안에 원을 그려 표시한다.

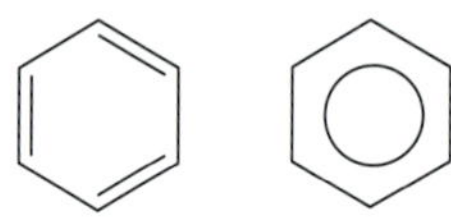

벤젠의 구조를 어떤 방법으로 나타내든 벤젠의 육각형 각 꼭지점에는 수소가 한 개씩 연결되어 있으며 탄소－탄소 결합은 이중결합도 단일결합도 아닌 이들의 중간형태인 하나의 구조만 존재한다는 사실을 명심해야 한다.

4.3 방향족 화합물의 명명법

방향족 화합물은 명명법이 체계화되기 이전에 널리 사용되었기 때문에 관용명과 IUPAC명이 함께 사용되고 있다. IUPAC 규칙은 계통명을 사용하기를 권장하나 몇 가지 널리 사용되는 관용명은 그 사용을 인정하고 있다. 메틸벤젠은 톨루엔, 하이드록시벤젠은 페놀, 아미노벤젠은 아닐린, 바이닐벤젠은 스타이렌, 메톡시벤젠은 아니솔 등으로 부른다. 표 4.1은 몇 가지 전형적인 방향족 화합물의 관용명을 보여주고 있다.

표 4.1 몇 가지 전형적인 방향족 화합물로 IUPAC에서 인정하는 관용명

구 조	관용명	구 조	관용명
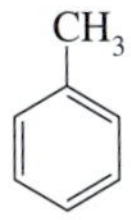 CH_3 (벤젠 고리)	톨루엔 (toluene)	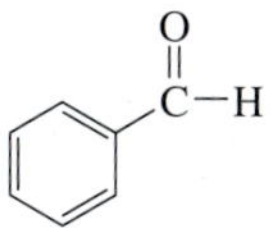 O‖C—H (벤젠 고리)	벤즈알데하이드 (benzaldehyde)
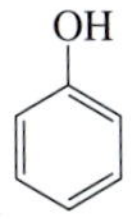 OH (벤젠 고리)	페놀 (phenol)	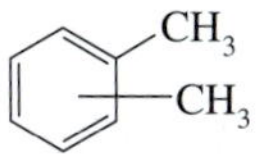 CH_3, CH_3 (벤젠 고리)	자일렌 (xylene)* (*o*-, *m*-, *p*-이성질체)
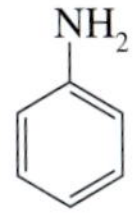 NH_2 (벤젠 고리)	아닐린 (aniline)	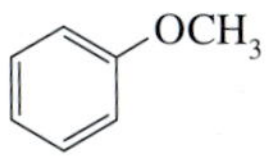 OCH_3 (벤젠 고리)	아니솔 (anisole)*
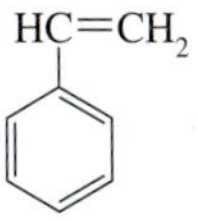 HC=CH_2 (벤젠 고리)	스타이렌 (styrene)	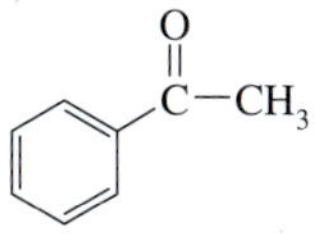 O‖C—CH_3 (벤젠 고리)	아세토페논 (acetophenone)*
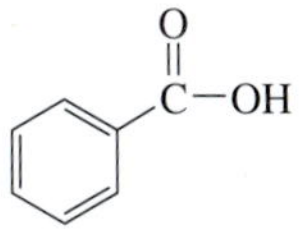 O‖C—OH (벤젠 고리)	벤조산 (benzoic acid)	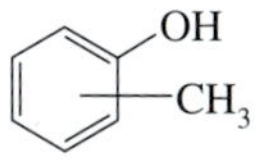 OH, CH_3 (벤젠 고리)	메틸페놀 (methylphenol) (2-, 3-, 4- 이성질체) (*o*-, *m*-, *p*-cresol)*

(주) 위 관용명들은 PIN(preferred IUPAC names, 2004)으로 IUPAC 규약에서 인정
* 단독명으로 쓰이며 다른 치환체와 같이 쓰일 경우에는 모체명으로 허용하지 않음

벤젠 유도체의 명명은 다음과 같다.

규칙 1. 벤젠의 일치환체들은 벤젠(benzene) 앞에 치환기의 이름을 붙여서 명명한다.

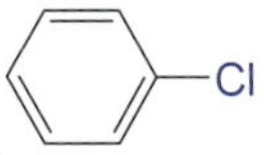

—Cl	—Br	—NO_2	—CH_2CH_3
chlorobenzene 클로로벤젠	bromobenzene 브로모벤젠	nitrobenzene 나이트로벤젠	ethylbenzene 에틸벤젠

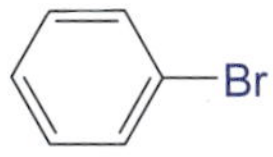

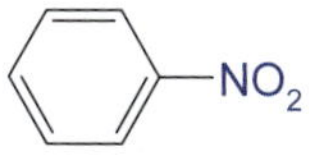

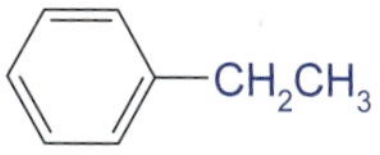

규칙 2. 벤젠의 이치환체는 치환된 위치에 따라 관용명으로 1,2-위치는 **오쏘**($o-$), 1,3-위치는 **메타**($m-$), 1,4-위치는 **파라**($p-$)라는 접두어를 사용하여 명명한다.

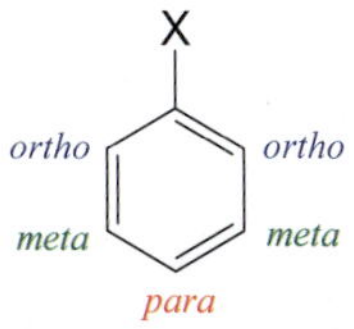

X
ortho *ortho*
meta *meta*
para

계통명에서 번호는 치환기의 알파벳 순서가 우선하는 쪽에 1번을 부여한다. 그러나 널리 사용되는 전형적인 방향족 화합물의 관용명은 모체명으로 그대로 사용하고 주 치환기(예를 들면, 톨루엔에서 $-CH_3$, 페놀에서 $-OH$)기가 붙은 탄소를 1번으로 한다. 이때 치환기명을 먼저 부르고 모체명을 뒤에 붙여서 명명한다.

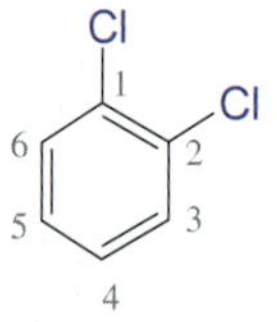

o-dichlorobenzene (1,2-dichlorobenzene)

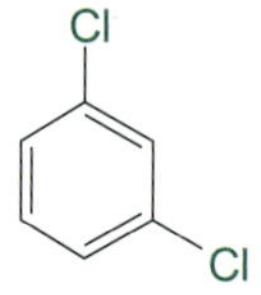

m-dichlorobenzene (1,3-dichlorobenzene)

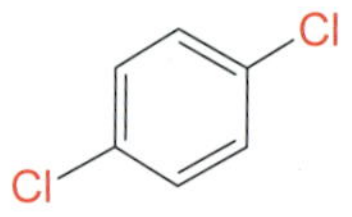

p-dichlorobenzene (1,4-dichlorobenzene)

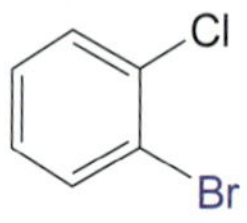

o-bromochlorobenzene (1-bromo-2-chlorobenzene)

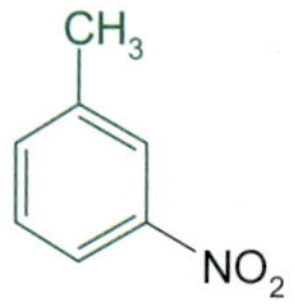

m-nitrotoluene (3-nitrotoluene)

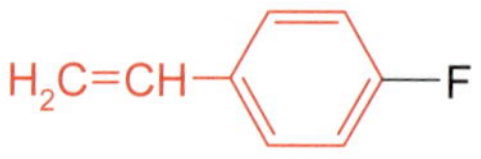

p-fluorostyrene (4-fluorostyrene)

규칙 3. 벤젠의 삼치환체 이상은 관용명으로 부를 수 있는 것은 다른 치환기에 우선하여 모체명으로 하고 치환기 이름을 모체명 앞에 붙여서 명명한다. 번호는 모체명인 관용명 접점 탄소를 1번으로 하고 나머지 치환기의 번호가 가능한 낮은 번호가 되도록 벤젠 고리에 번호를 부여한다. 이름은 알파벳 순서로 치환기를 나열하여 모체명 앞에 붙여서 명명한다. 고유 관용명이 주어지지 않는 화합물은 벤젠을 기본명으로 하여 치환기의 위치가 가능한 낮은 번호가 되도록 하여 치환기의 알파벳 순서로 벤젠 앞에 붙여 명명한다.

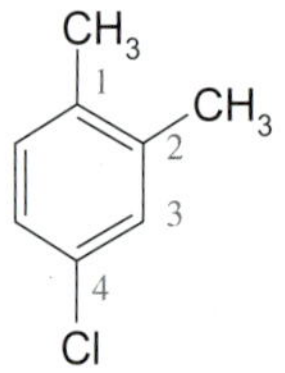

4-chloro-1,2-dimethylbenzene

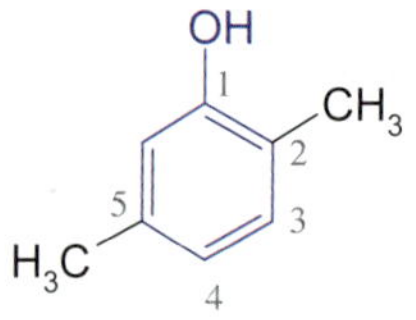

2,5-dimethylphenol

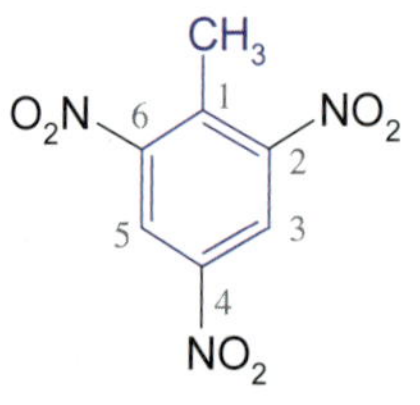

2,4,6-trinitrotoluene(TNT)

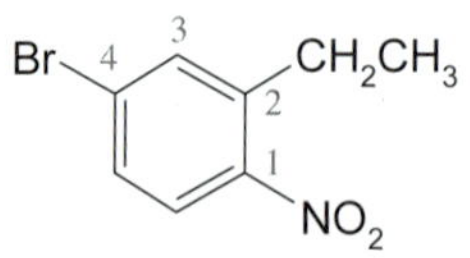

4-bromo-2-ethyl-1-nitrobenzene

아릴기

방향족 화합물을 아렌(arene)이라 하는데, 아렌에서 수소가 하나 이상 제거된 치환기를 **아릴기**(aryl group)라 하고 Ar로 표시한다. 방향족기는 페닐기(phenyl group, Ph－), 벤질기(benzyl group)가 많이 사용된다.

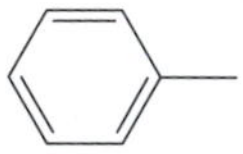

phenyl 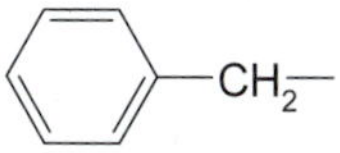　　　CH_2— benzyl

문제 1 다음 방향족 화합물의 이름을 쓰시오.

(1) NH_2, Br

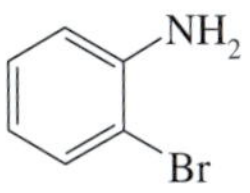

(2) COOH, NO_2

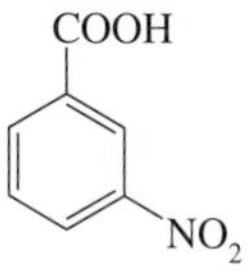

(3) CH_3, H_3C

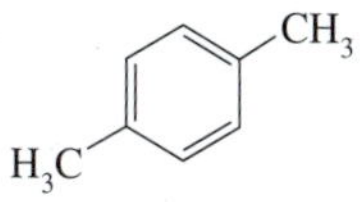

(4) CH_2Cl

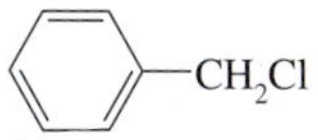

(5) Cl, CHO, Br

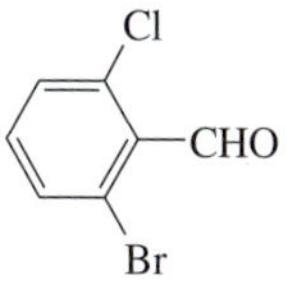

(6) CH_2CH_3, H_3C

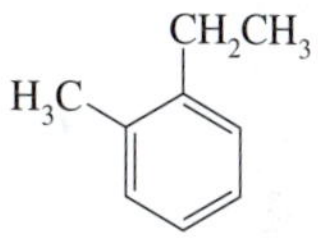

(7) $CH_3CHCH_2CH_3$

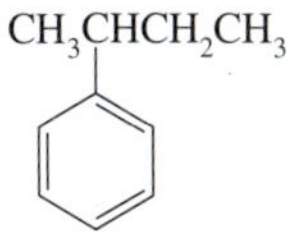

(8)

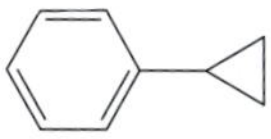

(9) HO, CH_2

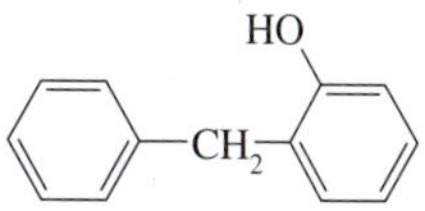

(10) $C(CH_3)_3$

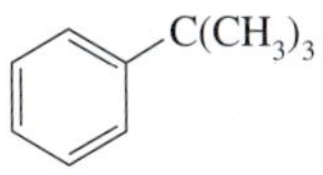

(11) OH, H_3C

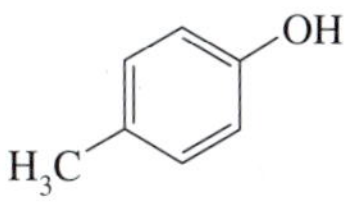

(12) H_3C, CH_3, H_3C

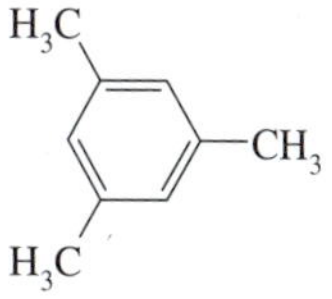

문제 2 다음 화합물의 구조식을 쓰시오.

(1) 메타-다이나이트로벤젠(*m*-dinitrobenzene)
(2) 오쏘-다이바이닐벤젠(*o*-divinylbenzene)
(3) 파라-클로로아닐린(*p*-chloroaniline)
(4) 3-페닐프로펜(3-phenylpropene)
(5) 3-벤질사이클로헥센(3-benzylcyclohexene)
(6) 2,4,6-트라이나이트로페놀(2,4,6-trinitrophenol)

4.4 친전자성 방향족 치환반응

여러 가지 실험 결과에 의하면, 벤젠은 다른 불포화 탄화수소인 알켄과는 아주 다르게 반응하는 것으로 밝혀졌다. 예를 들면, 알켄은 브롬 등과 첨가반응을 하는데 반해 같은 조건에서 벤젠은 반응이 일어나지 않는다. 그러나 촉매가 있으면 벤젠도 반응을 하지만 첨가반응이 아닌 치환반응을 하게 된다.

벤젠 같은 방향족 화합물의 벤젠 고리의 수소 원자가 친전자체로 치환되는 반응을 **친전자성 방향족 치환반응**(electrophilic aromatic substitution reaction)이라 한다. 즉, 전자가 부족한 시약인 친전자체 E^+에 의해 벤젠 고리의 수소 원자를 내보내고 치환된다.

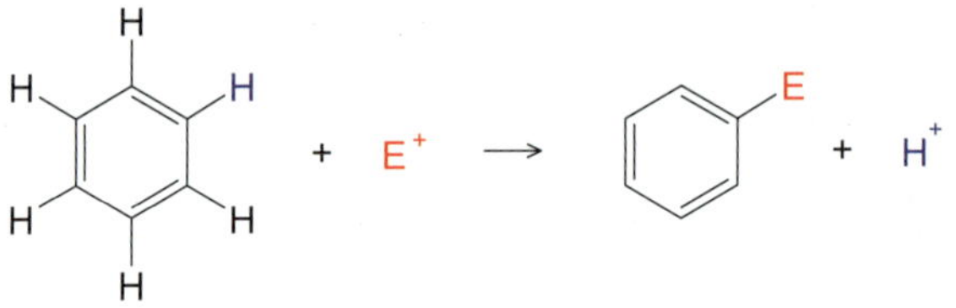

$$C_6H_6 + E^+ \longrightarrow C_6H_5E + H^+$$

친전자성 치환반응으로 방향족 고리에 여러 가지 다른 치환기를 도입할 수 있다. 예를 들면, 할로젠(−Cl, −Br, −I), 나이트로기(−NO_2), 설폰산기(−SO_3H), 알킬기(−R), 아실기(−RCO)가 도입될 수 있다. 몇 가지 간단한 출발물질로부터 수많은 치환된 방향족 유도체를 얻을 수 있다. 이러한 모든 반응은 유사한 반응 메커니즘으로 진행한다.

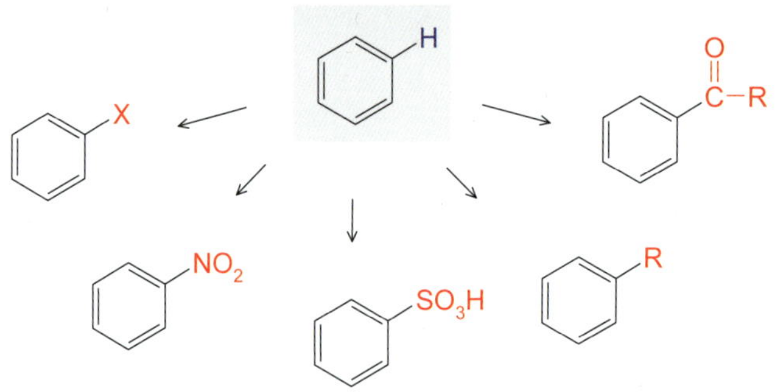

그림 4.2 몇 가지 친전자성 방향족 치환반응

(1) 할로젠화 반응

벤젠을 할로젠화 철(III) (ferric halide, FeX_3) 촉매 하에서 Cl_2 혹은 Br_2와 치환반응을 하여 할로젠화벤젠을 생성하는 반응을 할로젠화(halogenation)라 한다. 염소화 반응에서는 염화 철(III) ($FeCl_3$) 촉매를 쓰고 브로민화 반응에서는 브로민화 철(III) ($FeBr_3$)이 사용된다. 염소화 반응은 수많은 의약품 합성에 많이 이용된다.

$$\text{benzene} + Cl_2 \xrightarrow{FeCl_3} \text{chlorobenzene} + HCl$$

benzene chlorobenzene

$$\text{benzene} + Br_2 \xrightarrow{FeBr_3} \text{bromobenzene} + HBr$$

benzene bromobenzene

(2) 나이트로화 반응

진한 황산을 촉매로 하여 진한 질산과 반응시키면 벤젠의 수소를 나이트로기($-NO_2$)로 치환할 수 있다. 이때 친전자체는 나이트로늄 이온(NO_2^+)이다.

$$\text{benzene} + HONO_2 \xrightarrow{H_2SO_4} \text{nitrobenzene} + H_2O$$

benzene nitrobenzene

방향족 나이트로화 반응은 자연에서 일어나지 않으나 실험실적으로 중요한 반응이다. 일반적으로 지방족 화합물은 나이트로화가 어렵지만 방향족 화합물은 쉽게 치환반응이 일어난다. 나이트로화 화합물은 폭약, 염료, 용제 등의 제조에 사용되고 또한 철, 주석, $SnCl_2$와 같은 시약으로 환원시켜 방향족 아민(amine)인 아닐린을 제조하는 데 사용된다. 아닐린은 염료나 의약품 제조에 사용되는 물질이다.

(3) 설폰화 반응

화합물에 설폰산기($-SO_3H$)를 도입시키는 반응을 설폰화(sulfonation)라 한다. 벤젠을 진한 황산 또는 발연황산(fuming sulfuric acid, $SO_3 + H_2SO_4$)과 반응시키면 벤젠설폰산이 생성된다. 이때 친전자체는 SO_3 혹은 $^+SO_3H$이다.

$$\text{benzene} + HOSO_3H \xrightarrow{SO_3} \text{benzenesulfonic acid} + H_2O$$

benzene benzenesulfonic acid

방향족 설폰산은 염료와 항생물질과 같은 의약품 제조에 중요한 중간체이다. 설파제(sulfa drug) 항생물질은 방향족 설폰화 반응이 포함된 여러 단계를 거쳐 상업적으로 제조되고 있다.

(4) Friedel–Crafts 알킬화 반응 및 아실화 반응

방향족 화합물에 알킬기를 도입시키는 반응을 알킬화 반응(alkylation)이라 한다. 19C 말에 이 반응을 처음 발견한 C. Friedel(프)과 J. M. Crafts(미)의 이름을 따서 Friedel–Crafts **반응**이라 한다. 방향족 화합물의 알킬화 반응은 주로 염화알루미늄($AlCl_3$) 촉매 하에 염화 알킬(alkyl halide)과 반응시키면 알킬벤젠이 생성된다. 예를 들면 벤젠과 염화 에틸(ethyl chloride)로부터 에틸벤젠의 합성은 다음과 같다.

$$\text{benzene} + CH_3CH_2{-}Cl \xrightarrow{AlCl_3} \text{ethylbenzene } (C_6H_5CH_2CH_3) + HCl$$

benzene　ethyl chloride　ethylbenzene

Friedel-Crafts 알킬화 반응은 몇 가지 제약이 있는데, 할로젠화 알킬(R－X)만이 반응이 잘 진행되고 클로로벤젠과 같은 방향족 할로젠화물(Ar－X)과 할로젠화 바이닐($CH_2{=}CHX$)은 반응하지 않는다. 또한 방향족 고리에 이미 $-NO_2$, $-SO_3H$, －COR, －CN기가 존재하면 알킬화 반응이 진행되지 않는다. 그 이유는 이들이 $AlCl_3$ 촉매와 반응하여 촉매의 기능을 저하시키기 때문인 것으로 알려져 있다.

방향족 화합물에 아실기(RCO－)를 도입시키는 반응을 아실화 반응(acylation)이라 한다. Friedel-Crafts 아실화 반응은 Friedel-Crafts 알킬화 반응과 유사하게 진행된다. 방향족 화합물을 $AlCl_3$ 촉매 하에서 염화 아실(RCOCl)과 반응시켜 고리에 아실기를 도입시키는 반응이다. 예를 들면, 벤젠과 염화 아세틸(acetyl chloride)과의 반응으로 케톤인 아세토페논이 생긴다. 이 반응은 방향족 케톤을 합성하는 유용한 방법이다.

$$\text{benzene} + H_3C{-}C({=}O){-}Cl \xrightarrow{AlCl_3} \text{acetophenone } (C_6H_5{-}C({=}O){-}CH_3) + HCl$$

benzene　acetyl chloride　acetophenone

문제 3 다음 반응으로부터 예상할 수 있는 생성물을 적으시오.

(1) *p*-xylene ＋ Br_2, $FeBr_3$ 촉매

(2) *o*-xylene ＋ HNO_3, H_2SO_4 촉매

(3) benzene ＋ 2-chloropropane, $AlCl_3$ 촉매

(4) benzene ＋ CH_3CH_2COCl, $AlCl_3$ 촉매

4.5 친전자성 방향족 치환반응의 메카니즘

벤젠 고리는 여섯 개의 π전자를 가지고 있고 전자가 고리의 위와 아래에 원형으로 전자구름이 위치하고 있어서 공격하는 시약이 접근하기 쉬운 구조이다. 따라서 벤젠은 대부분의 반응에서 전자가 풍부한 친핵체로 작용한다.

앞에서 배운 알켄에 대한 친전자성 첨가반응을 우선 간략하게 복습해 보자(3.10절). 알켄에 HBr 같은 친전자체가 첨가되면 친전자체인 H^+가 이중결합의 π전자에 접근하여 이중결합을 가진 탄소 하나에 결합을 형성하고 다른 탄소에 양전하를 띠게 하여 탄소양이온을 형성한다. 생성된 탄소양이온 중간체는 친핵체인 Br^-의 공격을 받아 첨가되어 생성물을 생성한다.

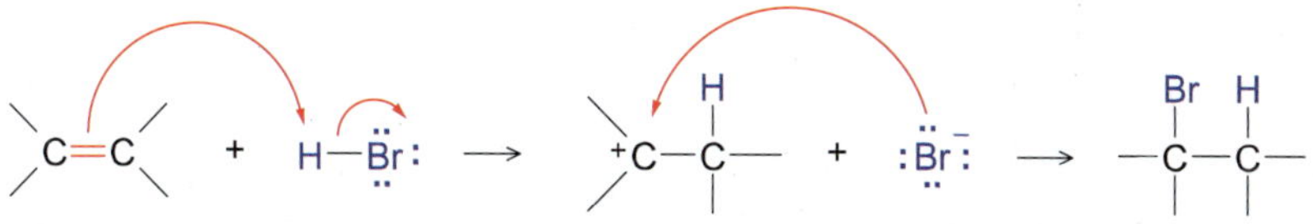

알켄　　　　탄소양이온 중간체　　　　생성물

친전자성 방향족 치환반응도 이와 유사한 방법으로 진행된다. 모든 친전자성 방향족 치환반응도 두 단계 반응 메커니즘으로 일어난다. 첫 단계에서 벤젠 고리의 π전자가 친전자체를 공격하여 탄소양이온 중간체를 형성하게 된다. 이 탄소양이온은 세 개의 공명구조의 혼성체이다. 벤젠 고리와 친전자체의 반응은 비교적 높은 활성화에너지를 가지며 반응속도가 느리다.

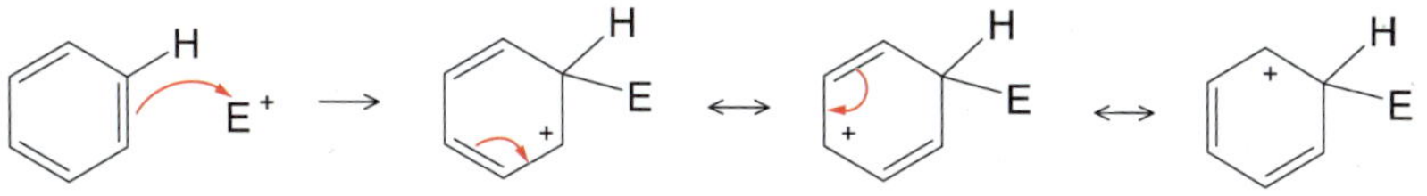

반응의 두 번째 단계에서는 친전자체와 탄소가 새로운 결합을 형성하며 혼합물 중의 염기가 수소를 떼어내고 결합에 쓰였던 전자는 다시 고리로 들어가 고리의 방향성을 회복한다. 이 단계는 비교적 빠르게 진행된다.

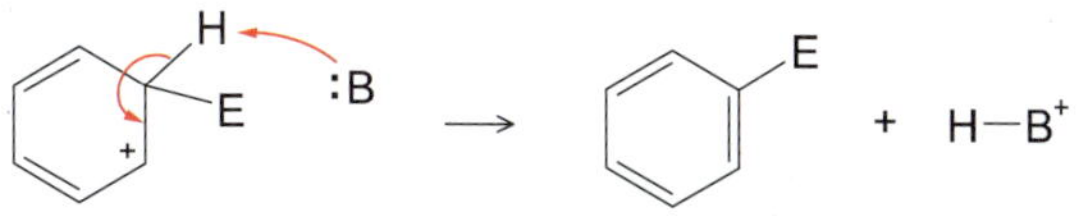

방향족 고리는 알켄보다 친전자체에 대한 반응성이 작다. 따라서 벤젠에 친전자 치환반응이 일어나려면 촉매가 필요하다. 이 촉매가 친전자체의 반응성을 높여주게 된다. 예를 들면, 벤젠의 브로민화 반응이 일어나려면 촉매 $FeBr_3$가 필요한데 촉매가 $FeBr_4^-$와 Br^+ 이온을 만들어

브롬분자를 더 친전자성이 되게 하는 것이다.

$$:\ddot{\underset{..}{Br}}-\ddot{\underset{..}{Br}}: + FeBr_3 \longrightarrow \ddot{\underset{..}{Br}}^{+}-{}^{-}FeBr_4$$

벤젠의 브로민화 반응에 대한 메커니즘은 다음과 같다. 첫 단계로 벤젠 고리로부터 π 전자 한 쌍이 Br^+를 공격하여 새로운 C－Br 결합을 만들면서 비방향성 탄소양이온 중간체를 만든다. 둘째 단계로 탄소양이온 중간체는 강한 염기($^-FeBr_4$)에 의해 H^+를 잃고, C－H 결합으로부터 두 개의 전자가 고리로 이동하여 새로운 방향족 고리를 재생하면서 치환 생성물을 형성한다.

$$C_6H_6 + \ddot{\underset{..}{Br}}^{+}-{}^{-}FeBr_4 \longrightarrow C_6H_6Br^{+} \xrightarrow{^-FeBr_4} C_6H_5Br + HBr + FeBr_3$$

벤젠을 나이트로화 할 때 질산만으로는 친전자체인 나이트로늄 이온(nitronium ion) NO_2^+의 농도가 충분하지 않아서, 촉매인 황산을 사용하는데 이때 다음과 같이 나이트로늄 이온이 생성된다.

$$H\ddot{\underset{..}{O}}-NO_2 + H-OSO_3H \longrightarrow H\overset{H}{\underset{..}{O}}{}^{+}-NO_2 \rightleftarrows {}^{+}NO_2 + H_2O$$

또한 설폰화 반응에서는 진한 황산이나 발연 황산을 사용하는데 반응성 친전자체는 설폰산기 $^+SO_3H$이다.

$$H\ddot{\underset{..}{O}}-SO_3H + H-OSO_3H \longrightarrow H\overset{H}{\underset{..}{O}}{}^{+}-SO_3H \rightleftarrows {}^{+}SO_3H + H_2O$$

알킬화 및 아실화 반응에 사용되는 친전자체는 염화 알킬(R－Cl)과 염화 아실(RCO－Cl)이 촉매 $AlCl_3$와 반응하여 친전자체인 카보양이온을 생성한다.

$$R-\ddot{\underset{..}{Cl}}: + AlCl_3 \longrightarrow R^{+} + AlCl_4^{-}$$

$$R-\overset{O}{\overset{\|}{C}}-\ddot{\underset{..}{Cl}}: + AlCl_3 \longrightarrow R-\overset{+}{C}=\ddot{O}: + AlCl_4^{-}$$

방향족 염소화 반응, 나이트로화 반응, 설폰화 반응, 알킬화 및 아실화 반응의 반응메커니즘은 모두 앞에서 살펴본 방향족 브로민화 반응과 같은 2단계 메커니즘 방식으로 진행된다.

예제 4.1 벤젠과 혼산(질산+황산)과의 나이트로화 반응 메커니즘을 적으시오.

풀이

$$H-\ddot{O}-N^{+}(=O)-O^{-} + H-OSO_3H \longrightarrow H-\overset{+}{\ddot{O}}(H)-N^{+}(=O)-O^{-} \longrightarrow \overset{+}{N}O_2 + H_2O$$

$$C_6H_6 + {}^{+}NO_2 \longrightarrow \left[C_6H_6(NO_2)^{+} \right] \longrightarrow C_6H_5NO_2 + H^{+}$$

문제 4 벤젠과 다음 시약과의 친전자성 방향족 치환반응에 대한 메커니즘의 각 단계를 나타내시오.

(1) SO_3 + H_2SO_4

(2) CH_3Cl, $AlCl_3$ 촉매

4.6 친전자성 방향족 치환반응의 지향성

벤젠에 친전자성 치환이 일어날 때 단지 일치환 생성물만이 얻어진다. 그러나 벤젠 고리에 이미 치환기를 한 개 가지고 있는 방향족 치환반응에서는 고리에 존재하는 치환기가 반응속도와 치환위치에 영향을 미친다. 어떤 치환기는 방향족 고리를 활성화시켜 벤젠보다 더 반응성이 커서 친전자성 치환이 더 쉽고, 어떤 것들은 고리 활성을 감소시켜 벤젠보다 반응성이 더 작게 한다. 실험적 사실에 의하면 벤젠을 기준으로 몇 가지 치환체($-OH$, $-CH_3$ 등)는 치환반응을 더 빠르게 하고 몇 가지 치환체($-NO_2$, $-Cl$ 등)는 반응을 더 느리게 한다. 예를 들면, 같은 반응조건에서 방향족 나이트로화 반응시에 $-OH$기가 치환된 고리는 벤젠보다 1,000배, $-CH_3$기가 치환된 고리는 24.5배 정도 반응속도가 빨라졌지만, 반면에 $-Cl$기가 치환된 고리는 벤젠보다 33배, $-NO_2$기가 치환된 고리는 1,000만 배 정도 반응속도가 늦어진다.

또한 방향족 고리에 이미 존재하는 치환기는 새로운 치환체가 오쏘, 메타, 파라 위치에 들어갈 지를 결정한다. 예를 들면, $-CH_3$기를 가진 톨루엔의 나이트로화 반응에 대한 실험결과 오쏘 위치(63%), 파라 위치(34%), 그리고 메타 위치(3%) 치환체의 혼합물이 생성된다. 반면에 $-NO_2$기를 가진 나이트로벤젠의 나이트로화 반응에서는 오쏘 위치(7%), 메타 위치(91%), 파라 위치(2%) 치환체가 생성된다. 따라서 톨루엔의 나이트로화 반응은 주로 오쏘, 파라 위치의 치환반응만, 그리고 나이트로벤젠은 메타 위치 치환반응만 주로 일으킨다. 이러한 경향[지향성(orientation)이라 함]은 다른 친전자성 방향족 치환반응 – 염소화, 브로민화, 설폰화, 알킬화, 아실화 – 에서도 관찰된다.

일반적으로 방향족 고리의 치환기는 오쏘 및 파라 지향성 활성화기, 오쏘 및 파라 지향성 비활성화기, 그리고 메타 지향성 비활성화기의 세 가지로 분류한다. 반응속도를 벤젠보다 더 빠르게 하는 경우에 그 치환체는 활성화기로, 반대로 벤젠보다 더 느리게 하면 비활성화기로 간주한다. 활성화기는 방향족 고리에 전자를 제공하여 반응을 증가시키는 기로 $-R$, $-NH_2$, $-OH$, $-OR$ 등으로 ortho, para 지향을 한다. 할로젠 원소는 매우 강하게 전자를 끌어 당겨 고리를 비활성화 시키지만 비공유전자쌍을 가지고 있어 ortho, para 지향성을 가진 비활성화기이다. 비활성화기는 고리의 전자를 잡아 당겨 고리의 전자를 감소시키는 기로 $-NO_2$, $-SO_3H$, $-COOH$, $-CHO$, $-CN$ 등으로 meta 지향을 한다.

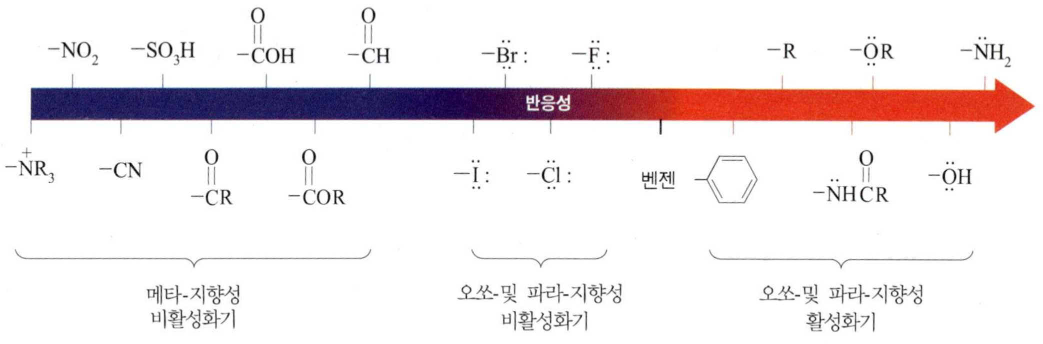

그림 4.3 친전자성 방향족 치환반응에서의 ortho, para, meta 지향기

4.7 유기합성의 지향성 효과

친전자성 방향족 치환반응이 포함된 여러 단계의 유기반응이 진행될 때는 치환기의 지향성과 활성화 상태를 고려해야 한다. 만약 벤젠을 출발물질로 하여 클로로나이트로벤젠 화합물을 합성하고자 할 때, 염소화와 나이트로화의 반응순서에 따라 서로 다른 화합물이 합성된다. 벤젠을 염소화 시킨 후 나이트로화 하면 ortho와 para 이성질체의 혼합물이 합성된다. 그 이유는 클로로벤젠의 염소 치환기가 오쏘, 파라 지향을 하기 때문이다.

Cl_2 / $FeCl_3$; $HONO_2$ / H_2SO_4 ; Cl ; NO_2 ; + ; O_2N

benzene chlorobenzene *o*-chloronitrobenzene *p*-chloronitrobenzene

반면에 벤젠을 먼저 나이트로화 다음 염소화 하면 meta 이성질체가 합성된다. 그 이유는 나이트로벤젠의 나이트로기가 메타 지향을 하기 때문이다.

$HONO_2$ / H_2SO_4 ; NO_2 ; Cl_2 / $FeCl_3$; Cl

benzene nitrobenzene *m*-chloronitrobenzene

이와 같이 치환기를 가진 방향족 치환반응에서는 반응의 순서에 따라 생성물의 형태가 결정되기 때문에 반응을 진행시키는 순서가 매우 중요하다.

만일 2개의 치환기의 지향 효과가 서로 다르면 보다 강력한 치환기가 우세하게 작용한다. 예를 들면, $-OH$기와 $-CH_3$기를 가진 2치환 벤젠화합물에서는 $-OH$기가 더 강력한 치환기이기 때문에 $-OH$의 지향 위치된 화합물이 주로 생성된다.

예제 4.2 톨루엔의 나이트로화 반응을 적으시오.

풀이 톨루엔의 나이트로화 반응은 혼산(질산+황산)을 사용하여 반응을 진행한다. 톨루엔의 메틸기는 ortho와 para 지향성이다.

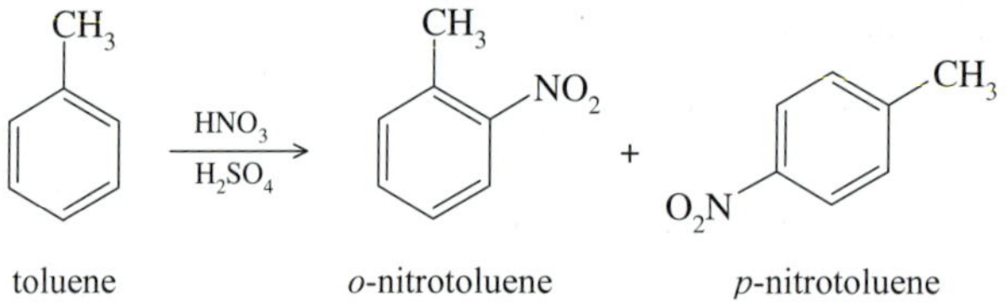

toluene $\xrightarrow[H_2SO_4]{HNO_3}$ *o*-nitrotoluene + *p*-nitrotoluene

실험에 의하면 오쏘(59%), 파라(36%), 메타 이성질체(5%)의 나이트로톨루엔 혼합물이 생성된다. 계속해서 나이트로화를 진행시키면 최종 생성물은 폭약으로 사용되는 2,4,6-trinitrotoluene (TNT)가 합성된다. 고리에 두 개 이상의 치환기가 존재하면 각각의 지향성 효과를 결정하고 어느 치환기가 더 강한 활성화기인지를 결정한다. 메틸기는 오쏘와 파라 지향이고, 나이트로기는 메타 지향성이다. 따라서 이 두 가지 치환기는 톨루엔에서 오쏘와 파라 위치에 다이나이트로화 된 화합물이 생성된다. 마찬가지 방법으로 트라이나이트로화에서는 톨루엔의 2,4,6번 위치에 나이트로기가 도입되는 TNT 물질만이 생성되는 것을 알 수 있다.

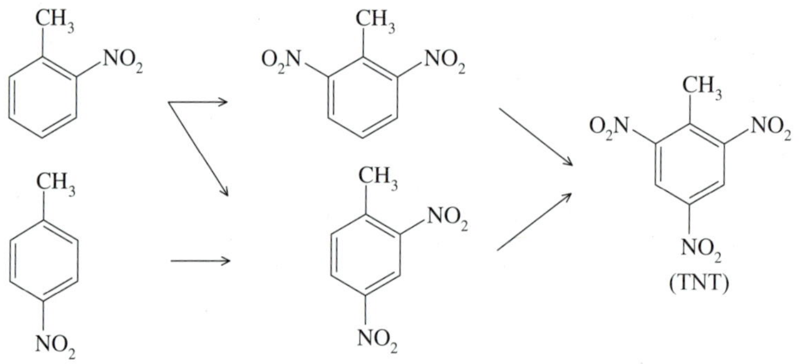

(TNT)

문제 5 페놀을 끝까지 나이트로화시키면 군용폭약으로 사용되는 피크르산(picric acid)이 얻어진다. 생성 반응식을 적으시오.

문제 6 다음 반응을 완결하시오.

(1) 브로모벤젠의 염소화 반응
(2) 톨루엔의 클로로메테인과의 알킬화 반응
(3) 파라-다이브로모벤젠의 나이트로화 반응
(4) 오쏘-자일렌의 설폰화 반응
(5) 벤조산의 나이트로화

문제 7 벤젠으로부터 다음 화합물을 합성하는 방법을 제안하시오. 필요시 오쏘와 파라 이성질체는 분리할 수 있다고 가정한다.

(1) 메타-브로모나이트로벤젠
(2) 파라-클로로벤젠설폰산
(3) 오쏘-나이트로톨루엔
(4) 오쏘-브로모톨루엔

4.8 방향족 화합물의 산화 및 환원반응

불포화된 알켄의 이중결합은 센 산화제인 $KMnO_4$, $Na_2Cr_2O_7$ 등과 반응이 잘 진행되나 벤젠 고리는 불포화되었음에도 불구하고 $KMnO_4$ 등의 산화제와 반응하지 않는다. 그러나 방향족 고리에 붙어 있는 알킬기는 산화제에 의해 쉽게 공격받아 곁사슬의 알킬기가 카복실기(−COOH)로 변한다. 예를 들면 프로필벤젠은 산화제 $KMnO_4$와 반응하여 치환기인 프로필기가 카복실기로 산화되어 벤조산이 된다.

$$C_6H_5CH_2CH_2CH_3 \xrightarrow[H_2O]{KMnO_4} C_6H_5C(=O)OH$$

propylbenzene benzoic acid

파라-자일렌은 촉매로 Co(III)와 아세트산용액 중에서 공기와 산화시키는 공정은 공업적으로 매우 중요하다. 이 반응으로 생성되는 테레프탈산은 폴리에스터(polyester) 섬유 제조에 쓰이는 중요한 중간체이다.

$$H_3C{-}C_6H_4{-}CH_3 \xrightarrow[Co\ (III)]{O_2} HO{-}C(=O){-}C_6H_4{-}C(=O){-}OH$$

p-xylene terephthalic acid

방향족 고리 화합물이 강한 산과 반응하지 않는 것처럼 일반적인 알켄의 수소첨가반응 조건에서도 환원반응이 일어나지 않는다. 높은 온도와 압력이 이용될 때에만 방향족 고리에 환원반응이 일어난다. 예를 들면, 벤젠의 수소첨가반응은 공업적으로 벤젠을 백금(Pt)이나 니켈(Ni)계 금속 촉매 하에서 수소를 첨가시키면 사이클로헥세인이 생성된다. 사이클로헥세인은 주로 나일론(nylon) 제조에 사용된다.

benzene + $3H_2$ $\xrightarrow[\text{30atm, 200℃}]{\text{Ni/Pt 촉매}}$ cyclohexane

o-자일렌(*o*-다이메틸벤젠)은 높은 압력(130기압) 조건에서 백금 촉매 하에 수소로 환원되어 *cis*-1,2-dimethylcyclohexane이 생성된다.

o-xylene $\xrightarrow[\text{130atm, 25℃}]{H_2\text{, Pt. EtOH}}$ *cis*-1,2-dimethylcyclohexane

예제 4.3 벤젠에서 출발하여 *p*-클로로벤조산을 합성하는 법을 제시하시오.

풀이

p-chlorobenzoic acid

p-클로로벤조산은 고리에 붙은 두 개의 치환기 중 −Cl기는 오쏘 및 파라 지향성이고 −COOH기는 메타 지향성이다. 이때 벤조산을 염소화하면 *m*-클로로벤조산이 생성되므로 벤조산을 염소화하는 절차는 제외한다. 알킬벤젠의 곁사슬을 산화시키면 벤조산을 제조할 수 있으므로, 그 앞의 선행 물질은 *p*-클로로톨루엔이면 되고 이를 산화제로 산화시켜서 카복실기를 도입시킨다.

p-chlorotoluene $\xrightarrow[H_2O]{KMnO_4}$ *p*-chlorobenzoic acid

벤젠에서 *p*-클로로톨루엔을 합성하는 방법으로는 벤젠을 염소화 시킨 다음 알킬화 시키든지, 혹은 벤젠을 알킬화 시킨 다음 염소화 시키면 된다. 따라서 다음과 같이 두 가지 방법으로 *p*-클로로벤조산을 합성할 수가 있다.

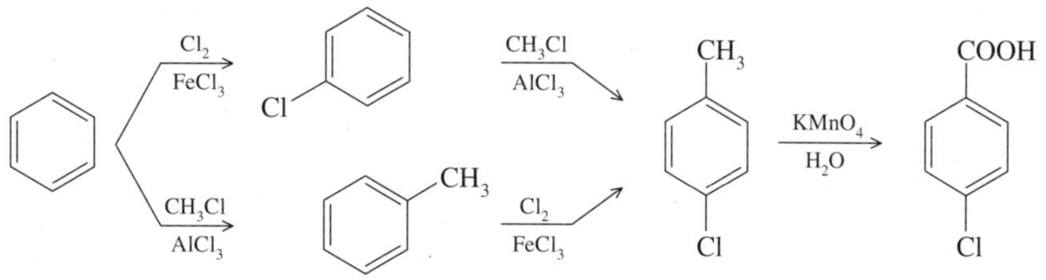

문제 8 벤젠으로부터 오쏘-나이트로벤조산을 합성하는 방법을 계획하시오. 필요시 오쏘와 파라 이성질체는 분리할 수 있다고 가정한다.

4.9 다환 방향족 화합물

다환 방향족 화합물(polycyclic aromatic compound)은 벤젠 고리가 두 개 이상이 함께 접합된 화합물로 벤젠과 유사한 화학적 안정성이 있다. 좀약에 쓰이는 나프탈렌은 가장 간단한 다환 방향족 화합물이다. 안트라센과 페난트렌 등은 세 개 이상의 고리를 가진 다환 방향족 화합물로 합성염료 제조에 사용된다. 가장 유명한 다환 방향족 화합물로는 벤조[a]피렌은 담배연기, 굴뚝 검댕, 숯불구이 고기에서 발견되는데 이는 발암성 물질로 알려져 있다.

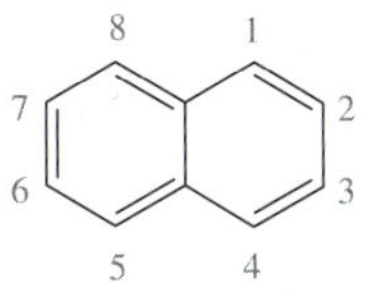

naphthalene

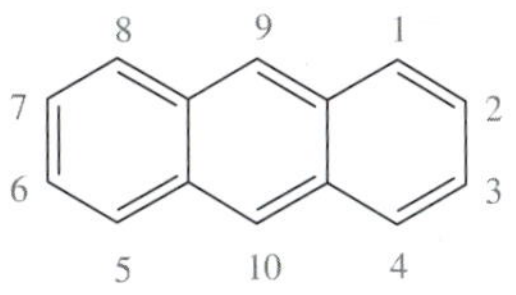

anthracene

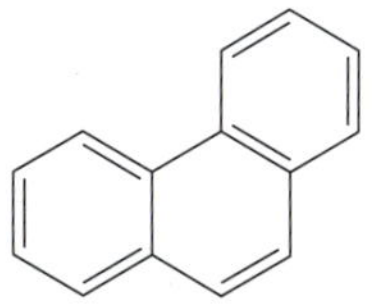

phenanthrene

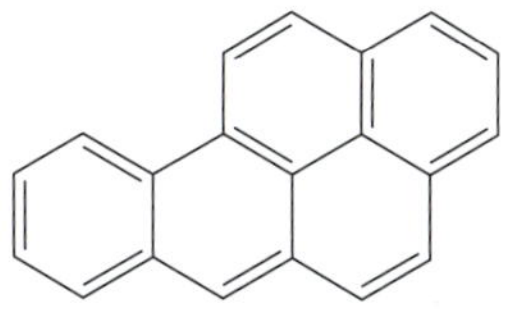

benzo[a]pyrene

반응요약

1. 친전자성 방향족 치환반응	
(1) 할로젠화반응	$C_6H_6 + X_2 \xrightarrow{FeX_3} C_6H_5X + HX$ (X = Cl, Br)
(2) 나이트로화반응	$C_6H_6 + HONO_2 \xrightarrow{H_2SO_4} C_6H_5NO_2 + H_2O$
(3) 설폰화반응	$C_6H_6 + HOSO_3H \xrightarrow{SO_3} C_6H_5SO_3H + H_2O$
(4) Friedel–Crafts 알킬화 반응	$C_6H_6 + RCl \xrightarrow{AlCl_3} C_6H_5R + HCl$
(5) Friedel–Crafts 아실화 반응	$C_6H_6 + R{-}C(=O){-}Cl \xrightarrow{AlCl_3} C_6H_5{-}C(=O){-}R + HCl$
2. 방향족 곁가지 사슬의 산화반응	$C_6H_5CH_3 \xrightarrow[H_2O]{KMnO_4} C_6H_5{-}C(=O){-}OH$
3. 방향족 고리의 수소화 반응	$C_6H_6 + 3H_2 \xrightarrow{PtO_2} C_6H_{12}$

9. 다음 화합물을 명명하시오.

(1) 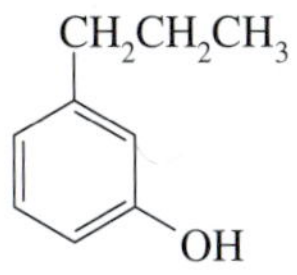 $CH_2CH_2CH_3$, OH
(2) 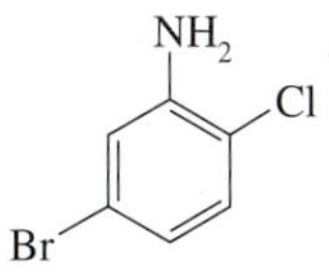 NH_2, Cl, Br
(3) 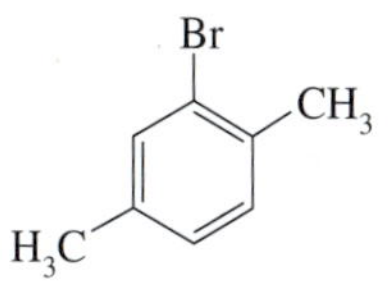 Br, CH_3, H_3C
(4) 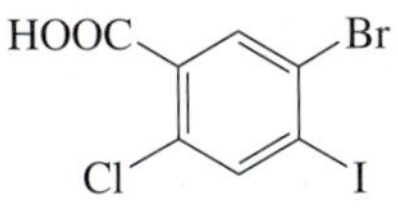 HOOC, Br, Cl, I
(5) 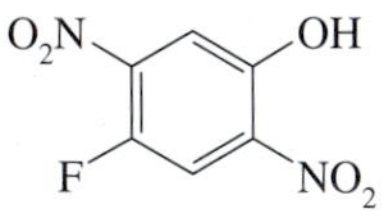 O_2N, OH, F, NO_2
(6) 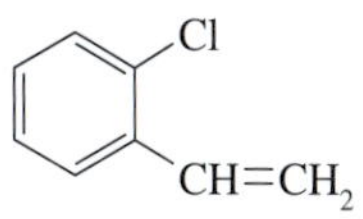 Cl, $CH{=}CH_2$
(7) 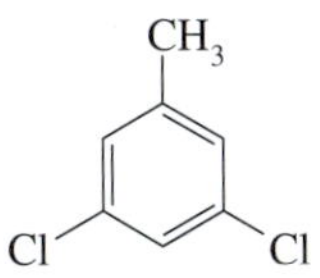 CH_3, Cl, Cl
(8) 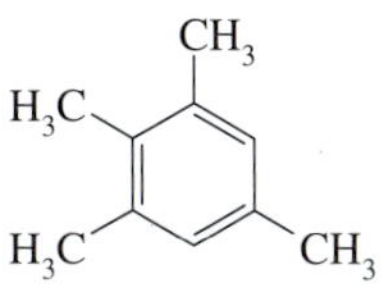 CH_3, H_3C, H_3C, CH_3
(9) 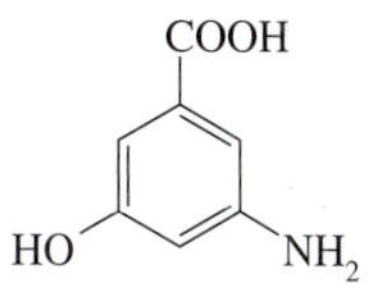 COOH, HO, NH_2

10. 다음 화합물의 구조를 그리시오.

(1) *o*-bromophenol
(2) 1,2-dichloro-4-ethylbenzene
(3) *m*-fluorobenzoic acid
(4) 2,4,6-trimethylaniline
(5) 3-benzylcyclohexene
(6) *p*-phenyltoluene

11. 다음 화합물의 가능한 이성질체의 모든 구조를 그리고 IUPAC 명명법으로 명명하시오.

(1) trimethylbenzene
(2) dibromonitrobenzene

12. 다음 합성 반응식에서 예측되는 주생성물을 적으시오.

(1) chlorobenzene + Br_2 (Fe촉매)
(2) ethylbenzene + HNO_3 (황산 촉매)
(3) toluene + CH_3COCl ($AlCl_3$ 촉매)
(4) nitrobenzene + H_2SO_4 (가열)
(5) benzene + $(CH_3)_3CBr$ ($AlBr_3$ 촉매)
(6) butylbenzene + $KMnO_4$

13. 벤젠으로부터 다음 화합물의 합성 방법을 제시하시오. 오쏘 및 파라 이성질체는 분리할 수 있다고 가정하시오.

(1) *m*-isopropylnitrobenzene

(2) *p*-bromonitrobenzene

(3) *m*-acetylchlorobenzene(흔히 *m*-chloroacetophenone이라 한다.)

(4) 2-bromo-1,4-dimethylbenzene

14. 벤젠으로부터 다음 화합물을 얻을 수 있는 반응경로를 제시하시오. 오쏘 및 파라 이성질체는 분리할 수 있다고 간주한다.

(1) *o*-chlorobenzoic acid

(2) *m* -nitrobenzoic acid

15. 다음 반응 경로에 필요한 시약을 표시하시오.

(1)

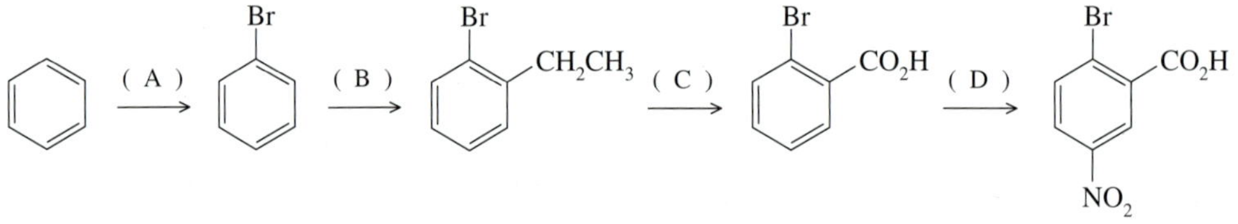

Br Br CH_2CH_3 Br CO_2H Br CO_2H NO_2

(A) (B) (C) (D)

(2)

CH_3 CH_3 NO_2 CH_3 NO_2 Cl HO_3S CH_3 NO_2 Cl

(A) (B) (C) (D)

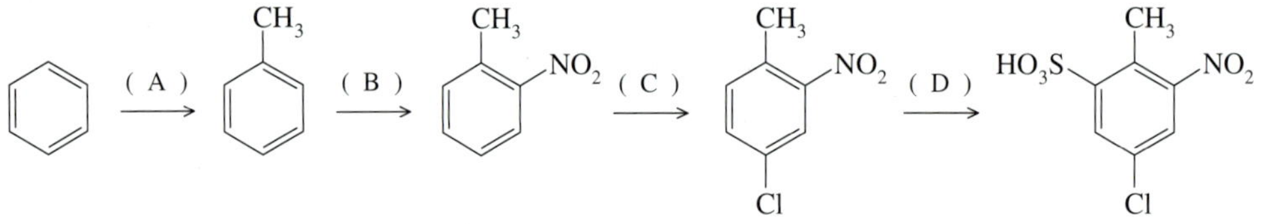

16. 페놀의 염소화 반응 메커니즘을 나타내시오.

5장
입체화학

5.1 이성질체
5.2 카이랄성
5.3 거울상 이성질체
5.4 배열 및 R-S 규정
5.5 Fisher 투영법
5.6 광학활성
5.7 부분입체 이성질체
5.8 메소 화합물

5.1 이성질체

분자식은 같으나 동일하지 않은 화합물을 **이성질체**(isomer)라 한다. 이성질체는 구조 이성질체와 입체 이성질체의 두 종류로 나눈다. **구조 이성질체**((structural isomer)는 분자식은 같으나 원자들이 연결된 순서가 다른 화합물이다. 예를 들면 뷰테인과 2-메틸프로페인, 1-브로모프로페인과 2-브로모프로페인 같은 것들은 분자식은 같으나 구조식이 다른 구조 이성질체이다 (2.5절).

입체 이성질체((steroisomer)는 분자식도 같고 원자 배치 순서도 같으나 공간상에서 원자들의 3차원적 배열이 다른 물질이다. 여기에는 형태 이성질체, 기하 이성질체, 그리고 거울상 이성질체가 있다. 지금까지 두 개의 입체 이성질체의 예를 보았는데, **형태 이성질체**(conformer)는 분자식과 구조식은 같으나 형태가 다른 이성질체이다. 예를 들면, 단일결합 주위로 회전이 가능하여 상호 변환될 수 있는 에테인의 엇갈린 형태와 겹친 형태가 있고(2.8절), 사이클로헥세인의 의자 형태와 보우트 형태가 여기에 속한다(2.9절). **기하 이성질체**(geometric isomer)는 분자식이 같고 구조식도 같으나 분자의 공간에서의 기하학적인 구조가 틀린 입체 이성질체로 분자의 고정된 골격의 같은 쪽 또는 반대쪽에 기들이 붙어 있는 배열에 따라 *cis−trans* **이성질체**라고도 한다. 예를 들면 고리 내에서의 결합으로 인한 회전 제한이 원인이 되는 사이클로알케인의 시스-트랜스 이성질체(2.10절), 그리고 탄소−탄소 이중결합의 회전 제한으로 생기는 알켄에서의 시스-트랜스(혹은 *E-Z*) 이성질체가 있다(3.3절).

거울상 이성질체(enantiomer)는 서로 거울상인 관계를 가지고 있어 겹칠 수 없는 구조의 입체 이성질체로 **광학 이성질체**(optical isomer)라고도 한다. 원자나 분자의 공간 배열에 관한 연구분야를 **입체화학**(stereochemistry)이라 하며, 여기서는 거울상 이성질체에 대한 입체화학을 다룬다.

5.2 카이랄성

왼손을 거울 속에 비춰보면 거울 속에 보이는 것은 오른손 모양으로 분명히 왼손과 포개지지 않음을 알 수 있다. 왼손은 오른손의 **거울상**(mirror image)이다. 어떤 물체가 거울상과 포개어 질 수 없는 것을 **카이랄**(chiral)이라 하고 이런 광학특성을 카이랄성(chirality)이라 한다. 카이랄은 그리스어 'cheir(손)'이라는 뜻에서 유래되었다. 카이랄 물질은 손잡이성이 있다. 따라서 왼손과 오른손은 카이랄이다. 신발이나 전화선의 나선형 코드, 그리고 선풍기의 날개 등도 카이랄이다.

카이랄과 반대로 어떤 물체와 그 거울상이 겹칠 수 있을 때 **비카이랄**(achiral)이라 한다. 비카이랄 물질은 카이랄성이 결여된 물체로 손잡이성이 없다. 공, 정육면체, 야구 방망이, 무늬 없는 커피잔 등이 비카이랄이다. 비카이랄 물체는 대칭면이 존재한다. **대칭면**(plane of symmetry)은 어떤 물체의 절반이 나머지 절반의 거울상이 되도록 그 물체를 이등분시키는 가상의 면이다. 예를 들면, 공은 무수히 많은 대칭면이 있고, 커피잔은 하나의 대칭면이 있다. 즉, 어떤 물체가 대칭면이 존재하면 그 물체는 비카이랄이다. 분자도 어떤 것은 비카이랄이고 어떤 것은 카이랄이다. 대칭면을 가진 모든 분자는 비카이랄이고 대칭면이 없는 분자는 카이랄이다. 카이랄성 분자의 특징에 대하여 알아보도록 하자.

5.3 거울상 이성질체

어떤 분자가 서로 포개지지 않는 거울상을 가질 때 이를 **거울상 이성질체**(enantiomer)라 한다. 분자마다 거울상이 존재하지만 서로 포개지지 않는 것만이 거울상 이성질체이다. 예를 들면, 2-브로모프로페인과 2-브로모뷰테인의 거울상을 살펴보기로 하자. 2-브로모프로페인의 거울상은 서로 겹쳐짐을 알 수 있다. 이것은 원래 분자와 거울상에 대한 분자 모형을 만들어 비교하면 서로간에 겹쳐지는 한 가지 모형임을 알 수 있다. 즉, 분자의 브롬과 수소 원자의 결합을 중심으로 180° 회전시키면 두 개의 메틸기가 일치되어 두 개의 분자는 포개지는 것이다. 따라서 2-브로모프로페인은 비카이랄이고 거울상 이성질체가 아니다. 여기서 2-브로모프로페인의 2번 탄소 C2에 붙어 있는 네 개의 작용기 중 두 개가 메틸기로 동일하다.

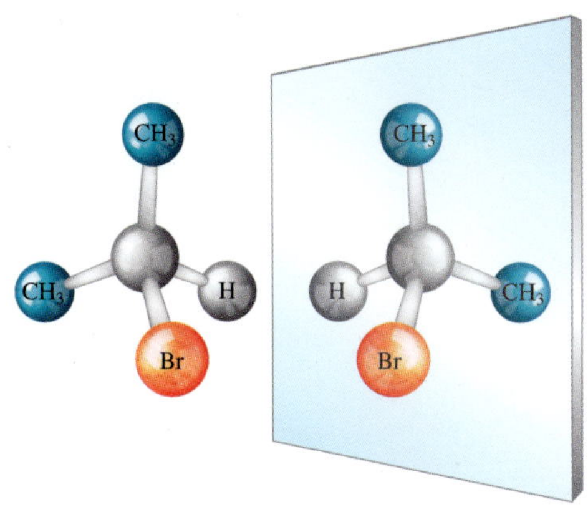

분자의 입체배열을 표현하는 방법의 하나로 삼차원 구조를 나타내는 방법인 원근법(perspective view)에서는 굵은 실선 쐐기는 종이 평면으로부터 앞으로 향해 있는 작용기를 나

타내고 점선 쐐기는 지면 뒷면을 향하는 작용기이며 실선은 평면상에 있는 것으로 간주한다 (1.11절). 2-브로모프로페인의 삼차원 입체모형을 원근법으로 나타내면, 두 개의 메틸기는 지면상에 있는 작용기이며 실선 쐐기에 붙은 브롬 원자는 지면의 앞으로 향한 것이고 점선 쐐기에 붙은 수소는 지면의 뒷면에 위치하고 있는 작용기이다.

반면에 2-브로모뷰테인은 아래 그림과 같이 거울상이 원래 분자와 겹쳐지지 않는 것을 알 수 있다. 실제로 입체적 배열을 가진 두 이성질체에서 수소와 브롬 원자를 일치시키면 나머지 두 개의 치환기인 메틸기와 에틸기가 일치하지 않고 메틸기와 에틸기를 일치시키면 수소와 브롬이 일치하지 않는다. 따라서 2-브로모뷰테인은 카이랄이다. 2-브로모뷰테인은 포개지지 않는 거울상 관계에 있는 분자로 거울상 이성질체이다. 이들 이성질체는 서로 다른 물질인 것이다.

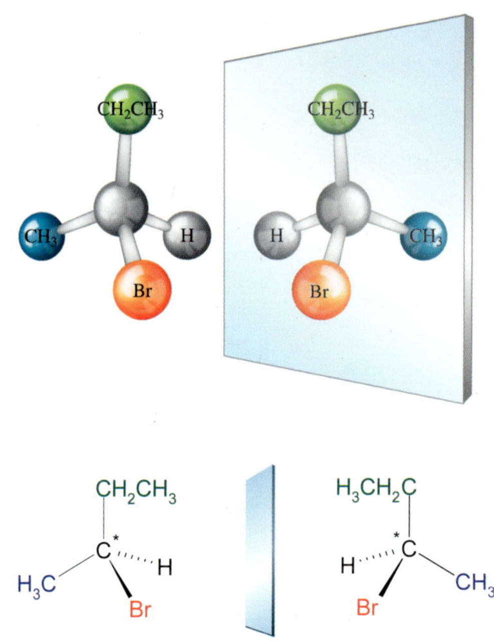

주어진 분자가 카이랄인지 아닌지를 구별하는 방법은 무엇인가? 유기분자에서 가장 일반적인 방법은 탄소 원자가 네 개의 다른 치환기를 가지면 카이랄이다. 주위에 네 개의 서로 다른

작용기가 달린 탄소 원자를 **입체중심 원자**(stereogenic atom) 혹은 **카이랄 중심**(chirality center) 원자라 한다. 2-브로모뷰테인에서 *C로 표시된 C2 원자에는 주위에 네 개의 다른 작용기($-CH_3$, $-CH_2CH_3$, $-Br$, $-H$)가 있다. 따라서 2-브로모뷰테인은 입체중심 원자를 한 개 가지고 있는 카이랄 분자이다.

카이랄 분자를 구별하는 또 하나의 방법은 대칭면의 존재 여부를 확인하는 것이다. 분자가 대칭면을 가지면 그 분자는 비카이랄이고 대칭면이 없으면 카이랄이다. 2-브로모프로페인은 분자의 한쪽 반이 다른 쪽 반의 거울상으로 대칭면을 가지고 있음을 알 수 있다. 반면에 2-브로모뷰테인은 분자의 한쪽 반이 다른 쪽 반의 거울상이 아니며 대칭면이 아니다.

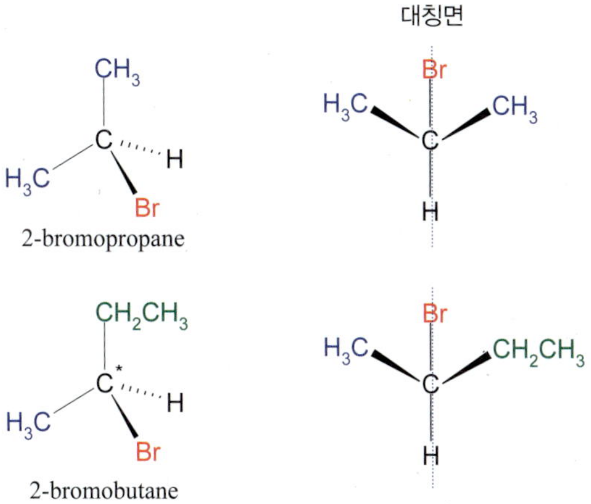

대칭면

2-bromopropane

2-bromobutane

고리가 달린 화합물의 카이랄 여부를 살펴보자. 예를 들면 메틸 사이클로헥세인과 1-브로모-2-메틸사이클로헥세인은 카이랄인가 혹은 비카이랄인가? 메틸사이클로헥세인은 고리의 첫 번째 탄소인 C1에 붙은 네 개의 작용기 중에 C2－C3－C4와 C6－C5－C4의 치환기가 모두 $-CH_2CH_2CH_2-$기를 가지고 있어 동일한 것임을 알 수 있다. 따라서 메틸사이클로헥세인은 비카이랄이다.

반면에 1-브로모-2-메틸사이클로헥세인은 C2에 네 개의 서로 다른 치환기가 결합되어 있다. 즉, 치환기가 $-H$, $-CH_3$, $-CHBrCH_2-$, $-CH_2CH_2-$로 C2는 카이랄중심 원자이다. 그러므로 1-브로모-2-메틸사이클로헥세인은 카이랄 분자이다. 보통 $-CH_2-$, $-CH_3$, $C=O$, $C=C$, $C\equiv C$ 작용기에 결합되어 있는 탄소는 카이랄 중심이 될 수 없다.

methylcyclohexane

1-bromo-2-methylcyclohexane

요약하면 네 개의 서로 다른 작용기를 가지는 입체중심 원자를 가진 분자는 두 개의 입체 이성질체 즉, 한 쌍의 거울상 이성질체를 가질 수 있다. 이러한 분자는 대칭면을 가지지 않는다. 대칭면을 가지지 않으면 그 분자는 카이랄이고 대칭면을 가진 분자는 비카이랄이다.

거울상 이성질체는 파스퇴르(Pasteur)가 처음 발견하였다고 알려져 있다. 파스퇴르는 타르타르산의 나트륨 암모늄염 2종의 이성질체를 발견해 냈고 이 2종의 물질은 거울상으로 오른손과 왼손의 관계와 같다는 것을 알아냈다. 그 후 수십 년이 지난 후에야 카이랄 분자에 대한 그의 주장이 이론으로 증명되었다.

예제 5.1 1,2-다이클로로뷰테인은 카이랄인가? 카이랄이면 입체 이성질체의 3차원 구조를 그리시오.

풀이 먼저 분자의 구조를 그리고 서로 다른 네 개의 작용기가 붙어 있는 탄소가 있는지를 찾아본다.

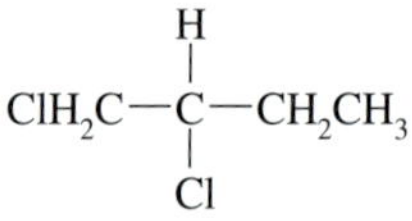

1,2-dichlorobutane

C2 이외의 모든 탄소는 적어도 두 개의 수소를 가지고 있으므로 입체중심이 아니다. C2는 $-H$, $-CH_2CH_3$, $-CH_2Cl$, $-Cl$의 네 개의 서로 다른 치환기를 가진 입체중심 원자이므로 이 물질은 카이랄이다. 한 쌍의 거울상 이성질체는 다음과 같다.

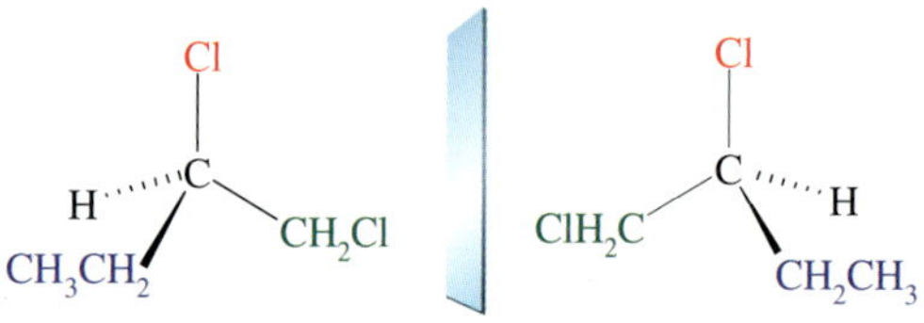

문제 1 다음 화합물에서 카이랄 분자를 가려내어 입체중심 원자를 찾아내고, 또한 이들의 거울상 이성질체를 3차원 구조로 나타내시오.

(1) 3-methylhexane
(2) 3-bromopentane
(3) 1-bromo-1-chloroethane
(4) *cis*-1,3-dimethylcyclohexane
(5) 3-methylpent-1-ene
(6) 1,3-dichloropropane

문제 2 *트랜스*-1,2-다이메틸사이클로헥세인이 카이랄이고 거울상 이성질 현상을 보임을 설명하시오.

5.4 배열 및 R-S 규정

거울상 이성질체를 표현할 때 일일이 분자의 입체배열 그림을 그리지 않고서 손쉽게 치환기의 배치를 나타낼 수 있는 방법이 필요하다. 거울상 이성질체의 카이랄 중심 원자에 연결된 작용기들의 배치를 **배열**(configuration)이라 한다. 거울상 이성질체는 서로 반대의 배열을 가진다. 거울상 이성질체의 배열을 나타내기 위하여 $R-S$ 혹은 Cahn-Ingold-Prelog (CIP) 우선순위 규칙을 사용한다. CIP 우선순위 규칙은 3.4절에서 알켄의 $E-Z$ 입체화학에서 사용한 작용기 우선순위 결정 규칙을 그대로 적용한다. CIP법에 의한 치환기의 우선순위 결정 규칙을 잠시 복습하고 이들이 어떻게 카이랄성 중심의 배열을 정하는데 사용되는지 알아보자.

치환기의 상대순위를 결정하는 CIP 우선순위 규칙은 다음과 같다.

1. 카이랄성 입체중심 원자에 직접 결합된 네 개의 원자의 우선순위를 결정한다. 가장 높은 원자번호를 가진 원자가 우선순위 1번이고 가장 낮은 원자번호를 가진 원자가 4번이 된다.
2. 치환기의 첫 번째 원자에서 우선순위를 결정할 수 없으면 차이가 생길 때까지 두 번째, 세 번째 원자 등으로 결정한다.
3. 다중결합을 가진 원자들은 같은 수의 단일결합 원자들이 서로 결합한 것으로 간주한다.

치환기의 우선순위가 결정된 다음에는 $R-S$ 배열을 결정한다.

1. 먼저 입체중심 원자에 붙어있는 네 개의 작용기의 우선순위를 높은 순서부터 낮은 순서로 나열한다. (1→2→3→4)

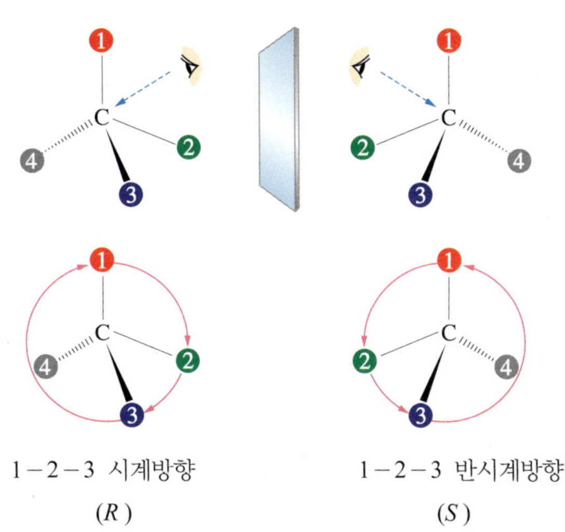

2. 관찰하고자 하는 쪽에서 입체중심 원자를 중심에 놓고 우선순위가 가장 낮은 4를 눈으로부터 뒤로 향하게 한다.
3. 나머지 세 작용기를 바라보아 치환기를 1→2→3 순서로 읽었을 때, 그 방향이 시계방향이면 *R* **배열**(라틴어로 *rectus*, '오른쪽')이고 방향이 반시계방향이면 *S* **배열**(라틴어 *sinster*, '왼쪽')이 된다.

예제 5.2 다음 작용기의 우선순위를 결정하시오.

(1) $-H$, $-OH$, $-CH_3$, $-CH_2CH_3$

(2) $-CH{=}CH_2$, $-CH(CH_3)_2$, $-CH_2CH_3$, $-NH_2$

(3) $-CHO$, $-CH_2OH$, $-CO_2CH_3$, $-CH_2OCH_3$

풀이 원자의 우선순위는 원자번호 순이므로 O 〉 N 〉 C 〉 H이다. 두 탄소 작용기의 우선순위를 정하려면 차이가 날 때까지 다음 원자 쪽으로 이 과정을 되풀이 한다.

(1) $-OH$ 〉 $-CH_2CH_3$ 〉 $-CH_3$ 〉 H

(2) $-NH_2$ 〉 $-CH{=}CH_2$ 〉 $-CH(CH_3)_2$ 〉 $-CH_2CH_3$

(3) $-CO_2CH_3$ 〉 $-CHO$ 〉 $-CH_2OCH_3$ 〉 $-CH_2OH$

문제 3 다음 작용기의 우선순위를 정하시오.

(1) $-OH$, $-F$, $-CH_3$, $-CH_2OH$, $-CH(CH_3)_2$

(2) $-OCH_3$, $-NHCH_3$, $-CH_2CH_3$, $-CH_2NH_2$, $-OH$

문제 4 다음 화합물의 *R*, *S* 배열을 결정하시오.

(1)

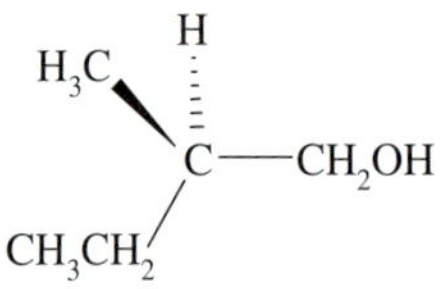

(2)

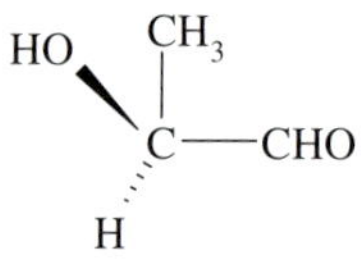

(3)

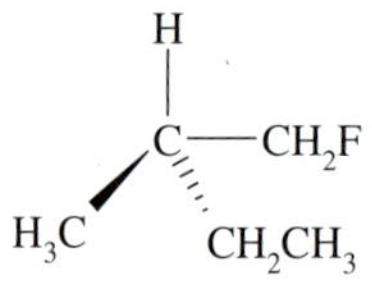

(4)

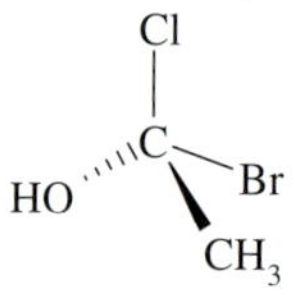

문제 5 3-메틸펜트-1-엔(3-methylpent-1-ene)의 거울상 이성질체를 그리고 배열을 결정하시오.

5.5 Fischer 투영법

카이랄성 분자에 붙어 있는 작용기의 공간배열을 입체적으로 정확히 나타내는 방법은 분자 모형을 만들어 그대로 3차원적으로 나타내는 것이 가장 효과적이다. 그러나 이 방법은 어렵고 복잡하다. 따라서 분자의 3차원적 배열을 나타내기 위하여 실선 쐐기나 점선 쐐기를 사용하는 원근법을 사용하는데 입체중심 원자가 많은 카이랄 분자에는 이 또한 번거롭고 복잡하다. 카이랄 분자의 3차원적 공간배열을 평면에 2차원적인 표현법을 사용하여 나타내는 방법으로 Fischer **투영식**(Fischer projection)이 널리 사용된다. 이 방법은 19세기 독일의 화학자인 Emil Fischer가 단당류 유도체의 배열을 나타내기 위하여 고안한 방법이다. 이 방법은 네 개의 치환기의 공간배열을 두 개의 교차되는 수직선과 수평선으로 나타내는 방법으로 다음의 규칙을 따른다.

1. 분자의 구조에서 가장 긴 탄소사슬을 수직선상에 놓는다.
2. 산화상태가 가장 높은 원자단을 수직선상의 맨 꼭대기에 놓든지 또는 그 가까이에 놓는다.
3. 입체중심 탄소(카이랄 탄소)를 중심으로 수평선에 위치한 치환기는 종이면 앞쪽으로 향하게 배열하고, 수직선에 위치한 치환기는 종이면 뒤쪽으로 향하게 배열한다.

예를 들면 카이랄 분자인 락트산($CH_3CH(OH)COOH$)의 3차원 모형을 원근법과 Fischer 투영식으로 나타내면 다음과 같다.

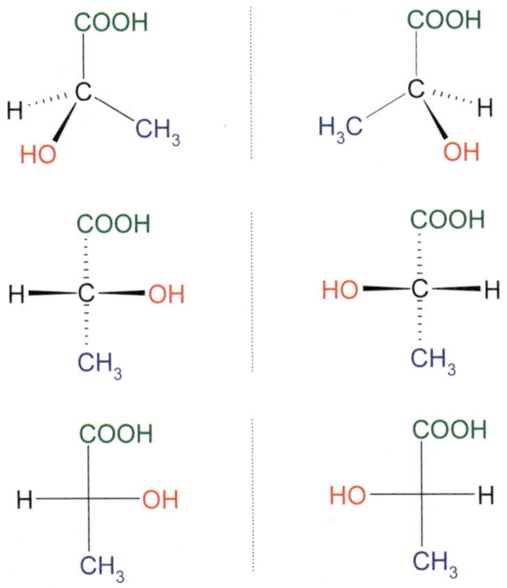

원근법에서 점선 쐐기로 된 결합을 Fischer 투영식에서는 수직으로 배치하고 실선 쐐기로 된 결합을 수평으로 놓고 실선으로 연결한다. 이때 가장 긴 탄소 사슬을 수직선상에 놓으며 각 치환기들을 배열에 맞춰 놓으면 된다. Fischer 투영식에서 치환기 −OH와 H는 지면의 앞으로 향해 있는 것이고, −COOH와 $-CH_3$기는 지면 뒤에 위치한 것으로 간주하여 2차원 모형이지만 3차원 모형으로 해석하게 된다.

Fischer 투영식에 *R*, *S* 규칙을 적용하는 법을 알아보자. 첫째 입체중심 원자에 붙은 네 개의 치환기의 우선순위를 결정한다. 우선순위가 가장 낮은 치환기를 눈에서 가장 멀리 놓고 나머지 세 치환기의 우선순위에 따라 회전시켜 시계방향이면 (*R*)이 되고 반시계방향이면 (*S*)가 된다. 이때 우선순위에 따라 회전시킬 때 수평선에 붙은 치환기는 지면 앞으로 향하고 있음을 상기한다. 예를 들면, 다음 구조에서 우선순위가 가장 낮은 H를 가장 멀리 놓고 나머지 세 치환기의 우선순위 −OH > −COOH > $-CH_3$ 순으로 돌리면 −OH기는 지면 앞으로 향해 있으므로 시계방향으로 회전하여 (*R*)배열이 됨을 알 수 있다.

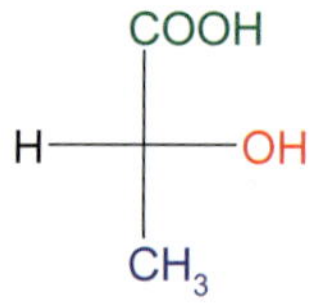

COOH
H—┼—OH
CH$_3$

(*R*)-lactic acid

예제 5.3 $HOCH_2CH(OH)CHO$의 구조식을 가진 글리세르알데하이드(glyceraldehyde)의 입체 이성질체를 원근법과 Fischer투영도로 나타내시오.

풀이

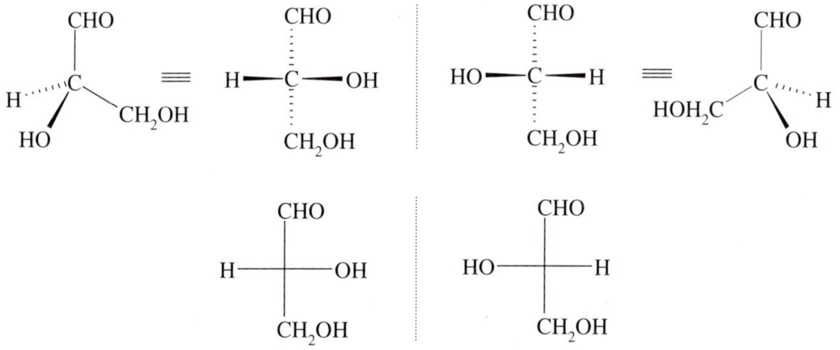

(원근법: CHO, H, HO, C, CH_2OH) ≡ (CHO, H—C—OH, CH_2OH) | (CHO, HO—C—H, CH_2OH) ≡ (CHO, HOH_2C, C, H, OH)

CHO
H—┼—OH
CH_2OH

(*R*)-glyceraldehyde

CHO
HO—┼—H
CH_2OH

(*S*)-glyceraldehyde

5.6 광학활성

일반적으로 빛의 광선은 진행방향에 수직인 평면 안에서 모든 방향으로 진동하는 파동으로 구성되어 있다. 이 광선이 편극물질(혹은 편극계)을 통과하면 투과된 광선은 모두 같은 방향으로만 진동하게 되는데 이러한 광선을 평면편광화(plane-polarized) 되었다고 한다. 보통의 빛을 편광으로 만드는 간편한 방법으로 프리즘 장치나 polaroid 장치를 통과시키는 것이다. 편광은 편광물질의 편광축과 평행할 때에만 그 편광물질을 통과시키고 두 축이 수직을 이루면 빛은 통과하지 못한다. 어떤 유기분자의 용액을 평면편광을 통과시키면 평면편광이 일정한 각도로 회전하는 것을 관찰할 수 있다. 이러한 회전각도를 나타내는 광회전 성질을 **광학활성**(optically active)이라 한다. 모든 유기물질이 이러한 광학활성 현상을 나타내는 것은 아니며 설탕, 장뇌, 젖산, 콜레스테롤, 탄수화물, 단백질 등은 광학활성 물질이다. 광회전은 실험실에서 측정되는 물리적 성질이다.

평면편광의 회전 정도는 **편광계**(polarimeter)라는 기기로 측정한다. 광학활성의 유기물질의 용액을 시료관에 넣고 편면편광을 통과시키면 편광의 회전이 일어나고 빛이 분석기를 통과하여 관찰자에게 도달한다. 분석기 프리즘을 좌우 방향으로 돌려 편면편광이 통과됨으로써 새로운 편극면을 발견하게 되고 회전각(α)이 얼마나 일어났는지를 알 수 있게 된다. 이때 회전 각도가 얼마이고 또한 어떤 방향인지를 알 수 있다. 관찰자 쪽에서 분석기를 바라보아 광학활성 분자들이 평면편광을 시계방향으로 회전시키면 **우회전성**(dextrorotatory)이라 하고 반시계방향으로 회전시키면 **좌회전성**(levorotatory)이라 한다. 규약에 의해 우회전성인 시계방향으로 회전하면 (+)기호로 나타내고 좌회전성인 반시계방향으로 회전하면 (−)기호로 나타낸다. 예를 들면 (+)-설탕은 우회전성이고 (−)-콜레스테롤은 좌회전성이다.

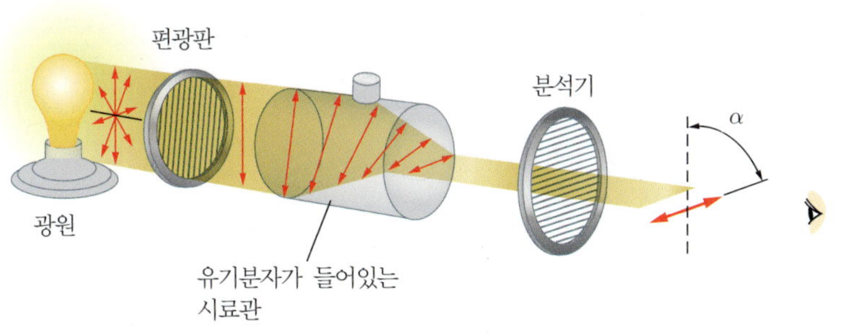

그림 5.1 편광계의 도식

광회전 기호 (+), (−)는 *R*, *S* 명칭과 아무런 관련이 없다는 것을 명심하자. (+)와 (−)는 광학활성이 있는 분자가 편광평면을 회전시키는 방향을 나타내고, *R* 과 *S* 는 카이랄 분자의 입체중심 원자의 주위에 배열된 기들의 배열 상태를 나타내는 것이다. *R* 구조인지 *S* 구조인지는 화합물의 입체구조 배열을 살펴봄으로써 알 수 있지만 화합물이 우회전성(+)인지 좌회전성(−)인지는 편광계에 넣어 조사해봐야 안다. *R* 구조의 화합물은 (+)일 수도 있고 (−)일 수도 있다. 마찬가지로 *S* 구조의 화합물도 (+)일 수도 있고 (−)일 수도 있다.

편광계를 사용하여 수많은 유기물질의 광학활성 현상을 연구하였는데 물, 알코올, 소금 수용액 등은 광학적으로 비활성이며, 레몬유, 장뇌의 알코올 용액, 설탕 수용액 등은 광학활성을 가진다. 또한 탄수화물, 단백질, 스테로이드와 같은 천연물들도 광학활성인 것으로 조사되었다.

분자의 구조와 광학활성과는 어떠한 상관관계가 있는가? 비카이랄성 분자는 광학적으로 비활성이다. 그러나 카이랄성 분자는 광학활성이다. 거울상 이성질체는 카이랄이므로 광학활성이다. 거울상 이성질체는 광학 이성질체라고도 부르는데 녹는점, 끓는점, 밀도, 용해도 같은 물리적 상수는 동일하나 그들의 평면편광을 회전시키는 방향은 반대방향이다. 예를 들면, 젖산은 입체중심 원자를 하나 가진 분자로 거울상 이성질체가 존재한다. 두 이성질체는 녹는점(53℃)이 같고 고유 광회전도(α)는 같으나 부호는 반대이다. (*R*)-젖산은 좌회전성이고 (*S*)-젖산은 우회전성이다. 이와 같이 화합물이 어느 방향으로 편광평면을 회전시키는지 안다면 화합물의 이름에 (+)나 (−)를 넣을 수 있다.

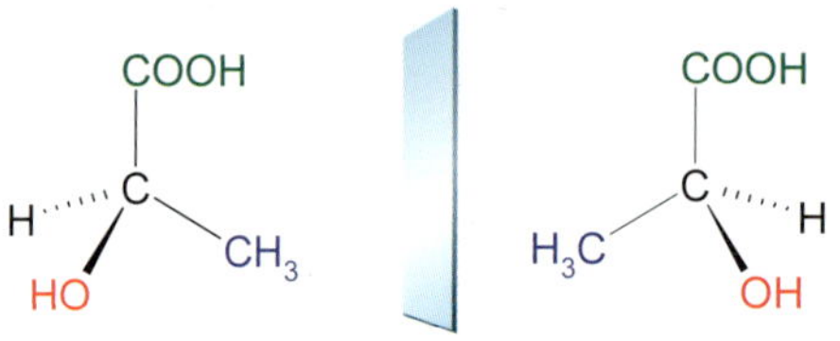

$\alpha = -3.33(H_2O)$
(*R*)-(−) lactic acid

$\alpha = +3.33(H_2O)$
(*S*)-(+) lactic acid

카이랄 물질의 두 거울상 이성질체를 50 : 50으로 동일한 양 섞은 용액을 편광계에 놓으면 각 거울상 이성질체가 빛을 회전하는 각도가 같고 방향은 서로 반대이므로 이때는 회전각도가 상쇄되어 광회전을 하지 않고 따라서 이 혼합물은 광학활성을 띠지 않는다. 카이랄인 물질의 거울상 이성질체가 동일한 양으로 섞여있는 혼합물(50 : 50)을 **라세미 혼합물**(racemic mixture)이라 한다. 라세미 혼합물에서 (+)와 (−) 거울상 이성질체는 분할(resolution)이라고 하는 과정을 통하여 분리해 낼 수 있다.

5.7 부분입체 이성질체

젖산이나 글리세르알데하이드와 같은 분자는 단 한 개의 입체중심 원자가 있어 두 개의 거울상 이성질체만이 존재하여 비교적 이해하기 쉽다. 그러나 입체중심 탄소를 두 개 이상 가진 분자는 몇 개의 입체 이성질체가 가능할까? 예를 들면 필수 아미노산의 하나인 트레오닌(threonine, 2-아미노-3-하이드록시뷰탄산)은 한 분자 내에 두 개의 카이랄성 입체중심 원자를 가지고 있다. 따라서 네 개의 입체 이성질체가 가능하다.

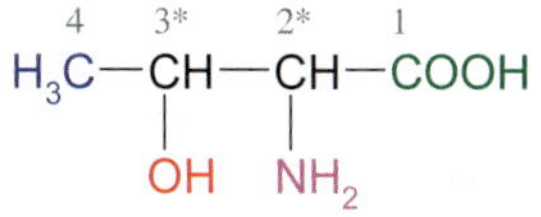

$$\overset{4}{H_3C}-\underset{OH}{\overset{3*}{CH}}-\underset{NH_2}{\overset{2*}{CH}}-\overset{1}{COOH}$$

2-amino-3-hydroxybutanoic acid

C2에서 입체배열은 *R* 또는 *S*가 될 수 있고, C3도 *R* 또는 *S*를 가질 수 있으므로 입체 이성질체가 모두 네 개로 두 쌍의 거울상 이성질체로 분류할 수 있다.

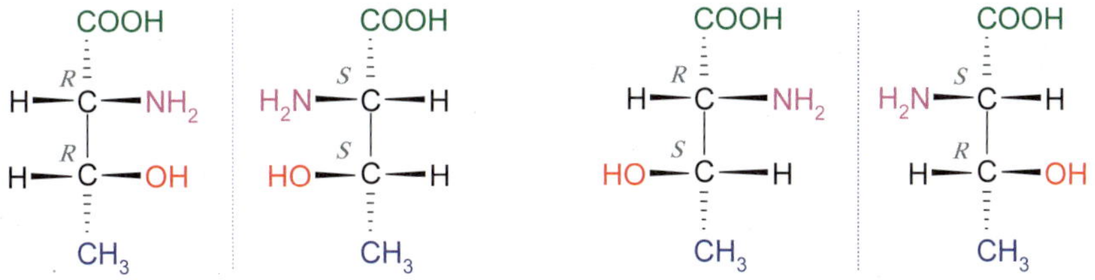

COOH, H—C(*R*)—NH_2, H—C(*R*)—OH, CH_3 (2*R*, 3*R*)

COOH, H_2N—C(*S*)—H, HO—C(*S*)—H, CH_3 (2*S*, 3*S*)

COOH, H—C(*R*)—NH_2, HO—C(*S*)—H, CH_3 (2*R*, 3*S*)

COOH, H_2N—C(*S*)—H, H—C(*R*)—OH, CH_3 (2*S*, 3*R*)

(2*R*,3*R*)의 거울상 이성질체는 (2*S*,3*S*)이며, (2*R*,3*S*)의 거울상 이성질체는 (2*S*,3*R*)이다. 그런데 (2*R*,3*R*)과 (2*R*,3*S*) 이성질체와의 관계를 살펴보면 이들은 입체 이성질체이나 거울상 이성질체는 아니다. 왜냐하면 이들은 C2에서 같은 *R*배열을 하고 있으나 C3에서 서로 반대 배열을 하고 있기 때문이다. 이렇게 비슷하나 거울상이 아닌 입체 이성질체를 **부분입체 이성질체**(diastereomer)라 한다. (2*R*,3*R*)과 (2*R*,3*S*), (2*R*,3*R*)과 (2*S*,3*R*), (2*S*,3*S*)와 (2*R*,3*S*), 그리고 (2*S*,3*S*)와 (2*S*,3*R*)는 서로 부분입체 이성질체이다.

거울상 이성질체와 부분입체 이성질체 사이에는 차이가 있다. 거울상 이성질체는 모든 배열이 반대이다. 그러나 부분입체 이성질체는 어느 카이랄성 중심의 배열은 반대지만 다른 카이랄성 중심은 동일한 배열을 가진다. 거울상 이성질체는 카이랄성이므로 카이랄 성질만 서로 다르다. 즉, 거울상 이성질체는 녹는점, 끓는점, 용해도, 밀도 등의 물리적 성질은 모두 같으나 카이랄 성질인 평면편광을 회전시키는 고유 광회전도는 각도는 같으나 반대의 부호를 가진다. 따라서 거울상 이성질체는 재결정이나 증류와 같은 물리적 성질에 의한 분리는 불가능하다. 반면에 부분입체 이성질체는 서로 거울상이 아니다. 이들은 끓는점, 녹는점, 용해도, 밀도 등의 물리적 성질뿐만 아니라 고유 광회전도의 각도 및 방향도 모두 다르다. 다시 말해서 부분입체 이성질체는 완전히 서로 다른 두 개의 화합물의 특징을 보인다.

문제 6 다음 분자는 뷰테인-1,2-3-트라이올의 구조이다. 두 쌍의 거울상 이성질체의 구조를 그리시오. 그리고 부분입체 이성질체를 밝히시오.

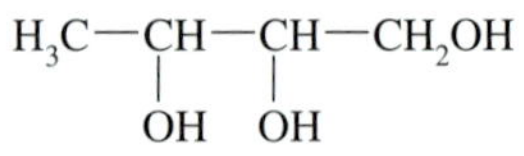

$$H_3C-\underset{\large OH}{\underset{|}{CH}}-\underset{\large OH}{\underset{|}{CH}}-CH_2OH$$

butane-1,2,3-triol

문제 7 포도당(glucose)의 구조는 다음과 같다. 이 화합물은 몇 개의 입체 이성질체를 가질 수 있는가?

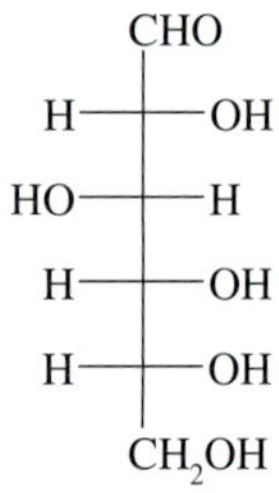

```
       CHO
   H ──┼── OH
  HO ──┼── H
   H ──┼── OH
   H ──┼── OH
       CH2OH
```

glucose

5.8 메소 화합물

2,3-다이브로모뷰테인의 입체 이성질체를 살펴보자. 이 분자는 두 개의 카이랄성 탄소 원자를 가지고 있다. 두 개의 카이랄 원자 C2와 C3에 붙어 있는 서로 다른 네 개의 작용기가 동일한 것임을 알 수 있다.

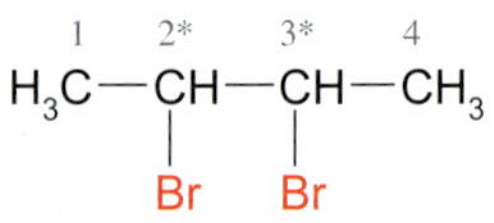

$$\overset{1}{H_3C}-\underset{\large Br}{\underset{|}{\overset{2^*}{CH}}}-\underset{\large Br}{\underset{|}{\overset{3^*}{CH}}}-\overset{4}{CH_3}$$

2,3-dibromobutane

다음과 같은 네 개의 입체 이성질체 I (2*R*,3*R*)과 II (2*S*,3*S*), III (2*R*,3*S*)과 IV (2*S*,3*R*) 구조가 가능하다.

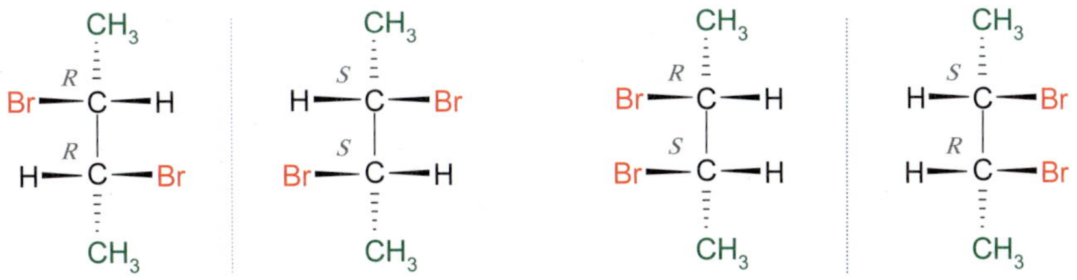

거울상 I과 II는 한 쌍의 거울상 이성질체이다. 그러나 III과 IV 거울상은 한 구조를 180° 회전시키면 같은 구조의 화합물임을 알 수 있다. 이 구조는 분자를 양분하는 대칭면을 가지고 있어 비카이랄이다.

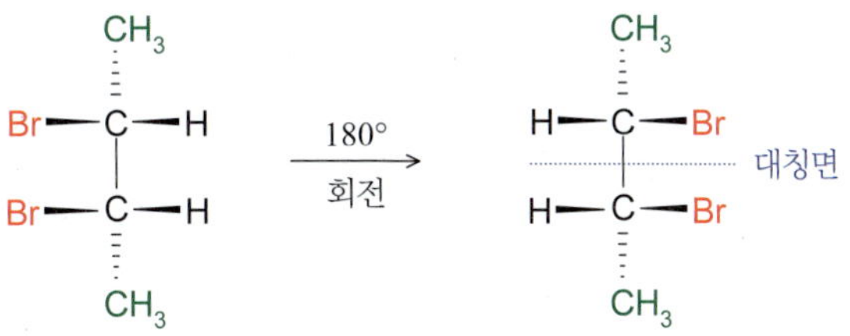

따라서 2,3-다이브로모뷰테인은 세 개의 입체 이성질체만을 가지고 있다. 이와 같이 카이랄성 중심을 가지고 있으나 비카이랄인 부분입체 이성질체를 **메소 화합물**(meso compound)이라 한다. 분자가 두 개의 카이랄중심 원자를 가지고 있으나 카이랄중심 원자에 결합된 네 개의 작용기가 동일하면 메소 화합물이다. 메소 화합물은 카이랄중심 원자를 가지면서 분자 내 대칭면을 가지고 있어서 비카이랄성인 화합물이다. 메소 화합물은 비카이랄이므로 광학적으로 비활성이다.

거울상 이성질체는 평면편광을 회전시키는 고유 광회전도의 부호만 제외하고 모두 동일한 물리적 성질을 가지는 반면에 메소 화합물은 비카이랄성의 부분입체 이성질체로서 두 성질 모두 다르다. 다음 예제에서 보듯이 파스퇴르가 연구한 타타르산(tartaric acid)은 메소 화합물이다.

예제 5.4 Pasteur가 자세히 연구한 타타르산[$HO_2CCH(OH)CH(OH)CO_2H$]의 입체 이성질체에 대하여 설명하시오.

풀이 타타르산은 두 개의 동일한 입체중심 원자를 가지고 있다.

HOOC—C*H—C*H—COOH (각 CH에 OH)

tartaric acid

두 개의 카이랄성 중심 원자를 가지고 있으므로 네 개의 입체 이성질체를 그릴 수 있다.

CO_2H / HO—C(S)—H / H—C(S)—OH / CO_2H : 2*R*,3*R*

CO_2H / H—C(R)—OH / HO—C(R)—H / CO_2H : 2*S*,3*S*

CO_2H / HO—C(S)—H / HO—C(R)—H / CO_2H : 2*R*,3*S*

CO_2H / H—C(R)—OH / H—C(S)—OH / CO_2H : 2*S*,3*R*

거울상 2*R*,3*R*(*R*,*R*) 과 2*S*, 3*S*(*S*,*S*) 는 동일한 구조가 아니므로 한 쌍의 거울상 이성질체이다. 그러나 2*R*, 3*S* 와 2*S*, 3*R* 는 한 구조를 180° 회전시키면 동일한 구조임을 알 수 있고 대칭면을 가짐으로 비카이랄이다. 따라서 타타르산은 두 개의 카이랄성 중심이 있음에도 불구하고 비카이랄 분자로, 두 개의 거울상 이성질체와 한 개의 메소 화합물로 총 세 개의 입체 이성질체를 가지고 있다. 타타르산 이성질체는 다음과 같은 성질을 가지고 있다.

입체 이성질체	녹는점 (℃)	밀도 (g/cm^3)	용해도 ($g/100\ mL\ H_2O$)	고유 광회전도(α)
(*R*,*R*)	169	1.76	139	+12
(*S*,*S*)	169	1.76	139	−12
메소(*R*,*S*)	147	1.67	125	0

문제 8 다음 화합물 중 메소 화합물을 밝히시오.

(1) 2,3-다이메틸뷰테인
(2) 2,3-다이클로로뷰테인
(3) 2,4-다이브로모펜테인
(4) 3,4-다이메틸헥세인

추가문제

9. 다음 물체는 어느 것이 카이랄인가?

(1) 축구공 (2) 드라이버
(3) 포크 (4) 테니스채
(5) 포도주잔 (6) 골프채
(7) 나사못 (8) 스크류

10. 다음 화합물이 카이랄인지 비카이랄인지를 결정하시오.

(1) 2,2-다이브로모프로페인 (2) 2-메틸펜테인
(3) 2,3-다이메틸펜테인 (4) (E)-1,2-다이클로로사이클로프로페인

11. 분자식 C_4H_9Br인 할로젠화물의 이성질체들 중에서 어느 것이 카이랄이고 어느 것이 비카이랄인지를 알아내시오. 입체중심 원자에는 *로 표시하시오.

12. 문제 11의 카이랄 분자의 거울상 이성질체를 원근법을 사용하여 그리고 명명하시오.

13. 다음 치환기들의 우선순위를 결정하시오.

(1) $-H$, $-OH$, $-CH_2CH_3$, $-OCH_3$
(2) $-Cl$, $-CH_3$, $-CH_2Br$, $-Br$
(3) $-CH(CH_3)_2$, $-CH=CH_2$, $-CH_2CH_3$, $-C(CH_3)_3$
(4) $-OCH_3$, $-COCH_3$, $-CO_2H$, $-OH$

14. 다음 화합물의 카이랄성 중심에 대하여 R, S 배열을 결정하시오.

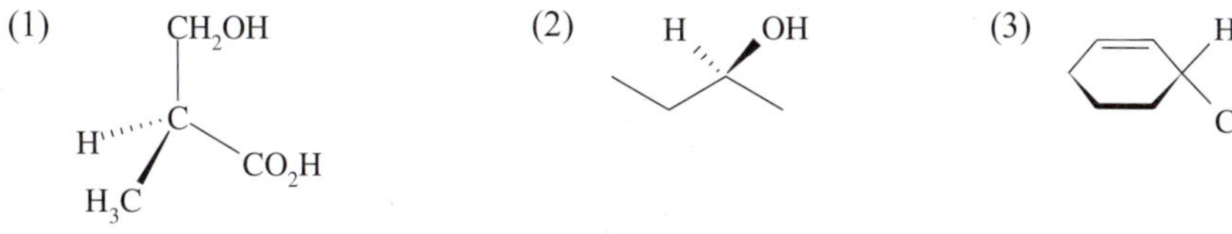

15. 분자식 $C_5H_{11}Cl$인 클로로알케인의 구조 이성질체 중에서 카이랄 분자를 찾아 이들의 R, S 거울상 이성질체를 원근법으로 그리고 명명하시오.

16. 다음 화합물의 구조를 그리시오.

(1) (*R*)-2-phenylbutane

(2) (*R*)-3-bromopent-1-ene

(3) (*S*)-3-methylcyclohexane

17. 3-메틸펜트-1-엔의 거울상 이성질체를 그리시오.

18. 글루코오스는 수용액 중에서 고리를 형성하여 β-글루코오스와 α-글루코오스를 형성한다. β-글루코오스 및 α-글루코오스에서 입체중심 탄소를 확인하시오. 입체 이성질체는 몇 개나 가능한가?

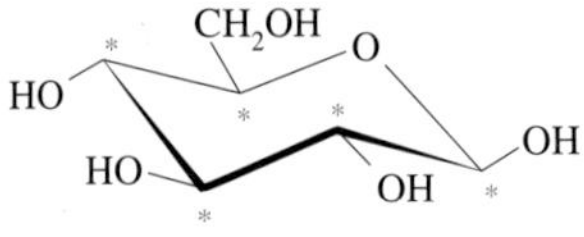

β-glucose

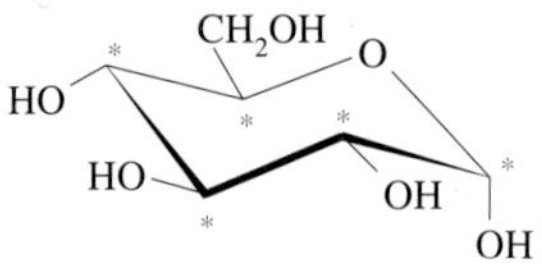

α-glucose

19. 다음 화합물의 Fischer 구조에서 입체중심 원자에 *R*, *S* 배열을 표시하시오.

(1) CHO; H—OH; HO—H; CH_2OH

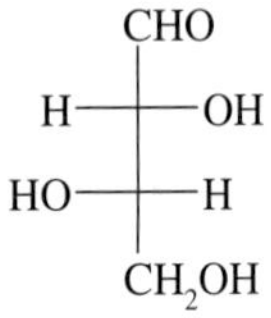

(2) CH_3; H—OH; H—OH; CH_3

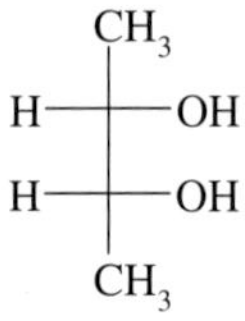

20. 다음 화합물의 메소형을 그리고 대칭면을 나타내시오.

(1) $CH_3CH(Br)CH_2CH_2CH(Br)CH_3$

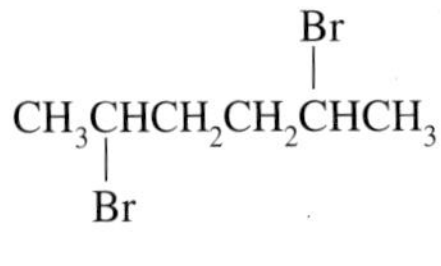

(2) H_3C, CH_3 (1,3-dimethylcyclohexane)

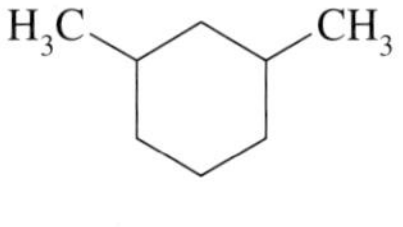

21. 1,2-다이메틸사이클로펜테인에 대하여 답하시오.

(1) 시스-트랜스 입체 이성질체를 그리시오.

(2) 어느 입체 이성질체가 카이랄인지 밝히시오.

(3) 모든 이성질체의 입체중심 원자에 대해 *R*, *S* 배열을 결정하시오.

(4) 메소 화합물이 존재하면 어느 이성질체인지 밝히고 대칭면을 그리시오.

6장
할로젠화 알킬

6.1 서론
6.2 할로젠화 알킬의 명명법
6.3 알코올로부터 할로젠화 알킬의 합성
6.4 할로젠화 알킬의 반응 : Grignard 시약
6.5 할로젠화 알킬의 치환반응
6.6 친핵성 치환반응의 반응속도론
6.7 S_N2 반응
6.8 S_N1 반응
6.9 할로젠화 알킬의 제거반응
6.10 제거반응의 메커니즘
6.11 치환반응과 제거반응의 예측

6.1 서론

우리는 탄소와 수소로만 이루어진 탄화수소 화학을 다루어 왔는데 앞으로 탄소와 수소 외에 다른 원자가 포함된 더 복잡한 화합물을 다루게 될 것이다. 할로젠 원자를 한 개 또는 그 이상 가진 화합물을 **유기할로젠화물**이라 한다. 이들 화합물들은 천연에 광범위하게 퍼져 있으며 특히 해초, 해면동물 및 해양 유기물에서 발견되고 있다. 예를 들면 클로로메테인은 해초와 산불 및 화산의 재에 의해 다량 배출된다. 살아 있는 많은 유기물들은 독성있는 유기할로젠화물을 생산하는데 그 이유는 자기 방어를 위해 포식자의 먹이가 되지 않도록 또는 천연 살충제로 이용하는 것으로 알려져 있다.

유기할로젠화합물들은 주로 실험실적으로 합성한 것이다. 알케인의 수소가 할로젠 원자로 치환된 화합물을 **할로알케인**(haloalkane) 또는 **할로젠화 알킬**(alkyl halide)이라고 한다. 보통 RX (X = F, Cl, Br, I)로 표시한다. 아릴기를 가진 방향족 할로젠화물(Ar − X)도 있으나 여기서는 할로젠화 알킬에 주로 관심을 둔다. 특히 염화 알킬과 브롬화 알킬은 합성에서 매우 다양한 시약으로 쓰이고 있다. 치환반응을 통해서 많은 다양한 유기할로젠화물을 합성할 수 있다. 유기할로젠화물의 주요한 용도는 공업적 용매, 냉매, 살충제, 제초제, 세척제, 마취제 등으로 사용되거나 유기합성에서 출발물질 및 중간물질로 중요하다.

6.2 할로젠화 알킬의 명명법

할로젠화 알킬의 계통명은 가장 긴 탄화수소 모체 사슬에 치환체로 할로젠을 가진 할로알케인(haloalkane)으로 명명한다. 탄화수소 명명에 적용된 규칙과 동일하게 적용된다(2.6절).

규칙 1. 가장 긴 탄소 사슬을 찾아 모체의 기본명으로 한다. 다중결합이 있으면 모체에 포함시켜야 한다.

규칙 2. 사슬에 붙은 치환기의 번호가 작은 번호가 되도록 모체 사슬의 탄소에 번호를 매긴다. 이때 알킬기이거나 할로젠기이거나 관계없이 첫 치환기로부터 가까운 말단에서부터 번호를 붙인다. 만일 양쪽 말단에서부터 같은 번호에 치환기가 있다면 치환기의 알파벳 순서를 우선하여 번호를 매긴다.

규칙 3. 할로젠 치환기는 그 원소명의 어미 "− ine"를 "− o"로 바꾸어서 명명한다. F(fluorine)은 '플루오로(fluoro −)', Cl(chlorine)은 '클로로(chloro −)', Br(bromine)은 '브로모(bromo −)', I(iodine)는 '아이오도(iodo −)'로 명명한다.

규칙 4. 만약 두 개 이상의 같은 할로젠 치환기가 있으면 '다이(di−)', '트라이(tri−)', '테트라(tetra−)' 등의 접두어를 사용한다. 번호와 치환기의 이름 사이에는 하이픈(−)을 쓰고, 번호와 번호 사이에는 콤마(,)로 구분한다.

규칙 5. 이름은 알파벳 순서대로 치환기를 적고 기본명 앞에 놓는다. 이때 마지막 치환기의 이름과 기본명은 붙여서 적는다. 접두어 di−, tri−, tetra−, *sec*−, *tert*− 등은 알파벳 순서에 고려하지 않음에 유의한다.

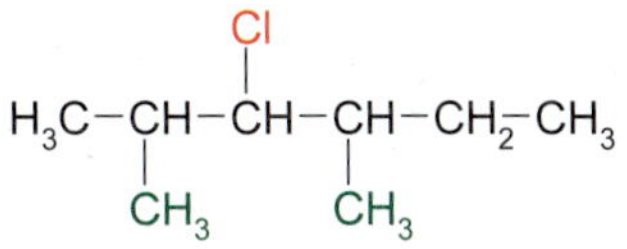

$H_3C-CH(CH_3)-CH(Cl)-CH(CH_3)-CH_2-CH_3$

3-chloro-2,4-dimethylhexane

$H_3C-CH_2-C(Br)(Cl)-CH(Br)-CH(CH_3)-CH_3$

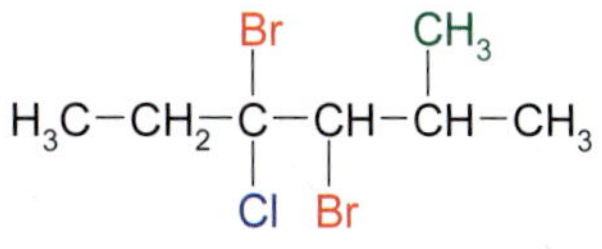

3,4-dibromo-4-chloro-2-methylhexane

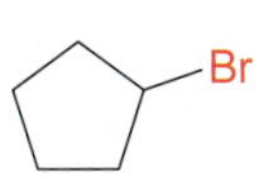

bromocyclopentane

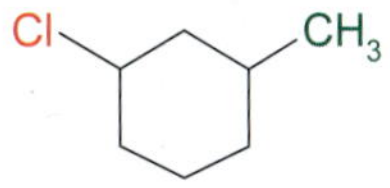

1-chloro-3-methylcyclohexane

간단한 유기할로젠화물은 계통명 외에 관용명이 널리 사용된다.

규칙 1. 탄화수소의 할로젠 화합물로 보고 할로젠화 알킬(alkyl halide)로 명명한다. 즉, R−X에서 알킬기 R의 이름 뒤에 할로젠 원소의 어미를 '−ide'로 바꾸어서 명명한다.

규칙 2. 한글명은 할로젠 원소 이름 뒤에 '−화(−ide)'를 붙여서, '플루오르화, 염화, 브로민화(브롬화), 아이오딘화(요오드화)'로 부르고 알킬기를 뒤에 붙여 명명한다.

CH_3CH_2-Cl

ethyl chloride
(염화 에틸)

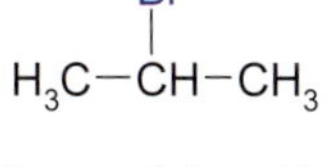

$H_3C-CH(Br)-CH_3$

isopropyl bromide
(브롬화 아이소프로필)

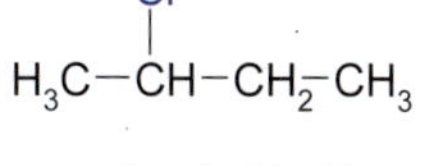

$H_3C-CH(Cl)-CH_2-CH_3$

sec-butyl chloride
(염화 sec-뷰틸)

$CH_2=CH-Cl$

vinyl chloride
(염화 바이닐)

$CH_2=CHCH_2-Br$

allyl bromide
(브롬화 알릴)

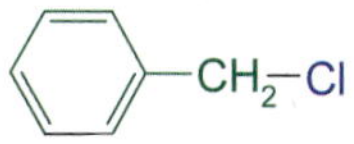

$C_6H_5-CH_2-Cl$

benzyl chloride
(염화 벤질)

기타 관용명으로 쓰이는 유기할로젠화물은 다음과 같다.

	$CHCl_3$	CH_2Cl_2	CCl_4
관용명	chloroform (클로로폼)	methylene chloride (염화 메틸렌)	carbon tetrachloride (사염화탄소)
계통명	trichloromethane	dichloromethane	tetrachloromethane

이와 같은 관용명은 화학문헌이나 관습적으로 많이 사용되고 있어 이들 또한 숙지할 필요가 있다. 그러나 이들 관용명들은 점차 계통명으로 불리게 될 것이다.

문제 1 다음 할로알케인의 IUPAC명을 적으시오.

(1) $ClCH_2CH_2CH_2CH_2Br$

(2) $CH_2=CHCH_2Br$

(3) $CH_3CH=C(I)CH_2CH_2Cl$

(4) $CH_3CH_2CH(Br)CH(CH_3)CH_3$

(5) 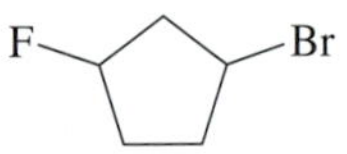 F–(cyclopentane)–Br (1-fluoro, 3-bromo substituted cyclopentane ring)

(6) 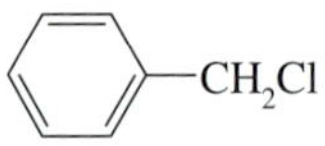 C_6H_5–CH_2Cl (benzene ring with CH_2Cl)

문제 2 다음 할로알케인(할로젠화 알킬)의 구조식을 그리시오.

(1) 2-클로로-2,3-다이메틸펜테인

(2) 3,3-다이브로모-2-메틸헥세인

(3) 2,5-다이브로모-3-프로필헵테인

(4) 브로민화 *tert*-뷰틸

(5) 염화 아이소프로필

(6) 아이오딘화 벤질

6.3 알코올로부터 할로젠화 알킬의 합성

우리는 할로젠화 알킬의 합성법을 이미 알고 있다. 알케인의 염소화반응(2.11절) 및 알켄의 할로젠화 수소(HX)와 할로젠(X_2) 친전자성 첨가반응(3.5절)에서 할로젠화 알킬을 합성하는 법을 다루었다. 이들을 간략하게 복습해 보기로 하자.

알케인을 염소 가스와 함께 자외선을 쪼여주면 염소화 반응이 일어난다. 알케인의 염소화는 단일 염화물 외에 다염화물의 혼합 생성물이 생기므로 할로젠화 알킬의 제법으로는 경제적이지 못하다.

$$\underset{\text{메테인}}{CH_4} + Cl_2 \xrightarrow{h\nu} \underset{\text{클로로메테인}}{CH_3-Cl} + H-Cl$$

알켄에 할로젠을 작용시키면 이중결합 탄소에 첨가된다. 또한 HX를 작용시키면 Markovnikov 법칙에 따른 친전자성 첨가반응에 따라 할로젠화 알킬이 생성된다.

$$R(H)C{=}CH_2 \xrightarrow{H-X} R-CH(X)-CH_2(H)$$

$$R(H)C{=}CH_2 \xrightarrow{X_2} R-CH(X)-CH_2(X) \quad (X{=}Cl, Br, I)$$

할로젠화 알킬의 가장 중요한 합성법은 알코올로부터 제조하는 것이다. 알코올은 카보닐 화합물을 환원하여 쉽게 얻을 수 있는 화합물이다(7.7절). 알코올을 HX와 반응시켜 알코올의 하이드록시기(－OH)를 할로젠으로 치환시켜 할로젠화 알킬을 합성한다.

$$-\overset{|}{\underset{|}{C}}-OH + H-X \longrightarrow -\overset{|}{\underset{|}{C}}-X + H_2O$$

alcohol alkyl halide

할로젠화 수소가 반응하는 반응성 경향은 HI > HBr > HCl이다. 주로 HCl과 HBr이 가장 널리 사용되는 시약이다.

알코올의 할로젠화 수소에 대한 반응성은 알코올 중에서 3차 알코올의 반응성이 가장 크며, 1차 알코올 및 메틸 알코올의 반응성이 가장 작다. 그 이유는 7.6절에서 다룰 것이다. 3차 알코올은 OH가 붙어 있는 탄소에 다른 탄소가 세 개 결합된 알코올, 2차 알코올은 탄소 두 개가 결합, 그리고 1차 알코올은 탄소 한 개가 결합된 알코올을 말한다.

$H-\overset{H}{\underset{H}{C}}-OH$	$R-\overset{H}{\underset{H}{C}}-OH$	$R-\overset{R}{\underset{H}{C}}-OH$	$R-\overset{R}{\underset{R}{C}}-OH$
메틸 알코올	1° 알코올	2° 알코올	3° 알코올

HX에 대한 알코올의 반응성 →

3차 알코올을 실온 또는 그 이하의 온도에서 HCl, HBr 및 HI와 반응시키면 수분 내에 할로젠화 알킬을 높은 수율로 얻을 수 있다. 이차 및 일차 알코올은 반응이 느려서 상대적으로 높은 온도가 요구된다.

$$(CH_3)_3C{-}OH + H{-}Cl \xrightarrow{25℃} (CH_3)_3C{-}Cl + H_2O$$

2-methylpropan-2-ol → 2-chloro-2-methylpropane

$$C_6H_{11}{-}OH + H{-}Br \xrightarrow{80\sim100℃} C_6H_{11}{-}Br + H_2O$$

cyclohexanol → bromocyclohexane

알코올을 염화 싸이오닐($SOCl_2$), 삼염화인(PCl_3) 또는 삼브롬화인(PBr_3) 등과 반응시키면 할로젠화 알킬로 잘 변환되어 좋은 수득률로 얻어진다.

$$C_6H_{11}{-}OH + SOCl_2 \longrightarrow C_6H_{11}{-}Cl + SO_2 + HCl$$

cyclohexanol, thionyl chloride → chlorocyclohexane

$$3\,CH_3CH_2CH(OH)CH_3 + PBr_3 \longrightarrow 3\,CH_3CH_2CH(Br)CH_3 + P(OH)_3$$

butan-2-ol, phosphorus tribromide → 2-bromobutane

문제 3 다음 반응의 생성물을 예측하시오.

(1) 1-methylcyclopentan-1-ol (OH, CH_3) + HCl $\xrightarrow{ether}$

(2) $C_6H_{11}{-}CH(OH)CH_3 + SOCl_2 \longrightarrow$

(3) $CH_3CH_2CH(CH_3)CH_2CH(OH)CH_3 + PBr_3 \longrightarrow$

(4) $CH_3CH(CH_3)CH_2C(OH)(CH_3)CH_3 + SOCl_2 \longrightarrow$

6.4 할로젠화 알킬의 반응 : Grignard 시약

할로젠화 알킬을 금속 마그네슘(Mg)과 에터(ether) 용매 중에서 반응시키면 탄소–할로젠 결합이 깨지면서 마그네슘과 결합하여 할로젠화 알킬마그네슘, RMgX를 생성하는데 유기화합물 합성에 중요한 이 시약은 발견자 Victor Grignard의 이름을 따서 **Grignard 시약**(Grignard reagent)이라 부른다. 이 화합물은 탄소–금속결합을 가지므로 유기금속 화합물이라 한다. 할로젠화 알킬 외에 할로젠화 알켄일(바이닐)과 할로젠화 아릴(방향족)도 마그네슘과 반응하여 Grignard 시약을 만든다. 할로젠은 Cl, Br, 또는 I가 쓰이며 F는 쓰이지 않는다.

$$R-X \quad + \quad Mg \xrightarrow{\text{ether}} R-MgX$$

R = 1°, 2°, 3° 알킬, 아릴 혹은 바이닐
X = Cl, Br 혹은 I

여기서 R은 알킬기, 사이클로알킬기, 알켄일기(바이닐), 아릴기 등이 될 수 있다. Grignard 용매로 사용되는 에터에는 미량의 물이나 알코올도 들어 있어서는 안 된다.

$$CH_3-Br \quad + \quad Mg \xrightarrow{\text{ether}} CH_3-MgBr$$

methyl bromide → methylmagnesium bromide

$$C_6H_5-Cl \quad + \quad Mg \xrightarrow{\text{ether}} C_6H_5-MgCl$$

chlorobenzene → phenylmagnesium chloride

Grignard 시약의 명명은 할로젠화 알킬마그네슘(alkylmagnesium halide)로 부르고, 유기원자단의 이름과 마그네슘을 붙여 쓰고 할로젠화(halide)의 이름은 띄어 쓴다.

Grignard 시약의 화학반응에서 알킬 또는 아릴기는 부분 음전하(탄소음이온)를 띠고 마그네슘은 부분 양전하를 띠고 있는 것처럼 작용한다.

$$\overset{\delta^-}{R}-\overset{\delta^+}{Mg}X$$

탄소음이온은 강한 염기로서 매우 약한 산인 물과는 물론 –OH, –SH, –NH 결합과 격렬하게 반응한다. Grignard 반응에서 에터에 극미량의 물이나 알코올이 들어 있어서는 안되는 이유도 여기에 있다.

분자 내에 $-CHO$, $-COR$, $-NO_2$, $-CN$, $-OH$, $-NH_2$, $-NHR$, $-SH$, $-CO_2H$ 등을 가진 화합물은 Grignard 시약을 만들 수 없다. 이들 기들은 Grignard 시약과 반응을 하든가 혹은 Grignard 시약이 양성자화 하여 Grignard 시약이 파괴되기 때문이다.

예제 6.1 프로펜으로부터 브롬화 아이소프로필마그네슘(isopropylmagnesium bromide) Grignard 시약을 합성하시오.

풀이 우선 프로펜에서 2-브로모프로페인을 합성하고, 2-브로모프로페인을 마그네슘과 에터 용액에서 반응시켜 Grignard 시약을 합성하면 된다.

$$H_2C{=}CHCH_3 \xrightarrow{HBr} CH_3\underset{\displaystyle Br}{\underset{|}{C}}HCH_3 \xrightarrow[ether]{Mg} CH_3\underset{\displaystyle MgBr}{\underset{|}{C}}HCH_3$$

예제 6.2 $BrCH_2CH_2CH_2OH$과 Mg로 Grignard 시약을 만들 수 있는가?

풀이 불가능하다. Grignard 시약이 생기는 순간 OH기의 양성자에 의해 Grignard 시약이 파괴되기 때문이다.

문제 4 다음 화합물을 다이에틸 에터(diethyl ether) 용매에서 Mg와 반응시켜 생성되는 Grignard 시약의 구조와 그 유기금속화합물의 이름을 쓰시오.

(1) chlorocyclopentane + Mg $\xrightarrow{\text{diethyl ether}}$

(2) vinyl bromide + Mg $\xrightarrow{\text{diethyl ether}}$

(3) *tert*-butyl bromide + Mg $\xrightarrow{\text{diethyl ether}}$

(4) benzyl chloride + Mg $\xrightarrow{\text{diethyl ether}}$

6.5 할로젠화 알킬의 치환반응

할로젠화 알킬의 탄소–할로젠 공유결합은 할로젠의 전기음성도가 크므로 탄소의 전자가 할로젠쪽으로 치우쳐 탄소 원자는 전자 부족이 된다. 그러므로 할로젠화 알킬은 친전자체이고 이들 반응은 친핵체와 염기와의 극성 반응들이 포함되어 있다. 할로젠화 알킬이 $^{-}$OH와 같은 친핵체(Nu :$^{-}$) 및 염기와 반응하면 친핵체에 의한 X기의 치환반응이 일어나거나, 혹은 HX가 제거되는 제거반응으로 알켄이 생성된다.

H–C–C–X + :Nu^{-} → 치환(S) → H–C–C–Nu + X^{-}:
H–C–C–X + :Nu^{-} → 제거(E) → C=C + Nu–H + X^{-}:

치환반응은 포화된 탄소 원자에 붙은 원자 또는 원자단이 다른 원자나 원자단에 의해 치환되는 반응이다. 할로젠화 알킬의 유용성은 여러 종류의 친핵체에 의해 치환반응을 통하여 다양한 치환기를 도입하는 친핵성 치환반응이다. **친핵성 치환반응**(nucleophilic substitution reaction)은 친핵체가 포화된 탄소 원자에 결합된 다른 원자나 원자단을 치환하는 반응이다. **친핵체**(nucleophile)는 전자가 풍부하여 전자쌍을 내어 주는 화학종을 말하며 중성이나 음전하를 가진다. 가장 흔한 친핵체로는 OH−, Cl−, CN−, RO−, : NH_3 등이 있다. 친핵성 치환반응은 유기화학에서 가장 일반적으로 사용되는 반응 중 하나로 그 일반식은 다음과 같다.

$$:Nu^{-} + R-X \longrightarrow R-Nu + X:^{-}$$

$$:Nu + R-X \longrightarrow R-Nu^{+} + X:^{-}$$

친핵성 치환반응의 메커니즘은 두 주요 경로에 의해 일어난다. 친핵체(기호 Nu : 또는 : Nu^{-})는 **기질**(substrate) R–X와 반응하여 **이탈기**(leaving group) X :$^{-}$를 치환시키고 생성물 R–Nu를 생성한다. 이탈기는 탄소–할로젠 결합으로부터 두 개의 전자 모두를 가지고 이탈되며, 친핵체는 새로운 탄소–친핵체 결합에 두 전자 모두를 제공한다. 친핵체가 음전하(: Nu^{-})를 가지고 기질이 중성이면 생성물은 중성이다. 친핵체가 중성(: Nu)이면 생성물은 전하를 보존하기 위해 양전하를 띠게 된다.

친핵성 치환반응으로 많은 화합물을 제조할 수 있는데 예를 들어 살펴보기로 하자. 표 6.1에 몇 가지 친핵체와 이들이 할로젠화 알킬과 반응할 때 생성하는 생성물을 나타내었다.

표 6.1 몇 가지 친핵체와 친핵성 치환반응 생성물 ($:Nu^- + R-X \longrightarrow R-Nu + :X^-$)

친핵체 (Nu)		생성물 (R−Nu)	
화학식	이름	화학식	이름
OH^-	hydroxide (수산화 이온)	R−OH	alcohol (알코올)
CN^-	cyanide (사이안화 이온)	R−CN	nitrile (나이트릴)
RO^-	alkoxide (알콕시화 이온)	R−OR	ether (에터)
$RCOO^-$	carboxylate (카복실산 이온)	RCOO−R	ester (에스터)
NH_3	ammonia (암모니아)	RNH_3^+	alkylammonium ion (알킬암모늄이온)
H_2O	water (물)	ROH_2^+	alkyloxonium ion (알킬옥소늄 이온)
I^-	iodide (아이오딘화 이온)	R−I	alkyl iodide (아이오딘화 알킬)
HS^-	hydrosulfide (황화수소 이온)	R−SH	thiol (싸이올)

예제 6.3 1-브로모프로페인을 수산화나트륨과 반응시켜 얻어지는 생성물

풀이

$$\underset{\text{1-bromopropane}}{CH_3CH_2CH_2-Br} + Na^+OH^- \longrightarrow \underset{\text{propan-1-ol}}{CH_3CH_2CH_2-OH} + Na^+Br^-$$

이 반응에서 친핵체는 OH^-, 기질은 1-브로모프로페인, 이탈기는 Br^-이다. 이탈기 Br^-를 친핵체 ^-OH로 대체하고 생성물을 적으면 된다. 친핵체의 짝이온인 Na^+는 반응 전후에 변함이 없고 똑같이 존재하는 것에 유의하자.

예제 6.4 클로로에테인을 NaOH와 에탄올과 함께 가열하여 얻어지는 생성물

풀이

$$\underset{\text{chloroethane}}{CH_3CH_2-Cl} + \underset{\text{sodium ethoxide}}{CH_3CH_2O-Na} \longrightarrow \underset{\text{diethyl ether}}{CH_3CH_2-OCH_2CH_3} + NaCl$$

NaOH를 에탄올에 용해시키면 sodium ethoxide가 생겨나며, ethoixde 이온($CH_3CH_2O^-$)이 친핵체로 작용한다.

예제 6.5 브로모에테인을 사이안화 칼륨과 반응시켜 얻어지는 생성물

풀이

$$\underset{\text{bromoethane}}{CH_3CH_2-Br} + \underset{\text{potassium cyanide}}{KCN} \longrightarrow \underset{\text{propanenitrile}}{CH_3CH_2-CN} + KBr$$

실제 반응에서는 브로모에테인을 사이안화 칼륨의 알코올 용액에서 환류하여 가열한다. 친핵체는 사이안화 이온 CN^-이다. 이 반응은 원래의 할로젠화 알킬의 분자에 여분의 탄소 수가 하나 많은 나이트릴을 합성한다.

예제 6.6 에탄산 은염과 브롬화 메틸을 반응시켜 얻어지는 생성물

풀이

$$\underset{\text{silver ethanoate}}{CH_3COO-Ag} + \underset{\text{methyl bromide}}{CH_3-Br} \longrightarrow \underset{\text{methyl ethanoate}}{CH_3COO-CH_3} + AgBr$$

에스터는 카복실산 은염을 알코올과 할로젠화 알킬을 가열하여 제조한다. 친핵체는 아세트산 이온 CH_3COO^-이다. 최종생성물은 에스터와 침전물 브롬화 은이다.

예제 6.7 브롬화 에틸을 암모니아와 반응시켜 얻어지는 생성물

풀이

$$\underset{\text{bromoethane}}{CH_3CH_2-Br} + NH_3 \longrightarrow \underset{\text{ethyl ammonium}}{CH_3CH_2-{}^+NH_3} + Br^-$$

밀봉된 반응기 안에서 브로모 에테인을 진한 암모니아 또는 암모니아 알코올 용액과 가열하여 아민 화합물을 얻는다. 친핵체는 NH_3 분자이다.

예제 6.8 1-브로모프로페인을 NaSH와 반응시켜 얻어지는 생성물

풀이

$$\underset{\text{1-bromopropane}}{CH_3CH_2CH_2-Br} + \underset{\text{sodium hydrosulfide}}{NaSH} \longrightarrow \underset{\text{propane-1-thiol}}{CH_3CH_2CH_2-SH} + NaBr$$

이 반응에서 친핵체는 HS^-이다.

문제 5 다음 친핵성 치환반응의 화학반응식을 완결하시오.

(1) $CH_3CH_2\underset{\displaystyle Br}{\underset{|}{C}}HCH_3 + NaCN \longrightarrow$

(2) $CH_3\underset{\displaystyle CH_3}{\underset{|}{C}}HCH_2Cl + NaSH \longrightarrow$

(3) (cyclohexane ring)$-CH_2Br + KOH \longrightarrow$

(4) $CH_3CH_2CH_2Br + CH_3CH_2ONa \longrightarrow$

문제 6 친핵성 치환반응을 이용하여 다음 화합물을 어떻게 제조할 수 있는 지를 제시하시오.

(1) $CH_3CH_2CH_2CH_2OH$

(2) $(CH_3)_2CHCH_2CN$

6.6 친핵성 치환반응의 반응속도론

화학 **반응속도**(reaction rate)는 단위 시간에 생성된 물질의 증가량 또는 반응 물질의 감소량으로 나타낸다. 균일계 화학반응의 반응속도는 대부분 반응물의 농도에 의존한다. 친핵성 치환반응의 반응속도를 살펴보도록 하자.

$$:\mathrm{Nu}^- + \mathrm{R-X} \longrightarrow \mathrm{R-Nu} + :\mathrm{X}^-$$

주어진 온도에서 반응속도는 반응물인 친핵체와 기질의 농도에 영향을 받는다. 반응물이 없어지는 속도인 반응속도는 다음과 같이 쓸 수 있다.

$$\text{반응속도} = k\,[:\mathrm{Nu}^-]^m\,[\mathrm{R-X}]^n$$

비례상수 k를 그 반응의 속도상수(rate constant)라 한다. 속도상수는 농도에는 무관하고 온도에만 의존한다. 지수 m, n은 화학반응식의 계수로 유도되는 것이 아니라 실험적으로 결정되는 값이다. 위 반응은 친핵체 $:\mathrm{Nu}^-$에 대해서 m차, 기질 R−X에 대해서 n차이고 전체 반응 차수는 $m+n$차 반응이라고 한다. 실험적으로 친핵성 치환반응의 반응속도는 친핵체의 농도가 두 배가 되면 반응속도가 두 배가 된다. 마찬가지로 기질의 농도를 두 배로 하면 반응속도도 두 배로 된다. 이와 같이 반응속도가 두 화학종에 비례하는 반응을 2차반응(second-order reaction)이라 한다. 수학적으로 반응속도식에 의해 친핵성 치환반응은 이차의 농도 의존성을 나타내게 된다.

$$\text{반응속도} = k\,[:\mathrm{Nu}^-]\,[\mathrm{R-X}]$$

여기서 k : 속도상수
$[:\mathrm{Nu}^-]$: 친핵체의 농도
$[\mathrm{R-X}]$: 기질의 농도

2차반응속도식에서 반응물이 없어지는 속도는 [R−X] 또는 $[:\mathrm{Nu}^-]$에 정비례한다. 만일 기질의 농도가 두 배가 되면 반응속도도 두 배가 된다. 기질의 농도가 반이 되면 반응속도도 반이 된다. 친핵체도 마찬가지이다.

반응 메커니즘적으로 볼 때 친핵성 치환반응은 2단계로 반응이 진행되기도 한다. 다음과 같이 진행되는 메커니즘을 고려해보자. 첫째 단계에서 기질이 분해되어 탄소 원자와 이탈기의 결합이 끊어지면서 탄소양이온이 생겨난다. 이 단계는 반응속도가 매우 느리다. 둘째 단계는 탄소양이온이 친핵체와 결합하여 생성물을 형성한다. 이 단계의 반응은 첫째 단계에 비하여 상당히 빠르게 진행된다.

$$R-X \xrightarrow{\text{slow}} R^{+} + :X^{-}$$

$$R^{+} + :Nu^{-} \xrightarrow{\text{fast}} R-Nu$$

위 전체 반응에서 첫 번째 반응의 속도는 두 번째 반응보다 상대적으로 느리다. 반응의 전체속도는 느린 단계의 반응속도에 의하여 결정되므로 여러 단계로 진행되는 반응에서는 느린 단계의 반응을 **속도결정 단계**(rate-limiting step)라 한다. 즉, 속도결정 단계의 반응이 전체 반응속도를 결정하게 된다. 반응속도는 속도결정 단계인 기질의 농도에만 의존한다. 따라서 전체 반응속도식은

$$\text{반응속도} = k\,[R-X]$$

이와 같이 반응속도가 기질인 할로젠화 알킬 한 가지 화학종의 농도에만 의존하는 반응을 **1차 반응**(first-order reaction)이라 한다. 이 경우에는 친핵체의 농도는 반응속도식에 포함되지 않는다. 따라서 친핵체는 반응속도에 아무런 영향을 미치지 않는다.

친핵성 치환반응은 크게 S_N1 반응과 S_N2 반응으로 나눈다. S_N은 친핵성 치환반응(nucleophilic substitution)을 나타내고, 1과 2는 치환반응에 관여하는 화학종의 수를 의미한다. 반응속도가 친핵체와 할로젠화 알킬의 두 분자에 관여하면 두 분자 메커니즘으로 **이분자성**(bimolecular)을 나타내며 숫자 2를 쓴다. 반응속도가 기질인 할로젠화 알킬의 한 분자에만 관여하면 한 분자 메커니즘으로 **일분자성**(unimolecular)을 나타내며 숫자 1을 사용한다.

6.7 S_N2 반응

S_N2 반응은 친핵체가 이탈기의 180° 반대방향에서 기질을 공격할 때 친핵체 $:Nu^{-}$의 전자쌍은 이탈기 $:X^{-}$를 밀어내고 이탈기는 C−X 결합을 하고 있던 전자쌍을 가지고 분자의 다른 쪽으로 이동한다. 전이상태에서 새로운 Nu−C 결합이 형성되고 동시에 C−X 결합은 끊어지면서 이탈기가 전자쌍을 갖고 떨어져 나감에 따라 친핵체가 탄소 원자에 또 다른 전자쌍을 공급한다.

$$:Nu^- + R_1R_2HC{-}X \xrightarrow{slow} \left[\overset{\delta^+}{Nu}\cdots C(R_1)(H)(R_2)\cdots \overset{\delta^-}{X} \right] \xrightarrow{fast} Nu{-}CR_1R_2H + X:^-$$

전이상태

이 반응의 반응속도는 친핵체(: Nu⁻)와 기질(R－X)의 농도에 의존하므로 다음과 같은 반응속도식으로 나타낼 수 있다.

$$\text{반응속도} = k\ [:\mathrm{Nu}^-]\ [\mathrm{R-X}]$$

반응속도가 친핵체와 할로젠화 알킬의 두 분자에 관여하는 **이분자성**(bimolecular) 치환반응으로 이런 종류의 반응 메커니즘은 S_N2 반응이다. 실험적 증거에 의한 S_N2 반응에 영향을 미치는 요소는 다음과 같다.

1. 반응속도는 친핵체와 기질, 두 물질의 농도에 비례한다. 예를 들면, 브로모메테인과 OH^- 이온은 S_N2 반응을 한다. 브로모메테인의 농도를 두 배로 하면 반응속도가 두 배로 되고, 마찬가지로 OH의 농도를 두 배로 해도 반응속도가 두 배로 된다. S_N2 반응은 이분자성 반응 메커니즘으로 진행하는 한 단계 과정의 반응이다.

2. 모든 S_N2 반응 메커니즘은 분자의 배열이 반전(inversion) 된다. 예를 들면, (*R*)-2-bromobutane을 NaOH와 반응시키면 친핵체인 OH^-가 이탈기인 Br^-의 반대쪽에서 공격하기 때문에 배열의 반전에 의해 (*S*)-butan-2-ol이 생성된다.

$$HO:^- + (H_3C)(H)(CH_3CH_2)C{-}Br \longrightarrow HO{-}C(CH_3)(H)(CH_2CH_3) + :Br^-$$

(*R*)-2-bromobutane (*S*)-butan-2-ol

3. S_N2 반응을 하기 위해서는 기질인 할로젠화 알킬의 알킬기가 메틸기 또는 1차일 때 가장 반응이 잘 되고, 2차일 때는 중간 정도이며 3차일 때는 거의 반응이 진행되지 않는다. 그 이유는 치환기가 많을수록 부피가 커져 치환이 일어나는 탄소의 뒤쪽에 접근할 때 입체장애를 받아 반응이 느려지기 때문이다.

S_N2 반응은 할로젠화 메틸 및 일차 할로젠화물 몇 가지 그리고 간단한 이차 할로젠화물 몇 가지에서만 유용하다. 할로젠화 바이닐(RCH=CHX) 및 할로젠화 아릴(Ar−X)은 입체장애로 인하여 친핵체가 뒤에서 공격할 수가 없어 S_N2 반응이 일어나지 않는다.

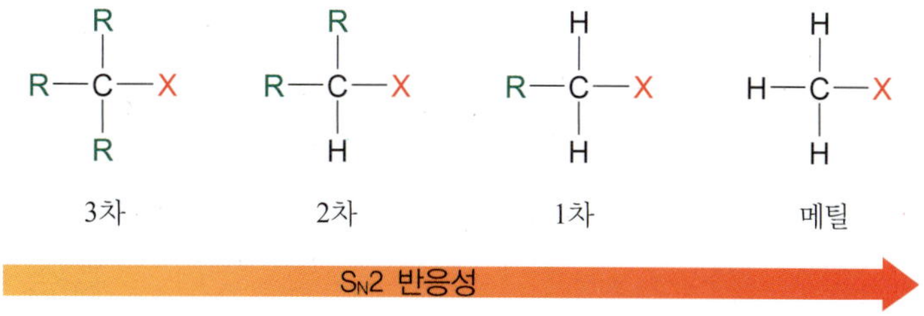

R—C(R)(R)—X	R—C(R)(H)—X	R—C(H)(H)—X	H—C(H)(H)—X
3차	2차	1차	메틸

S_N2 반응성 →

4. 이탈기도 S_N2 반응에 영향을 미치는 변수이다. 할로젠화 이온들(I^-, Br^-, Cl^-)이 가장 좋은 이탈기이다. F^-, OH^-, OR^-와 같은 음이온은 거의 이탈기로 작용하지 않는다. 이탈기의 반응성 순서는 $I^- > Br^- > Cl^- \gg F^- \gg OH^-, OR^-$ 순이다. 이탈성이 좋은 반응기질은 S_N2 반응이 잘 일어나고 이탈성이 좋지 않은 반응기질은 S_N2 반응이 잘 일어나지 않는다.

문제 7 1-아이오도-2-메틸프로페인을 CN^-와 반응시킬 때 다음의 변화가 반응속도에 어떤 영향을 미치는가?

(1) 1-아이오도-2-메틸프로페인의 농도를 2배로 하고 CN^-의 농도를 반으로 한다.
(2) 1-아이오도-2-메틸프로페인과 CN^-의 농도를 2배로 한다.
(3) 반응온도를 낮춘다.

문제 8 다음 S_N2 및 S_N1 반응에서 반응성 크기 순서대로 나열하시오.

(1) $(CH_3)_3CCl$ $CH_3CH_2CH_2CH_2Cl$ $CH_3CH_2CH(Cl)CH_3$ CH_3Cl

(2) C_6H_5—Br C_6H_5—CH_2Br H_3C—C(CH_3)(CH_3)—Cl C_6H_{11}—Br

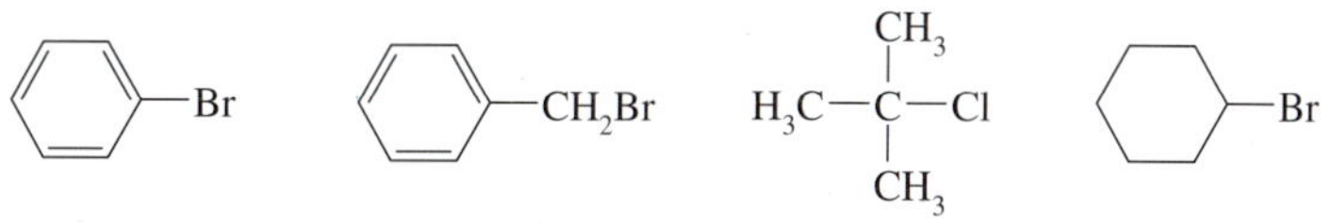

문제 9 다음 S_N2 반응에서 얻어지는 생성물을 예측하시오. 반응의 입체화학을 나타내시오.

(1) (*R*)-2-iodooctane + NaCN
(2) *cis*-1-bromo-4-methylcyclohexane + NaOH

6.8 S_N1 반응

tert-butyl bromide(혹은 2-bromo-2-methylpropane)와 같은 삼차 할로젠화 알킬은 반응자리의 입체장애 때문에 S_N2 메커니즘에 의한 치환반응은 불가능하다. 일반적으로 S_N2 반응은 입체장애를 받는 기질, 중성 친핵체 및 양성자 용매에서는 잘 진행되지 않는다. 그러나 입체장애가 있는 2-브로모-2-메틸프로페인과 중성 친핵체인 H_2O의 반응은 매우 빠르다. 실험결과 이 반응은 입체장애가 없는 브로민화 메틸과 물과의 반응보다 100만배 이상 더 빠르다. 이 반응은 분명히 S_N2 메커니즘으로 진행하지 않는다는 것을 알 수 있다.

$$(CH_3)_3C{-}Br + H_2O \longrightarrow (CH_3)_3C{-}OH + HBr$$

2-bromo-2-methylpropane → 2-methylpropan-2-ol

S_N2 메커니즘에서는 친핵체가 접근하는 순간과 이탈기가 떠나는 순간이 동시에 발생하는 한 단계 반응인 것과 달리 S_N1 반응의 메커니즘은 두 단계로 진행한다. 우선 기질인 2-브로모-2-메틸프로페인(혹은 브로민화 *tert*-뷰틸)이 분해되어 탄소와 이탈기 사이의 결합이 끊어지면서 탄소양이온을 형성한다. 이 단계는 반응이 느린 단계이다.

$$(CH_3)_3C{-}Br \underset{}{\overset{slow}{\rightleftharpoons}} (CH_3)_3C^+ + :Br^-$$

tert-butyl bromide → *tert*-butyl cation

두 번째 단계는 탄소양이온은 물 분자와 빠르게 반응하여 양성자가 첨가된 알코올이 생성된다. 양성자가 첨가된 알코올은 속도가 빠른 산-염기 반응으로 양성자는 해리되어 떨어지고 알코올이 형성된다.

$$(CH_3)_3C^+ + :OH_2 \xrightarrow{fast} (CH_3)_3C{-}O^+H_2 \overset{fast}{\rightleftharpoons} (CH_3)_3C{-}OH + H^+$$

tert-butyl cation → *tert*-butyloxonium ion → *tert*-butyl alcohol

반응속도론적으로 살펴보면, 이 반응은 첫 번째 단계인 할로젠화 알킬이 절단되는 속도가 느린 반응으로 속도결정 단계이다. 즉, 반응속도는 친핵체의 농도와는 무관하고 기질의 농도에만 의존하는 일분자성 반응으로 S_N1 메커니즘이다.

$$\text{반응속도} = k\,[\mathrm{R-X}]$$

S_N1 반응에 영향을 미치는 요소는 다음과 같다.

1. 반응속도는 기질의 농도에만 의존하고 친핵체의 농도와 무관하다. 기질의 농도를 두 배로 하면 반응속도는 두 배로 된다. 그러나 친핵체의 농도를 두 배로 해도 반응속도는 변함이 없다.

2. S_N1 반응의 기질의 반응성 순서는 기질의 알킬기가 3차일 때 반응이 가장 빠르고 1차와 메틸기일 때 가장 느리다.

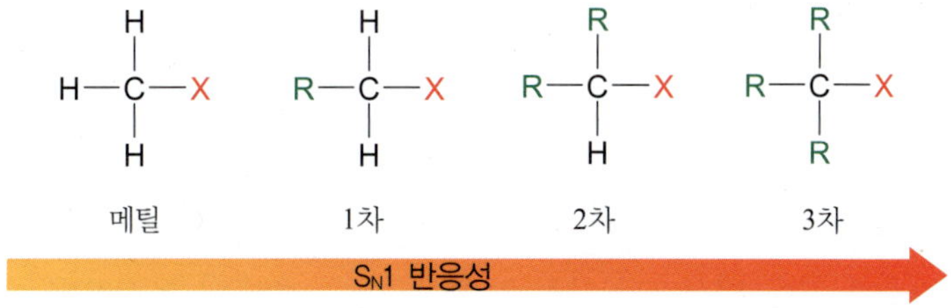

H, H–C–X, H / H, R–C–X, H / R, R–C–X, H / R, R–C–X, R

메틸 1차 2차 3차

S_N1 반응성

S_N1 반응은 안정한 탄소양이온을 형성할 때만 일어난다. S_N1 반응성의 순서는 탄소양이온의 안전성 순서와 동일하다. 3차 할로젠화 알킬은 가장 쉽게 안정한 3차 탄소양이온을 형성하므로 S_N1 메커니즘으로 반응할 수 있는 가장 좋은 물질이 되는 것이다. S_N2 반응성 순서와는 정반대이다. 할로젠화 알릴($CH_2=CHCH_2-X$)이나 할로젠화 벤질($C_6H_5-CH_2-X$)은 1차 할로젠화 알킬이지만 공명 안정화된 양이온을 형성하는 화합물로 S_N1 반응이 잘 일어난다.

3. S_N1 반응의 첫 단계에서 생성된 탄소양이온의 구조는 평면구조로 탄소는 sp^2 혼성화 되어 있고 동일한 평면에 존재한다. 둘째 단계에서 친핵체는 탄소양이온의 평면의 두 방향 어느 쪽에서도 접근할 수 있다.

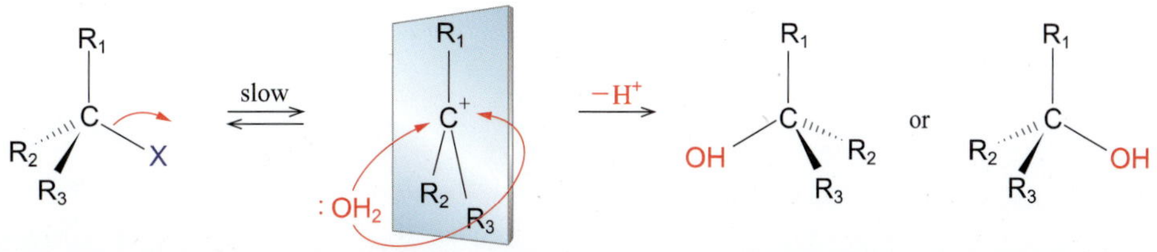

R_1, R_2, R_3, C, X — slow ⇌ — R_1, C^+, R_2, R_3, $:OH_2$ — $-H^+$ → OH, C, R_1, R_2, R_3 or R_1, R_2, C, OH, R_3

만일 친핵체가 이탈기가 떨어지는 방향에서 접근한다면 생성물은 반응하는 할로젠화 알킬과 같은 구조를 가지며, 반대로 친핵체가 이탈기가 떨어지는 반대 방향에서 접근한다면 생성물은 할로젠화 알킬의 구조에서 반전된 구조를 가질 것이다. 즉, S_N1 반응에서는 평면구조의 탄소양이온을 양면에서 공격하여 한 쌍의 입체 이성질체인 거울상 이성질체가 생성된다. 거울상 이성질체는 50 : 50 (라세미) 혼합물을 생성한다. 예를 들면 (*R*)-2-브로모뷰테인이 수용액 에탄올 용매에서 가수분해를 한다면 두 거울상 이성질체인 라세미 혼합물이 얻어진다.

CH3 / H·····C—Br / CH3CH2 —(H_2O, ethanol)→ CH3 / H·····C—OH / CH3CH2 + CH3 / HO—C·····H / CH2CH3

(*R*)-2-bromobutane (*R*)-butan-2-ol (50%) (*S*)-butan-2-ol (50%)

4. S_N2 반응과 마찬가지로 S_N1 반응에서도 가장 좋은 이탈기는 안정한 음이온을 생성하는 것들이다. S_N1 반응의 이탈기의 반응성 순서는 $H_2O \approx I^- > Br^- > Cl^- > HO^-$ 순이다. S_N1 반응에서 중성인 물을 산성 조건하에서 진행하면 이탈기가 될 수 있음을 유의하자. 물-메탄올과 같은 양성자성 극성 용매에서 S_N1 반응이 유리하다.

S_N2 반응과 S_N1 반응의 특징을 표 6.2에 요약하였다.

표 6.2 S_N2와 S_N1 반응의 비교

인 자	S_N2 반응	S_N1 반응
메커니즘	• 2분자 과정 • 기질과 친핵체가 반응하여 전이상태를 만들고 이탈기가 절단되면서 생성물이 만들어지는 1단계 반응 • 반응속도는 기질과 친핵체에 비례함	• 1분자 과정 • 첫단계에서 기질이 해리하여 탄소양이온 형성(느림), 두번째 단계에서 친핵체는 중간체와 빠른 반응으로 생성물 형성하는 2단계 반응 • 반응속도는 기질의 농도에만 의존하고 친핵체는 무관함
기질 반응성	메틸 〉 1차 〉 2차 〉 3차	3차 〉 2차 〉 1차 〉 메틸
이탈기 반응성	$I^- > Br^- > Cl^- > F^- > OH^-, OR^-$	$H_2O \approx I^- > Br^- > Cl^- > HO^-$
입체화학	생성물 구조는 반응물과 반전된 구조	생성물 구조는 반응물과 같은 형태의 구조와 반전(라세미 혼합물)

문제 10 다음 반응은 S_N2, S_N1중에 어느 메커니즘으로 진행되는가?

(1) $(CH_3)_3CBr + CH_3OH \rightarrow (CH_3)_3COCH_3 + HBr$

(2) $CH_3CH_2CH_2I + NaCN \rightarrow CH_3CH_2CH_2CN + NaI$

(3) $CH_3CH_2CH(Br)CH_2CH_3 + NaSH \longrightarrow CH_3CH_2CH(SH)CH_2CH_3 + NaBr$

(4) $CH_3CH_2CH(Br)CH_2CH_3 + CH_3OH \longrightarrow CH_3CH_2CH(OCH_3)CH_2CH_3 + HBr$

(5) $CH_3CH_2CH(Br)CH_2CH_3 + CH_3ONa \longrightarrow CH_3CH_2CH(OCH_3)CH_2CH_3 + NaBr$

문제 11 다음 치환반응으로 생성되는 반응 생성물의 입체화학을 나타내시오.

(1) 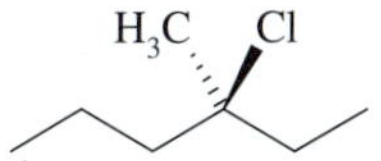 (S)-3-chloro-3-methylhexane (3번 탄소에 H_3C, Cl) $+ CH_3OH \longrightarrow$

(*S*)-3-chloro-3-methylhexane

(2) 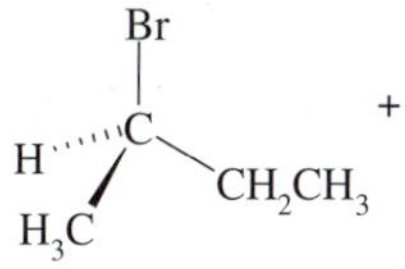 (R)-2-bromobutane (C에 Br, H, H_3C, CH_2CH_3) $+ CH_3CH_2ONa \longrightarrow$

(*R*)-2-bromobutane

6.9 할로젠화 알킬의 제거반응

할로젠화 알킬은 치환반응뿐만 아니라 제거반응도 일어난다. 제거반응(Elimination reaction)은 분자내의 서로 이웃해 있는 탄소 원자에 붙은 원자 또는 원자단이 제거되어 다중결합이 생성되는 반응이다.

$$R-CH_2-CH_2-Br + OH^- \longrightarrow R-CH_2-CH_2-OH + Br^- \quad (\text{치환})$$

$$R-CH_2-CH_2-Br + OH^- \longrightarrow R-CH=CH_2 + H_2O + Br^- \quad (\text{제거})$$

제거반응의 예로서 할로젠화 알킬로부터 할로젠화 수소(HX)를 제거하여 알켄을 합성하는 유용한 반응이 있다. 비대칭 할로젠화 알킬로부터 HX를 제거하면 알켄 화합물의 혼합물이 얻어진다. 이때 생성물의 종류를 예측하는 것과 어떤 생성물이 주생성물인지를 알아내는 것이 관심이다. 러시아 화학자 Alexander Zaitsev가 많은 실험을 조사한 자료에 근거한 Zaitsev **법칙**에 따르면 치환된 알켄 생성물은 이중결합에 치환기를 더 많이 가진 알켄을 생성한다(3.9절). 예를 들면, 1-브로모-1-메틸사이클로헥세인과 NaOH를 에탄올 중에서 반응시키면 1-메틸사이클로헥센과 메틸렌사이클로헥세인이 생성한다. 이때 1-메틸사이클로헥센이 이중결합 탄소에 더 많이 치환된 알킬기를 가지므로 주생성물이 되고 메틸렌사이클로헥세인이 부생성물이 된다.

CH_3, Br —(NaOH / ethanol)→ CH_3 + CH_2

1-bromo-1-methylcyclohexane → 1-methylcyclohexene (주생성물) + methylenecyclohexane

할로젠화 알킬을 친핵체와 반응키면 치환반응과 제거반응이 경쟁적으로 진행된다. 어느 반응이 잘 일어날지는 할로젠화 알킬의 구조 및 친핵체의 성질, 그리고 반응 조건에 의하여 결정된다. 제거반응도 치환반응처럼 몇 가지 상이한 메커니즘으로 일어날 수 있다.

예제 6.9 2-브로모-3-메틸펜테인을 에탄올 용액중에서 진한 수산화나트륨과 반응시킬 때 생성되는 모든 생성물의 구조를 예측하시오.

풀이 할로젠화 알킬을 센 염기인 NaOH 등과 처리하면 알켄이 생성된다. 우선 출발물질의 구조를 그리고, 할로젠이 붙은 이웃한 각 탄소에서 HX를 제거하여 가능한 알켄 생성물을 만든다. 주생성물은 이중결합 탄소에 치환기가 가장 많이 붙은 구조이다.

$CH_3CH(Br)CH(CH_3)CH_2CH_3$ —($NaOCH_2CH_3$)→ $H_2C{=}CH{-}CH(CH_3)CH_2CH_3$ + $(H)(H_3C)C{=}C(CH_3)(CH_2CH_3)$

2-bromo-3-methylpentane → 3-methylpent-1-ene (부생성물) + 3-methylpent-2-ene (주생성물)

문제 12 다음 반응물을 에탄올 중에서 KOH와 처리할 때 예상되는 생성물들은 무엇인가? 주생성물이 어느 것인지를 나타내시오. 단, 입체화학은 무시한다.

(1) $CH_3C(CH_3)(Br)CH_2CH_3$

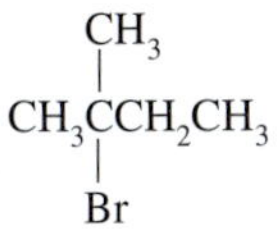

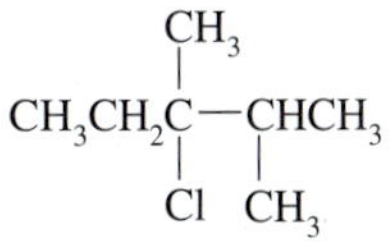

(2) $CH_3CH_2C(CH_3)(Cl)-CH(CH_3)CH_3$

(3) $CH_3CH_2CH_2C(CH_3)(Cl)CH_2CH_3$

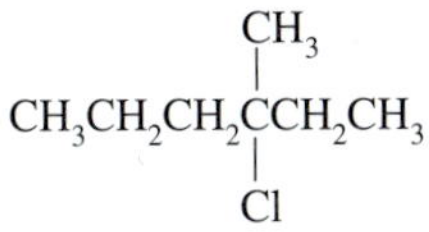

(4) $C_6H_{11}-CH(Br)CH_3$

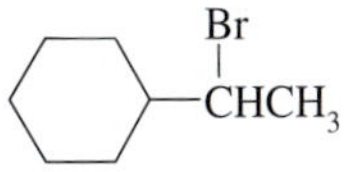

6.10 제거반응의 메커니즘

치환반응이 S_N2와 S_N1 반응 두 가지 메커니즘으로 진행되듯이 제거반응도 E2 반응과 E1 반응이 있다. E2 반응은 이분자성을 의미하고, E1 반응은 일분자성을 의미한다.

(1) E2 반응

E2 반응은 S_N2 반응과 아주 유사하며 중간체 없이 한 단계 과정으로 일어난다. 할로젠화 알킬을 OH^- 이온이나 알콕시 이온(RO^-)과 같은 강염기로 처리할 때 친핵체(강염기)는 기질을 공격하여 이탈기 이웃에 있는 탄소 원자로부터 H^+를 떼어 내는 동시에 이탈기가 떨어져 나가면서 이중결합이 형성된다. 이때 이탈기는 탄소−할로젠 결합에서 전자 두 개를 가지고 떠난다. 반응속도는 기질(할로젠화 알킬)과 친핵체(염기) 두 분자의 농도에 의존한다.

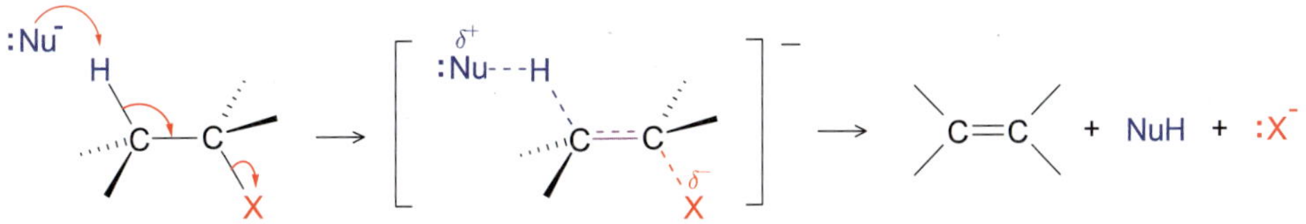

:Nu⁻ H–C–C–X → [δ+ :Nu---H ... C==C ... δ− X]⁻ → C=C + NuH + :X⁻

$$\text{반응속도} = k[\text{R}-\text{X}][\text{염기}]$$

예를 들면, 2-클로로-2-메틸프로페인을 OH^- 이온으로 처리하면 강염기인 OH^-는 이탈기를 가진 탄소와 이웃한 탄소에서 수소를 떼어 낸다. C−H 결합 절단과 C−Cl 결합절단이 동시에 단일 단계로 일어나 알켄을 생성한다.

$$OH^- + H_3C-C(CH_3)_2Cl \longrightarrow H_2C=C(CH_3)_2 + H_2O + Cl^-$$

2-chloro-2-methylpropane 2-methylpropene

(2) E1 반응

E1 메커니즘도 S_N1 반응과 마찬가지로 두 단계 과정으로 진행된다. 첫 단계에서 할로젠화 알킬의 해리가 느리게 일어나서 탄소양이온이 형성된다.

$$\text{alkyl halide} \xrightleftharpoons{\text{slow}} \text{carbocation} + :X^- \xrightarrow{\text{fast}} \text{alkene} + HX$$

alkyl halide carbocation alkene

$$반응속도 = k[R-X]$$

탄소양이온이 생성된 후에는 다음 단계에서 치환대신에 중간체 탄소양이온으로부터 H^+를 잃어 이중결합이 빠르게 생성된다. 따라서 E1 메커니즘의 반응속도는 할로젠화 알킬의 농도에만 의존한다. E1 메커니즘을 입증하는 많은 증거들이 일차반응 속도식을 나타낸다. 그러나 탄소양이온이 생성된 후에는 실제로 두 반응이 가능하다. 탄소양이온이 친핵체와 결합하는 S_N1 반응과 양이온을 띤 탄소와 이웃한 탄소 원자로부터 양성자가 떨어져 나가 알켄을 형성하는 E1 반응이 일어난다. 일반적으로 S_N1 반응과 E1 반응은 할로젠화 알킬을 OH^- 용매중에서 비염기성 친핵체로 반응시킬 때 경쟁적으로 일어난다.

$$\text{carbocation} \xrightarrow{:Nu} \text{H-C-C-Nu} \quad (S_N1)$$

$$\text{carbocation} \xrightarrow{-H^+} \text{C=C} \quad (E1)$$

E1 반응의 좋은 기질은 또한 S_N1 반응의 좋은 기질이 된다. 따라서 보통 치환 생성물과 제거 생성물의 혼합물이 얻어진다. 예를 들면, 2-브로모-2-메틸프로페인을 에탄올 수용액에서 처리하면 2-메틸프로판-2-올(S_N1)과 2-메틸프로펜(E1)의 혼합물이 약 8 : 2로 생성된다.

$$(CH_3)_3C\text{-}Br \xrightarrow[\text{ethanol}]{H_2O} (CH_3)_3C\text{-}OH + (CH_3)_2C{=}CH_2$$

2-bromo-2-methylpropane 2-methylpropan-2-ol 2-methylpropene

문제 13 2-브로모-2-메틸프로페인을 에탄올 수용액에서 처리할 때 만일 기질과 에탄올 수용액의 농도를 모두 세 배로 하면 E1 반응속도는 어떠한가?

6.11 치환반응과 제거반응의 예측

할로젠화 알킬과 친핵체가 반응할 때 치환반응이 일어날지 제거반응이 일어날지 그리고 이분자 반응인가 혹은 일분자 반응인가를 예측하는 것은 어느 정도 가능하다. 할로젠화 알킬의 구조와 친핵체의 종류에 따라 정확한 해답은 아니나 어느 정도 일반화된 예측이 가능하다.

① 1차 할로젠화 알킬(RCH_2X)

I^-, Br^-, RS^-, CN^- 또는 NH_3 등의 친핵체와 반응하여 주로 S_N2 반응이 일어난다. 그러나 수산화 이온(OH^-)이나 알콕시화 이온(RO^-)과 같은 강한 염기성 친핵체와의 반응에서는 S_N2 반응과 E2 반응이 함께 일어난다. 이때 매우 크고 강한 염기성 친핵체인 경우는 치환속도가 느려져 E2 반응이 우세하다.

② 2차 할로젠화 알킬(R_2CHX)

강한 염기성 친핵체와 반응 시에는 E2가 유리하다. 약염기성 친핵체와 반응할 때는 S_N2가 유리하다. 극성용매와 같은 약한 친핵체와 반응할 때 S_N1이 유리하다.

③ 3차 할로젠화 알킬(R_3CX)

친핵체로 OH^-, CN^- 등과 같은 강한 염기가 이용되면 E2 반응이 일어난다. 약한 친핵체와 중성이나 산성 용매에서는 S_N1과 E1이 경쟁한다. 음이온 염기가 없는 물, 알코올(메탄올, 에탄올) 등의 용매인 경우에는 S_N1 메커니즘이 우세하다.

예제 6.10 다음 반응의 S_N2, S_N1, E2, E1 메커니즘을 밝히시오.

(1) 사이클로헥실 클로라이드(cyclohexyl–Cl) $\xrightarrow[\text{ethanol}]{\text{NaOH}}$ 사이클로헥센(cyclohexene)

(2) $CH_3CH_2CH_2Br \xrightarrow[\text{ether}]{NaN_3} CH_3CH_2CH_2N{=}N{=}N$

(3) 1-브로모-1-메틸사이클로헥세인(고리 탄소에 Br, CH_3) $\xrightarrow{CH_3CO_2H}$ 1-메틸사이클로헥실 아세테이트(고리 탄소에 $OCCH_3$(C=O), CH_3)

풀이 (1) 기질은 2차 할로젠화 알킬이고 센 염기가 쓰인다. 그리고 제거반응이다. 따라서 E2 반응이다.

(2) 기질은 1차 할로젠화 알킬이고 N_3^- 친핵체가 사용된 치환반응이다. 따라서 S_N2 반응이다.

(3) 기질은 3차 할로젠화 알킬이며 산성 용매가 사용된 치환반응이다. 따라서 S_N1 반응이다.

문제 14 다음 반응의 생성물을 예측하시오.

(1) 1-브로모-1-메틸사이클로헥세인(고리 탄소에 CH_3, Br) $\xrightarrow[\text{ethanol}]{\text{NaOH}}$

(2) 1-브로모-1-메틸사이클로헥세인(고리 탄소에 CH_3, Br) $\xrightarrow[\text{reflux}]{\text{ethanol}}$

(3) $CH_3CH_2CHClCH_2CH_3$ (가운데 CH에 Cl) $\xrightarrow[\text{ethanol}]{\text{KOH}}$

(4) $CH_3CH_2CH_2CH_2Br \xrightarrow[\text{ethanol}]{\text{KCN}}$

반응요약

1. 할로젠화 알킬의 합성

(1) 알켄과 X_2 및 HX의 첨가반응 (제3장 참조)	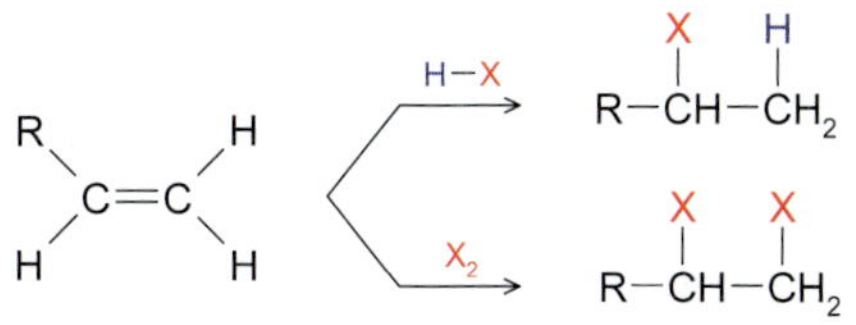 $R(H)C{=}C(H)H \xrightarrow{H-X} R-CH(X)-CH_2(H)$; $\xrightarrow{X_2} R-CH(X)-CH_2(X)$ (X=Cl, Br, I)
(2) 알코올과 HX의 반응 (가장 일반적인 할로젠화 알킬 합성법)	$-\overset{\vert}{\underset{\vert}{C}}-OH + H-X \rightarrow -\overset{\vert}{\underset{\vert}{C}}-X + H_2O$ 반응성 순서 : 3차 알코올 〉 2차 알코올 〉 1차 알코올 〉 메탄올 HI 〉 HBr 〉 HCl
(3) 1차 및 2차 알코올과 $SOCl_2$와 PBr_3의 반응	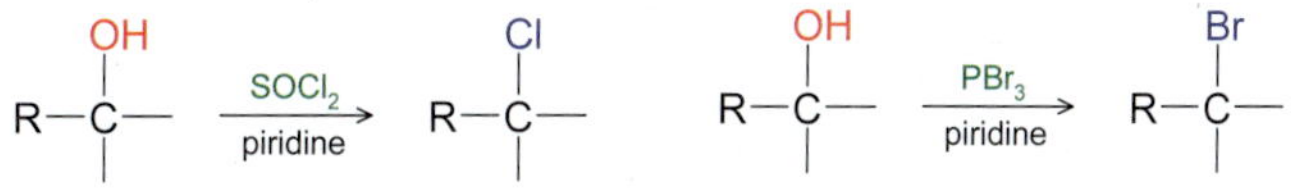 $R-C(OH)\xrightarrow[\text{piridine}]{SOCl_2} R-C(Cl)$; $R-C(OH)\xrightarrow[\text{piridine}]{PBr_3} R-C(Br)$

2. 할로젠화 알킬의 반응

(1) Grignard 시약 합성	$R-X + Mg \xrightarrow{\text{ether}} R-MgX$ R = 1° 2° 3° 알킬, 아릴 혹은 바이닐 X = Cl, Br 혹은 I
(2) S_N2 반응 : 할로젠화 알킬에 대한 뒤쪽 공격	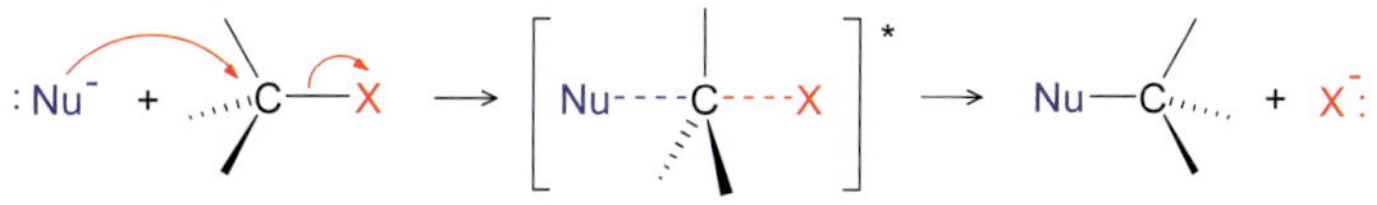 $:Nu^- + C-X \rightarrow [Nu\cdots C\cdots X]^{*} \rightarrow Nu-C + X:^-$
(3) S_N1 반응 : 탄소양이온 중간체 관련	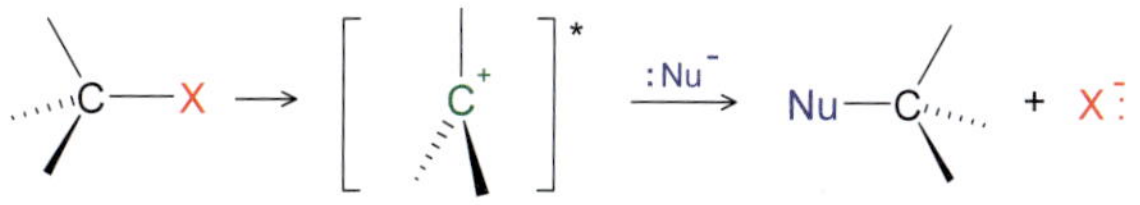 $C-X \rightarrow [C^+]^{*} \xrightarrow{:Nu^-} Nu-C + X:^-$
(3) E2 반응	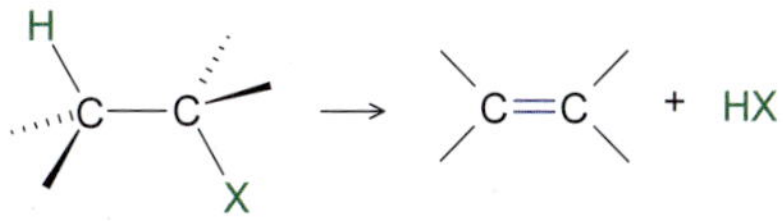 $H-C-C-X \rightarrow C{=}C + HX$
(4) E1 반응	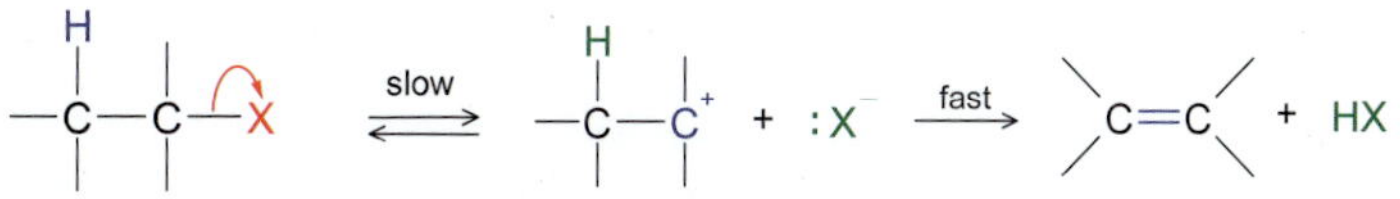 $H-C-C-X \underset{}{\overset{\text{slow}}{\rightleftharpoons}} H-C-C^+ + :X^- \xrightarrow{\text{fast}} C{=}C + HX$

|추가문제|

15. 다음 화합물의 IUPAC명을 쓰시오.

(1) $BrCH_2CH_2C(CH_3)_2CH_2F$

(2) 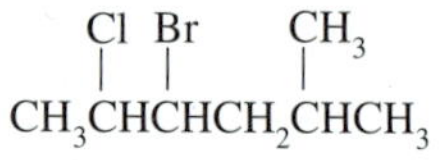
$$\begin{array}{l} \;\;\;\;\;\; Cl\;\; Br \;\;\;\;\;\;\; CH_3 \\ CH_3CHCHCH_2CHCH_3 \end{array}$$

(3)
$$\begin{array}{l} \; I\;\; CH_3 \\ CH_3CH{=}CHCH_2CHCHCH_3 \end{array}$$

(4) 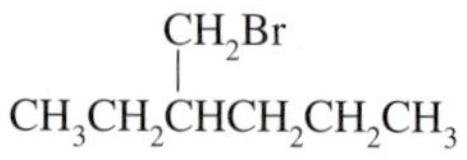
$$\begin{array}{l} \;\;\;\;\;\;\;\;\;\;\;\;\;\; CH_2Br \\ CH_3CH_2CHCH_2CH_2CH_3 \end{array}$$

(5) 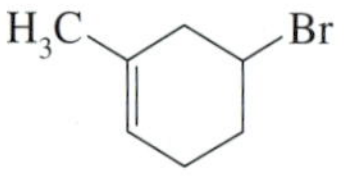 H_3C Br

(6) 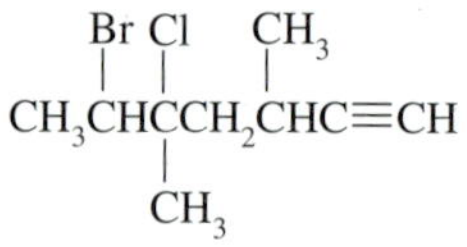
$$\begin{array}{l} \;\;\;\;\;\; Br\;\; Cl \;\;\;\; CH_3 \\ CH_3CHCCH_2CHC{\equiv}CH \\ \;\;\;\;\;\;\;\;\;\;\;\;\; CH_3 \end{array}$$

16. 다음 화합물의 구조를 그리시오.

(1) 2-chloro-2-bromo-1,1-difluoropropane

(2) 2-bromo-1-phenylpropane

(3) 2,3-dichloro-4-methylhexane

(4) 3-iodocyclohexene

(5) *trans*-1-bromo-2-methylcyclopentane

17. 다음 반응의 생성물을 예측하시오.

(1) 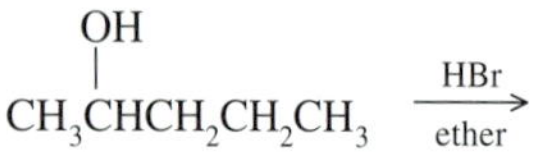
$$\begin{array}{l} \;\;\;\;\;\; OH \\ CH_3CHCH_2CH_2CH_3 \end{array} \xrightarrow[\text{ether}]{HBr}$$

(2) 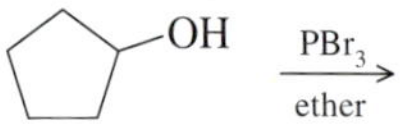 OH $\xrightarrow[\text{ether}]{PBr_3}$

(3) $CH_3CH_2CH_2CH_2OH \xrightarrow{SOCl_2}$

(4) 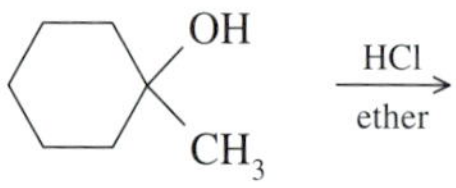 OH, CH_3 $\xrightarrow[\text{ether}]{HCl}$

18. 1-브로모뷰테인과 다음 시약과의 반응생성물을 예측하시오.

(1) NaCN

(2) NaOH

(3) NaI

(4) CH_3ONa

(5) NaSH

19. 다음 반응에서 예측되는 생성물을 바르게 쓰시오.

(1) $CH_3C(OH)(CH_3)CH_2CH_3 \xrightarrow{HBr} CH_3CH{=}C(CH_3)_2$

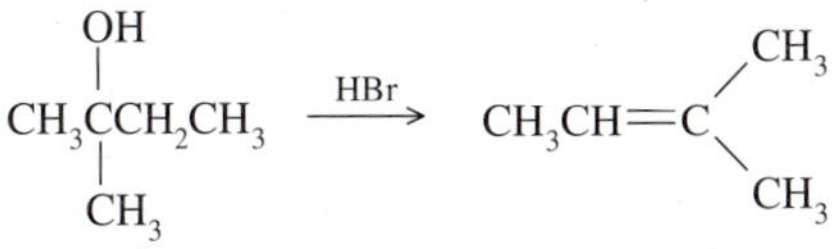

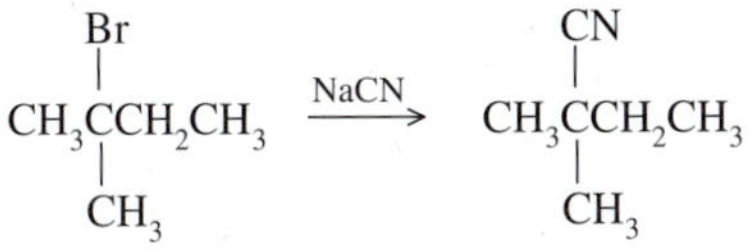

(2) $CH_3C(Br)(CH_3)CH_2CH_3 \xrightarrow{NaCN} CH_3C(CN)(CH_3)CH_2CH_3$

(3) $CH_3CH(CH_3)CH_2CH_2OH \xrightarrow{NaBr} CH_3CH(CH_3)CH_2CH_2Br$

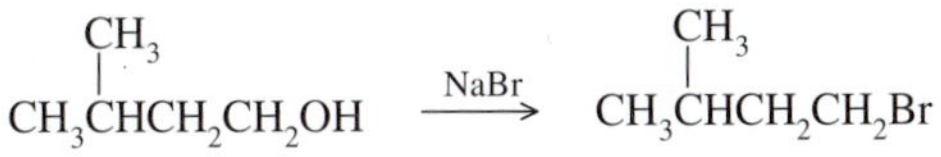

20. 다음 치환반응과 제거반응에 대하여 답하시오.

(1) 2-chloropropane, 1-chloro-2-methylpropane 중에서 더 빠르게 S_N1 반응하는 화합물을 알아내시오.

(2) 2-bromo-2-methylpropane을 KOH-메탄올 용액과 반응시키면 2-methylpropan-2-ol [$(CH_3)_3OH$]은 생성되지 않고 2-methylpropene만 주로 생성된다. 그 이유를 설명하시오.

(3) 2-bromopentane이 진한 NaOH와 반응할 때 생기는 모든 E2 생성물의 구조를 그리시오.

21. 기질인 할로젠화 알킬 1-브로모-2-메틸뷰테인과 친핵체 NaCN 반응의 반응속도에 대하여 답하시오.

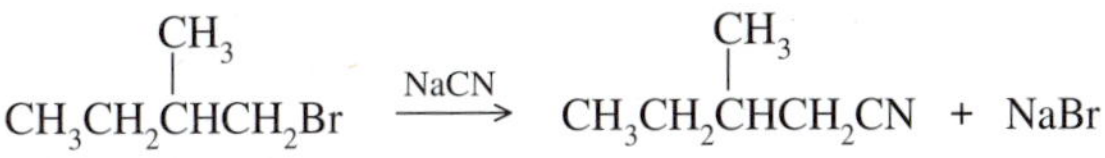

$$CH_3CH_2CH(CH_3)CH_2Br \xrightarrow{NaCN} CH_3CH_2CH(CH_3)CH_2CN + NaBr$$

1-bromo-2-methylbutane

(1) 1-브로모-2-메틸뷰테인의 농도를 네 배로 하고 NaCN의 농도를 반으로 하면 반응속도?

(2) 1-브로모-2-메틸뷰테인과 NaCN의 농도를 두 배로 하면 반응속도는?

22. (*R*)-2-아이오도헥세인을 NaI와 아세톤 속에서 반응시켰을 때 광학활성이 점차 감소하다가 최종적으로는 광학활성이 사라지는데 그 이유를 설명하시오.

7장

알코올, 페놀, 에터 및 싸이올류

7.1 정의
7.2 알코올의 구조 및 분류
7.3 알코올의 명명법
7.4 페놀의 명명법
7.5 에터의 명명법
7.6 알코올과 페놀의 성질
7.7 알코올의 제법
7.8 알코올의 반응
7.9 페놀의 제법과 용도
7.10 페놀의 반응
7.11 에터의 합성
7.12 에터의 반응
7.13 고리형 에터 : 에폭시화물
7.14 싸이올과 황화합물

7.1 정의

알코올은 탄소와 산소가 단일결합을 가진 화합물로 천연에 널리 분포할 뿐만 아니라 합성하여 쉽게 얻을 수 있어서 여러 가지 유기화합물 합성에 출발물질로 쓰인다. 예를 들면 알코올을 변환시켜 할로젠화 알킬, 알데하이드와 케톤, 카복실산 등을 제조한다. 따라서 알코올은 유기작용기의 상호변화에 중요한 역할을 하는 화합물이다.

알코올(alcohol)은 물 H－OH에서 H 한 개가 알킬기로 치환된 화합물로 일반식은 R-OH이다. 알코올의 작용기는 －OH로 **하이드록시기**(hydroxy group)라 한다. **페놀**(phenol)은 방향족 화합물의 고리에 －OH가 결합된 화합물로 일반식은 Ar－OH이다.

에터(ether)는 산소 원자 한 개에 두 개의 알킬 치환체가 결합된 화합물로 일반식은 R－O－R'로 표기한다. 여기서 R은 알킬기 혹은 아릴기에 해당하며 같은 유기기일 수도 있고 다를 수도 있다. 산소 원자를 포함하는 삼원자 고리형 에터는 **에폭시화물**(expoxide)이라 한다.

알코올의 산소가 황(S)으로 치환된 화합물은 **싸이올**(thiol)이라 하고 R－SH로 나타낸다. 페놀의 산소가 황으로 치환된 방향족 싸이올은 **벤젠싸이올**(benzenethiol)이라 하고 Ar－SH이다. 에터의 산소 대신에 황으로 치환된 화합물은 **황화물**(sulfide)로 R－S－R'이다.

7.2 알코올의 구조 및 분류

알코올의 작용기 －OH는 sp^3 혼성화된 탄소 원자에 결합되어 있다. 하이드록시기의 산소 원자는 sp^3 혼성궤도함수를 이루며 이 중에서 두 개는 탄소와 수소 원자에 결합을 형성하며, 다른 두 개의 sp^3 혼성궤도함수는 각각 비공유전자쌍을 취하고 있다.

H
R—C—Ö—H
H

sp^3혼성 O R H

알코올은 하이드록시기에 결합된 탄소 원자가 몇 개의 탄소 원자 혹은 유기원자단과 결합하고 있는지에 따라 다음과 같이 분류한다. 하이드록시기 －OH기가 결합하고 있는 탄소 원자가 다른 탄소 한 개와 결합된 알코올을 **1차 알코올**(primary alcohol, 1°)이라 한다. －OH기가 결합하고 있는 탄소 원자가 다른 탄소 두 개와 결합된 알코올을 **2차 알코올**(secondary alcohol, 2°), 다른 탄소 세 개와 결합된 알코올을 **3차 알코올**(tertiary alcohol, 3°)이라 한다. 다음 알코올의 구조식에서 R은 수소 원자 혹은 알킬기를 나타낸다.

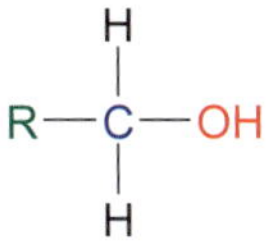

$$\begin{array}{ccc} \text{H} & \text{R} & \text{R} \\ | & | & | \\ \text{R}-\text{C}-\text{OH} & \text{R}-\text{C}-\text{OH} & \text{R}-\text{C}-\text{OH} \\ | & | & | \\ \text{H} & \text{H} & \text{R} \end{array}$$

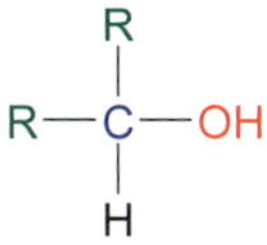

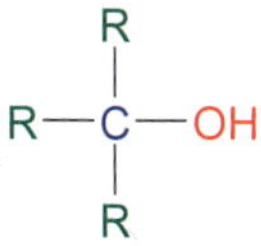

RCH_2-OH	R_2CH-OH	R_3C-OH
1차 알코올	2차 알코올	3차 알코올

알코올은 화합물에 들어 있는 하이드록시기 $-OH$의 숫자에 따라 OH기를 한 개 가진 알코올은 **1가 알코올**(momohydric alcohol), OH기를 두 개 가진 것을 **2가 알코올**(dihydric alcohol), OH기를 세 개 가진 것을 **3가 알코올**, 그리고 OH기를 두 개 이상 가진 것을 통틀어 다가 알코올(polyhydric alcohol)이라 한다.

7.3 알코올의 명명법

(1) IUPAC명

규칙 1. 알코올의 계통명은 하이드록시(hydroxy–) 원자단인 $-OH$기를 가진 제일 긴 탄소사슬을 모체로 선택하고, 알케인(alkane), 알켄(alkene), 알카인(alkyne)의 어미 '$-$e' 대신 '$-$ol'을 붙인다. 두 개의 모음이 겹칠 때에는 e를 생략한다.

CH_3OH	CH_3CH_2OH
methanol (메탄올)	ethanol (에탄올)

규칙 2. 필요하면 작용기의 위치표시는 $-OH$기가 붙어 있는 탄소가 최소의 번호가 되도록 붙이고, 번호는 $-$ol 앞에 놓아 명명한다.

$CH_3CH_2CH_2OH$	$H_3C-CH(OH)-CH_3$	$CH_3CH_2CH_2CH_2OH$	$H_3C-CH(OH)-CH_2CH_3$
propan-1-ol (프로판-1-올)	propan-2-ol (프로판-2-올)	butan-1-ol (뷰탄-1-올)	butan-2-ol (뷰탄-2-올)

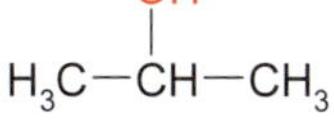

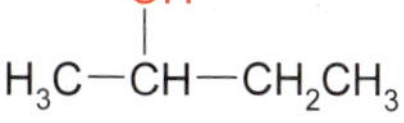

알켄의 명명에서와 같이 알코올의 명명시, 종전에는 $-OH$기가 붙은 탄소의 번호를 최소가 되게 하여 번호를 모체이름 앞에 붙여서 명명하였다. 즉, 1-proanol, 2-propanol, 1-butanol 등과 같이 명명하였으나, 새 규칙은 알켄에서 이중결합을 가진 탄소의 번호를 $-$ene 앞에 놓아 명명하듯이 숫자를 $-$ol 앞에 붙여 명명하도록 1993년 이후 IUPAC에서 정하고 있다.

규칙 3. 작용기와 치환기가 함께 있다면 작용기인 −OH기가 작은 번호가 되게 한다. 모든 치환기의 위치에 번호를 매기고 알파벳 순으로 치환기를 나열하여 기본명 알코올 앞에 붙여 명명한다. 고리 화합물에서는 −OH 작용기의 위치가 항상 1번이기 때문에 작용기의 위치를 나타내기 위해 번호가 필요하지 않다.

$CH_3CHCH_2{-}OH$ (CH_3 on C2)
2-methylpropan-1-ol
(2-메틸프로판-1-올)

$H_3C{-}C(CH_3)(OH){-}CH_3$
2-methylpropan-2-ol
(2-메틸프로판-2-올)

$H_3C{-}CH(OH){-}CH(CH_3){-}C_6H_5$
3-phenylbutan-2-ol
(3-페닐뷰탄-2-올)

$Cl{-}CH_2CHCH_2CH_2{-}OH$ (CH_3 on CH)
4-chloro-3-methylbutan-1-ol
(4-클로로-3메틸뷰탄-1-올)

$H_2N{-}C_6H_{10}{-}OH$
4-aminocyclohexanol
(4-아미노사이클로헥산올)

$C_6H_5{-}CH_2OH$
phenylmethanol
(페닐메탄올)

규칙 4. OH기가 둘 이상인 화합물은 −OH기의 위치 표시와 OH 갯수를 나타내는 di−, tri−, tetra− 등을 '−ol' 앞에 붙여 다이올(diol), 트라이올(triol), 테트라올(tetraol) 등으로 명명하고, −OH의 위치를 나타내는 번호는 −diol, −triol 바로 앞에 놓는다. 알케인 어미 '−e'가 −diol, −triol 등의 자음 앞에서는 그대로 쓰임을 유의한다.

$CH_2(OH){-}CH_2(OH)$
ethane-1,2-diol
(에테인-1,2-다이올)

$CH_2(OH){-}CH(OH){-}CH_2(OH)$
propane-1,2,3-triol
(프로페인-1,2,3-트라이올)

규칙 5. 불포화 탄화수소를 포함한 알코올에서는 불포화 탄소 원자와 −OH기를 포함하는 가장 긴 탄소사슬을 모체로 하여 접미사 '−enol'을 붙여 명명한다. −OH 기가 붙은 탄소의 위치를 표시하는 숫자는 '−ol'의 바로 앞에 놓고 또한 불포화탄소를 나타내는 숫자는 '−en' 바로 앞에 놓는다. 탄소사슬의 번호는 다중결합의 탄소가 작은 번호가 되게 붙이는 것이 아니라 −OH가 붙은 탄소가 작은 번호가 되게 한다. 이때 '−en'에서 '−ene'가 아닌 것에 유의한다.

$H_2C{=}CH{-}OH$ — ethenol (에텐올)

$H_2C{=}CHCH_2{-}OH$ — prop-2-en-1-ol (프롭-2-엔-1올)

(cyclohexene ring)–OH — cyclohex-2-en-1-ol (사이클로헥스-2-엔-1-올) ('1'은 생략가능)

(2) 관용명

규칙 1. 알킬기의 이름 뒤에 알코올(alcohol)을 붙여서 명명한다.

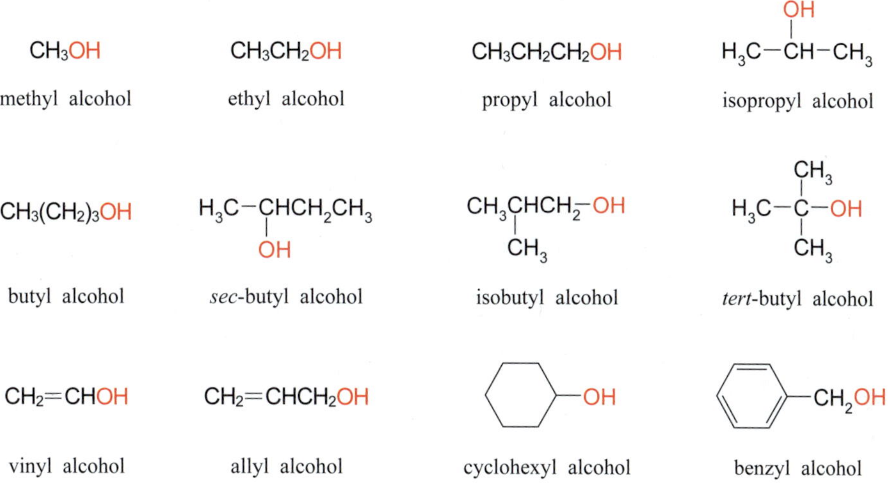

아이소프로판올(isopropanol), *sec*-뷰탄올(*sec*-butanol), *tert*-뷰탄올(*tert*-butanol)과 같은 명칭은 옳지 않다. 왜냐하면 아이소프로페인(isopropane), *sec*-뷰테인(*sec*-butane), *tert*-뷰테인(*tert*-butane)이라는 탄화수소명은 존재하지 않으며, 따라서 이들 이름의 접미사에 '−ol'을 붙일 수 없기 때문이다. 현재 이런 이름체계는 허용하지 않고 있다. 따라서 위와 같이 관용명 혹은 IUPAC체계명으로 이름을 붙여야 한다.

규칙 2. −OH기가 두 개인 2가 알코올은 탄화수소의 이름 뒤에 **글라이콜**(glycol)을 붙인다. 또는 methylene기($-CH_2$)의 수를 표시하는 접두어에 methylene glycol을 붙인다.
−OH기가 세 개인 3가 알코올은 **글리세린**(glycerine)이라 한다.

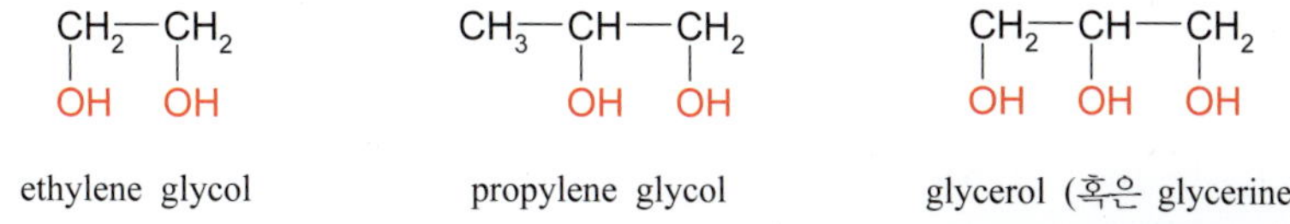

글라이콜은 에틸렌 글라이콜, 프로필렌 글라이콜 외에는 사용하지 않는다.

(3) 알콕시기 (alkoxy group)

알콕시기 RO－기들은 알킬기 R의 이름에 '옥시(oxy)'를 접미사로 붙여 명명한다. C1~C4 알콕시기는 축소형태로 다음과 같이 명명한다.

CH_3-O-	CH_3CH_2-O-	$CH_3(CH_2)_2-O-$
methoxy(메톡시)	ethoxy(에톡시)	propoxy(프로폭시)
$CH_3(CH_2)_3-O-$	$CH_3(CH_2)_4-O-$	$CH_3(CH_2)_5-O-$
butoxy(뷰톡시)	pentyloxy	hexyloxy
$CH_2=CHCH_2-O-$	$C_6H_5CH_2-O-$	C_6H_5-O-
allyloxy [(prop-2-en-1-yl)oxy]*	benzyloxy (phenylmethoxy)*	phenoxy (not phenyloxy)

예제 7.1 다음 화합물의 IUPAC명을 쓰시오.

(1) $CH_3CH(OH)CH_2CH(CH_3)CH_3$

(2) $CH_3CH(Br)CH_2CH(CH_2CH_3)CH_2CH(OH)CH_3$

(3) (cyclohexane ring: HO and H on one carbon; H and OH on the 3-position carbon)

풀이 (1) 4-methylpentan-2-ol (2) 6-bromo-4-ethylheptan-2-ol (3) *cis*-cyclohexane-1,3-diol

---

문제 1 아래 화합물의 이름을 IUPAC명으로 쓰시오.

(1) $CH_3(CH_2)_4CH_2OH$

(2) $CH_3CH(CH_3)CH_2CH(OH)CH_2CH_2CH_3$

(3) $HOCH_2CH(OH)CH_2CH_2OH$

(4) $CH_3CH=CHCH_2CH_2OH$

(5) $CH_3CH(Cl)CH(CH_3)CH_2CH(OH)CH_3$

(6) (cyclopentane ring: H and OH on one carbon; H and OH on the adjacent carbon)

문제 2 다음 화합물의 구조를 그리시오.

(1) 2,3-dimethylbutan-1-ol
(2) pentane-2,4-diol
(3) 2-ethylbut-2-en-1-ol
(4) pent-3-yn-2-ol
(5) cyclohex-3-en-1-ol
(6) *cis*-2-bromocyclopentanol

문제 3 (문제 1)에서 1가 알코올을 찾고 1차, 2차, 3차 알코올로 분류하시오.

7.4 페놀류의 명명법

페놀은 –OH기가 벤젠고리에 직접 결합된 화합물(하이드록시벤젠)로서 방향족 화합물로 명명하되 –벤젠이 아닌 **–페놀**(phenol)로 부른다. 몇몇 페놀 유도체들은 IUPAC체계에서 허용하는 일반명을 가지고 있다.

규칙 1. 일반적으로 페놀 화합물의 이름은 페놀과 그 유도체의 이름을 사용하거나 관용명으로 명명한다. 괄호 안은 관용명이다.

OH	OH, Cl	OH, H_3C	OH, O_2N, NO_2, NO_2
phenol	3-chlorophenol (*m*-chlorophenol)	2-methylphenol (*o*-cresol)	2,4,6-trinitrophenol (picric acid)

규칙 2. 한 분자 내에 하이드록시기가 카복실기(–COOH), 알데하이드기(–CHO) 등의 작용기와 같이 있을 때는 –OH기를 치환체로 취급하여 명명한다. 다작용기를 가진 화합물 명명의 우선순위는 부록 B에 자세히 수록되어 있다.

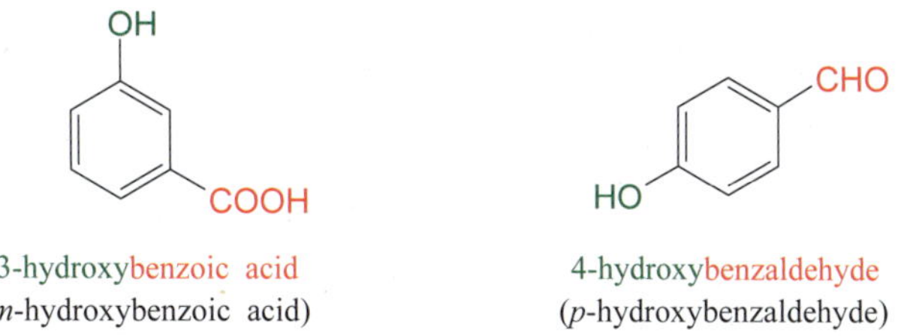

3-hydroxybenzoic acid (*m*-hydroxybenzoic acid) 4-hydroxybenzaldehyde (*p*-hydroxybenzaldehyde)

문제 4 다음 화합물의 IUPAC명을 쓰시오.

(1) CH_2CH_3, HO (2) NO_2, HO, CH_3 (3) Br, HO, Cl (4) Br, Br, OH, Br

7.5 에터의 명명법

규칙 1. 에터의 관용명은 알킬기 또는 아릴기의 이름을 알파벳 순으로 쓰고 에터(ether)를 뒤에 붙여 명명한다. 화학자들은 거의 관습적으로 작은 분자량의 에터에 대하여 관용명을 사용하고 있다. 한글명은 에터와 에테르의 혼용을 허용하고 있다.

CH_3-O-CH_3
dimethyl ether
(다이메틸 에터)

$CH_3CH_2-O-CH_2CH_3$
diethyl ether
(다이에틸 에터)

$CH_3-O-CH_2CH_3$
ethyl methyl ether
(에틸 메틸 에터)

$CH_3CH(CH_3)CH_2-O-C(CH_3)_2-CH_3$
tert-butyl isobutyl ether
(*tert*-뷰틸 아이소뷰틸 에터)

diphenyl ether
(다이페닐 에터)

규칙 2. 복잡한 에터 화합물은 IUPAC명을 따른다. 한 개 이상의 알콕시기(alkoxy, −OR)가 있거나 명명 우선순위가 큰 작용기가 있는 경우에는 알콕시기를 치환기로 명명하는데, 이때 모체 알케인으로 가장 긴 탄소 사슬명을 쓰고 앞에 알콕시기의 이름을 붙인다.

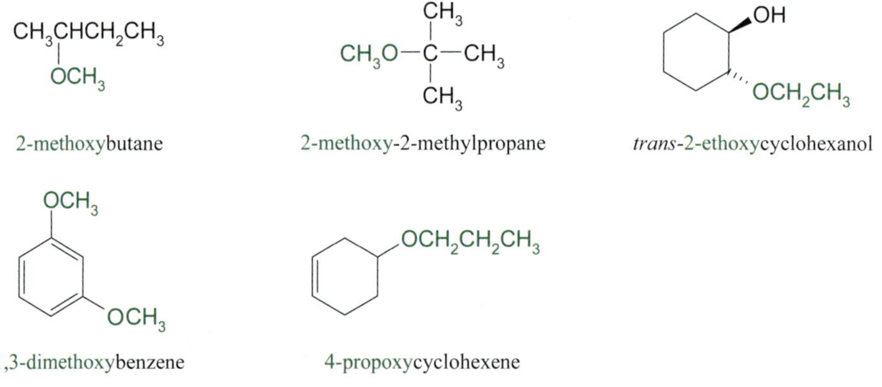

2-methoxybutane
2-methoxy-2-methylpropane
trans-2-ethoxycyclohexanol
1,3-dimethoxybenzene
4-propoxycyclohexene

문제 5 다음 에터의 IUPAC명 및 관용명을 쓰시오.

(1) $H_3C-C(CH_3)_2-O-CH_2CH_3$

(2)

(3) $CH_3CH_2CH(CH_3)OCH_2CH_3$

(4) $C_5H_9{-}OCH_3$ (cyclopentyl–OCH_3)

문제 6 다음 화합물의 구조를 쓰시오.

(1) 다이프로필 에터 (dipropyl ether)

(2) 알릴 바이닐 에터 (allyl vinyl ether)

(3) 2-에톡시-3-메틸뷰테인 (2-ethoxy-3-methylbutane)

7.6 알코올과 페놀의 성질

하이드록시기를 한 개만 가진 1가 알코올은 무색의 유동성 있는 액체로 탄소수 3까지의 알코올은 물과 잘 혼합한다. 탄소수가 증가하면 비점과 용융점이 높아지고 물에 대한 용해도도 급격히 감소한다. 액상의 알코올은 특유의 냄새와 맛을 가지며 고체 알코올은 유기용매에 녹는다.

알코올과 페놀은 물과 수소결합을 이루므로 분자량이 비슷한 화합물보다 끓는점이 높다. 예를 들면, 에탄올은 프로페인과 분자량이 비슷하나 에탄올은 끓는점이 78.5℃이고 프로페인은 −42℃이다. 페놀의 끓는점은 181.9℃이나 톨루엔은 110.6℃이다. 이것은 알코올과 페놀이 물처럼 수소결합을 하고 있기 때문이다. 수소결합(hydrogen bond)은 분자간 인력의 일종으로 분자 중에 산소, 질소, 플루오르와 공유결합 한 수소를 가진 화합물에서 나타나는 현상이다. 알코올에서 한 분자의 양으로 하전된 −OH 수소가 다른 분자의 음으로 하전된 산소 원자에 이끌려 여러 개의 알코올 분자가 수소결합으로 연결된 큰 결합이 형성된다.

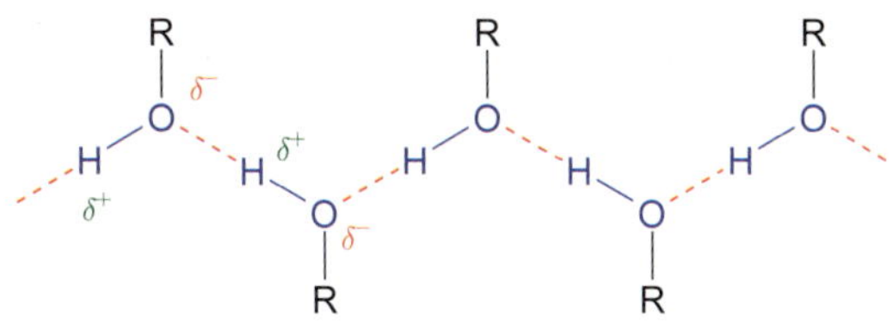

알코올 분자간의 수소결합

한 분자가 액체에서 증기로 되기 위해서는 필요한 열뿐만 아니라 분자들간에 작용하는 인력을 끊어 주어야 하므로 알코올 분자들간의 수소결합을 깨는데 필요한 열량이 더 필요하여 끓는점이 높아지게 된다.

물 분자도 수소결합을 하고 있는데 분자량이 작은 알코올의 수소결합에 물 분자가 끼어들어 수소결합을 형성할 수 있다. 그러므로 분자량이 작은 알코올과 물은 잘 섞이게 된다.

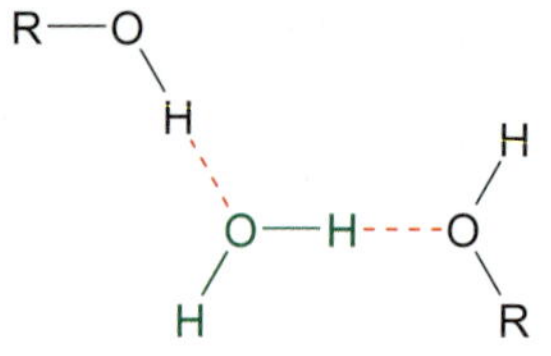

알코올과 물 분자의 수소결합

알코올과 페놀은 묽은 수용액 중에서 약간 해리되어 물에 양성자인 하이드로늄 이온(hydronium ion, H_3O^+)을 주므로 약산성을 나타낸다. 수용액 중에서 알코올은 알콕시화 이온(alkoxide ion), 페놀은 페녹시화 이온(penoxide ion)을 형성한다.

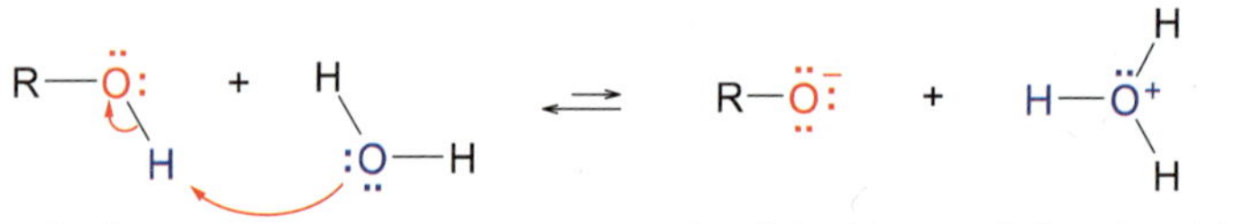

알코올 ⇌ 알콕시화 이온 하이드로늄 이온

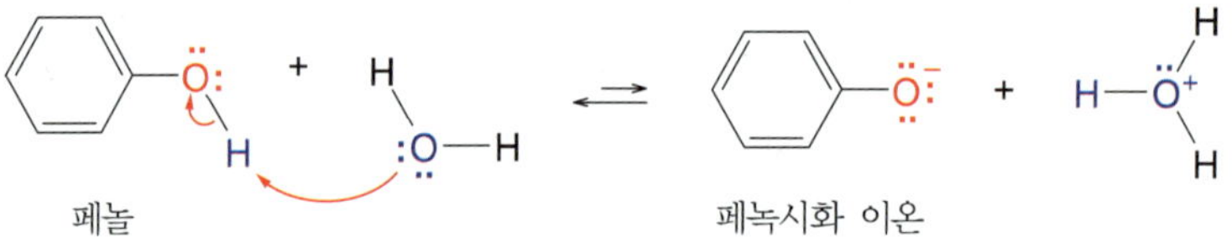

페놀 ⇌ 페녹시화 이온

알코올의 산도(acidity)는 이온화상수인 산도상수 K_a로 나타낸다.

$$K_a = \frac{[RO^-][H_3O^+]}{[ROH]} \qquad pK_a = -\log K_a$$

표 7.1 몇 가지 알코올과 페놀의 산도

화합물	구조식	pK_a	
2-methylpropan-2-ol	$(CH_3)_3COH$	18.0	약한 산
ethanol	CH_3CH_2OH	16.0	↓
water	H_2O	15.7	↓
methanol	CH_3OH	15.5	↓
p-methylphenol	 H_3C–C₆H₄–OH	10.2	↓
phenol	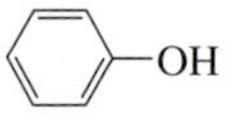 C₆H₅–OH	9.9	↓
p-nitrophenol	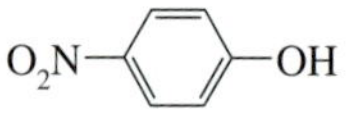 O_2N–C₆H₄–OH	7.2	센 산

강산은 묽은 용액에서 모든 분자가 해리되어 양성자를 물에 내어 주게 되므로 K_a값이 크지만 약산은 K_a값이 작다. 산의 세기를 pK_a로 나타내면 지수의 사용을 할 필요가 없으므로 편리하다. 산의 세기가 강할 때는 K_a값이 크고 pK_a값은 작게 된다. 반면에 약산은 pK_a값이 크게 된다. 표 7.1에 몇 가지 알코올과 페놀의 pK_a값을 나타내었다.

표에서 보는 바와 같이, 알코올은 물과 비슷한 산도를 가진 약한 산이다. 따라서 알코올은 아민이나 탄산수소 이온과 같은 약한 염기와 중화반응을 하지 않고 NaOH나 KOH와 같은 강염기와도 거의 중화반응을 하지 않으나 Na나 K와 같은 알칼리 금속과는 반응하여 알콕시화물(alkoxide)을 형성한다.

$$2\,ROH + 2\,Na \longrightarrow 2\,RO^{-}Na^{+} + H_2$$

sodium alkoxide

$$2\,CH_3OH + 2\,Na \longrightarrow 2\,CH_3O^{-}Na^{+} + H_2$$

sodium methoxide

$$2\,CH_3CH(OH)CH_3 + 2\,K \longrightarrow 2\,CH_3CH(O^{-}K^{+})CH_3 + H_2$$

isopropyl alcohol → potassium isopropoxide

페놀은 알코올보다 약 10^6배로 훨씬 센 산이다. 그 이유는 페녹시화 이온이 공명 안정화 될 수 있어 알콕시화 이온보다 안정하기 때문이다. 이러한 이유로 페놀은 NaOH나 KOH와 중화반응하여 염을 만든다.

$$C_6H_5O^{-} \longleftrightarrow \longleftrightarrow \longleftrightarrow$$

$$C_6H_5OH + NaOH \longrightarrow C_6H_5O^{-}Na^{+} + H_2O$$

phenol → sodium phenoxide

문제 7 다음 반응식을 완성하시오.

(1) cyclohexanol + K

(2) *p*-nitrophenol + NaOH

7.7 알코올의 제법

(1) 알켄의 수화반응

알켄을 황산이나 인산과 같은 강산 촉매 하에서 물과 반응시키면 이중결합에 물이 첨가되어 수화반응이 일어나며 알코올이 생성된다. 이때 첨가반응은 Markovnikov법칙의 위치 선택성을 따른다. 즉, H−OH의 수소는 수소가 많은 알켄의 이중결합 탄소에 첨가된다(3.5절).

CH_3 $\xrightarrow[H^+]{H_2O}$ CH_3 OH

1-methylcyclohexene 1-methylcyclohexanol

이 반응은 일반적으로 실험실에서 낮은 수득률과 격렬한 반응조건 때문에 알코올 제법으로는 그리 좋은 방법은 아니다.

(2) 알켄의 알칼리 용액에서의 산화반응

알켄을 차갑고 묽은 알칼리 용액에서 $KMnO_4$로 산화시키면 1,2-다이올이 제조된다(3.6절).

$\xrightarrow[OH^-]{KMnO_4}$ OH OH

cyclohexene cyclohexane-1,2-diol

(3) 카보닐 화합물의 환원

알코올을 합성하는 가장 일반적인 방법은 카보닐 화합물을 환원시키는 방법이다. 카보닐 화합물은 C=O결합에 수소가 첨가되는 환원반응에 의하여 알코올이 생성된다. 알데하이드, 케톤, 카복실산 및 에스터 등 모든 종류의 카보닐 화합물은 환원될 수 있다. 반응식에서 [H]는 일반적인 환원제를 나타낸다.

O ‖ C $\xrightarrow{[H]}$ OH —C—H

카보닐 화합물 알코올

① 알데하이드와 케톤의 환원

알데하이드는 환원되어 1차 알코올, 케톤은 2차 알코올을 생성한다.

$$\text{R}-\overset{\overset{\displaystyle \text{O}}{\|}}{\text{C}}-\text{H} \xrightarrow{[\text{H}]} \text{R}-\overset{\overset{\displaystyle \text{OH}}{|}}{\underset{\underset{\displaystyle \text{H}}{|}}{\text{C}}}-\text{H} \qquad \text{R}-\overset{\overset{\displaystyle \text{O}}{\|}}{\text{C}}-\text{R'} \xrightarrow{[\text{H}]} \text{R}-\overset{\overset{\displaystyle \text{OH}}{|}}{\underset{\underset{\displaystyle \text{H}}{|}}{\text{C}}}-\text{R'}$$

알데하이드 1차 알코올 케톤 2차 알코올

알데하이드와 케톤의 환원제로는 일반적으로 수소화 붕소나트륨($NaBH_4$), 수소화 알루미늄리튬($LiAlH_4$) 등이 사용된다. $NaBH_4$는 백색의 결정성 고체로 물이나 알코올 용액에서 쓰인다. $LiAlH_4$는 회색 분말로 에터에 녹고 물과 격렬하게 반응하며 $NaBH_4$보다 훨씬 반응성이 크다.

$$CH_3CH_2CH_2\overset{\overset{\displaystyle O}{\|}}{C}H \xrightarrow[2.\ H_3O^+]{1.\ LiAlH_4} CH_3CH_2CH_2\overset{\overset{\displaystyle OH}{|}}{C}H-H$$

butanal butan-1-ol

$$CH_3CH_2-\overset{\overset{\displaystyle O}{\|}}{C}-CH_2CH_3 \xrightarrow[2.\ H_3O^+]{1.\ NaBH_4} CH_3CH_2-\overset{\overset{\displaystyle OH}{|}}{\underset{\underset{\displaystyle H}{|}}{C}}-CH_2CH_3$$

pentan-3-one pentan-3-ol

② 카복실산과 에스터의 환원

카복실산과 에스터는 환원되어 1차 알코올로 전환된다.

$$\text{R}-\overset{\overset{\displaystyle \text{O}}{\|}}{\text{C}}-\text{OH} \quad \text{혹은} \quad \text{R}-\overset{\overset{\displaystyle \text{O}}{\|}}{\text{C}}-\text{OR'} \xrightarrow{[\text{H}]} \text{R}-\overset{\overset{\displaystyle \text{OH}}{|}}{\underset{\underset{\displaystyle \text{H}}{|}}{\text{C}}}-\text{H}$$

카복실산 에스터 1차 알코올

이들 반응은 알데하이드나 케톤의 환원보다 반응이 느리므로 환원제로 반응성이 큰 $LiAlH_4$가 사용된다. 알데하이드와 케톤의 환원에서는 카보닐기에 수소가 한 개만 첨가되는 반면에 카복실산과 에스터는 수소가 두 개 첨가되는 것에 유의한다.

$$CH_3CH{=}CH\overset{\overset{\displaystyle O}{\|}}{C}OH \xrightarrow[2.\ H_3O^+]{1.\ LiAlH_4} CH_3CH{=}CHCH_2OH$$

but-2-enoic acid but-2-en-1-ol

$$CH_3CH_2CH{=}CHCOCH_3 \ (C{=}O) \xrightarrow[2.\ H_3O^+]{1.\ LiAlH_4} CH_3CH_2CH{=}CHCH_2OH + CH_3OH$$

methyl pent-2-enoate　　　　pent-2-en-1-ol

(4) 카보닐 화합물의 Grignard 반응

할로젠화 알킬, 할로젠화 아릴 및 할로젠화 바이닐 화합물이 에터나 테트라하이드로퓨란(tetrahydrofuran, THF) 용액 중에서 마그네슘과 반응하여 Grignard 시약, RMgX를 생성하는 것을 배웠다(6.4절). Grignard 시약은 알데하이드, 케톤, 카복실산 및 에스터 등의 카보닐 화합물과 반응하여 생긴 할로젠화 알콕시마그네슘(alkoxymagnesium halide, ROMgX)을 가수분해하면 알코올이 합성된다. 이 방법은 알코올 합성에 유용한 일반적인 합성법이다. 반응물에 따라 많은 종류의 알코올이 Grignard 반응으로 얻을 수 있다.

1. 폼알데하이드(form aldehyde)는 Grignard 시약과 반응하여 1차 알코올을 생성한다.

$$H{-}C({=}O){-}H + RMgX \xrightarrow{ether} H{-}C(OMgX)(R){-}H \xrightarrow[H^+]{H_2O} R{-}CH_2{-}OH + HOMgX$$

$$H{-}C({=}O){-}H + C_6H_{11}MgBr \xrightarrow[2.\ H_3O^+]{1.\ ether} C_6H_{11}CH_2OH + HOMgBr$$

form aldehyde　　cyclohexylmagnesium bromide　　cyclohexylmethanol

2. 알데하이드는 Grignard 시약과 반응하여 2차 알코올을 생성한다.

$$R{-}C({=}O){-}H + R'MgX \xrightarrow{ether} R{-}C(OMgX)(R'){-}H \xrightarrow[H^+]{H_2O} R{-}C(OH)(R'){-}H$$

$$CH_3CH_2CH_2{-}C({=}O){-}H + CH_3MgBr \xrightarrow[2.\ H_3O^+]{1.\ ether} CH_3CH_2CH_2{-}C(OH)(CH_3){-}H$$

butanal　　　　pentan-2-ol

3. 케톤은 Grignard 시약과 반응하여 3차 알코올을 생성한다.

$$R-\overset{O}{\overset{\|}{C}}-R' + R''MgX \xrightarrow{\text{ether}} R-\underset{R''}{\overset{OMgX}{C}}-R' \xrightarrow[H^+]{H_2O} R-\underset{R''}{\overset{OH}{C}}-R'$$

$$CH_3CH_2-\overset{O}{\overset{\|}{C}}-CH_3 + C_6H_5MgBr \xrightarrow[2.\ H_3O^+]{1.\ \text{ether}} CH_3CH_2-\underset{CH_3}{\overset{OH}{C}}-C_6H_5$$

butan-2-one 2-phenylbutan-2-ol

4. 에스터는 Grignard 시약과 반응하여 3차 알코올을 생성한다. 이 반응에 대한 자세한 사항은 9.10절에서 다룬다.

$$R-\overset{O}{\overset{\|}{C}}-OR' + 2R''MgX \xrightarrow[2.\ H_3O^+]{1.\ \text{ether}} R-\underset{R''}{\overset{OH}{C}}-R'' + R'OH$$

예제 7.2 Grignard 시약을 사용하여 2-메틸프로판-1-올을 합성하는 방법을 제시하시오.

풀이 우선 2-메틸프로판-1-올의 −OH기를 가진 탄소에 연결된 알킬기를 절단한다. 이것은 본질적으로 Grignard 반응으로 탄소-탄소 결합을 형성하는 역반응이 된다. 이렇게 결합을 끊으면 목적하는 화합물의 출발물질로 작용할 수 있는 카보닐 화합물과 Grignard 시약의 구조를 알아낼 수 있다.

$$H_3C-\underset{CH_3}{\overset{H}{C}}\wr\underset{H}{\overset{H}{C}}-OH$$

그러므로 우리는 폼알데하이드와 2-브로모프로페인으로부터 얻을 수 있는 브롬화 프로필마그네슘(propylmagnesium bromide)와 반응시켜 제조할 수 있음을 알 수 있다.

$$H_3C-\underset{CH_3}{CH}-MgBr + HCHO \xrightarrow[2.\ H_3O^+]{1.\ \text{diethyl ether}} H_3C-\underset{CH_3}{CH}-CH_2OH$$

문제 8 다음 반응의 생성물을 예측하시오.

(1) $CH_3CH_2C(CH_3){=}CHCH_3 \xrightarrow[H^+]{H_2O}$

(2) $C_6H_5{-}CH_2CH{=}CHCH_3 \xrightarrow[OH^-]{KMnO_4}$

(3) $CH_3CH(CH_3)CH{=}CHCHO \xrightarrow[2.\ H_3O^+]{1.\ LiAlH_4}$

(4) 사이클로헥산온(=O) $\xrightarrow[2.\ H_3O^+]{1.\ LiAlH_4}$

(5) $CH_3CH(CH_3)CH{=}CHCOOCH_3 \xrightarrow[2.\ H_3O^+]{1.\ LiAlH_4}$

(6) $CH_3CH(CH_3)CH_2COOH \xrightarrow[2.\ H_3O^+]{1.\ LiAlH_4}$

문제 9 다음 반응의 생성물을 예측하시오.

(1) $HCHO + C_6H_5{-}CH_2MgBr \xrightarrow[2.\ H_3O^+]{1.\ ether}$

(2) $C_6H_5{-}CHO + CH_3CH_2MgBr \xrightarrow[2.\ H_3O^+]{1.\ ether}$

(3) 사이클로헥산온(=O) $+ CH_3CH_2MgBr \xrightarrow[2.\ H_3O^+]{1.\ ether}$

문제 10 펜탄-1-올(pentan-1-ol)을 제조하는 방법을 제시하시오.

(1) 수소화붕소나트륨($NaBH_4$)으로 환원

(2) Grignard 시약을 사용

7.8 알코올의 반응

(1) 알코올의 탈수반응

알코올에 강산을 섞어 가열하면 물이 제거되는 탈수반응이 일어나 알켄이 생성된다. 실험실에서 가장 일반적인 방법은 알코올에 인산 또는 진한 황산과 가열하여 탈수반응을 시킨다. 탈수반응은 C－O결합과 인접한 C－H가 끊어지면서 알켄의 π결합이 형성된다.

$$\text{H}-\overset{|}{\underset{|}{\text{C}}}-\overset{|}{\underset{|}{\text{C}}}-\text{OH} \xrightarrow{H^+} \text{C}=\text{C} + H_2O$$

알코올의 산-촉매 탈수반응은 3차 알코올이 가장 쉽게 일어나 보통 실온보다 약간 높은 온도에서 일어나고, 2차 알코올은 다소 높은 온도에서 가열하며 1차 알코올이 가장 일어나기 어려워 보통 과량의 진한 황산과 고열(180℃)로 가열하여야 반응이 진행된다.

$$\text{cyclohexanol} \xrightarrow[140℃]{H_2SO_4} \text{cyclohexene} + H_2O$$

$$\text{1-methylcyclohexanol} \xrightarrow[50℃]{H_2SO_4} \text{1-methylcyclohexene} + H_2O$$

산-촉매 탈수반응은 －OH가 붙어 있는 인접탄소에 붙어 있는 수소가 제거되는데 수소 원자 수가 더 적은 탄소의 것이 우선적이다. 이와 같이 **자이체프 법칙**(Zaitsev's rule)에 따라 일어나므로 이중결합에 더 많은 치환기를 가진 알켄이 주생성물로 얻어진다(3.9절). 예를 들면, 2-메틸뷰탄-2-올의 탈수반응에서 삼치환체인 2-메틸뷰트-2-엔이 이치환체인 2-메틸뷰트-1-엔보다 주로 생성된다.

$$H_3C-C(CH_3)(OH)-CH_2CH_3 \xrightarrow[25℃]{H_2SO_4} (H_3C)_2C=CH(CH_3) + H_2C=C(CH_3)CH_2CH_3$$

2-methylbutan-2-ol → 2-methylbut-2-ene (주생성물) + 2-methylbut-1-ene (부생성물)

알코올의 탈수반응은 제거반응으로 E1 메커니즘으로 일어난다. 우선 첫 단계 반응은 알코올의 하이드록시기에 양성자가 첨가되어 알코올 중간체가 생성된다. 다음 단계에서 탄소－산소 결합이 끊어지면서 탄소양이온 중간체가 생성되고 결합하고 있던 두 개의 전자가 산소에 남게 된다. 이 이온화반응은 쉽게 진행된다.

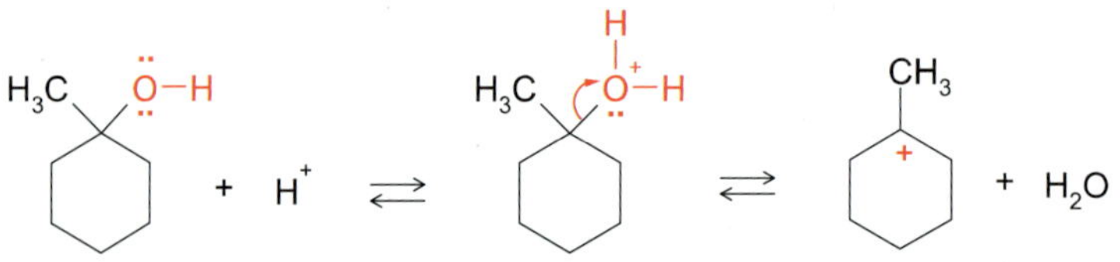

H₃C Ö−H + H^+ ⇄ H₃C O^+−H (H) ⇄ CH_3 (+) + H_2O

그리고 양전하를 띤 탄소의 이웃한 탄소에서 양성자가 제거되어 이중결합이 형성되고 반응이 완결된다.

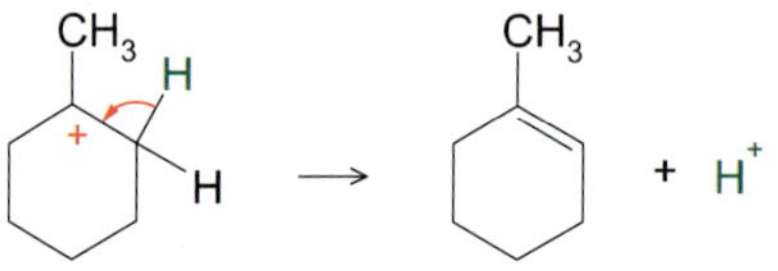

CH_3 (+) H H → CH_3 + H^+

(2) 알코올의 산화

카보닐 화합물을 환원시켜 알코올을 합성할 수 있었다(7.7절). 반대로 알코올을 산화시켜 카보닐 화합물을 만들 수 있다. 1차 알코올은 산화되어 알데하이드나 카복실산이 되고, 2차 알코올은 케톤으로 전환된다. 그러나 3차 알코올은 산화반응이 일어나지 않는다.

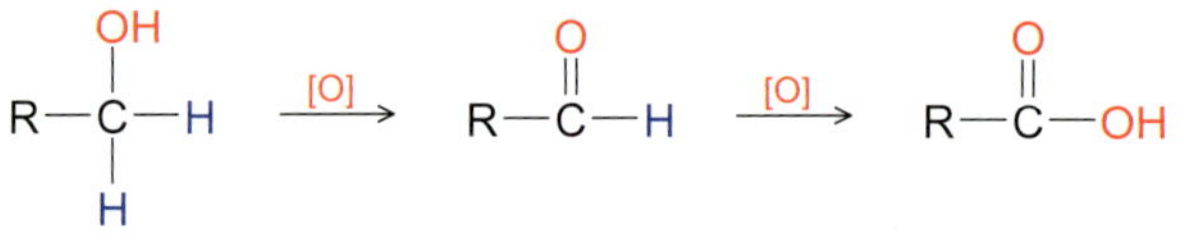

R−C(OH)(H)−H —[O]→ R−C(=O)−H —[O]→ R−C(=O)−OH

1차 알코올 알데하이드 카복실산

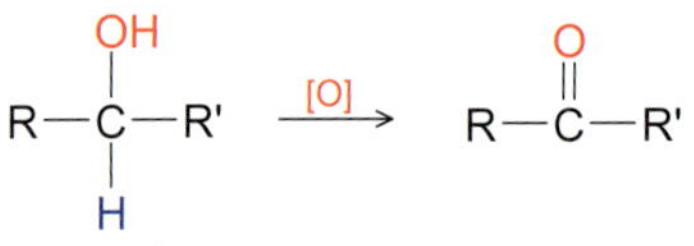

R−C(OH)(H)−R' —[O]→ R−C(=O)−R'

2차 알코올 케톤

1차 알코올은 사용하는 산화제 시약에 따라 알데하이드나 카복실산으로 산화된다. 일반적으로 실험실에서 알코올 산화반응에 이용되는 크롬산(CrO_3), 중크롬산 나트륨($Na_2Cr_2O_7$) 산화제는 1차 알코올을 카복실산으로 산화시킨다. 이 반응에서 중간체로 생성되는 알데하이드는 산화반응이 연속해서 너무 빠르게 진행하기 때문에 보통 분리할 수 없다. CrO_3를 황산수용액이나 아세톤에 혼합한 시약을 Jones'시약(Jones' reagent)이라 한다.

$$CH_3(CH_2)_6CH_2OH \xrightarrow[\text{reagent}]{\text{Jones'}} CH_3(CH_2)_6\overset{\overset{O}{\|}}{C}-OH$$

octan-1-ol　　　　octanoic acid

실험실에서 pyridinium chlorochromate (PCC, $C_5H_5NH^+ClCrO_3^-$)나 과아이오디네인(periodinane)과 같은 산화제를 사용하면 1차 알코올의 산화반응을 알데하이드 단계에서 중지시킬 수 있다. 이 시약은 다이클로로메탄(CH_2Cl_2) 용액에서 사용된다.

$$CH_3(CH_2)_6CH_2OH \xrightarrow[CH_2Cl_2]{PCC} CH_3(CH_2)_6\overset{\overset{O}{\|}}{C}-H$$

octan-1-ol　　　　octanal

2차 알코올은 쉽게 산화되어 케톤으로 전환된다.

$$\text{C}_6\text{H}_{11}-OH \xrightarrow[H_3O^+,\ \text{acetone}]{CrO_3} \text{C}_6\text{H}_{10}=O$$

cyclohenxanol　　　　cyclohexanone

(3) 에스터화 반응

알코올과 카복실산을 산 촉매 하에서 반응시키면 물을 잃어 에스터를 생성한다. 이때 알코올에 붙은 $-OH$ 대신에 카복실산의 $-OH$와 알코올의 H가 결합하여 물이 빠져나가고 에스터가 생성된다.

$$R-\overset{\overset{O}{\|}}{C}-O-H + H-O-R' \xrightarrow[\triangle]{H^+} R-\overset{\overset{O}{\|}}{C}-O-R' + H_2O$$

예를 들면, 아세트산과 에탄올을 산(H_2SO_4, HCl 등) 촉매 하에서 가열하면 아세트산 에틸(ethyl acetate)이 생긴다. 이 반응은 가역반응이고 혼합물을 평형이 될 때까지 환류시킨다.

$$H_3C-\overset{\overset{O}{\|}}{C}-OH + CH_3CH_2-OH \overset{H^+}{\rightleftarrows} H_3C-\overset{\overset{O}{\|}}{C}-O-CH_2CH_3 + H_2O$$

acetic acid　　ethanol　　　　ethyl acetate

(4) Williamson 에터 합성

알코올을 반응성이 큰 알칼리 금속(K, Na)이나 수소화 나트륨(NaH)과 같은 센 염기와 반응시켜 알콕시화 이온으로 변환시킨 후 할로젠화 알킬과 반응시키면 에터가 생성된다. 이 반응을 Williamson **합성**이라 한다.

$$2ROH + 2Na \rightarrow 2RO^- Na^+ + H_2$$

$$ROH + NaH \rightarrow RO^- Na^+ + H_2$$

$$RO^- Na^+ + R'X \rightarrow ROR' + Na^+X^-$$

$$CH_3CH_2{-}OH \xrightarrow{Na} CH_3CH_2{-}O^- Na^+ \xrightarrow{CH_3Br} CH_3CH_2{-}O{-}CH_3$$

ethanol　　sodium ethoxide　　ethyl methyl ether

cyclopentanol $\xrightarrow{NaH}$ sodium cyclopentyloxide $\xrightarrow{CH_3Br}$ cyclopentyl methyl ether

Williamson 합성은 메커니즘적으로 S_N2 반응으로 할로젠화 이온이 알콕시화 이온으로 치환되는 친핵성 치환반응이다. S_N2 치환반응에서와 같이 할로젠화 메틸 및 1차 할로젠화 알킬이 가장 좋은 기질이다(6.7절). 2차와 3차 할로젠화 알킬은 S_N2 치환반응보다는 오히려 E2 제거반응에 의해 알콕시화 염기와 반응하는 경향이 있기 때문에 에터 제조에는 적합하지 않다.

(5) 알코올과 할로젠화 수소의 반응

알코올은 할로젠화 수소(HCl, HBr, HI)와 반응하여 알코올의 −OH기가 할로젠과 치환되어 할로젠화 알킬 R−Cl, R−Br, R−I를 생성한다(6.3절).

$$R{-}OH + HX \rightarrow R{-}X + H_2O \quad (X = Cl, Br, I)$$

수용성의 3차 알코올이 가장 반응이 잘 진행되고, 2차 알코올은 보통이고, 1차 알코올은 반응이 상대적으로 매우 느리다. 예를 들면, 3차 알코올인 2-메틸프로판-2-올과 염화수소를 반응시키면 상온 또는 그 이하의 온도에서 수 분만에 염화 *tert*-뷰틸을 높은 수율로 얻을 수 있다. 그러나 1차 알코올인 1-뷰탄올은 진한 염산과 몇 시간동안 가열하여야 겨우 반응이 일어난다.

$$H_3C-\underset{CH_3}{\overset{CH_3}{C}}-OH + H-Cl \xrightarrow{25℃} H_3C-\underset{CH_3}{\overset{CH_3}{C}}-Cl + H_2O$$

2-methylpropan-2-ol　　　*tert*-butyl chloride

(6) 알코올과 PCl_5 및 $SOCl_2$와의 반응

모든 알코올은 실온에서 오염화인(phosphorus pentachloride)과 격렬하게 반응하여 염화수소 기체를 생성한다. 알코올의 R－O 결합이 끊어지고 알코올의 OH기가 염소 원자로 치환된다 (6.3절).

$$R-OH + PCl_5 \rightarrow R-Cl + POCl_3 + HCl$$

$$CH_3CH_2-OH + PCl_5 \rightarrow CH_3CH_2-Cl + POCl_3 + HCl$$

ethanol　phophorus pentachloride　choroethane　phosphorus oxychloride　hydrogen chloride

알코올로부터 순도가 좋은 할로젠화 알킬을 합성하는 방법으로 염화 싸이오닐(thionyl chloride)을 사용하는 것이다. 부산물로 이산화황과 염화수소가 발생된다.

$$R-OH + SOCl_2 \rightarrow R-Cl + SO_2 + HCl$$

$$CH_3CH_2CH_2-OH + SOCl_2 \rightarrow CH_3CH_2CH_2-Cl + SO_2 + HCl$$

propan-1-ol　thionyl chloride　1-choropropane　sulfur dioxide

알코올을 삼브롬화인(PBr_3)과 반응시키면 브롬화 알킬이 좋은 수득률로 얻어진다.

$$3H_2C=CH\overset{OH}{C}HCH_3 + PBr_3 \longrightarrow 3H_2C=CH\overset{Br}{C}HCH_3 + P(OH)_3$$

but-3-en-2-ol　phosphorus tribromide　3-bromobut-1-ene

문제 11 다음 반응 생성물을 예측하시오. 입체화학은 무시한다.

(1) $CH_3CH_2CH(CH_3)CH(OH)CH_3 \xrightarrow[\Delta]{H_2SO_4}$

(2) 2-methylcyclopentanol (OH, CH_3) $\xrightarrow[\Delta]{H_2SO_4}$

(3) $CH_3CH(Cl)CH_2CH_2OH \xrightarrow[\text{reagent}]{\text{Jones'}}$

(4) $CH_3CH(Cl)CH_2CH_2OH \xrightarrow[CH_2Cl_2]{PCC}$

(5) $C_6H_5CH(CH_3)OH \xrightarrow[H_3O^+,\ \text{acetone}]{CrO_3}$

(6) cyclohexyl–OH $\xrightarrow{HBr}$

(7) $CH_3CH(OH)CH_3 \xrightarrow{SOCl_2}$

(8) $CH_3CH_2CH_2CH_2OH \xrightarrow{PCl_5}$

(9) $CH_3CH_2{=}CHCH_2OH \xrightarrow{PBr_3}$

문제 12 다음 화합물을 Williamson 합성법으로 제조하시오.

(1) $CH_3CH_2CH_2OCH_3$

(2) $H_3C{-}C(CH_3)_2{-}O{-}CH_3$

(3) $H_3C{-}O{-}C_6H_{11}$ (cyclohexyl)

(4) $H_3C{-}CH(CH_3){-}O{-}CH_2{-}C_6H_5$

7.9 페놀의 제법과 용도

페놀은 역사적으로 제일차 세계대전에서 폭발성 물질인 picric acid (2,4,6-trinitrophenol)를 제조하는 원료물질로 사용되어 공업적 제조법이 발달하였다. 오늘날 페놀은 Bakelite 수지나 목재 등의 접착제인 페놀수지 같은 제품을 생산하는데 많은 양이 사용된다.

현재 대부분의 페놀은 아이소프로필벤젠(큐멘)으로부터 합성하고 있다(Hock공정). 이 방법은 벤젠과 프로펜을 출발물질로 하여 아세톤과 페놀을 동시에 합성할 수 있어 공업적으로 널리 사용되는 경제적인 방법이다. 합성은 3단계 과정으로 진행한다. 벤젠과 프로펜(프로필렌)을 Friedel-Crafts 알킬화반응에 의해 isopropylbenzene(cumene)을 만든다. 큐멘을 높은 온도

(100~135℃)에서 공기와 반응시키면 라디칼 반응에 의해 큐멘 과산화물(cumene hydroperoxide)이 생성되고, 이것을 묽은 황산으로 처리하면 페놀과 아세톤이 합성된다.

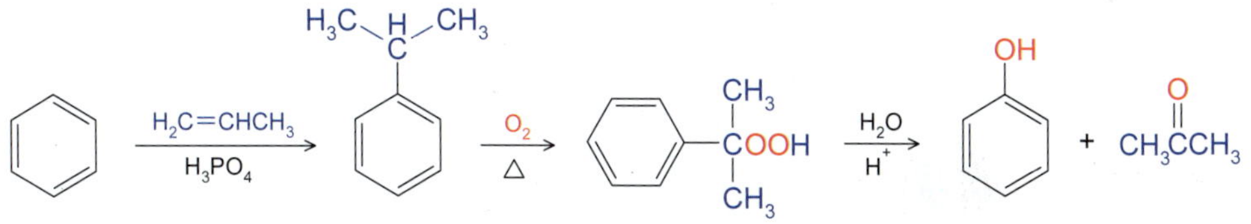

benzene → ($H_2C{=}CHCH_3$, H_3PO_4) → cumene → (O_2, △) → cumene hydroperoxide → (H_2O, H^+) → phenol + acetone (CH_3CCH_3)

benzene cumene cumene hydroperoxide phenol acetone

페놀은 수지와 접착제를 제조하는 용도 이외에 **항산화제**(antioxidants)를 합성하는 출발물질이다. 음식물이나 윤활유처럼 공기 중에서 쉽게 산화되는 물질에 페놀 화합물을 첨가하면 산화를 막을 수 있는데 이런 페놀 화합물은 항산화제로 작용한다. 상업적으로 개발된 대표적인 항산화제로 BHT (butylated hydroxytoluene)는 음식은 물론 식물성 기름, 윤활유, 합성고무, 여러 가지 플라스틱 제품의 산화방지제로 사용되고, BHA (butylated hydroxyanisole)는 특히 쇠고기 등 육류의 항산화제로 많이 사용된다.

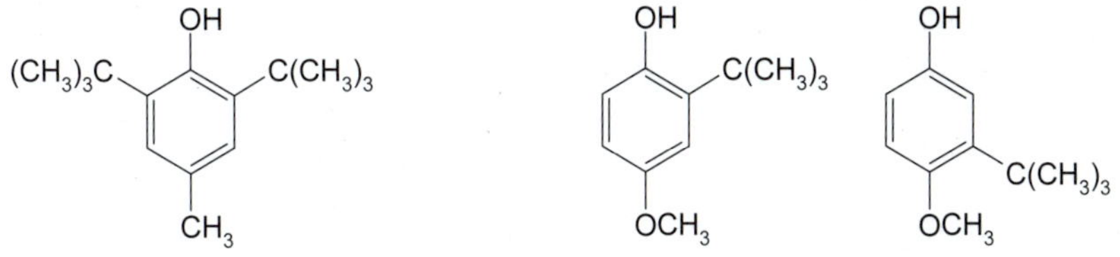

BHT BHA

자연계에 존재하는 페놀 화합물로 **비타민** E (α-tocopherol), **비타민** C (ascorbic acid)는 항산화제로서의 생물학적 작용을 하는 물질이다.

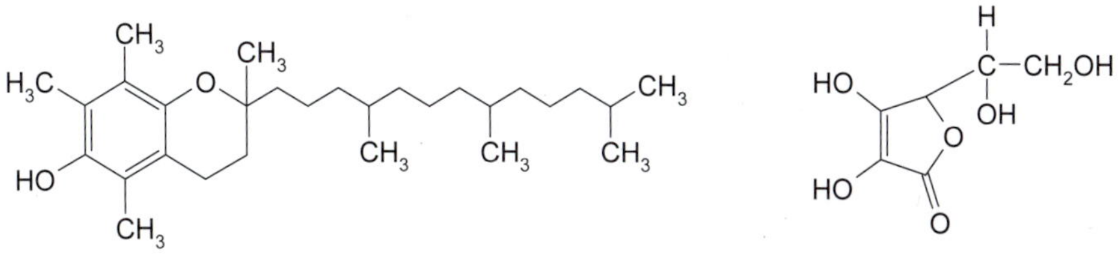

vitamin E (α-tocopherol) vitamin C (ascorbic acid)

7.10 페놀의 반응

(1) Williamson 에터 합성

페놀과 알코올은 모두 −OH기를 가지고 있으나 화학적 성질이 서로 매우 다르다. 알코올과 달리 페놀은 산으로 탈수반응이 일어나지 않으며 HX로 처리하여 할로젠화물로 전환되지 않는다. 그러나 페놀은 염기 존재하에 1차 할로젠화 알킬로 처리하면 S_N2 반응으로 에터로 전환된다. 페놀의 Williamson 에터 합성은 쉽게 일어나는데 그것은 알코올보다 산성이 더 커서 쉽게 페녹시화 음이온으로 변환되기 때문이다.

$$C_6H_5OH + CH_3CH_2CH_2Br \xrightarrow[\text{acetone}]{Na_2CO_3} C_6H_5\text{–}O\text{–}CH_2CH_2CH_3$$

phenol 1-bromopropane phenyl propyl ether

(2) 페놀의 친전자성 방향족 치환반응

페놀의 하이드록시기는 벤젠고리를 활성화시키는 작용기이므로 오쏘− 및 파라−지향의 친전자성 방향족 치환반응이 잘 일어난다(4.6절). 페놀은 친전자성 할로젠화 반응, 나이트로화 반응 및 설폰화 반응에 대한 반응성이 큰 기질이다. 예를 들면, 페놀은 혼산(질산+황산)으로 처리하면 나이트로화 반응이 일어나 오쏘− 및 파라−나이트로페놀을 합성할 수 있고, 브롬수로 브롬화 반응을 시켜 2,4,6-트라이브로모페놀을 합성할 수 있다.

$$C_6H_5OH + HONO_2 \xrightarrow{H_2SO_4} o\text{-}O_2NC_6H_4OH + O_2N\text{–}C_6H_4\text{–}OH + H_2O$$

phenol *o*-nitrophenol *p*-nitrophenol

$$C_6H_5OH + 3\,Br_2 \xrightarrow{FeBr_3} 2,4,6\text{-}Br_3C_6H_2OH$$

phenol 2,4,6-tribromophenol

(3) 페놀의 산화반응

페놀은 알코올처럼 산화되지 않는데 $-OH$기에 붙어 있는 탄소가 수소를 가지고 있지 않기 때문이다. 그러나 페놀은 중크롬산 나트륨과 같은 산화제와 반응하여 *p*-벤조퀴논(1,4-benzoquinone ; 황색, mp 116℃)을 생성한다. 이 물질은 오랫동안 흑백필름 현상액으로 사용되는 물질이다. 벤조퀴논은 산화와 환원이 쉽게 되는 흥미로운 화합물이다. 벤조퀴논은 $NaBH_4$나 $SnCl_2$에 의하여 쉽게 환원되어 하이드로퀴논(*p*-다이하이드록시벤젠)으로 변환되고, 하이드로퀴논은 중크롬산 나트륨에 의해 쉽게 산화되어 가역반응으로 다시 퀴논이 된다.

Phenol —OH $\xrightarrow[H_3O^+]{Na_2Cr_2O_7}$ O═(ring)═O $\underset{Na_2Cr_2O_7}{\overset{NaBH_4}{\rightleftharpoons}}$ HO—(ring)—OH

p-benzoquinone　　*p*-dihydroxybenzene (hydroquinone)

문제 13 다음 반응 생성물을 예측하시오.

(1) (o-nitrophenol: NO_2, —OH) + CH_3CH_2Br $\xrightarrow[acetone]{K_2CO_3}$

(2) Cl—(ring)—OH $\xrightarrow[FeCl_3]{Cl_2}$

(3) (ring)—OH, Br $\xrightarrow{NaOH}$

(4) (ring) OH, —OH $\xrightarrow[H_3O^+]{Na_2Cr_2O_7}$

7.11 에터의 합성

알코올을 알칼리 금속이나 NaH와 같은 센 염기와 반응시켜 알콕시화 이온으로 변환시킨 후 할로젠화 알킬과 반응시키면 에터가 생성되는 Williamson 합성법을 7.8절에서 배웠다. 또한 페놀의 Williamson 에터 합성도 같은 방법으로 합성된다는 것도 알아보았다(7.10절). 이때 할로젠화 메틸과 1차 할로젠화 알킬이 에터 합성에 가장 좋은 기질임을 명심하자. 2차 및 3차 할로젠화 알킬은 에터가 합성되지 않는다.

$$\text{cyclohexanol (C}_6\text{H}_{11}\text{OH)} \xrightarrow{\text{Na}} \text{C}_6\text{H}_{11}\text{O}^- \text{Na}^+ \xrightarrow{CH_3Br} \text{C}_6\text{H}_{11}\text{OCH}_3$$

cyclohexanol　　sodium cyclohexyloxide　　cyclohexyl methyl ether

$$\text{phenol (C}_6\text{H}_5\text{OH)} \xrightarrow{\text{NaH}} \text{C}_6\text{H}_5\text{O}^- \text{Na}^+ \xrightarrow{CH_3Br} \text{C}_6\text{H}_5\text{OCH}_3$$

phenol　　sodium phenoxide　　methyl phenyl ether

그 외에 알코올 이분자를 황산과 같은 산 촉매 하에서 가열하면 탈수반응이 진행되어 에터가 생성된다. 이 반응은 대부분 대칭인 R－O－R 형태의 에터를 합성하는데 유용하다. 이 반응은 1차 알코올만이 효과적으로 반응한다. 2차 알코올 및 3차 알코올은 주로 제거반응이 일어나 알켄을 생성한다(6.7절). 알코올의 탈수 반응은 보통 진한 황산과 과량의 알코올을 사용한다.

$$2\ RCH_2OH \xrightarrow[\text{heat}]{H_2SO_4} RCH_2-O-CH_2R + H_2O$$

$$2\ CH_3CH_2OH \xrightarrow[140℃]{H_2SO_4} CH_3CH_2-O-CH_2CH_3 + H_2O$$

7.12 에터의 반응

에터는 반응성이 거의 없기 때문에 산이나 염기와 반응하지 않고 환원도 잘 되지 않는다. 이러한 성질 때문에 에터는 반응 용매로 주로 사용된다. 에터는 유일하게 HBr이나 HI의 수용액에 의해 절단되는 반응을 한다. HBr, HI를 에터에 넣고 가열하면 에터결합이 깨지면서 알코올과 할로젠화 알킬이 생성된다.

$$R-\ddot{O}-R' + H^+ \rightleftharpoons R-\overset{H}{\overset{|}{\ddot{O}^+}}-R' \xrightarrow{X^-} RX + R'OH$$

$$CH_3CH_2CH_2-O-CH_2CH_2CH_3 + HBr \xrightarrow{\Delta} CH_3CH_2CH_2Br + CH_3CH_2CH_2OH$$

dipropyl ether　　1-bromopropane　　propan-1-ol

이 반응은 전형적인 친핵성 치환반응으로 에터의 구조에 따라 S_N1 혹은 S_N2 메커니즘으로 일어난다. 1차 및 2차 알킬기를 가진 에터는 S_N2 경로로 반응하는데, 에터의 산소는 입체적으로 방해가 많은 알킬기에 붙고 할로젠화 이온은 입체적으로 방해가 적은 알킬기에 붙는다. 예를 들면, 에틸 아이소프로필 에터는 HBr에 의해 끊어져 입체적으로 방해가 큰 기인 아이소프로필기에 에터의 산소가 붙어 아이소프로필 알코올이 되고, 브롬화 이온은 입체적인 방해가 적은 에틸기에 붙어 브로모에테인을 생성한다.

$$CH_3\underset{}{\overset{CH_3}{\overset{|}{C}}}H-O-CH_2CH_3 \xrightarrow[\Delta]{HBr} CH_3\overset{CH_3}{\overset{|}{C}}H-OH + CH_3CH_2Br$$

ethyl isopropyl ether　　isopropyl alcohol　　bromoethane

$$C_6H_5-O-CH_3 \xrightarrow[\Delta]{HI} C_6H_5-OH + CH_3I$$

methyl phenyl ether　　phenol　　iodomethane

반면에 3차 알킬기와 1차 알킬기를 가진 에터에서는 3차 알킬기는 안정한 탄소양이온 중간체를 생성할 수 있으므로 S_N1 반응 메커니즘에 따라 절단된다. 이 경우에는 3차 알킬기에 할로젠화 이온이 결합하고 입체적으로 방해가 적은 알킬기에 에터의 산소가 붙어 알코올을 만든다.

$$H_3C-\underset{CH_3}{\underset{|}{\overset{CH_3}{\overset{|}{C}}}}-O-CH_3 \xrightarrow[\Delta]{HBr} H_3C-\underset{CH_3}{\underset{|}{\overset{CH_3}{\overset{|}{C}}}}-Br + CH_3OH$$

tert-butyl methyl ether　　2-bromo-2-methylpropane　　methanol

문제 14 프로판-1-올을 황산 촉매 하에서 반응시켜 다이프로필 에터(dipropyl ether)를 합성하는 반응식을 쓰시오.

문제 15 페닐 프로필 에터(phenyl propyl ether)의 합성법을 제시하시오.

문제 16 다음 반응 생성물을 예측하시오.

(1) 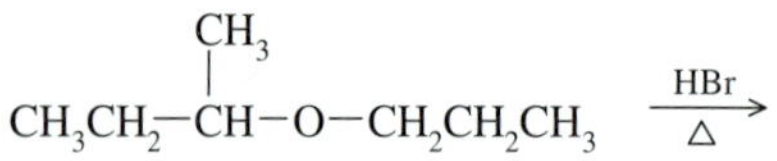 $CH_3CH_2-CH(CH_3)-O-CH_2CH_2CH_3 \xrightarrow[\Delta]{HBr}$

(2) $C_6H_5-C(CH_3)_2-O-CH_2CH_3 \xrightarrow[\Delta]{HI}$

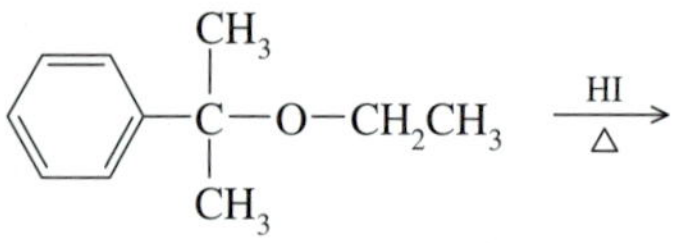

7.13 고리형 에터 : 에폭시화물

산소 원자를 포함한 3원자 고리화합물을 **에폭시화물**(epoxide)이라고 한다. 에폭시화물은 C−O−C가 삼각고리를 형성하여 고리에 존재하는 스트레인(strain) 에너지 때문에 에터와는 달리 반응성이 훨씬 큰 물질이다.

에폭시화물의 IUPAC명은 알케인의 에폭시(epoxy) 유도체로서 명명한다. 즉, 알케인명 앞에 접두어 '에폭시(epoxy)'를 붙여서 명명하고 산소고리의 위치를 나타내는 숫자를 되도록 작은 번호가 되게 하여 명명한다. 관용명은 알켄의 관용명 뒤에 '옥사이드(oxide)'를 붙여서 부른다. 한글명은 '산화' 뒤에 알켄의 관용명을 붙여서 명명한다. **옥시레인**(oxirane)이라고 부르기도 한다.

	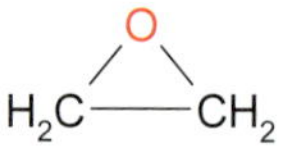 H_2C-CH_2 (O 고리)	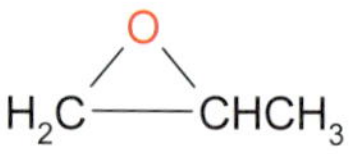 $H_2C-CHCH_3$ (O 고리)
IUPAC명	epoxyethane	1,2-epoxypropane
관용명	ethylene oxide (산화 에틸렌) oxirane (옥시레인)	propylene oxide (산화 프로필렌) methyloxirane (메틸옥시레인)

1,2-epoxycyclohexane

trans-2,3-epoxybutane

상업적으로 중요한 에폭시화물인 산화 에틸렌(ethylene oxide)은 에틸렌을 은(Ag) 촉매 하에서 산화시켜 얻는다. 이 생성물은 다시 산 촉매 하에서 물과 반응(가수분해)시키면 다이올(diol)인 글라이콜(glycol)로 전환된다.

$$H_2C{=}CH_2 \xrightarrow[\text{Ag 촉매}]{O_2} \text{ethylene oxide} \xrightarrow[H^+]{H_2O} HOCH_2{-}CH_2OH$$

ethylene (ethane) — ethylene oxide (epoxyethane) — ethylene glycol (ethane-1,2-diol)

에틸렌의 에폭시화 반응 후에 가수분해 반응으로 만들어지는 에틸렌 글라이콜은 자동차 부동액 및 폴리에스터 섬유 제조에 대부분 사용된다. 그러나 위 에폭시화 반응은 산화 에틸렌 합성에만 유용하며 대부분의 다른 에폭시화 반응은 알켄을 과산화산(peroxy acid, RCO_3H)으로 처리하여 산화시켜 에폭시화물을 얻는다. 과산화산으로는 주로 메타-클로로과산화벤조산(*m*-chloroperoxybenzoic acid)이 주로 사용된다.

$$\text{cyclohexene} + R{-}C(=O){-}O{-}O{-}H \xrightarrow{CH_2Cl_2\ \text{용매}} \text{1,2-epoxycyclohexane} + R{-}C(=O){-}O{-}H$$

cyclohexene — peroxy acid — 1,2-epoxycyclohexane — carboxylic acid

에폭시화물은 다른 에터와 마찬가지로 산으로 처리하면 절단되어 고리가 열린다. 에폭시화물을 묽은 산 수용액으로 처리하면 1,2-다이올로 변환된다. 이때 생성물은 트랜스 입체화학을 갖는다.

$$\text{1,2-epoxycyclohexane} \xrightarrow[H^+]{H_2O} \textit{trans}\text{-cyclohexane-1,2-diol}$$

1,2-epoxycyclohexane — *trans*-cyclohexane-1,2-diol

또한 에폭시화물을 할로젠화 수소인 HX (HCl, HBr, HI)로 처리하면 **할로하이드린**(halohydrin)이라 부르는 할로젠 알코올로 변환된다. 생성물은 트랜스 형태의 화합물이 얻어진다.

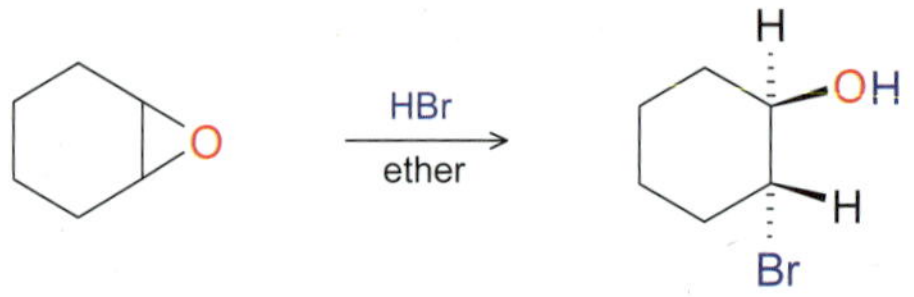

$\xrightarrow[\text{ether}]{\text{HBr}}$

1,2-epoxycyclohexane *trans*-2-bromocyclohexanol

문제 17 다음 화합물의 IUPAC명을 적으시오.

(1) 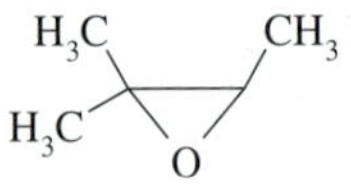 (2)

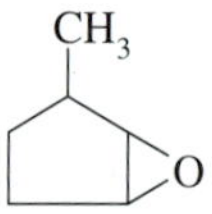

문제 18 다음 화합물을 산 수용액으로 처리하여 생성되는 화합물의 구조식을 나타내시오. 생성물의 입체화학은 어떻게 되는가? 생성물의 거울상 이성질체를 나타내고 각각 명명하시오.

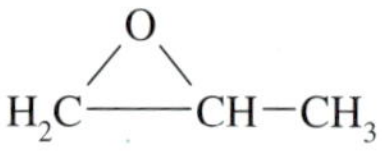

문제 19 다음 반응생성물을 적으시오.

(1) 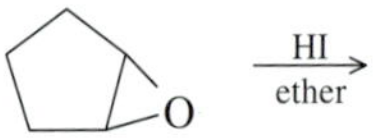 $\xrightarrow[\text{ether}]{\text{HI}}$ (2) 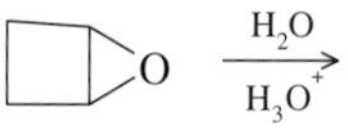 $\xrightarrow[H_3O^+]{H_2O}$

7.14 싸이올과 황화합물

알코올의 황 유사체인 R−SH를 **싸이올**(thiol)이라 한다. −SH기는 **설파닐기**(sulfanyl group)라 한다 [머캅토(mercapto)기는 IUPAC PIN(2004)에서 허용하지 않고 있다]. 탄소−탄소 사슬이 황으로 연결된 에터의 황 유사체인 R−S−R'은 **황화물**(sulfide)이라 한다.

싸이올 RSH의 IUPAC명은 알코올의 명명법과 유사하며 알코올의 접미어 −올(−ol) 대신에 −싸이올(−thiol)을 붙여서 명명한다. 번호를 붙일 때는 −SH기를 포함하고 있는 탄소의 위치에 낮은 번호가 되게 하고 −thiol 앞에 번호를 붙인다. 관용명은 **머캅탄**(mercaptan)이라고도 하며, 알킬기 이름 뒤에 머캅탄을 붙여서 명명한다 (IUPAC규약에서는 머캅탄을 사용하지 않기를 권고하고 있으나 산업현장에서는 아직도 종종 사용되고 있는 실정으로 여기서는 참고로 제공한다).

방향족 싸이올은 **벤젠싸이올**(benzenethiol)로 하여 그 유도체로 명명한다. 2004년 개정된 IUPAC PIN (preferred IUPAC name) 규약에는 싸이오페놀(thiophenol)은 허용하지 않고 있다.

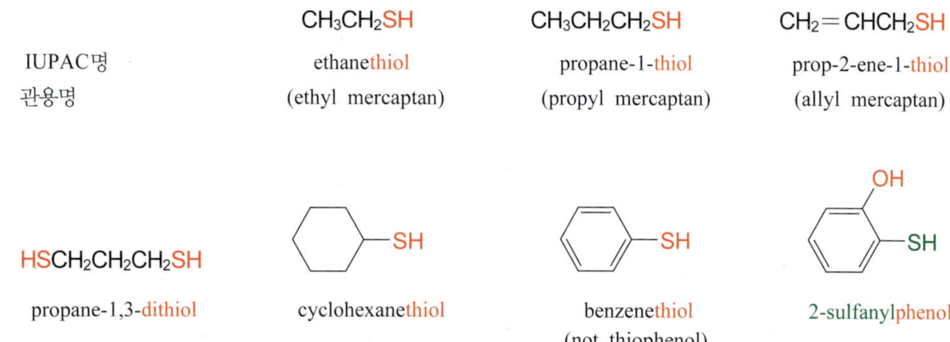

황화물(sulfide)의 관용명은 에터와 유사하다. 즉, 알킬기 또는 아릴기의 유기기를 알파벳순으로 쓰고 설파이드(sulfide)를 뒤에 붙인다. 복잡한 화합물에 대해서는 IUPAC명으로 가장 긴 탄소사슬을 모체명으로 하고 RS−를 **알킬설파닐기**(alkylsulfanyl group)로 보고 명명한다. 이때 유기기의 이름에 괄호를 붙이는 것에 유의하자. [RS−기 이름으로 알킬싸이오(alkylthio)는 현재 허용하지 않고 있다].

$H_3C-S-CH_3$
(methylsulfanyl)methane*
dimethyl sulfide

$C_6H_5-S-CH_2CH_3$
(ethylsulfanyl)benzene*
ethyl phenyl sulfide

$S-CH_3$
3-(methylsulfanyl)cyclohexene

싸이올은 지독한 냄새가 나는 것이 특징이다. 메테인이나 프로페인 및 뷰테인은 무색 무취의 탄화수소 화합물로 이것들을 액화가스 연료로 사용시 가스가 새는 것을 감지하기 위하여 방향제로 에테인싸이올 등을 소량 첨가하여 사용하고 있다. 양파 냄새는 프로페인-1-싸이올에 기인한다.

싸이올의 합성은 할로젠화 알킬을 알킬설파닐기 −SH의 친핵성 치환반응 S_N2 반응으로 얻을 수 있다(6.5절).

$$CH_3CH_2CH_2Br + Na^+SH^- \longrightarrow CH_3CH_2CH_2SH + Na^+Br^-$$

1-bromopropane propane-1-thiol

싸이올은 알코올보다 강한 산성을 띤다. 따라서 싸이올은 염기성 수용액과 반응하여 싸이올산염(thiolate)를 생성한다. 싸이올산 음이온(RS^-)을 1차 또는 2차 할로젠화 알킬과 반응시키면 Williamson 에터 합성과 유사한 반응으로 설파이드가 합성된다.

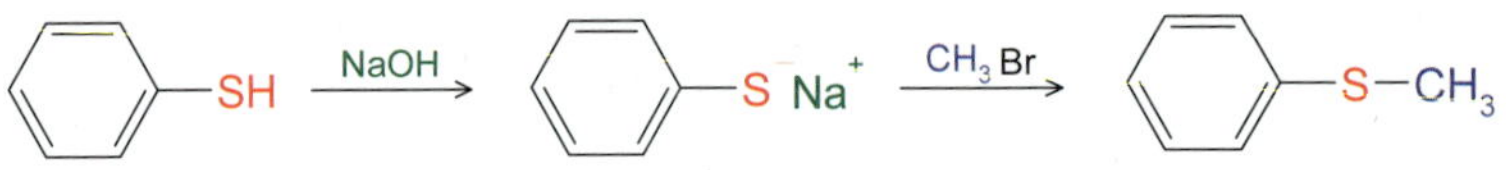

$$C_6H_5-SH \xrightarrow{NaOH} C_6H_5-S^- Na^+ \xrightarrow{CH_3Br} C_6H_5-S-CH_3$$

benzenethiol　　sodium benzenethiolate　　(methylsulfanyl)benzene

싸이올은 과산화수소(H_2O_2)나 브롬(Br_2) 또는 요오드(I_2)에 의하여 쉽게 산화되어 다이설파이드(disulfide) R－S－S－R로 전환된다. RSSR의 계통명은 (alkyldisulfanyl)alkane으로 부른다. 다이설파이드는 아연 금속으로 아세트산 용액 중에서 환원시키면 싸이올로 되돌아간다.

$$2\,R-SH \underset{Zn,\ H^+}{\overset{I_2}{\rightleftharpoons}} R-S-S-R + 2\,HI$$

thiol　　disulfide

$$2\,CH_3-SH \underset{Zn,\ H^+}{\overset{Br_2}{\rightleftharpoons}} CH_3-S-S-CH_3 + 2\,HBr$$

methanethiol　　(methyldisulfanyl)methane
dimethyl disulfide

다이메틸 다이설파이드는 수컷 쥐를 유인하기 위한 암컷 쥐에서 분비되는 성유인물로 알려져 있다. 자연계에 존재하는 다이설파이드로 마늘 냄새에는 diallyl disulfide ($CH_2=CHCH_2-S-S-CH_2CH=CH_2$)가 들어 있다.

문제 20 다음 화합물을 명명하시오.

(1) $CH_3CH(CH_3)CH_2SH$

(2) 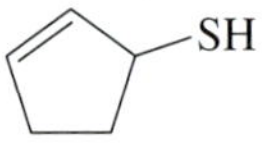 2-cyclopentenyl–SH (cyclopentene ring with SH)

(3) $CH_3CH(CH_3)-S-CH_2CH_3$

(4) $HS-CH_2CH_2CH_2CH_2-SH$

(5) 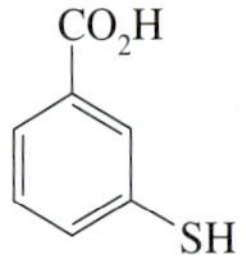 benzene ring with CO_2H and SH (meta)

(6) 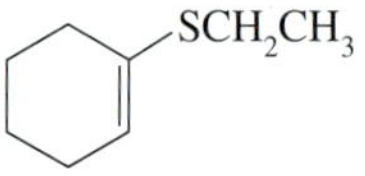 cyclohexene ring with SCH_2CH_3 on the double-bond carbon

문제 21 스컹크에서 나는 냄새의 하나는 뷰트-2-엔-1-싸이올(but-2-ene-1-thiol)이다. 적당한 알코올로부터 시작하여 합성하는 방법을 제시하시오.

문제 22 할로젠화 알킬로부터 다이메틸 설파이드(dimethyl sulfide)를 합성하는 법을 예시하시오.

반응요약

1. 알코올 합성	
(1) 카보닐 화합물의 환원 a) 알데하이드	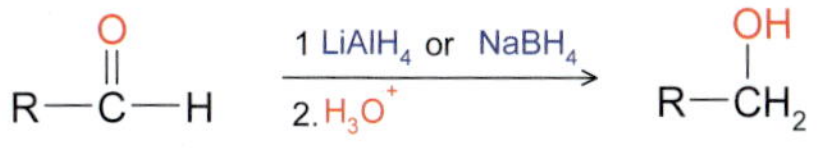 $R-C(=O)-H \xrightarrow[2.\ H_3O^+]{1\ LiAlH_4\ or\ NaBH_4} R-CH_2-OH$ 1차 알코올
b) 케톤	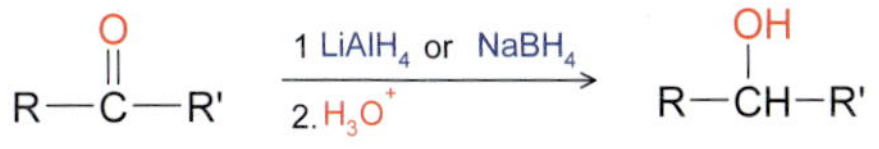 $R-C(=O)-R' \xrightarrow[2.\ H_3O^+]{1\ LiAlH_4\ or\ NaBH_4} R-CH(OH)-R'$ 2차 알코올
c) 카복실산	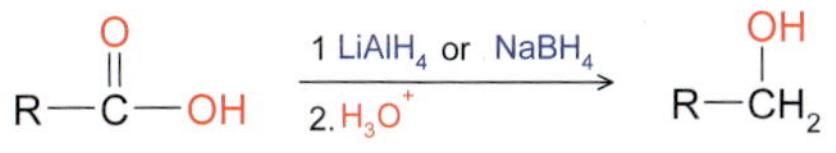 $R-C(=O)-OH \xrightarrow[2.\ H_3O^+]{1\ LiAlH_4\ or\ NaBH_4} R-CH_2-OH$ 1차 알코올
d) 에스터	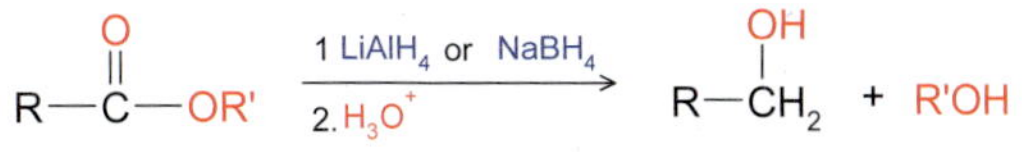 $R-C(=O)-OR' \xrightarrow[2.\ H_3O^+]{1\ LiAlH_4\ or\ NaBH_4} R-CH_2-OH + R'OH$ 1차 알코올
2. 알코올 반응	
(1) 탈수반응	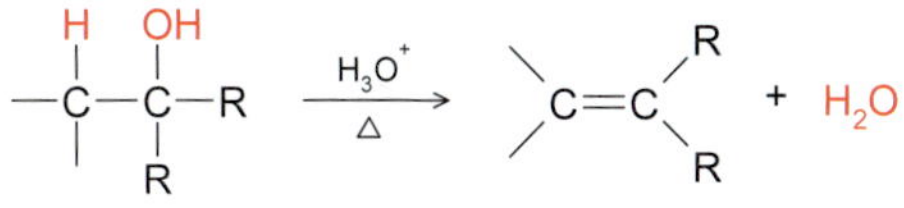 $-C(H)-C(OH)(R)-R \xrightarrow[\Delta]{H_3O^+} C=C(R)(R) + H_2O$
(2) 산화반응 a) 1차 알코올	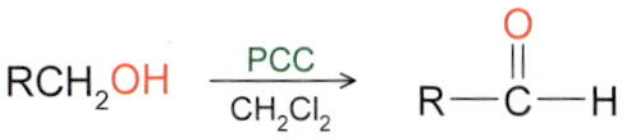 $RCH_2OH \xrightarrow[CH_2Cl_2]{PCC} R-C(=O)-H$ 알데하이드 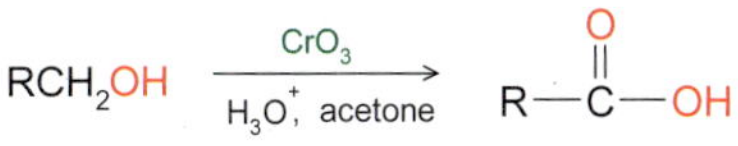 $RCH_2OH \xrightarrow[H_3O^+,\ acetone]{CrO_3} R-C(=O)-OH$ 카복실산
b) 2차 알코올	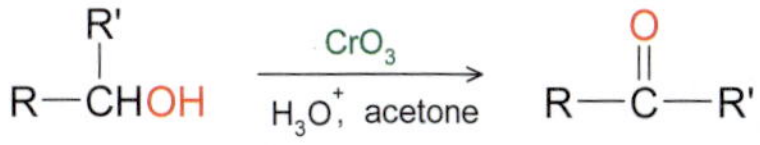 $R-CH(R')OH \xrightarrow[H_3O^+,\ acetone]{CrO_3} R-C(=O)-R'$ 케톤

3. 에터의 합성	
Williamson 합성	R−OH $\xrightarrow[\text{2. R'CH}_2\text{Br}]{\text{1. NaH}}$ R−O−CH_2R' + NaBr
4. 에터의 반응	
HBr 또는 HI에 의한 산성 절단	R−O−R' $\xrightarrow[\Delta]{\text{HX}}$ R−OH + R'X
5. 에폭시화물의 반응	
(1) 산성 수용액에 의한 에폭시화물의 고리열림 반응	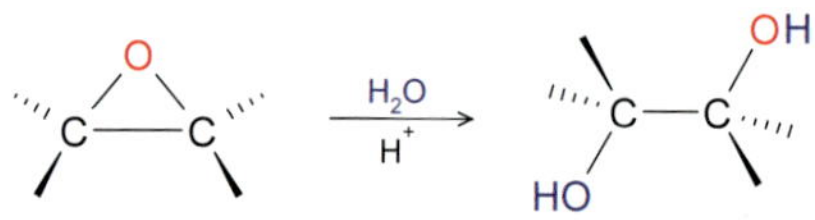 에폭시화물 $\xrightarrow[\text{H}^+]{\text{H}_2\text{O}}$ HO−C−C−OH
(2) HX와의 할로하이드린화 반응 (X=Cl, Br, I)	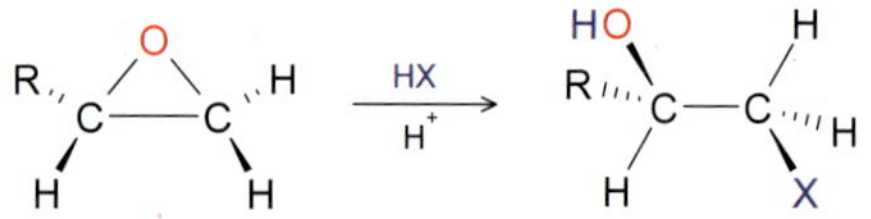 R, H, H, H 치환 에폭시화물 $\xrightarrow[\text{H}^+]{\text{HX}}$ HO, R, H−C−C−H, H, X
6. 페놀의 반응	
(1) 친전자성 방향족 치환반응	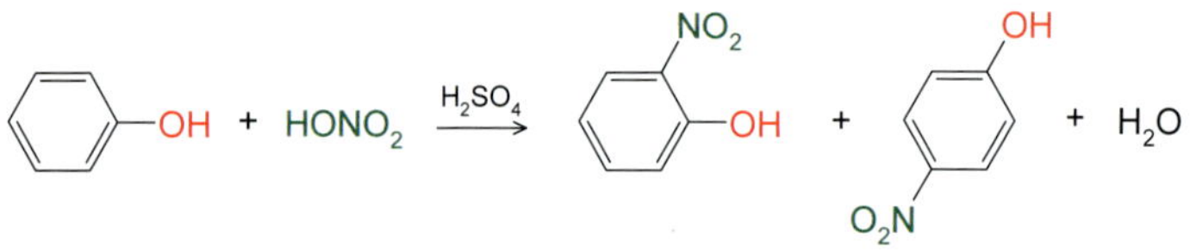 페놀(−OH) + $HONO_2$ $\xrightarrow{\text{H}_2\text{SO}_4}$ o-나이트로페놀(NO_2, −OH) + p-나이트로페놀(OH, O_2N) + H_2O
(2) 산화반응	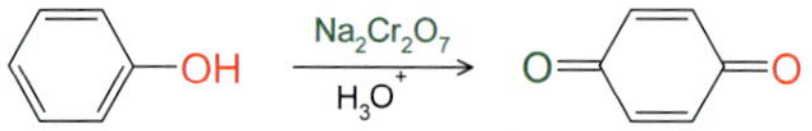 페놀(−OH) $\xrightarrow[\text{H}_3\text{O}^+]{\text{Na}_2\text{Cr}_2\text{O}_7}$ O=(벤조퀴논)=O
7. 싸이올의 합성	RCH_2Br $\xrightarrow[\text{2. H}_2\text{O, NaOH}]{\text{1. HS}^-}$ RCH_2SH

23. 다음 화합물을 명명하시오.

(1) 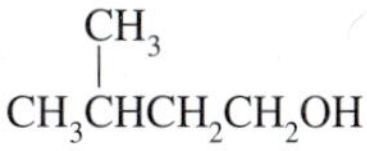 $CH_3CH(CH_3)CH_2CH_2OH$

(2) 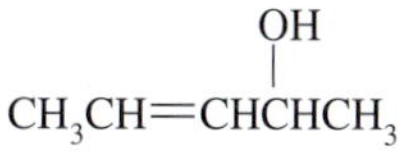 $CH_3CH{=}CHCH(OH)CH_3$

(3) $CH_3CH(CH_3){-}O{-}CH_2CH_2CH_3$

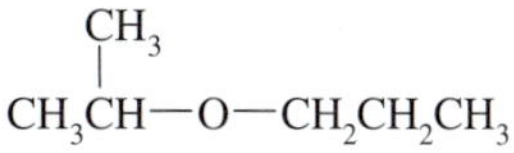

(4) 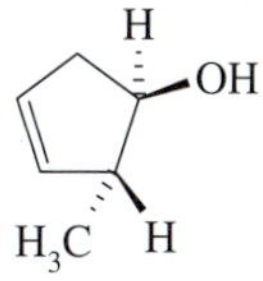 (cyclopentene ring with H, OH and H_3C, H wedge/dash substituents)

(5) 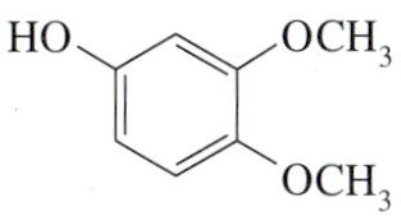 HO, OCH_3, OCH_3 (substituted benzene ring)

(6) 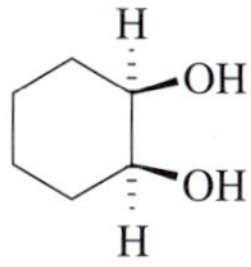 (cyclohexane ring with H, OH, OH, H)

(7) 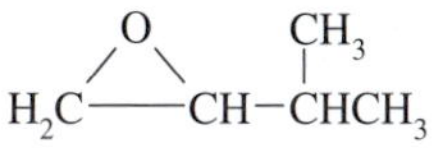 $H_2C{-}CH$ (O epoxide ring) ${-}CH(CH_3)CH_3$

(8) 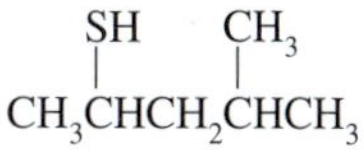 $CH_3CH(SH)CH_2CH(CH_3)CH_3$

(9) 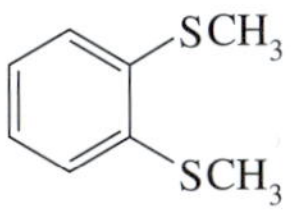 SCH_3, SCH_3 (benzene ring)

(10) 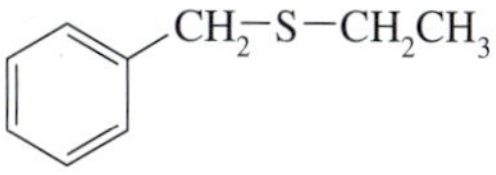 (benzene ring)${-}CH_2{-}S{-}CH_2CH_3$

24. 다음 화합물에 해당하는 구조식을 그리시오.

(1) 2,2-dimethylbutan-1-ol
(2) *p*-chlorophenol
(3) butane-1,4-diol
(4) *trans*-3-methylcyclohexanol
(5) 2-methylprop-2-en-1-ol
(6) 2,4-dimethoxybenzoic acid
(7) propyl vinyl ether
(8) 4-allyl-2-methoxyphenol
(9) 2,3-dimethylhexane-3-thiol
(10) *sec*-butyl methyl sulfide

25. 포장식품의 보존제로 쓰이는 BHA, BHT 화합물의 IUPAC명을 적으시오.

(힌트: BHT는 톨루엔과 페놀의 유도체로 명명할 수 있으나, 페놀의 유도체로 부르는 경향이 강함. 7.9절 참조)

26. 다음 알코올을 명명하고 각각 1차, 2차, 3차 알코올로 분류하시오.

(1) 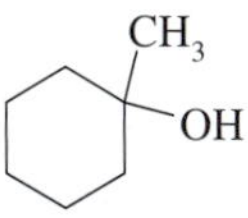 CH_3, OH (cyclohexane ring)　(2) OH (chain with double bond)　(3) OH (cyclopentene ring)

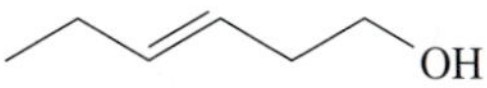

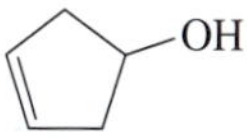

27. 다음 알켄들은 어떤 알코올을 산 촉매 하에서 처리하여 만들 수 있는가?

(1) $CH_3CH_2CH{=}CHCH_3$ (2) 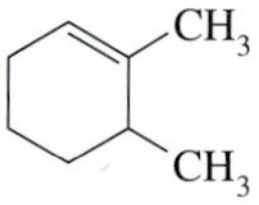 CH_3 CH_3

28. 다음 알코올을 삼산화 크롬산(CrO_3)으로 황산 수용액 중에서 산화시키면 생성되는 화합물을 적으시오

(1) 사이클로펜탄올 (2) 펜탄-2-올 (3) 펜탄-1-올

29. 다음 생성물을 얻으려면 어떤 알코올을 산화시켜야 하는가?

(1) 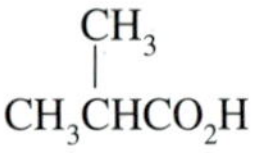 $CH_3CH(CH_3)CO_2H$ (2) O, C—CH_3 (3) CHO

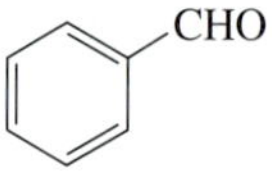

30. 다음 에터를 합성하는 법을 제시하시오.

(1) 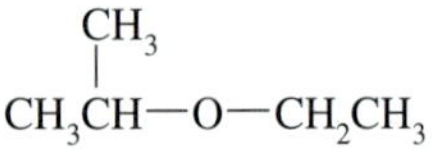 $CH_3CH(CH_3)—O—CH_2CH_3$ (2) 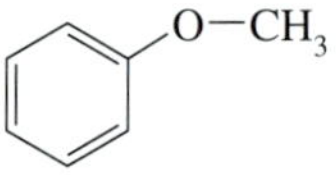 O—CH_3 (3) O—CH_2CH_3

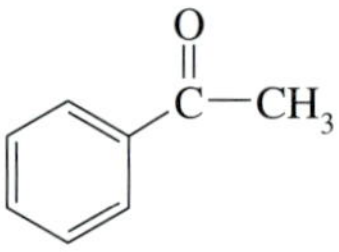

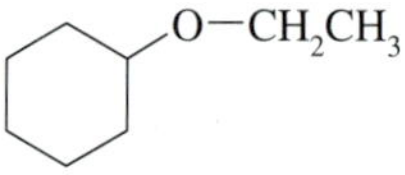

31. 다음 다이사이클로헥실 에터를 합성하는 데 Williamson 에터 합성법을 쓸 수가 없다. 그 이유를 설명하시오.

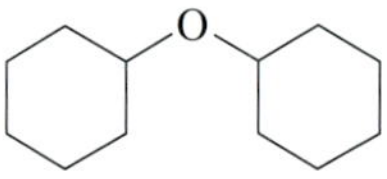

O

32. 다음 에터와 HI의 반응 생성물을 쓰시오.

(1) 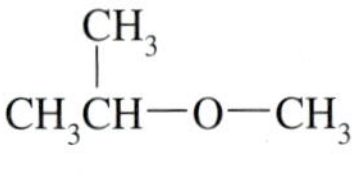 $CH_3CH(CH_3)—O—CH_3$ (2) 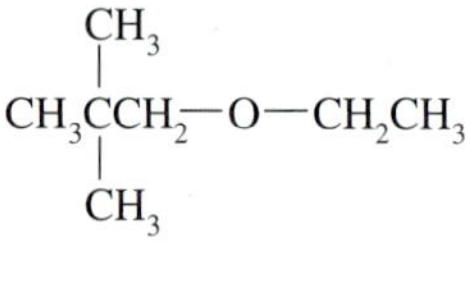 $CH_3C(CH_3)_2CH_2—O—CH_2CH_3$ (3) 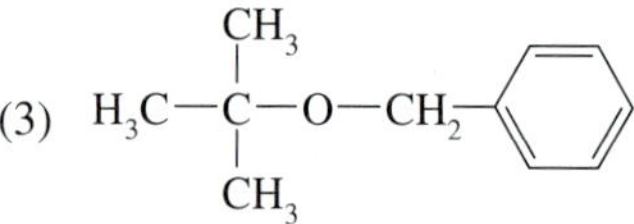

33. 사이클로헥산올로부터 다음 화합물을 합성하는 법을 제시하시오.

(1)  (2) 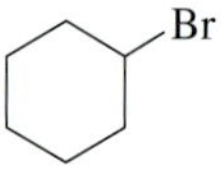 Br (3) 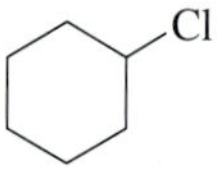 Cl

(4) 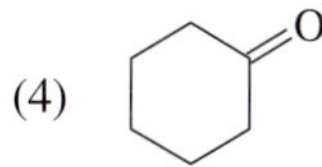　　(5) 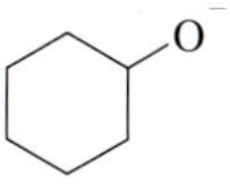　　(6)

34. 다음 반응의 생성물을 적으시오.

(1)  $CH_3CH(CH_3)CH_2OH \xrightarrow{\text{Jones' reagent}}$

(2) 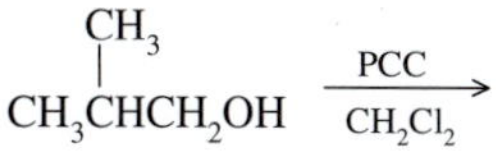 $CH_3CH(CH_3)CH_2OH \xrightarrow[CH_2Cl_2]{PCC}$

(3) $CH_3CH_2CH(OH)CH_3 \xrightarrow[H^+,\ \text{acetone}]{CrO_3}$

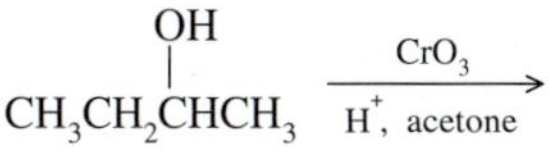

(4) 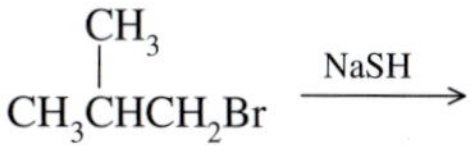 $CH_3CH(CH_3)CH_2Br \xrightarrow{NaSH}$

(5) 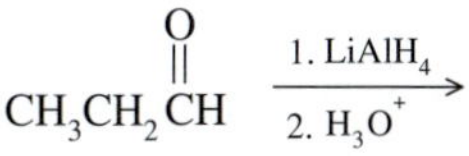 $CH_3CH_2\overset{O}{\overset{\|}{C}}H \xrightarrow[2.\ H_3O^+]{1.\ LiAlH_4}$

(6) 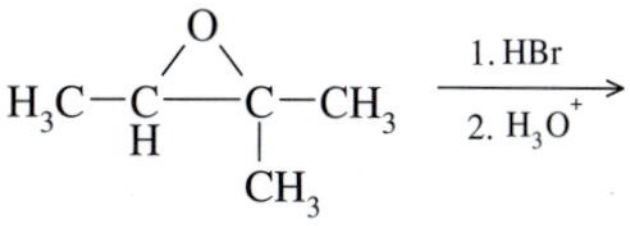 $H_3C-\underset{H}{C}-\underset{CH_3}{C}-CH_3$ (O 에폭사이드) $\xrightarrow[2.\ H_3O^+]{1.\ HBr}$

(7) 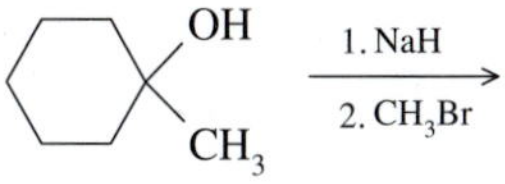 OH, CH_3 $\xrightarrow[2.\ CH_3Br]{1.\ NaH}$

(8) 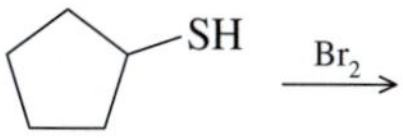 SH $\xrightarrow{Br_2}$

(9) $HCHO + CH_3CH_2MgBr \xrightarrow[2.\ H_3O^+]{1.\ \text{ether}}$

(10) 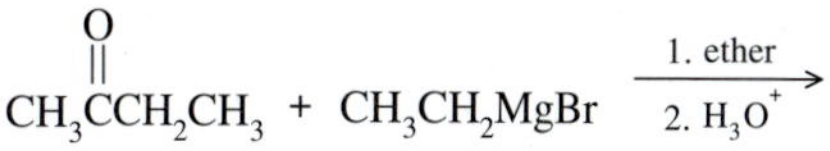 $CH_3\overset{O}{\overset{\|}{C}}CH_2CH_3 + CH_3CH_2MgBr \xrightarrow[2.\ H_3O^+]{1.\ \text{ether}}$

35. 다음 반응에 사용되는 시약을 밝히시오.

(1) 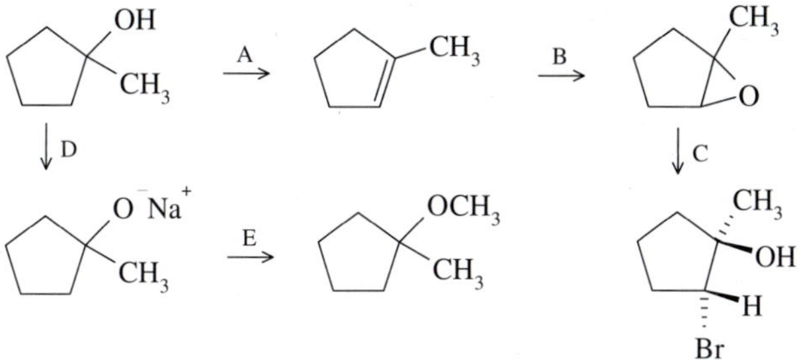 OH, CH_3 $\xrightarrow{A}$ CH_3 $\xrightarrow{B}$ CH_3, O

↓D　　　　　↓C

O^-Na^+, CH_3 $\xrightarrow{E}$ OCH_3, CH_3　　CH_3, OH, H, Br

(2) 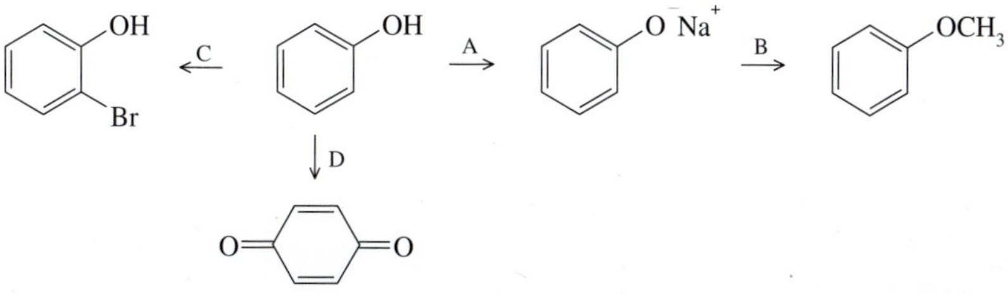 OH, Br $\xleftarrow{C}$ OH $\xrightarrow{A}$ O^-Na^+ $\xrightarrow{B}$ OCH_3

↓D

O=　=O

8장
알데하이드와 케톤

8.1 서론
8.2 카보닐기의 구조 및 성질
8.3 알데하이드와 케톤의 명명법
8.4 알데하이드와 케톤의 합성
8.5 카보닐 화합물의 친핵성 첨가반응 메커니즘
8.6 알데하이드와 케톤의 친핵성 첨가반응
8.7 알데하이드와 케톤의 환원반응
8.8 알데하이드와 케톤의 산화반응
8.9 케토-엔올 토토머화

8.1 서론

카보닐기(carbonyl group), C=O는 탄소에 산소가 이중결합으로 연결된 작용기로 유기화학과 생물화학에서 가장 중요한 작용기이다. 카보닐기를 가진 화합물은 많은 의약품의 합성에서, 자연계의 살아있는 유기체들이 필요한 비타민, 아미노산, 단백질 등과 과일의 향, 그리고 생물의 대사과정 및 성호르몬에 이르기까지 생물학적 경로의 많은 물질에서 발견된다. 카보닐기를 가지고 있는 화합물은 알데하이드와 케톤, 그리고 카복실산과 그 유도체들이다. 화학산업에서 알데하이드와 케톤은 간단한 용매로 사용되고 또한 상업적으로 필요한 다양한 유기화합물을 합성하는 출발물질로 널리 이용되고 있다. 가장 간단한 폼알데하이드는 가구나 합판, 칩보드 등의 접착제 제조에 사용되고 아세톤은 산업용 용매로 널리 쓰이고 있다. 카보닐기를 가지고 있으나 아실기를 가진 카복실산 유도체들은 다음 장에서 다루기로 하고 여기서는 알데하이드와 케톤을 배우기로 한다.

알데하이드(aldehyde)는 카보닐기의 탄소 원자에 수소 원자 한 개가 결합된 화합물로 일반식이 RCHO이다. 여기서 R은 수소 또는 알킬기 혹은 아릴기이다.

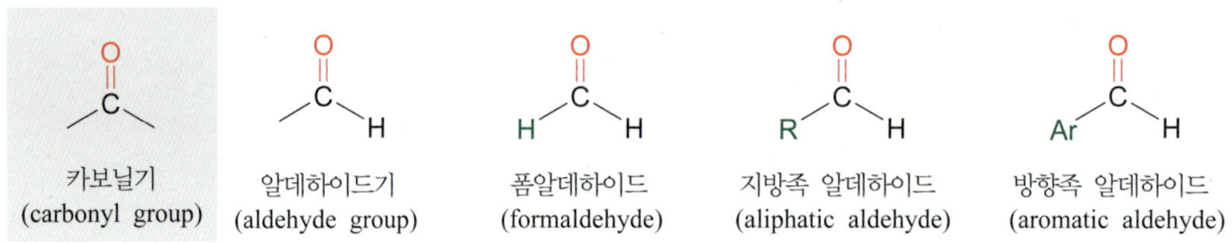

카보닐기 (carbonyl group) | 알데하이드기 (aldehyde group) | 폼알데하이드 (formaldehyde) | 지방족 알데하이드 (aliphatic aldehyde) | 방향족 알데하이드 (aromatic aldehyde)

케톤(ketone)은 카보닐기의 탄소에 다른 탄소 원자 두 개가 결합된 화합물로 일반식은 RCOR이다. 케톤의 형태는 다음과 같다.

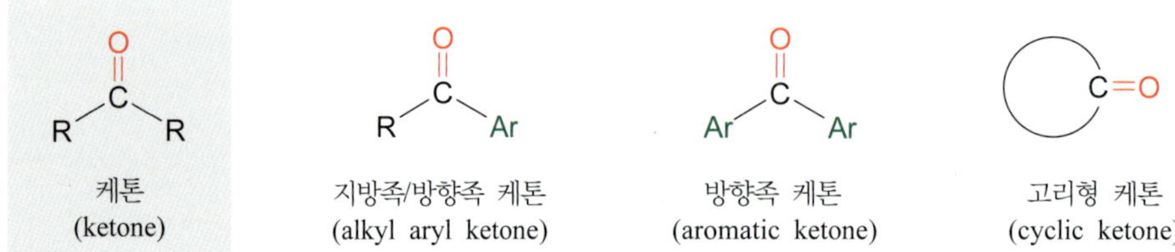

케톤 (ketone) | 지방족/방향족 케톤 (alkyl aryl ketone) | 방향족 케톤 (aromatic ketone) | 고리형 케톤 (cyclic ketone)

8.2 카보닐기의 구조 및 성질

카보닐기의 탄소가 세 개의 다른 원자와 결합하고 있으므로 sp^2 혼성궤도함수를 가진다. 산소는 한 개의 원자와 결합하고 또한 두 개의 비공유전자쌍을 가지고 있으므로 sp^2 혼성을 하게 된다. 따라서 카보닐 탄소는 세 개의 σ결합을 형성한다. 카보닐 탄소에 남아 있는 한 개의 원자가전자는 탄소의 p궤도함수에 남아서 산소의 p궤도함수와 겹침으로써 π결합을 형성한다. 산소의 두 개의 비공유전자쌍은 산소의 남아있는 두 개의 혼성궤도함수를 점유하고 있다. 카보닐기의 탄소 원자에 연결된 원자 세 개의 결합각은 거의 120°로 동일 평면에 놓여 있다.

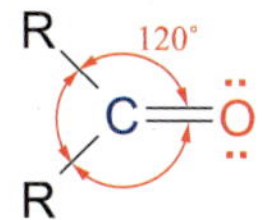

그림 8.1 카보닐기의 화학결합 구조

카보닐기의 탄소－산소 이중결합은 산소가 탄소에 비하여 전기음성도가 크므로 편극되어 전자는 산소쪽으로 치우쳐 있다. 따라서 산소는 부분적으로 음전하를 띠고 카보닐 탄소는 양(+)으로 편극되어 친전자성(Lewis 산)으로 친핵체의 공격을 받기 쉽다.

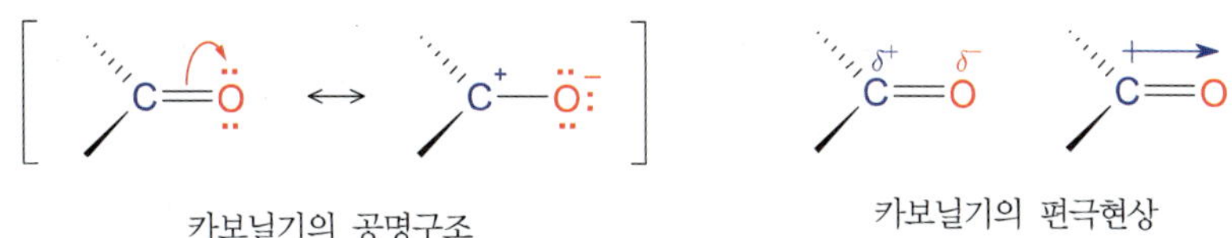

카보닐기의 편극현상은 카보닐기의 친핵 반응성뿐만 아니라 물리적 성질에도 영향을 미친다. 예를 들면 카보닐 화합물은 비슷한 분자량을 가진 탄화수소보다는 높은 온도에서 끓고 알코올보다는 낮은 온도에서 끓는다. 어떤 화합물이 끓을 때 에너지가 필요한데 액체상태에서 기체상태로 될 때 편극현상에 의한 분자간의 인력을 극복하는 에너지가 필요한데 카보닐 화합물은 이러한 분자간의 인력이 있으나 탄화수소에는 거의 없기 때문에 카보닐 화합물이 탄화수소보다 끓는점이 높다. 알코올은 O－H로 인하여 분자간에 수소결합이 존재하나 카보닐 화합물은 이러한 수소결합이 없으므로 알코올보다는 끓는점이 낮게 된다.

$CH_3(CH_2)_4CH_3$	$CH_3(CH_2)_3CHO$	$CH_3(CH_2)_3CH_2OH$
hexane	pentanal	pentan-1-ol
mw = 86	mw = 86	mw = 88
b.p. = 68.5~69.1℃	b.p. = 102 ~ 103℃	b.p. = 137~139℃

카보닐기의 편극현상은 용해도에도 영향을 미친다. 알코올은 분자간에 수소결합을 할 뿐 아니라 물과도 수소결합을 형성하므로 물에 잘 녹는다(7.6절). 반면에 카보닐 화합물은 분자간에는 서로 수소결합을 못하지만 물과는 수소결합을 할 수 있으므로 분자량이 작은 카보닐 화합물은 물에 잘 녹는다.

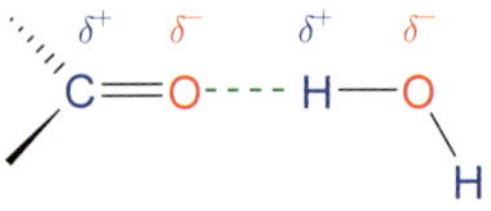

$$\overset{\delta^+}{C}=\overset{\delta^-}{O}\cdots\overset{\delta^+}{H}-\overset{\delta^-}{O}-H$$

8.3 알데하이드와 케톤의 명명법

(1) 알데하이드의 명명법

규칙 1. 알데하이드의 IUPAC명은 카보닐기를 포함하는 가장 긴 곧은 탄소사슬의 알케인의 어미 '−e'를 '알(−al)'로 바꿔 명명한다 (aldehyde의 al을 따온 것임).

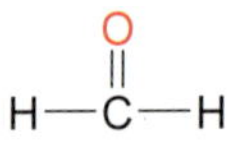

$H-C(=O)-H$ methanal

$H_3C-C(=O)-H$ ethanal

$CH_3CH_2-C(=O)-H$ propanal

$CH_3CH_2CH_2-C(=O)-H$ butanal

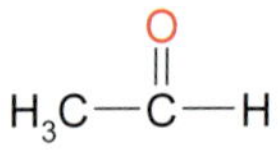

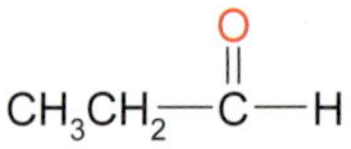

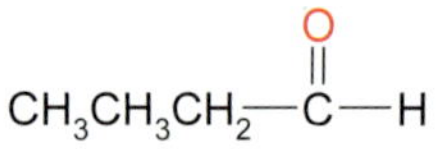

규칙 2. 치환기가 들어 있는 알데하이드 화합물은 −CHO기로부터 번호를 붙여 치환기의 위치를 표시한다. 이때 알데하이드기 −CHO기의 탄소가 1번이 된다. 분자구조에서 알데하이드기는 항상 말단에 위치하기 때문에 이름 내에 −CHO기의 위치는 표시할 필요가 없다.

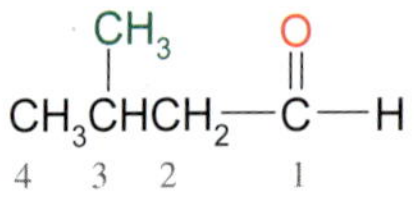

$\underset{4}{CH_3}\underset{3}{CH}(CH_3)\underset{2}{CH_2}-\underset{1}{C}(=O)-H$ 3-methylbutanal

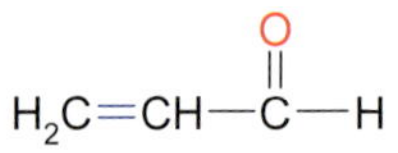

$H_2C=CH-C(=O)-H$ prop-2-enal

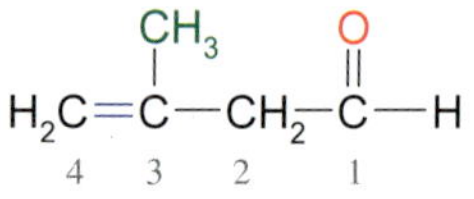

$\underset{4}{H_2C}=\underset{3}{C}(CH_3)-\underset{2}{CH_2}-\underset{1}{C}(=O)-H$ 3-methylbut-3-enal

규칙 3. 치환기로 −OH기를 가지면 −CHO기가 −OH기보다 우선권이 있는 작용기이므로 −OH기를 치환기로 취급하여 hydroxy로 명명한다.

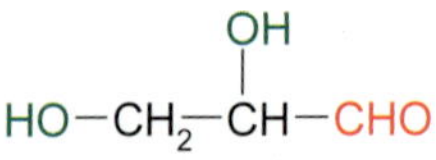

$HO-CH_2-CH(OH)-CHO$

2,3-dihydroxypropanal

규칙 4. $-CHO$기가 고리에 붙어 있는 고리 계통의 알데하이드는 접미어 **−카브알데하이드**(−carbaldehyde)를 붙여서 명명하다. 이러한 계에서 카보닐기가 붙어 있는 고리의 탄소가 C1이고 카보닐기 탄소에는 번호를 매기지 않는다.

cyclohexanecarbaldehyde　　3-methylcyclohexanecarbaldehyde　　benzenecarbaldehyde

규칙 5. 두 개의 $-CHO$기를 가지면 알케인명에 −다이알(−dial)을 붙여서 명명한다. 이때 −다이알 앞에 번호를 붙이지 않으며, 알케인의 '−e'는 생략하지 않고 붙이는 것에 유의하여라.

$CH_3CH_2CH_2CH_2-\overset{O}{\overset{\|}{C}}-H$ pentanal

$H-\overset{O}{\overset{\|}{C}}-CH_2CH_2CH_2-\overset{O}{\overset{\|}{C}}-H$ pentanedial

두 개 이상의 $-CHO$기가 달린 고리 화합물은 $-CHO$기의 위치를 나타내는 숫자를 −다이카브알데하이드(−dicarbaldehyde) 앞에 붙여서 명명한다.

benzene-1,2-dicarbaldehyde (*o*-benzenedicarbaldehyde)　　benzene-1,4-dicarbaldehyde (*p*-benzenedicarbaldehyde)

규칙 6. 알데하이드의 관용명은 산화하여 생성되는 카복실산의 관용명에서 유도된다. 카복실산의 어미 −ic 또는 −oic대신에 aldehyde를 붙여서 부른다. (*는 IUPAC 추천명(PIN)을 나타낸다)

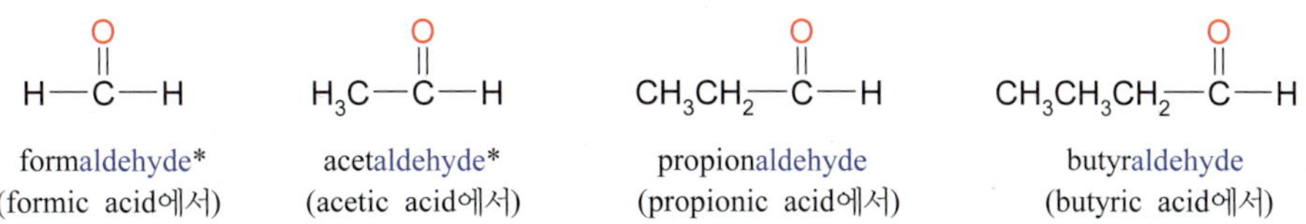

formaldehyde* (formic acid에서)　　acetaldehyde* (acetic acid에서)　　propionaldehyde (propionic acid에서)　　butyraldehyde (butyric acid에서)

규칙 7. 몇 가지 방향족 알데하이드는 관용명이 더 많이 사용된다.

CHO / CHO, OH

benzaldehyde* 2-hydroxybenzaldehyde

규칙 8. 간단하고 잘 알려진 알데하이드는 IUPAC에 의해 인정된 관용명을 가진다. 표 8.1에 몇 가지 인정된 관용명을 나타내었다.

표 8.1 몇 가지 간단한 알데하이드의 관용명

화합물	관용명	IUPAC명
HCHO	formaldehyde(폼알데하이드)*	methanal(메탄알)
CH_3CHO	acetaldehyde(아세트알데하이드)*	ethanal(에탄알)
$CH_2=CHCHO$	acrolein(아크롤레인)	prop-2-enal(프롭-2-엔알)*
$CH_3CH=CHCHO$	crotonaldehyde(크로톤알데하이드)	but-2-enal(뷰트-2-엔알)*
C_6H_5CHO	benzaldehyde(벤즈알데하이드)*	benzenecarbaldehyde (벤젠카브알데하이드)

* PIN (preferred IUPAC names, 2004), IUPAC 추천명

(2) 케톤의 명명법

규칙 1. 케톤의 IUPAC명은 카보닐기를 포함하는 가장 긴 곧은 탄소사슬의 알케인의 어미 '−e'를 '온(−one)'으로 바꿔서 명명한다(ketone의 −one에서 따온 것임).

$H_3C-C(=O)-CH_3$ propanone propan-2-one*

$CH_3CH_2-C(=O)-CH_3$ butan-2-one

$\overset{1}{C}H_3\overset{2}{C}H_2-\overset{3}{C}(=O)-\overset{4}{C}H_2\overset{5}{C}H_3$ pentan-3-one

규칙 2. 탄소사슬이 긴 케톤은 탄소에 번호를 붙이되 카보닐기의 탄소가 가장 작은 번호가 되도록 한다. 알켄과 알코올에서와 같이, 케톤의 카보닐 탄소 위치의 번호는 접미사 −one 바로 앞에 붙여 명명한다. 2004년 개정된 규약에는 케톤의 IUPAC 추천명(PIN)은 되도록 번호를 붙여서 명명하는 것을 권장하고 있다. 예를 들면 propanone은 propan-2-one이 추천명이다.

$\overset{7}{C}H_3\overset{6}{C}H=\overset{5}{C}H\overset{4}{C}H_2-\overset{3}{C}(=O)-\overset{2}{C}H_2\overset{1}{C}H_3$

hept-5-en-3-one

cyclohexanone

cyclohex-3-en-1-one
(1은 생략가능)

$C_6H_5-C(=O)-CH_3$

1-phenylethan-1-one

$C_6H_5-C(=O)-C_6H_5$

diphenylmethanone

규칙 3. 케톤의 관용명은 카보닐기에 결합되어 있는 알킬기 또는 아릴기의 이름을 알파벳 순서로 적고 뒤에 ketone을 붙여서 명명한다.

$H_3C-C(=O)-CH_3$

dimethyl ketone

$CH_3CH_2-C(=O)-CH_3$

ethyl methyl ketone

$CH_3CH_2-C(=O)-CH_2CH_3$

diethyl ketone

$C_6H_5-CH_2-C(=O)-CH_3$

benzyl methyl ketone

$C_6H_5-C(=O)-CH_3$

methyl phenyl ketone

$C_6H_5-C(=O)-C_6H_5$

diphenyl ketone

규칙 4. 몇몇 케톤은 고유한 관용명을 가진다.

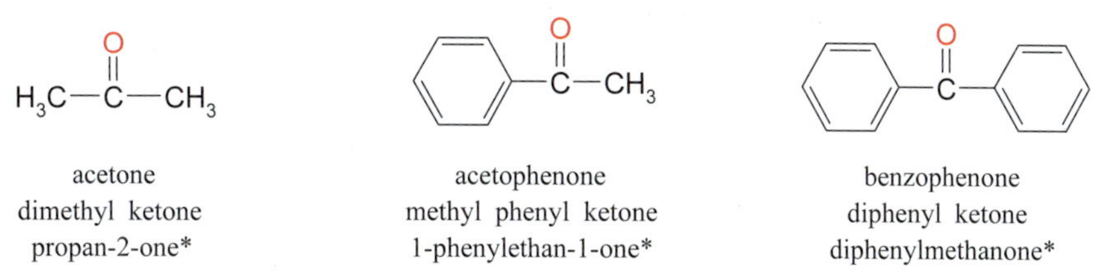

acetone
dimethyl ketone
propan-2-one*

acetophenone
methyl phenyl ketone
1-phenylethan-1-one*

benzophenone
diphenyl ketone
diphenylmethanone*

규칙 5. 만일 –COOH와 같은 우선기가 높은 다른 작용기가 있어 카보닐 산소를 치환기로 취급하여야 할 때는 접두어 옥소(oxo–)를 사용한다.

$CH_3CH_2C(=O)CH_2CH_2C(=O)-OH$

4-oxohexanoic acid

(3) 아실기

RCO－기를 치환체로 취급할 경우에는 아실기(acyl group)라 부른다. 카복실기 －COOH기는 －CHO기보다 우선한다(부록 B 참조).

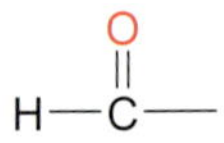

H—C(=O)— 포밀 (formyl)

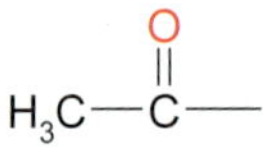

H_3C—C(=O)— 아세틸(acetyl)

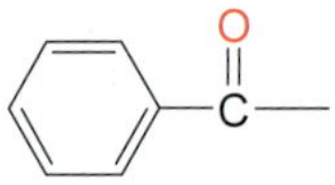

C_6H_5—C(=O)— 벤조일 (benzoyl)

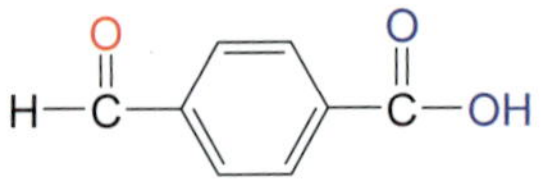

H—C(=O)—C_6H_4—C(=O)—OH 4-formylbenzoic acid

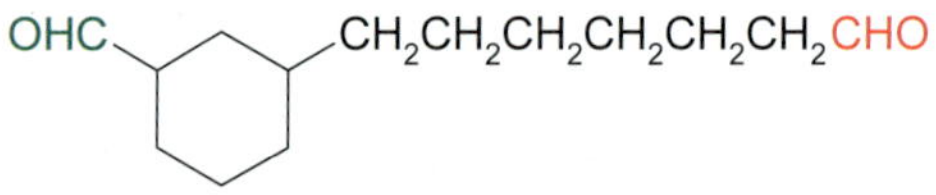

OHC—(cyclohexyl)—$CH_2CH_2CH_2CH_2CH_2CH_2CHO$ 7-(3-formylcyclohexyl)heptanal

문제 1 다음 화합물의 IUPAC 이름을 쓰시오.

(1) 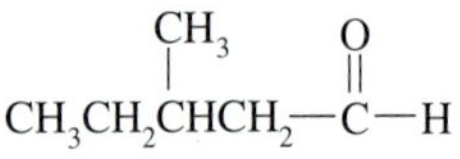 $CH_3CH_2CH(CH_3)CH_2—C(=O)—H$

(2) $CH_3CH(OH)CH(CH_3)CHO$

(3) $C_6H_5CH_2CH_2CHO$

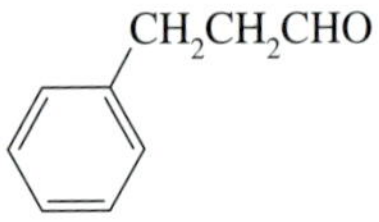

(4) 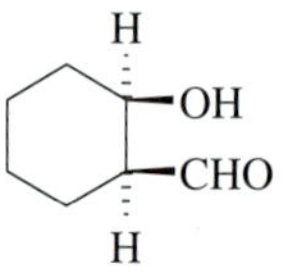 cyclohexane ring with OH and CHO (H, H)

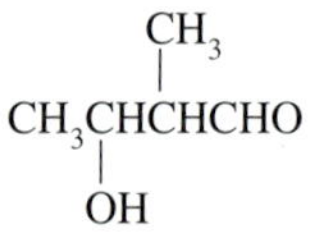

(5) $CH_3CH=CHCH_2CH_2CHO$

(6) 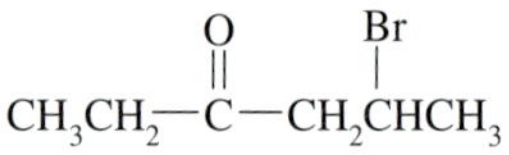 $CH_3CH_2—C(=O)—CH_2CH(Br)CH_3$

(7) 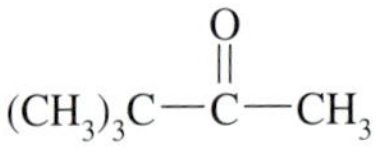 $(CH_3)_3C—C(=O)—CH_3$

(8) 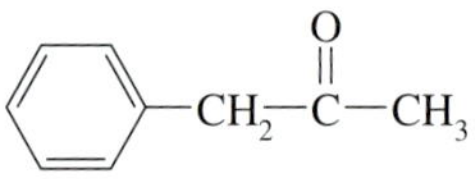 $C_6H_5—CH_2—C(=O)—CH_3$

(9) 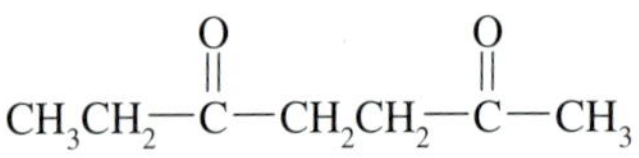 $CH_3CH_2—C(=O)—CH_2CH_2—C(=O)—CH_3$

(10) 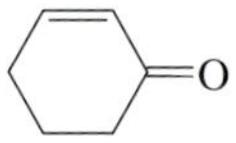 cyclohexenone (ring with C=C and =O)

문제 2 다음 화합물의 구조를 그리시오.

(1) 2-메틸펜탄알

(2) 3-메틸뷰트-2-엔알

(3) 4-클로로펜탄-2-온

(4) 2-페닐아세트알데하이드

(5) 사이클로헥세인-1,3-다이온

(6) 알릴 메틸 케톤

(7) 뷰테인다이알

(8) 4-메틸헥스-4-엔-2-온

(9) 2,3-다이메톡시사이클로헥세인카브알데하이드

(10) 4-하이드록시-3-메톡시벤즈알데하이드

8.4 알데하이드와 케톤의 합성

(1) 알코올의 산화반응

알코올의 산화반응으로 알데하이드와 케톤을 합성할 수 있는 방법을 이미 다루었다(7.8절). 1차 알코올은 산화되어 알데하이드, 2차 알코올은 산화되어 케톤을 생성한다. 알데하이드를 만드는 데 필요한 산화제는 pyridinium chlorochromate(PCC)나 과아이오디네인(periodinane)과 같은 산화제를 다이클로로메탄 용매에 넣어 사용한다. 케톤 합성은 CrO_3나 $Na_2Cr_2O_7$ 산화제가 사용된다.

$$RCH_2OH \xrightarrow[CH_2Cl_2]{\text{PCC or periodinane}} R{-}\overset{\overset{\displaystyle O}{\|}}{C}{-}H$$

1차 알코올 → 알데하이드

$$R{-}\overset{\overset{\displaystyle OH}{|}}{C}H{-}R' \xrightarrow[H_3O^+]{CrO_3} R{-}\overset{\overset{\displaystyle O}{\|}}{C}{-}R'$$

2차 알코올 → 케톤

$$CH_3(CH_2)_6CH_2OH \xrightarrow[CH_2Cl_2]{PCC} CH_3(CH_2)_6{-}\overset{\overset{\displaystyle O}{\|}}{C}{-}H$$

octan-1-ol → octanal

$$\text{cyclohexanol} \xrightarrow[H_3O^+]{Na_2Cr_2O_7} \text{cyclohexanone}$$

cyclohexanol → cyclohexanone

(2) 알카인의 수화반응

말단에 삼중결합을 가진 알카인에 물을 첨가하는 수화반응은 황산과 황산수은 촉매를 혼합한 용액에서 반응시키면 Markovnikov법칙의 첨가에 의해 엔올(enol) 중간체를 거쳐 메틸 케톤이 생성된다(3.8절).

$$R{-}C{\equiv}CH + H{-}OH \xrightarrow[HgSO_4]{H^+} R{-}\overset{\overset{\displaystyle OH}{|}}{C}{=}\underset{\underset{\displaystyle H}{|}}{C}{-}H \longrightarrow R{-}\overset{\overset{\displaystyle O}{\|}}{C}{-}\overset{\overset{\displaystyle H}{|}}{\underset{\underset{\displaystyle H}{|}}{C}}{-}H$$

alkyne → enol → ketone

$$CH_3CH_2C{\equiv}CH + H{-}OH \xrightarrow[HgSO_4]{H^+} CH_3CH_2\overset{\overset{\displaystyle OH}{|}}{C}{=}\underset{\underset{\displaystyle H}{|}}{C}{-}H \longrightarrow CH_3CH_2\overset{\overset{\displaystyle O}{\|}}{C}{-}\overset{\overset{\displaystyle H}{|}}{\underset{\underset{\displaystyle H}{|}}{C}}{-}H$$

but-1-yne → butan-2-one

(3) 알켄의 산화반응

이중결합 탄소가 수소를 가지지 않은 알켄을 산성 용액에서 $KMnO_4$로 산화를 시키면 탄소－탄소 이중결합이 쪼개져서 케톤이 생성된다(3.6절).

$$CH_3CH_2-\underset{}{\overset{CH_3}{\overset{|}{C}}}=CH_2 \xrightarrow[H_3O^+]{KMnO_4} CH_3CH_2-\overset{O}{\overset{\|}{C}}-CH_3 + CO_2$$

2-methylbut-1-ene butan-2-one

(4) Friedel–Crafts 아실화 반응

방향족 화합물에 무수 염화 알루미늄($AlCl_3$) 촉매 하에서 산 염화물과 반응하여 아실기(RCO－)기 도입되는 아실화 반응으로 알킬 아릴 케톤이 생성된다(4.4절). 예를 들면, 벤젠과 염화 아세틸을 프리델-크라프츠 아실화 반응을 시키면 아세토페논이 합성된다.

$$C_6H_6 + H_3C-\overset{O}{\overset{\|}{C}}-Cl \xrightarrow{AlCl_3} C_6H_5-\overset{O}{\overset{\|}{C}}CH_3 + HCl$$

benzene acetyl chloride acetophenone

문제 3 다음 반응 생성물을 예측하고, 그 생성물의 이름을 적으시오.

(1) $CH_3(CH_2)_4OH \xrightarrow[CH_2Cl_2]{PCC}$

(2) $C_6H_5-CH_2CH_2OH \xrightarrow[CH_2Cl_2]{periodinane}$

(3) $CH_3CH_2\overset{OH}{\overset{|}{C}}HCH_2CH_3 \xrightarrow[H_3O^+,\ H_2O]{K_2Cr_2O_7}$

(4) HO-(cyclohexane)-$\underset{CH_3}{\underset{|}{C}}HCH_3 \xrightarrow[H_3O^+]{CrO_3}$

(5) $CH_3CH_2CH_2C\equiv CH \xrightarrow[HgSO_4]{H_3O^+}$

(6) $CH_3CH_2-\overset{CH_3}{\overset{|}{C}}=CHCH_3 \xrightarrow[H_3O^+]{KMnO_4}$

(7) $CH_3CH_2-\underset{CH_3}{\underset{|}{C}}=\overset{CH_3}{\overset{|}{C}}CH_3 \xrightarrow[H_3O^+]{KMnO_4}$

(8) $C_6H_6 + CH_3CH_2-\overset{O}{\overset{\|}{C}}-Cl \xrightarrow{AlCl_3}$

문제 4 다음 화합물은 어떻게 합성할 수 있는가?

(1) 헥산-1-올로부터 헥산알

(2) 펜탄-2-올로부터 펜탄-2-온

(3) 2-메틸펜트-1-엔으로부터 펜탄-2-온

(4) 헥스-3-엔으로부터 헥산-3-온
(힌트: 2단계 변환과정 필요)

8.5 카보닐 화합물의 친핵성 첨가반응 메커니즘

알데하이드와 케톤의 가장 일반적인 반응은 친핵체가 카보닐기의 친전자성 탄소에 첨가되는 **친핵성 첨가반응**(nucleophilic addition)이다. 카보닐기는 전기음성도가 큰 산소쪽으로 분극되어 탄소 원자가 약한 양성을 띠므로 친핵체의 공격을 받기 쉽게 된다. 카보닐기의 산소 원자의 비공유전자쌍은 루이스 염기로 작용하기 때문에 양성자와 결합할 수 있다.

염기성 조건하에서 친핵체는 음으로 하전되고(: Nu^-) 이것이 알데하이드나 케톤의 카보닐기의 분극된 탄소에 첨가된다. 알데하이드나 케톤의 카보닐기는 sp^2 혼성궤도함수로 되어 있는데, 친핵체의 공격으로 sp^3 혼성궤도함수를 형성하게 된다. C=O의 π결합의 한 쌍의 전자가 산소 원자로 밀려 알콕시화 이온을 형성하고, 여기에 양성자 H^+가 결합하여 중성인 알코올이 생성된다.

:Nu⁻ + C=O ⇌ [Nu–C–O⁻] —H–A→ Nu–C–OH + A⁻

카보닐 화합물 알콕시화 이온 중간체 알코올

산성 조건하에서는 양성자가 먼저 카보닐기의 산소에 결합하여 카보닐기가 더 센 친전자성이 되도록 한다. C=O의 π결합의 한 쌍의 전자가 산소 원자로 밀려 산소는 중성이 되고 탄소 양이온을 형성한다. 여기에 친핵체가 첨가되어 생성물이 얻어진다.

C=O + H⁺ → [C=O⁺H ↔ C⁺–OH] —:Nu⁻→ Nu–C–OH

카보닐 화합물의 염기성 반응과 산성 반응의 차이는 양성자 첨가의 순서에 있음을 주의하라. 염기성 조건하에서 카보닐 화합물의 친핵성 첨가반응은 친핵체가 음으로 하전되어 먼저 카보닐기에 첨가되고 양성자 첨가는 나중에 일어난다. 반면에 산성 조건하에서는 양성자가 먼저 카보닐기에 첨가되고 나중에 친핵체가 첨가된다.

문제 5 수산화 이온이 수용액 중에서 아세트알데하이드에 첨가되는 친핵성 첨가반응 메커니즘을 적으시오.

8.6 알데하이드와 케톤의 친핵성 첨가반응

(1) 알코올의 첨가반응

알데하이드나 케톤은 산 촉매 하에서 알코올을 첨가하면 카보닐기 탄소에 두 개의 에터 작용기 −OR'를 가진 화합물인 **아세탈**(acetal), $R_2C(OR')_2$을 생성한다. 아세탈 생성 반응은 가역반응이다.

$$\text{R}_2\text{C=O} + 2\,\text{ROH} \underset{}{\overset{H^+}{\rightleftharpoons}} \text{R}_2\text{C(OR)}_2 + H_2O$$

카보닐 화합물 아세탈

알데하이드와 케톤의 아세탈 생성반응은 친핵성 첨가반응의 한 가지 예이다. 전체적인 반응은 2단계로 진행된다. 첫번째 단계에서 알코올 한 분자가 친핵성 첨가를 하여 하이드록시 에터 중간체인 **반아세탈**(hemiacetal)을 생성한다. 다음 단계에서 이 반아세탈은 다른 한 분자의 알코올과 반응하여 아세탈과 물을 생성한다.

$$\text{R}_2\text{C=O} + \text{ROH} \overset{H^+}{\rightleftharpoons} \left[\text{R}_2\text{C(OH)(OR)}\right] \underset{H^+}{\overset{ROH}{\rightleftharpoons}} \text{R}_2\text{C(OR)}_2 + H_2O$$

카보닐 화합물 반아세탈 아세탈

반응물인 카보닐 화합물 및 알코올과 생성물인 아세탈 사이에 평형이 이루어진다. 반응 조건에 따라 정반응과 역반응이 영향을 받는다. 과량의 알코올을 사용하면 아세탈이 생성되는 정반응이 유리하다. 또한 물을 제거해도 같은 효과를 얻을 수 있다. 반면에 과량의 물이 존재하면 역반응이 유리하다.

에틸렌 글라이콜과 같은 다이올을 이용하면 고리형 아세탈이 형성된다.

$$C_6H_5CHO + \begin{matrix}HO-CH_2\\ HO-CH_2\end{matrix} \overset{H^+}{\longrightarrow} C_6H_5CH(OCH_2CH_2O) + H_2O$$

benzaldehyde ethylene glycol benzaldehyde ethylene glycol acetal

(2) 물의 첨가반응

알데하이드와 케톤은 물과 친핵성 첨가반응을 하여 같은 자리 다이올(geminal diol)인 **카보닐 수화물**을 형성한다. 이 반응은 가역반응이다. 대부분의 알데하이드나 케톤의 수화물은 쉽게 물 분자를 잃고 다시 원래의 카보닐기로 되돌아가기 때문에 분리하기가 어렵다.

$$\text{카보닐 화합물} + H_2O \rightleftharpoons \text{카보닐 수화물}$$

카보닐 화합물 카보닐 수화물

(3) Grignard 시약의 첨가반응

카보닐 화합물은 Grignard 시약과 첨가반응하여 폼알데하이드는 1차 알코올이 생성되고, 그 밖의 알데하이드는 2차 알코올이 생기며 케톤은 3차 알코올이 만들어진다(7.7절). 일반적으로 반응은 Grignard 시약의 에터 용액에 알데하이드나 케톤을 서서히 넣으면 반응이 시작되어 할로젠화 알콕시마그네슘(alkoxymagnesium halide, ROMgX) 중간체가 생성된다. 이 중간체를 산성 수용액으로 가수분해하면 알코올이 생성된다.

$$H-C(=O)-H \xrightarrow[2.\ H_3O^+]{1.\ R'MgX} H-C(OH)(R')-H$$

폼알데하이드 1차 알코올

$$R-C(=O)-H \xrightarrow[2.\ H_3O^+]{1.\ R'MgX} R-C(OH)(R')-H$$

알데하이드 2차 알코올

$$R-C(=O)-R'' \xrightarrow[2.\ H_3O^+]{1.\ R'MgX} R-C(OH)(R')-R''$$

케톤 3차 알코올

Grignard 시약과 카보닐 화합물의 반응은 여러 가지 알코올 화합물을 합성하는 유용한 반응이다.

(4) 아민의 첨가반응

알데하이드와 케톤에 암모니아와 1차 아민($R'NH_2$)이 첨가되어 **이민**(imine), $R_2C=NR'$을 생성한다. 암모니아와 아민 유도체는 질소 원자에 비공유 전자쌍이 있으므로 카보닐기와의 반응에서 친핵체로 작용할 수 있다. 이민은 친핵성 아민이 카보닐기에 첨가된 후 생성된 아미노 알코올 생성물로부터 물이 빠져 나오면서 생성된다.

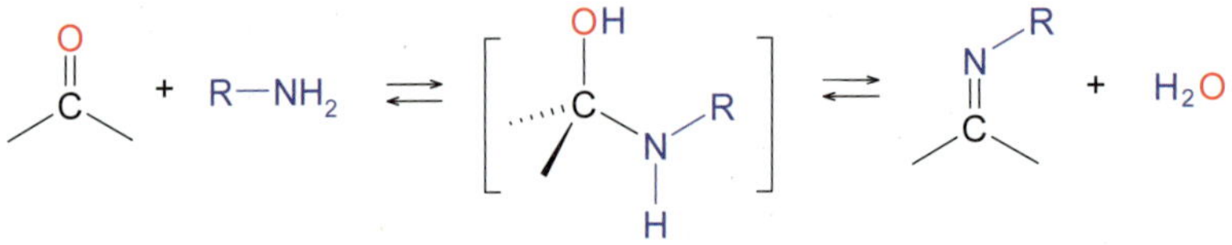

$$\underset{\text{카보닐 화합물}}{R_2C{=}O} + \underset{\text{아민}}{R{-}NH_2} \rightleftharpoons \left[\underset{\text{아미노 알코올}}{R_2C(OH){-}NH{-}R}\right] \rightleftharpoons \underset{\text{이민}}{R_2C{=}N{-}R} + H_2O$$

이민은 아미노산이 합성되고 분해되는 것과 같은 생물학적 반응에 중요한 중간체이다.

문제 6 다음 반응 생성물을 예측하시오.

(1) $CH_3CHO \xrightarrow[H^+]{CH_3CH_2OH}$

(2) 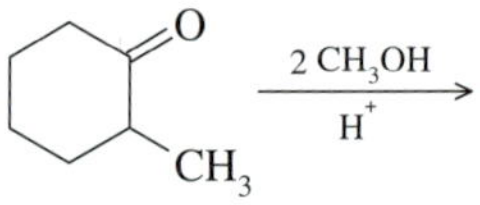 2-메틸사이클로헥사논 $\xrightarrow[H^+]{2\,CH_3OH}$

(3) 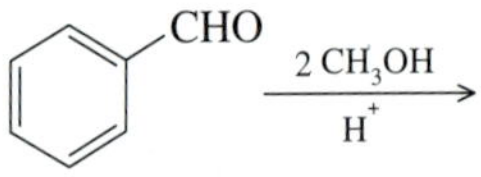 벤즈알데하이드(CHO) $\xrightarrow[H^+]{2\,CH_3OH}$

(4) 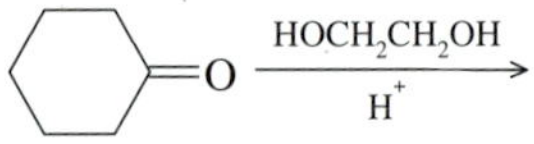 사이클로헥사논(=O) $\xrightarrow[H^+]{HOCH_2CH_2OH}$

(5) $HCHO \underset{}{\overset{H_2O}{\rightleftharpoons}}$

(6) 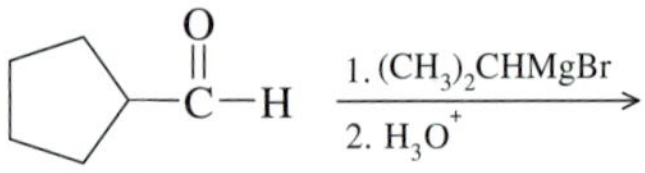 사이클로펜틸$-C(=O)-H$ $\xrightarrow[2.\ H_3O^+]{1.\ (CH_3)_2CHMgBr}$

(7) 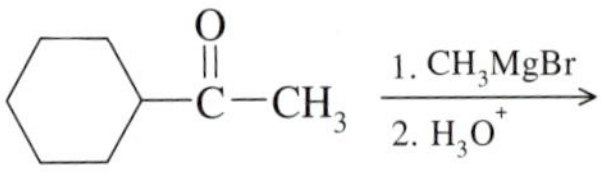 사이클로헥실$-C(=O)-CH_3$ $\xrightarrow[2.\ H_3O^+]{1.\ CH_3MgBr}$

(8) 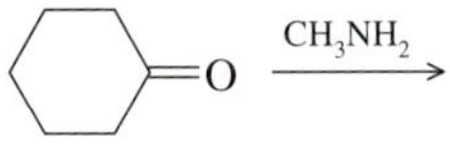 사이클로헥사논(=O) $\xrightarrow{CH_3NH_2}$

문제 7 Grignard 반응으로 다음 알코올을 어떻게 합성하는가?

(1) $H_2C{=}C(CH_3){-}CH_2OH$

(2) 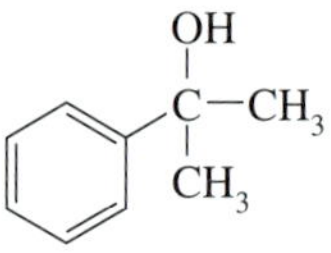 페닐$-C(OH)(CH_3)-CH_3$

(3) $CH_3CH(OH)CH_2CH_3$

8.7 알데하이드와 케톤의 환원반응

알데하이드와 케톤은 1차와 2차 알코올로 쉽게 환원할 수 있다(7.7절). 실험실과 생물조직에서 알코올을 합성하는 가장 일반적인 방법이 카보닐 화합물을 환원하는 것이다. 가장 널리 사용되는 환원제로는 금속 수소화물인 $LiAlH_4$(lithium aluminum hydride)와 $NaBH_4$(sodium borohydride)가 있다. 금속 수소화물은 금속 양이온과 수소 음이온으로 편극화 되어 있으므로 수소화 이온(H^-)이 카보닐기를 공격하여 알콕시화 음이온을 만들고 여기에 양성자가 첨가되어 중성의 알코올을 생성한다. 이 반응은 비가역적으로 일어난다. 첫 단계 반응에서는 환원제의 수소화 이온에 의해 알콕시화 이온이 생성되고, 이 물질은 가수분해 되어 알코올을 생성한다. 결과적으로 이 반응은 카보닐기의 탄소와 산소의 이중결합에 수소 원자가 각각 첨가되는 반응임을 알 수 있다.

$$Na^+\,BH_3H^- + \mathrm{C{=}O} \longrightarrow [\mathrm{H{-}C{-}O^-}] \xrightarrow[H^+]{H_2O} \mathrm{H{-}C{-}OH}$$

카보닐 화합물 알콕시화 이온 알코올

$$CH_3CH_2{-}C({=}O){-}CH_3 \xrightarrow[2.\ H_3O^+]{1.\ LiAlH_4} CH_3CH_2{-}CH(OH){-}CH_3$$

butan-2-one butan-2-ol

$$\text{cyclohexanone} \xrightarrow[2.\ H_3O^+]{1.\ NaBH_4} \text{cyclohexanol}$$

cyclohexanone cyclohexannol

한 분자 내에 탄소－탄소 이중결합과 탄소－산소 이중결합이 동시에 존재할 때 환원제 $NaBH_4$와 $LiAlH_4$는 탄소－탄소 이중결합은 환원시키지 않고 카보닐기의 탄소－산소 이중결합만 선택적으로 환원시킨다.

$$CH_3CH{=}CHCH_2{-}C({=}O){-}CH_3 \xrightarrow[2.\ H_3O^+]{1.\ NaBH_4} CH_3CH{=}CHCH_2{-}CH(OH){-}CH_3$$

hex-4-en-2-one hex-4-en-2-ol

문제 8 다음 반응 생성물을 예측하시오.

(1) $CH_3CH_2\overset{O}{\overset{\|}{C}}CH_2CH_2CH_3 \xrightarrow[2.\ H_3O^+]{1.\ LiAlH_4}$

(2) $C_6H_{11}-\overset{O}{\overset{\|}{C}}-H \xrightarrow[2.\ H_3O^+]{1.\ LiAlH_4}$

(3) $CH_3CH=CHCHO \xrightarrow[2.\ H_3O^+]{1.\ NaBH_4}$

(4) $C_6H_9-\overset{O}{\overset{\|}{C}}-CH_3 \xrightarrow[2.\ H_3O^+]{1.\ LiAlH_4}$

문제 9 카보닐 화합물과 $NaBH_4$로 다음 각 물질을 합성하는 방법을 제시하시오.

(1) $CH_3CH_2CH_2CH_2OH$

(2) $C_6H_5-CH(CH_3)-OH$

8.8 알데하이드와 케톤의 산화반응

알데하이드는 산화제에 의하여 쉽게 산화되어 카복실산이 된다. 반면에 케톤은 산화가 잘 일어나지 않는다. 그 이유는 케톤은 산화가 일어나는 동안 떼어낼 수 있는 수소가 없고 알데하이드는 $-CHO$기에 제거될 수 있는 양성자 H를 가지고 있기 때문이다.

$$R-\overset{O}{\overset{\|}{C}}-H \xrightarrow{[O]} R-\overset{O}{\overset{\|}{C}}-OH \qquad R-\overset{O}{\overset{\|}{C}}-R \xrightarrow{[O]} \text{반응 안됨}$$

알데하이드 카복실산 케톤

산화제로는 $KMnO_4$, CrO_3, Ag_2O 등이 주로 사용된다. 실험실에서 주로 많이 사용하는 산화제로는 산성 수용액 중에서 CrO_3가 일반적이다.

$$CH_3(CH_2)_4-\overset{O}{\overset{\|}{C}}-H \xrightarrow[H_3O^+]{CrO_3} CH_3(CH_2)_4-\overset{O}{\overset{\|}{C}}-OH$$

hexanal hexanoic acid

알데하이드는 약한 산화제인 Ag^+, Cu^{2+}로도 산화되기 때문에 이를 이용하면 알데하이드와 케톤을 실험실적으로 쉽게 구별할 수 있다. 이러한 구별에 사용되는 시약이 **톨렌스 시약**

(Tollens' reagent)으로 이것은 질산은($AgNO_3$) 수용액에 암모니아수를 넣어 만든 암모니아성 질산은 용액의 착물인 $Ag(NH_3)_2^+$ 용액이다. 톨렌스 시약을 알데하이드와 반응시키면 알데하이드는 산화되어 카복실산이 되고 은(I)은 환원되어 은이 석출되는 반응을 톨렌스 반응(Tollens' reaction) 혹은 **은거울 반응**(silver mirror reaction)이라 한다.

$$\underset{\text{aldehyde}}{R-\overset{\overset{\displaystyle O}{\|}}{C}-H} + 2Ag(NH_3)_2^+ + 3OH^- \longrightarrow \underset{\text{acid anion}}{RCO_2^-} + \underset{\text{silver}}{2Ag} + 4NH_3 + 2H_2O$$

$$\underset{\text{benzaldehyde}}{C_6H_5-\overset{\overset{\displaystyle O}{\|}}{C}-H} \xrightarrow[NH_4OH,\ H_2O]{Ag_2O} \underset{\text{benzoic acid}}{C_6H_5-\overset{\overset{\displaystyle O}{\|}}{C}-OH} + \underset{\text{silver}}{2Ag}$$

알데하이드 산화의 또 다른 방법은 구리(II) 착물을 가진 **펠링 용액**(Fehling's solution)을 이용하는 것이다. 펠링 용액은 Cu^{2+} 구리(II) 이온이 타타르산 착염 형태를 이루고 있는 청남색의 용액이다. 알데하이드를 강염기 존재하에서 청남색의 펠링 용액과 함께 가열하면 구리(II) 이온이 환원되어 적갈색의 불용성 산화구리(I) Cu_2O 침전물이 생성된다. 이때 알데하이드는 카복실산염으로 산화된다. 케톤은 이런 반응이 일어나지 않는다(음성반응).

$$\underset{\text{aldehyde}}{R-\overset{\overset{\displaystyle O}{\|}}{C}-H} + 2Cu^{2+} + NaOH + H_2O \longrightarrow \underset{\text{sodium carboxylate}}{RCO_2Na} + Cu_2O + 4H^+$$

문제 10 다음 반응 생성물을 예측하시오.

(1) $CH_3CH_2CH_2\overset{\overset{\displaystyle CH_3}{|}}{C}HCHO \xrightarrow[H_3O^+]{CrO_3}$

(2) cyclohexanone $\xrightarrow[H_3O^+]{CrO_3}$

(3) $HCHO \xrightarrow[NH_4OH,\ H_2O]{Ag_2O}$

문제 11 폼알데하이드와 Tollens'시약과 은거울 반응이 일어나는 것을 설명하시오.

8.9 케토-엔올 토토머화

알데하이드와 케톤은 **케토형**(keto form)과 **엔올형**(enol form) 두 형태의 이성질체와 빠르게 평형상태로 존재할 수 있다. 이 두 가지 형태는 수소 원자와 이중결합의 위치가 서로 다르다. 두 이성질체간에 수소의 위치와 이중결합의 위치가 자발적으로 상호 변환하는 현상을 **토토머화**(tautomerism)라 하고, 케토 및 엔올 이성질체를 **토토머**(tautomer)라고 한다.

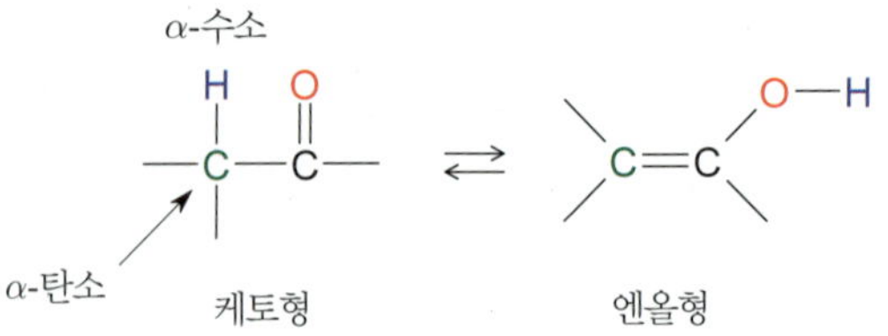

α-수소

α-탄소

케토형 ⇄ 엔올형

엔올 형태로 존재하려면 카보닐기에 결합된 탄소에 수소 원자가 있어야 한다. 카보닐기 바로 옆에 있는 탄소를 **α-탄소**라 하고 α-탄소에 결합되어 있는 수소를 **α-수소**라 한다. α-수소가 없는 카보닐 화합물은 엔올형으로 존재할 수가 없고 단지 케토형만 존재한다. 예를 들면 다음과 같은 화합물이 이에 속한다.

formaldehyde　　benzaldehyde

평형상태에서 대부분의 카보닐 화합물은 대부분 케토형으로 존재한다. 예를 들면, 아세톤은 실온에서 케토 토토머를 99.9997%, 엔올 토토머를 0.0003%만 가지고 있다.

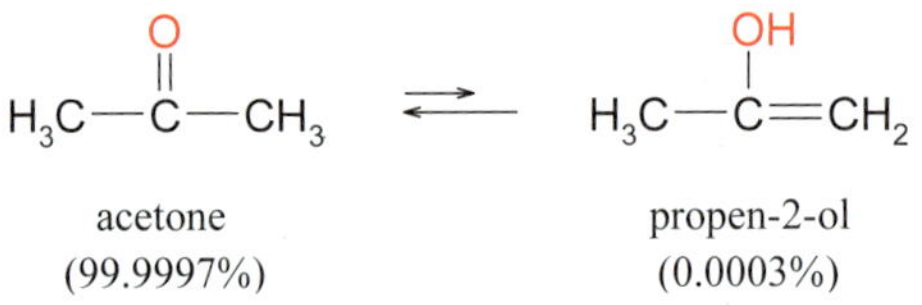

$$H_3C-C(=O)-CH_3 \rightleftharpoons H_3C-C(OH)=CH_2$$

acetone (99.9997%)　　propen-2-ol (0.0003%)

문제 12 다음 화합물의 엔올 토토머를 쓰시오.

(1) 아세트알데하이드 (acetaldehyde)

(2) 사이클로펜탄온 (cyclopentanone)

문제 13 3,3-dimethylbutan-2-one에는 몇 개의 α 탄소가 존재하는가?.

반응요약

1. 알데하이드와 케톤의 합성	
(1) 1차 알코올의 산화 : 알데하이드 생성	$RCH_2OH \xrightarrow[CH_2Cl_2]{\text{PCC or Periodinane}} R-C(=O)-H$
(2) 2차 알코올의 산화 : 케톤 생성	$R-CH(OH)-R' \xrightarrow[H_3O^+,\ \text{acetone}]{CrO_3} R-C(=O)-R'$
(3) Friedel–Crafts 아실화 반응 : 케톤 생성	$C_6H_6 + R-C(=O)-Cl \xrightarrow{AlCl_3} C_6H_5-C(=O)-R + HCl$
(4) 알카인의 수화 반응 : 케톤 생성	$R-C\equiv CH + H-OH \xrightarrow[HgSO_4]{H^+} R-C(=O)-CH_3$ (R—C(=O)—C(H)(H)—H)
2. 알데하이드와 케톤의 친핵성 첨가반응	
(1) 알코올 첨가반응 : 아세탈 생성	$R_2C=O + ROH \underset{}{\overset{H^+}{\rightleftarrows}} [R_2C(OH)(OR)] \underset{H^+}{\overset{ROH}{\rightleftarrows}} R_2C(OR)(OR) + H_2O$ 반아세탈 　 아세탈
(2) Grignard 시약의 첨가반응 a) 폼알데하이드와 반응 : 1차 알코올 생성	$H-C(=O)-H \xrightarrow[2.\ H_3O^+]{1.\ R'MgX} H-C(OH)(R')-H$
b) 알데하이드와 반응 : 2차 알코올 생성	$R-C(=O)-H \xrightarrow[2.\ H_3O^+]{1.\ R'MgX} R-C(OH)(R')-H$
c) 케톤과 반응 : 3차 알코올 생성	$R-C(=O)-R'' \xrightarrow[2.\ H_3O^+]{1.\ R'MgX} R-C(OH)(R')-R''$

(3) 아민의 첨가반응 : 이민 생성	$R_2C=O + R-NH_2 \rightleftarrows [R_2C(OH)-NH-R] \rightleftarrows R_2C=N-R + H_2O$ 아미노 알코올 / 이민
3. 알데하이드와 케톤의 환원반응	
(1) 알데하이드의 환원 : 1차 알코올 생성	$R-C(=O)-H \xrightarrow[2.\ H_3O^+]{1\ LiAlH_4\ or\ NaBH_4} R-CH_2-OH$
(2) 케톤의 환원 : 2차 알코올 생성	$R-C(=O)-R' \xrightarrow[2.\ H_3O^+]{1.\ LiAlH_4\ or\ NaBH_4} R-CH(OH)-R'$
4. 알데하이드의 산화반응 : 카복실산 생성	$R-C(=O)-H \xrightarrow[H_3O^+]{CrO_3} R-C(=O)-OH$

추가문제

14. 다음 화합물의 IUPAC 이름을 쓰시오.

(1) $CH_3(CH_2)_6CHO$

(2) 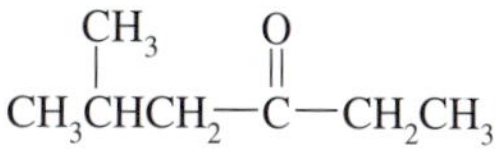 $CH_3CH(CH_3)CH_2-C(=O)-CH_2CH_3$

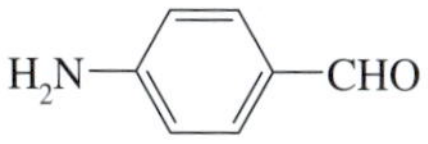

(3) $H_2N-C_6H_4-CHO$

(4) O

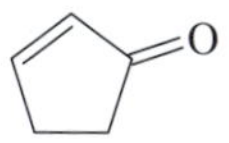

(5) 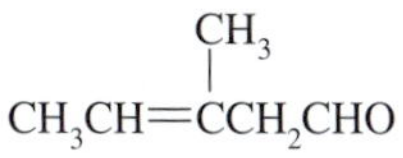 $CH_3CH=C(CH_3)CH_2CHO$

(6) 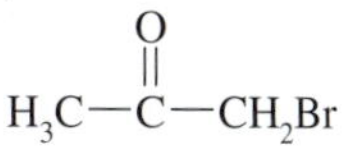 $H_3C-C(=O)-CH_2Br$

(7) 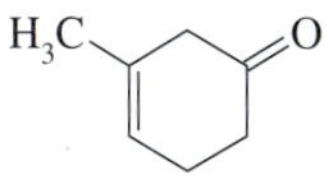 H_3C O

(8) 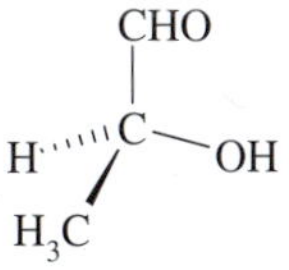 CHO H C OH H_3C

(9) $OHC-CH_2CH_2CH_2-CHO$

(10) 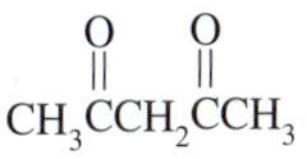 $CH_3C(=O)CH_2C(=O)CH_3$

(11) 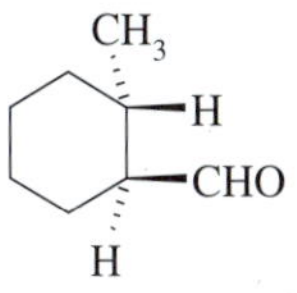 CH_3 H CHO H

(12) 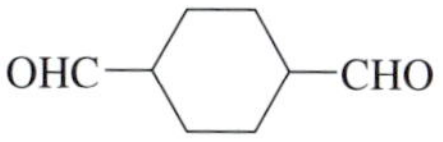 OHC CHO

15. 다음 화합물의 구조를 쓰시오.

(1) 2-phenylprop-2-enal

(2) 2,2-dimethylbutanal

(3) *m*-chlorobenzaldehyde

(4) 2-methylpentan-3-one

(5) benzyl phenyl ketone

(6) 4-hydroxypent-3-en-2-one

(7) 4-hydroxy-3-methoxybenzaldehyde

(8) (*R*)-2-hydroxybutanal

16. 다음 화합물의 구조를 그리고 IUPAC명을 쓰시오.

(1) 2-메틸프로피온알데하이드

(2) *p*-브로모벤즈알데하이드

(3) 브로모아세트알데하이드

(4) 알릴 바이닐 케톤

(5) 다이사이클로뷰틸 케톤

(6) 벤질 *tert*-뷰틸 케톤

17. 화학식이 $C_5H_{10}O$인 알데하이드와 케톤 7개를 그리고 명명하시오.

18. 문제 17에서 어느 것이 카이랄인가? 카이랄 분자에 대한 거울상 이성질체를 3차원 구조로 그리고 명명하시오.

19. *p*-Bromophenylacetaldehyde와 다음 시약과의 반응에서 생성되는 화합물을 적으시오.

(1) CrO_3, H^+
(2) $NaBH_4$, 그리고 H_3O^+
(3) CH_3OH, H^+
(4) CH_3MgBr, 그리고 H_3O^+
(5) CH_3NH_2

20. Butan-2-one과 (문제 19)의 시약과 반응하면 어떤 화합물이 생성되는가?

21. 다음 반응 생성물을 예측하시오.

(1) H_3C—(cyclohexane)—OH $\xrightarrow[CH_2Cl_2]{PCC}$

(2) $CH_3CH_2CH(CH_3)C{\equiv}CH \xrightarrow[HgSO_4]{H_3O^+}$

(3) $CH_3CH_2C(CH_3){=}CH_2 \xrightarrow[H_3O^+]{KMnO_4}$

(4) (naphthalene) $\xrightarrow[AlCl_3]{CH_3COCl}$

(5) $CH_3CHO \xrightleftharpoons{H_2O}$

(6) (cyclopentanone) $\xrightarrow[H^+]{2CH_3OH}$

(7) (benzene)—$CH_2CH{=}CHCHO \xrightarrow[2.\ H_3O^+]{1.\ NaBH_4}$

(8) $CH_3CH_2CHO \xrightleftharpoons{H_2N-OH}$

22. Grignard 시약과 적당한 카보닐 화합물로부터 다음 화합물을 합성할 수 있는 방법을 제시하시오.

(1) pentan-1-ol
(2) pentan-2-ol
(3) 2-phenylbutan-2-ol
(4) 1-methylcyclohexanol

23. 다음 아세탈을 합성하는 데 필요한 카보닐 화합물과 알코올의 구조를 나타내시오.

(1) $H_3C-CH(CH_3)-CH(OCH_3)OCH_3$

(2) $CH_3CH_2CH_2-C(OCH_2CH_3)_2-CH_3$

(3)
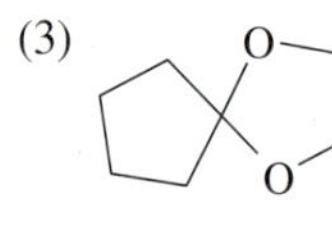

24. 다음 화합물의 가능한 케토 토토머의 구조를 그리시오.

(1) 페닐아세트알데하이드
(2) 뷰탄-2-온

9장
카복실산 및 유도체

9.1 정의
9.2 카복실산 및 유도체의 명명법
9.3 카복실산의 구조와 물리적 성질
9.4 카복실산의 산도
9.5 카복실산의 합성
9.6 카복실산의 반응
9.7 친핵성 아실 치환반응 및 카복실산 유도체의 반응성
9.8 산 염화물
9.9 산 무수물
9.10 에스터
9.11 아마이드
9.12 나이트릴

9.1 정의

카복실산과 그 유도체는 유기화합물 중에서 산화상태가 가장 큰 화합물로서 자연에 안정한 형태로 풍부하게 존재한다. 카복실산 유도체는 많은 종류가 있지만 여기서는 몇가지 일반적인 화합물인 산 할로젠화물, 에스터, 산 무수물, 아마이드 및 나이트릴을 다룬다.

카복실산(carboxylic acid)은 카복실기, $-COOH$를 가진 화합물을 일컫는다. **카복실기**(carboxyl group)는 카보닐기($C=O$)와 하이드록시기($-OH$)를 함께 가지고 있는 작용기이다. 카복실산 유도체는 **아실기**(acyl group), $RCO-$를 가지고 있는 화합물로 산 할로젠화물, 에스터, 산 무수물, 아마이드는 아실기에 할로젠 원자 또는 치환반응에서 이탈기로 작용할 수 있는 치환기가 결합된 화합물이다. 카복실산 유도체의 가장 일반적인 반응은 친핵성 아실 치환반응이다.

산 할로젠화물(acyl halide)는 카복실산의 $-OH$기가 할로젠 원소로 치환된 화합물, $RCOX$이다. X는 주로 Cl과 Br이 사용된다. 카복실산 유도체 중에서 가장 반응성이 좋다. **에스터**(ester)는 카복실산의 $-OH$기가 $-OR'$기로 치환된 화합물 $RCOOR'$이다. **아마이드**(amide)는 카복실산의 $-OH$기가 아미노기($-NH_2$)로 치환된 화합물 $RCONH_2$이다. **산 무수물**(acid anhydride)은 카복실산 두 분자에서 물 한 분자를 제거한 나머지 부분이 결합한 물질 $RCOOCOR'$이고, **나이트릴**(nitrile)은 탄화수소기에 사이안화기($-C\equiv N$)가 결합된 화합물 $RC\equiv N$이다.

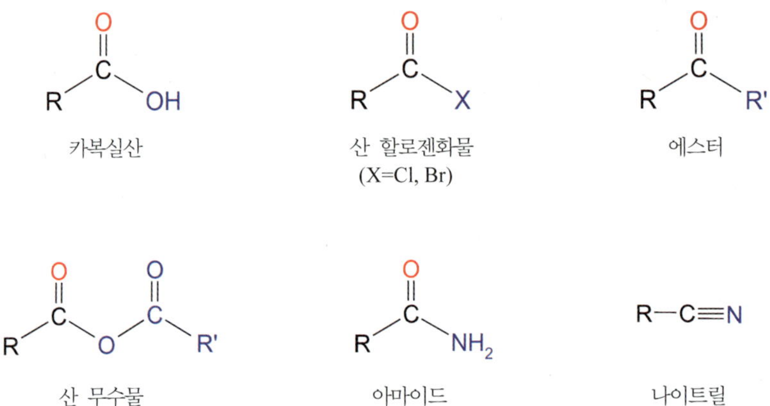

9.2 카복실산 및 유도체의 명명법

(1) 카복실산 : RCO_2H

규칙 1. 열린사슬형태의 지방족 카복실산의 계통명은 알케인명의 끝 −e를 −oic acid로 치환하여 부른다. 우리말 명명은 해당 알케인명 끝에 '−산'을 붙여 프로판산, 뷰탄산, 펜탄산 등과 같이 명명한다. 폼산(formic acid)과 아세트산(acetic acid)은 관용명이나 IUPAC에서 인정하는 추천명(PIN)이다.

표 9.1 몇 가지 지방족 카복실산

탄소 원자수	구조식(formula)	IUPAC명*	관용명	출처(source)
1	HCOOH	(methanoic acid)	formic acid*	개미
2	CH_3COOH	(ethanoic acid)	acetic acid*	식초
3	CH_3CH_2COOH	propanoic acid	propionic acid	우유
4	$CH_3(CH_2)_2COOH$	butanoic acid	butyric acid	버터
5	$CH_3(CH_2)_3COOH$	pentanoic acid	valeric acid	쥐오줌풀
6	$CH_3(CH_2)_4COOH$	hexanoic acid	caproic acid	염소, 산양
7	$CH_3(CH_2)_5COOH$	heptanoic acid	enanthic acid	넝쿨나무꽃
8	$CH_3(CH_2)_6COOH$	octanoic acid	caprylic acid	염소, 산양
9	$CH_3(CH_2)_7COOH$	nonanoic acid	pelargonic acid	제라니움
10	$CH_3(CH_2)_8COOH$	decanoic acid	apric acid	염소, 산양
16	$CH_3(CH_2)_{14}COOH$	hexadecanoic acid	palmitic acid	동식물 지방
18	$CH_3(CH_2)_{16}COOH$	octadecanoic acid	stearic acid	돈지, 우지

*IUPAC 추천명(PIN, preferred IUPAC name, 2004)

규칙 2. 치환기가 있는 지방족 카복실산의 계통명은 카복실기 탄소를 C1으로 하여 치환기의 위치를 표시한다.

$CH_3CH(CH_3)CH_2-C(=O)-OH$ (4 3 2 1)

3-methylbutanoic acid

$CH_3CH_2CH(CH_2CH_3)CH_2CH_2CH(CH_3)-C(=O)-OH$

5-ethyl-2-methylheptanoic acid

규칙 3. 이중결합을 가진 지방족 카복실산은 '−엔산(−enoic acid)'으로 명명하고, 이중결합을 가진 탄소를 나타내는 숫자를 −enoic acid 앞에 붙여 명명한다.

$H_2C{=}CH{-}C({=}O){-}OH$

prop-2-enoic acid

$H_2C{=}C(CH_3){-}C({=}O){-}OH$

2-methylprop-2-enoic acid

규칙 4. 카복실기 – COOH가 고리화합물의 탄소에 결합된 화합물은 고리화합물명에 접미어 '– 카복실산(– carboxylic acid)'을 붙여 명명한다. 이때 카복실기가 붙은 고리화합물의 탄소가 C1이고 카복실기 탄소는 번호를 부여하지 않는다.

cyclopentanecarboxylic acid

cyclopent-2-enecarboxylic acid

3-bromobenzenecarboxylic acid

trans-3-hydroxycyclobutanecarboxylic acid

규칙 5. 한 분자에 카복실기가 두 개 있는 지방족 이가산(dicarboxylic acid)의 이름은 탄화수소 이름에 접미사 '– 이산(– dioic acid)'을 붙여서 명명한다.

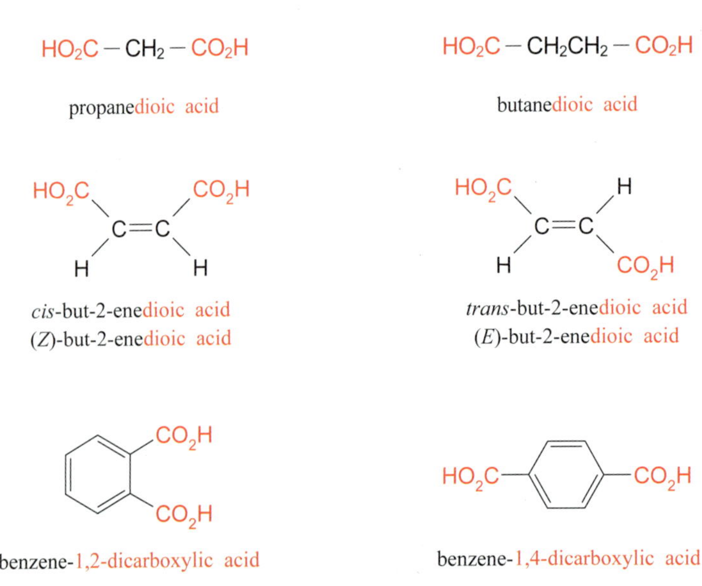

propanedioic acid

butanedioic acid

cis-but-2-enedioic acid
(*Z*)-but-2-enedioic acid

trans-but-2-enedioic acid
(*E*)-but-2-enedioic acid

benzene-1,2-dicarboxylic acid

benzene-1,4-dicarboxylic acid

규칙 6. 가지가 없는 탄소사슬에 셋 또는 그 이상의 카복실기가 붙어 있으면 '－트라이카복실산(－tricarboxyic acid)', '－테트라카복실산(－tetracarboxylic acid)' 등과 같은 접미사를 탄화수소의 기본명에 붙여 명명한다. 이때 카복실기가 붙어 있는 탄소의 번호 표시를 －tricarboxylic acid 앞에 붙인다.

$HO_2C-CH_2-C(OH)(CO_2H)-CH_2-CO_2H$

2-hydroxypropane-1,2,3-tricarboxylic acid
(citric acid, 구연산)

$(HOOC)_2-CH-CH-(COOH)_2$

ethane-1,1,2,2-tetracarboxylic acid

규칙 7. －COOH기는 －CHO, －CO－, －OH 등의 작용기보다 우선한다. 이때 카보닐기 C＝O는 치환기 '옥소(－oxo)'로 명명한다.

$H-C(=O)-CH_2-C(=O)OH$

3-oxopropanoic acid

$H_3C-C(=O)-CH_2CH_2CH(OH)-C(=O)OH$

2-hydroxy-5-oxohexanoic acid

규칙 8. 카복실산은 유기화합물 중에서 가장 오래전부터 사용되었기 때문에 관용명을 사용하는 경우가 많다. 특히 폼산(formic acid), 아세트산(acetic acid), 벤조산(benzoic acid)은 관용명이 계통명보다 널리 사용되고 IUPAC 추천명(PIN)이다. 카복실산들의 일반적인 관용명을 표 9.1에 나타내었다. 관용명은 보통 －ic acid의 어미를 가지고 있다.

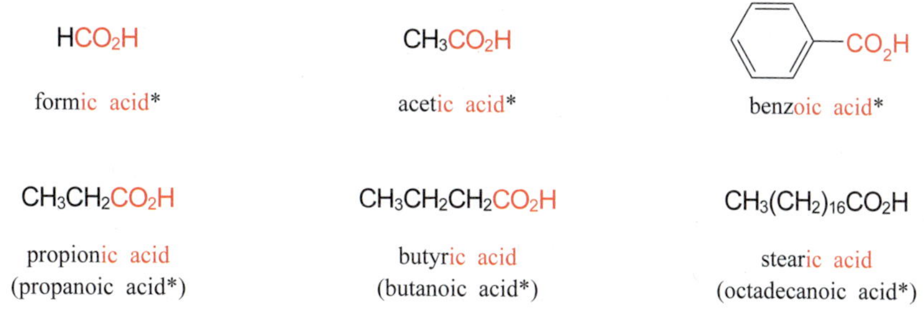

규칙 9. 카복실산의 치환기의 위치를 표시할 때 카복실기의 이웃탄소를 관용명으로 α 그리고 β, γ, δ 순으로 명명한다.

$\overset{\delta}{C}H_3\overset{\gamma}{C}H_2\overset{\beta}{C}H_2\overset{\alpha}{C}H(NH_2)CO_2H$

α-aminopentanoic acid

규칙 10. 카복실산 관용명으로 폼산, 아세트산, 벤조산 등 추천명을 제외하고는 치환기가 달린 카복실산의 관용명은 허용되지 않는다.

$CH_3CHCH_2CO_2H$ (OH)
3-hycroxybutanoic acid
(not 3-hydroxybutyric acid)

CH_3CHCO_2H (NH_2)
2-aminopropanoic acid
(not 2-aminopropionic acid)

3-bromobenzoic acid

규칙 11. 뷰트-2-엔이산 두 개의 이성질체 및 벤젠다이카복실산 세 개의 이성질체는 다음과 같은 관용명을 가진다.

maleic acid(말레산)
(*Z*)-but-2-enedioic acid

fumaric acid(퓨말산)
(*E*)-but-2-enedioic acid

phthalic acid
(프탈산)

isophthalic acid
(아이소프탈산)

terephthalic acid
(테레프탈산)

규칙 12. 자연계에는 많은 다이카복실산(dicarboxylic acid)이 존재하는데 이들은 보통 관용명을 따르는 경우가 많다.

표 9.2 몇 가지 지방족 다이카복실산

구조식(formula)	관용명	IUPAC명	출처(source)
HOOC−COOH	oxalic acid*	(ethanedioic acid)	괭이밥식물군
HOOC−CH_2−COOH	malonic acid	propanedioic acid	사과
HOOC−$(CH_2)_2$−COOH	succinic acid	butanedioic acid	호박
HOOC−$(CH_2)_3$−COOH	glutaric acid	pentanedioic acid	글루텐
HOOC−$(CH_2)_4$−COOH	adipic acid	hexanedioic acid	지방
HOOC−$(CH_2)_5$−COOH	pimelic acid	heptanedioic acid	지방

관용명 기억법 : Oh My, Such Good Apple Pie!

아실기 : RCO−

아실기(acyl group)의 관용명은 카복실산의 −ic acid를 −yl로 바꾸어 명명한다. 계통명은 −oic acid를 −oyl로 바꾸거나 −carboxylic acid를 −carbonyl로 바꾸어 명명한다. 폼일, 아세틸, 벤조일기들은 널리 사용되는 관용명이다. (*표는 IUPAC 추천명(PIN)이다)

formyl* (methanoyl)　acetyl* (ethanoyl)　propionyl (propanoyl*)　benzoyl* (benzenecarbonyl)　cyclohexanecarbonyl

$OHC-CH_2CH_2-COOH$

3-formylpropanoic acid (4-oxobutanoic acid*)

$OHC-C_6H_4-CO_2H$

4-formylbenzoic acid* (4-formylbenzenecarboxylic acid)

(2) 산 할로젠화물 : RCOX (X=Cl, Br)

산 할로젠화물은 아실기를 먼저 부르고 해당하는 할로젠 원소명 −ine를 −ide로 바꾼 halide를 붙여서 명명한다. 우리말은 '할로젠화 아실'로 명명한다.

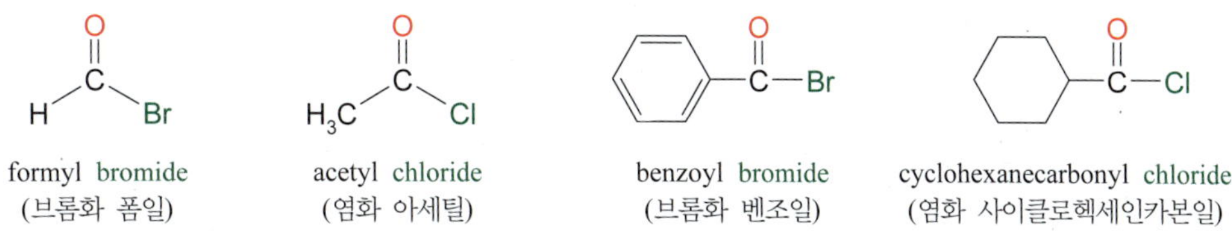

formyl bromide (브롬화 폼일)　acetyl chloride (염화 아세틸)　benzoyl bromide (브롬화 벤조일)　cyclohexanecarbonyl chloride (염화 사이클로헥세인카본일)

(3) 에스터 : RCOOR'

에스터의 체계명은 산소에 결합된 알킬기(R')의 이름을 먼저 부르고 해당하는 카복실산의 −ic acid를 −ate로 바꾸어 부른다. 한글명은 '−산 알킬'로 부른다.

ethyl acetate (아세트산 에틸)　methyl benzoate (벤조산 메틸)　ethyl cyclohexanecarboxylate (사이클로헥세인카복실산 에틸)

(4) 아마이드 : $RCONH_2$

아마이드는 아미노기($-NH_2$)의 질소 원자의 치환에 따라 1차 아마이드($RCONH_2$), 2차 아마이드(RCONHR), 3차 아마이드($RCONR_2$)로 분류한다.

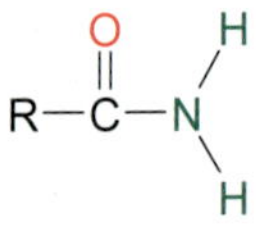

1차 아마이드 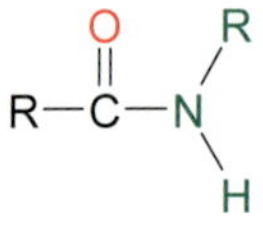   2차 아마이드 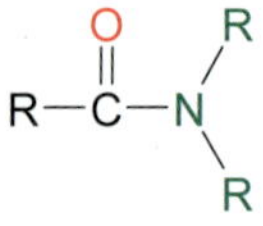   3차 아마이드

규칙 1. 아미노기의 질소 원자에 치환이 없는 1차 아마이드는 카복실산의 어미 −oic acid 또는 −ic acid를 '−아마이드(−amide)'로 바꾸거나, 또는 '−카복실산(−carboxylic acid)'을 '−카복스아마이드(−carboxamide)'로 바꾸어 명명한다.

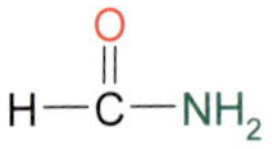

formamide* (폼아마이드)

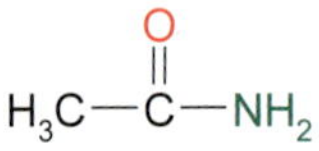

acetamide* (아세트아마이드)

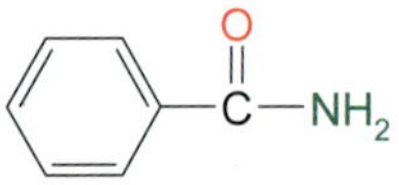

benzamide* (벤즈아마이드)

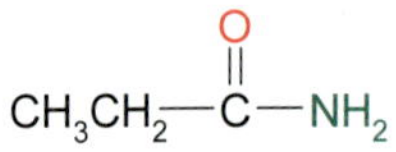

propanamide (프로판아마이드)

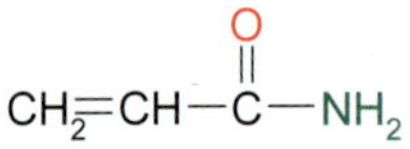

prop-2-enamide (프롭-2-엔아마이드)

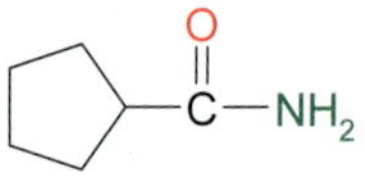

cyclopentanecarboxamide (사이클로펜테인카복스아마이드)

규칙 2. 아미노기의 질소 원자가 치환되어 있는 이차 및 삼차 아마이드는 질소에 붙은 치환기를 *N*-알킬로 먼저 부르고 일차 아마이드와 같은 방법으로 명명한다. *N*-알킬은 치환기들이 질소에 직접 결합되어 있음을 의미한다.

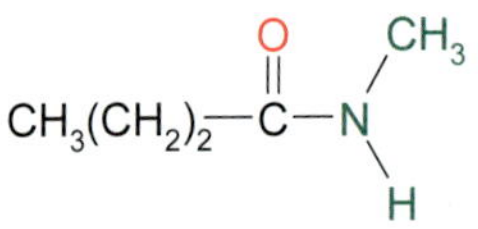

N-methylbutanamide

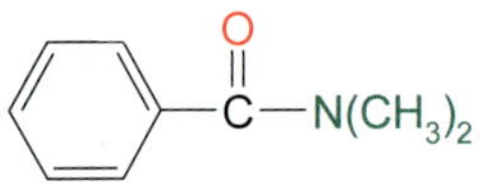

N,*N*-dimethylbenzamide

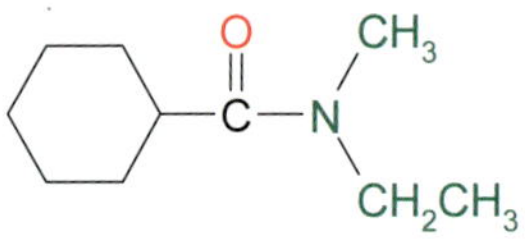

N-ethyl-*N*-methylcyclohexanecarboxamide

(5) 산 무수물 : RCOOCOR'

간단한 카복실산으로부터의 대칭형 산 무수물과 다이카복실산으로부터의 고리형 산 무수물은 '산(acid)'을 '무수물(anhydride)'로 바꾸어 부른다.

acetic anhydride (아세트산 무수물)　succinic anhydride (석신산 무수물)　maleic anhydride (말레산 무수물)　phthalic anhydride (프탈산 무수물)

두 개의 다른 카복실산으로부터 합성된 비대칭 무수물은 카복실산 두 개를 알파벳순서로 나열한 다음 무수물을 붙인다.

acetic benzoic anhydride
(아세트산 벤조산 무수물)

(6) 나이트릴 : RC≡N

탄화수소기에 사이안화기(−C≡N)가 결합된 화합물을 **나이트릴**(nitrile)이라 하고 **사이안화물**(cyanide)이라고도 한다.

규칙 1. 간단한 비고리형 나이트릴은 알케인명에 접미어 '나이트릴(−nitrile)'을 붙여 명명한다. 이때 번호는 나이트릴의 탄소가 C1이 된다.

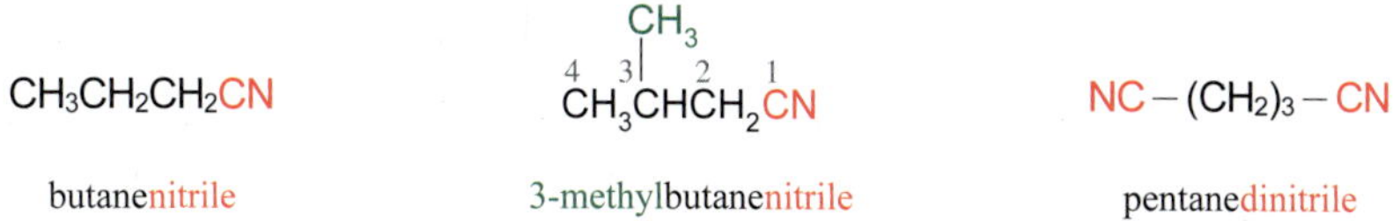

butanenitrile　3-methylbutanenitrile　pentanedinitrile

규칙 2. 산의 유도체로 취급하여 −ic acid 또는 −oic acid를 '−오나이트릴(−onitrile)'로 바꾸어 명명한다.

CH_3CN	(benzene ring)–CN	$CH_2{=}CHCN$
acetonitrile* (acetic acid로부터)	benzonitrile* (benzoic acid로부터)	acrylonitrile (acrylic acid로부터)

규칙 3. 고리형 나이트릴은 산의 유도체로 취급하여 '카복실산(−carboxylic acid)'를 '−카보나이트릴(−carbonitrile)'로 바꾸어 명명한다.

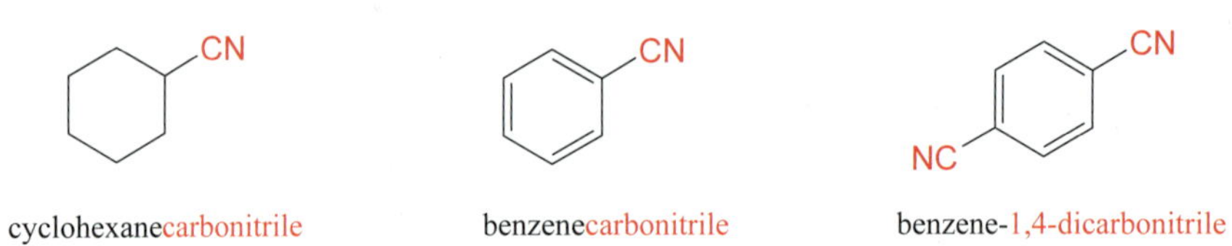

cyclohexanecarbonitrile　　benzenecarbonitrile　　benzene-1,4-dicarbonitrile

규칙 4. 관용명은 알킬기 이름 뒤에 '사이아나이드(cyanide)'를 붙여서 명명한다. 우리말은 '사이안화 알킬'로 명명한다.

CH_3CN	(benzene ring)–CN	(cyclohexane ring)–CN
methyl cyanide	phenyl cyanide	cyclohexyl cyanide

규칙 5. 나이트릴은 카보닐 화합물인 알데하이드나 케톤보다 우선한다. 그러나 카복실산에서는 치환체로서 −CN기는 '사이아노(cyano-)'로 명명한다.

4-oxobutanenitrile　　3-cyanobutanoic acid

문제 1 다음 카복실산의 IUPAC명을 적으시오

(1) $(CH_3)_2CHCH_2COOH$　　(2) Br_2CHCH_2COOH

(3) $CH_3C(CH_3){=}CHC(=O){-}OH$　　(4) $HO_2C-CH_2CH_2CH_2-CO_2H$

(5) H(H_3C)C=C(H)CH_2CH_2CO_2H

(6) (cyclopropyl)—CO_2H

(7) $CH_3CH_2CH(CO_2H)CH_2CH_2CHO$

(8) HO$_2$C, H — cyclopentane — H, CO$_2$H

(9) $CH_3CH(CO_2H)CH_2CH_2CH(CO_2H)CH_3$

(10) $CH_3C{\equiv}CCH_2CH{=}CHCO_2H$

문제 2 다음 카복실산의 구조를 그리시오

(1) 3,4-다이메틸헥산산 (3,4-dimethylhexanoic acid)
(2) 4-클로로펜탄산 (4-chloropentanoic acid)
(3) 4-메틸-6-옥소헥산산 (4-methyl-6-oxohexanoic acid)
(4) 2-폼일사이클로펜테인카복실산 (2-formylcyclopentanecarboxylic acid)
(5) 2,3-다이메틸뷰트-3-엔산 (2,3-dimethylbut-3-enoic acid)
(6) *시스*-사이클로뷰테인-1,3-다이카복실산 (*cis*-cyclobutane-1,3-dicarboxylic acid)
(7) 2,4-다이하이드록시벤조산 (2,4-dihydroxybenzoic acid)
(8) 뷰테인-1,2,4-트라이카복실산 (butane-1,2,4-tricarboxylic acid)

문제 3 다음 화합물의 구조를 그리고 IUPAC명을 쓰시오.

(1) 페닐아세트산 (phenyl acetic acid)
(2) α-아미노펜탄산 (α-aminopentanoic acid)
(3) 아이소프탈산 (isophthalic acid)
(4) 3-메틸아디프산 (3-methyladipic acid)

문제 4 다음 화합물의 이름을 쓰시오.

(1) $CH_3CH_2C(=O)-Cl$

(2) $CH_3CH(CH_3)CH_2CH_2C(=O)-Br$

(3) (cyclobutyl)—C(=O)Br

(4) $CH_3CH(CH_3)CH_2C(=O)-OCH_2CH_3$

(5) (cyclopentyl)—C(=O)OC$(CH_3)_3$

(6) (phenyl)—$CH_2-C(=O)-NH_2$

(7) 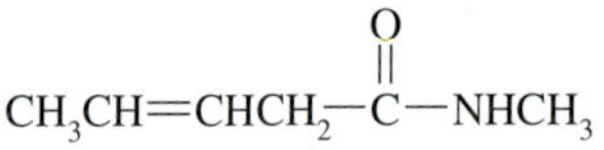 $CH_3CH{=}CHCH_2-\overset{\overset{\displaystyle O}{\|}}{C}-NHCH_3$

(8) 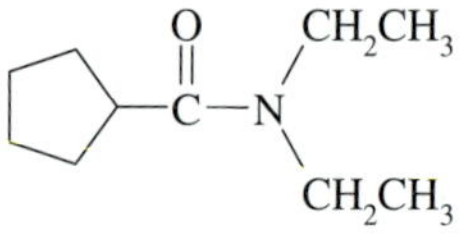 $\text{(cyclopentyl)}-\overset{\overset{\displaystyle O}{\|}}{C}-N(CH_2CH_3)_2$

(9) 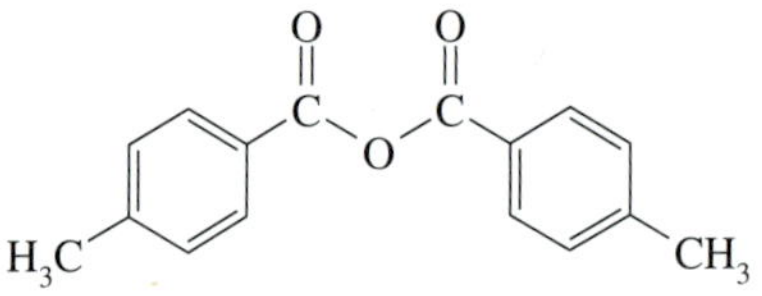 H_3C, O, C, O, C, O, CH_3

(10) 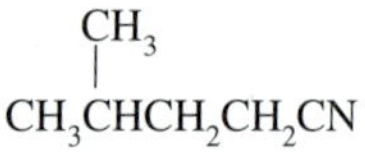 $CH_3\overset{\overset{\displaystyle CH_3}{|}}{C}HCH_2CH_2CN$

문제 5 다음 각 화합물의 구조를 그리시오.

(1) 염화 3-메틸펜탄오일 (3-methylpentanoyl chloride)
(2) *N*-아이소프로필벤즈아마이드 (*N*-isopropylbenzamide)
(3) 프로판산 *tert*-뷰틸 (*tert*-butyl propanoate)
(4) *N*-메틸사이클로펜테인카복스아마이드 (*N*-methylcyclopentanecarboxamide)
(5) 벤조산 무수물 (benzoic anhydride)
(6) 4,4-다이메틸헥세인나이트릴 (4,4-dimethylhexanenitrile)
(7) *p*-나이트로벤조나이트릴 (*p*-nitrobenzonitrile)
(8) (*Z*)-펜트-2-엔아마이드 [(*Z*)-pent-2-enamide]

9.3 카복실산의 구조와 물리적 성질

카복실기는 카보닐기와 하이드록시기로 이루어져 있으므로 구조적으로 카보닐 화합물 및 알코올과 비슷하고 이런 관점에서 카보닐 화합물 및 알코올과 비슷한 성질을 가질 것으로 예상할 수 있다. 카보닐 화합물에서와 같이 카복실 탄소는 sp^2 혼성을 하고 있다. 따라서 카복실산은 평면구조로 −R기와 −OH기는 약 120°의 결합각을 가진다. 알코올과 같이 극성을 띠고 있다.

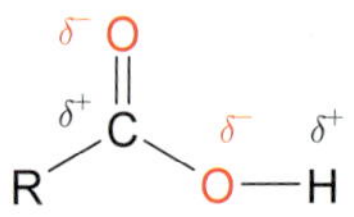

δ^- O, δ^+ C, R, δ^- O—H δ^+

알코올에서와 같이 카복실산은 물과 수소결합을 형성한다. 또한 대부분의 카복실산은 두 분자가 수소결합으로 고리형 이합체(dimer)를 형성한다.

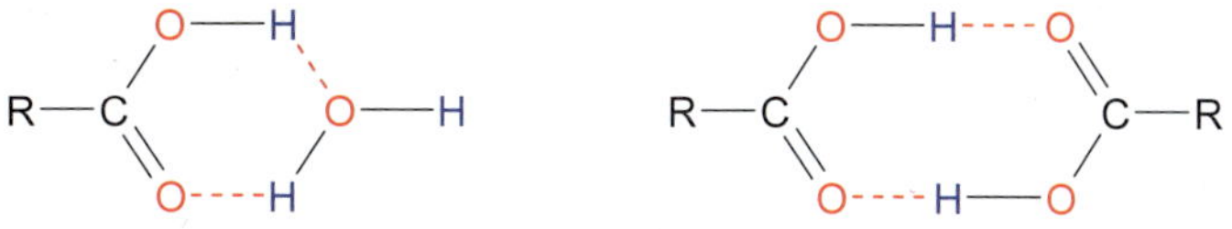

물과의 수소결합 카복실산 이합체

카복실산의 이와 같이 강한 수소결합은 끓는점에 영향을 미쳐 카복실산은 비슷한 분자량을 가진 알코올보다 끓는점이 높다. 예를 들면, 분자량이 서로 같은 아세트산은 119℃, 프로판-2-올은 97℃에서 끓는다. 또한 탄소수 네 개까지의 저분자 카복실산이 물에 잘 녹는 이유도 수소결합 때문이다.

카복실산은 자연에서 많이 발견된다. 아세트산은 식초(vinegar)의 주된 유기성분이다. 아세트산은 녹는점이 17℃로 상온에서 얼어 빙초산(glacial acetic acid)이라고 한다. 식초는 아세트산이 4~5% 정도 들어 있으며 독특한 향기와 냄새가 난다. 뷰탄산은 썩은 버터의 고약한 냄새의 원인이고, 헥산산은 염소와 땀 찬 양말에서 나는 독특한 냄새의 원인물질이다.

9.4 카복실산의 산도

카복실산은 이름에서 암시하듯이 산성(acidic)이다. 염산이나 황산과 같은 무기산보다는 훨씬 약한 산이나 카복실산은 알코올이나 페놀보다 훨씬 강한 산이다. 그러므로 카복실산은 NaOH나 $NaHCO_3$와 같은 염기와 반응하여 **카복실산염**(carboxylate), RCO_2Na를 생성한다. 물에 잘 녹지 않는 카복실산의 알칼리 금속 카복실산염은 이온성을 띠고 있어 물에 아주 잘 녹는다.

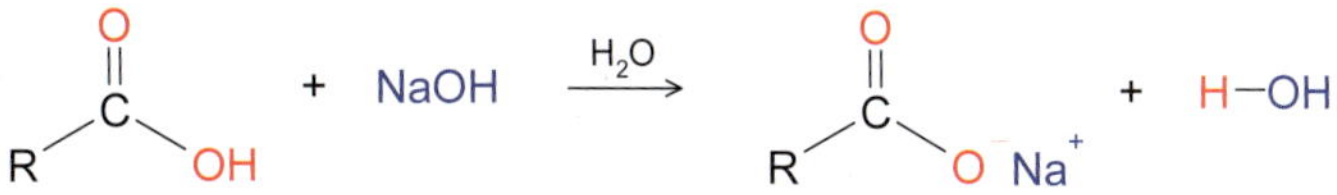

$$RCOOH + NaOH \xrightarrow{H_2O} RCOO^- Na^+ + H{-}OH$$

카복실산
(물에 불용)

카복실산염
(물에 녹음)

카복실산염의 이름은 양이온의 이름을 먼저 쓰고 뒤에 카복실 음이온의 이름을 쓴다. 이때 카복실산의 이름 '−ic acid'를 '−ate'로 바꾸어 명명한다. 카복실산염의 한글명은 '−산 양이온명'으로 부른다. 예를 들면, CH_3COONa는 아세트산 나트륨(sodium acetate)이다.

카복실산은 묽은 수용액중에서 해리되어 H_3O^+(hydronium ion)와 카복실 음이온 RCO_2^-가 생성된다.

$$RCOOH + H_2O \rightleftharpoons RCOO^- + H_3O^+$$

$$이온화상수\ K_a = \frac{[RCO_2^-][H_3O^+]}{[RCOOH]}, \qquad pK_a = -\log K_a$$

대부분의 카복실산의 K_a값은 10^{-4}~ 10^{-5} 범위이다. 예를 들면, 아세트산의 $K_a = 1.76 \times 10^{-5}$을 가진다. 카복실산은 무기산보다는 훨씬 약한 산이지만 알코올이나 페놀에 비해서는 훨씬 더 센 산이다. 예를 들면, 에탄올은 pK_a 값이 16, 페놀은 10, 아세트산은 4.75이다. 아세트산은 에탄올보다 약 10^{11}배나 더 센 산이다. K_a값이 크거나 pK_a값이 작은 것이 강산이다.

표 9.3 몇 가지 카복실산의 이온화상수

구조식	이름	K_a	pK_a
$Cl_2CHCOOH$	dichloroacetic acid	5.0×10^{-2}	1.30
$ClCH_2COOH$	chloroacetic acid	1.5×10^{-3}	2.82
HCOOH	formic acid	1.77×10^{-4}	3.75
p-Cl-C_6H_4COOH	*p*-chlorobenzoic acid	1.0×10^{-4}	4.00
C_6H_5COOH	benzoic acid	6.46×10^{-5}	4.19
$CH_2=CHCOOH$	acrylic acid	5.6×10^{-5}	4.25
p-OH-C_6H_4COOH	*p*-hydroxybenzoic acid	3.3×10^{-4}	4.48
CH_3COOH	acetic acid	1.76×10^{-5}	4.75
CH_3CH_2COOH	propionic acid	1.34×10^{-5}	4.87
$CH_3(CH_2)_2COOH$	butyric acid	1.6×10^{-5}	4.80
C_6H_5OH	phenol	1.0×10^{-10}	10.0
CH_3CH_2OH	ethanol	1.0×10^{-16}	16.0
H_2O	water	1.8×10^{-16}	15.74

카복실산과 알코올 및 페놀은 모두 −OH를 가지고 있어 물에 녹아 산성을 띠는데 카복실산이 더 강산인 이유는 무엇인가? 이것은 카복실 음이온(RCO_2^-)과 알콕시화 음이온(RO^-)의 비편재화를 비교하면 알 수 있다. 카복실 이온에는 음전하가 두 산소 원자에 균일하게 분포되어 있어 이온에 공명 안정성을 제공하고 있으나 알콕시화 이온에는 음전하가 산소 원자 하나에 편재되어 있다. 그러므로 카복실 이온은 공명현상에 의하여 알콕시화 이온보다 더 안정하게 된다. 결과적으로 평형상태의 수용액중에서 카복실산이 알코올보다 H_3O^+가 더 많이 생성되게 되어 더 강산이다.

carboxylate ion의 공명구조

alkoxy ion

카복실산에 어떤 치환기가 결합되어 있는가에 따라 그 산도가 달라진다. 예를 들면, 아세트산과 다이클로로아세트산의 산도를 비교하면 약 3,000배 정도 차이가 난다. 일반적으로 전자를 끌어당기는 기는 카복실산 음이온을 안정화시켜 산도를 증가시키고, 전자를 주는 기는 카복실산 음이온을 불안정화시켜 산도를 감소시킨다. 예를 들면, 클로로아세트산에서 염소 원자는 탄소보다 전기음성도가 크므로 염소 원자는 부분적으로 음전하를 띠고 탄소 원자는 양전하를 띠게 된다. 따라서 클로로아세트산 음이온의 전자는 염소 원자쪽으로 끌려가서 음이온은 보다 많은 원자에 고르게 퍼져있는 상태가 되어 안정화를 도와주어 해리를 유리하게 해준다. 따라서 클로로아세트산이 아세트산보다 더 센 산이 된다. 카복실산에 결합된 염소 원자의 수가 많을수록 산도는 증가한다.

카복실산에 $-OH$, $-OCH_3$, $-CH_3$ 등과 같은 전자를 주는 기(활성화기)가 치환기로 존재하면 카복실산의 산도는 감소하고, 전자를 끄는 기(비활성화기) $-Cl$, $-Br$, $-CHO$, $-CN$, $-NO_2$ 등이 치환기로 존재하면 산도는 증가한다.

문제 6 식초는 아세트산 5%(V/V) 수용액이다. 식초에 존재하는 수소결합의 형태를 그려 보시오.

문제 7 표 9.3을 이용하여 아세트산과 폼산 중 어느 것이 얼마나 더 강산인지를 설명하시오. 또한 아세트산은 폼산에서 메틸 치환기가 붙어있는 사실로부터 산도를 비교 설명하시오.

문제 8 다음 반응생성물을 적고 명명하시오.

(1) $CH_3CH_2-\overset{O}{\overset{\|}{C}}-OH \xrightarrow{CH_3ONa}$

(2) $C_6H_5-CO_2H \xrightarrow{KOH}$

문제 9 다음 카복실산의 산도에 대하여 설명하시오.

(1) 벤조산과 *p*-나이트로벤조산의 산도 비교

(2) 에탄올, 페놀, *p*-클로로페놀, *p*-메틸페놀, 아세트산의 산도 순서

(3) 프로산산, 2-클로로프로판산, 3-클로로프로판산의 산도 비교

(4) 아세트산, 클로로아세트산, 다이클로로아세트산, 트라이클로로아세트산의 산도 순서

9.5 카복실산의 합성

카복실산을 합성하는 몇 가지 방법을 복습하기로 하자.

(1) 알킬벤젠 곁사슬의 산화

방향족 고리에 붙은 알킬기 곁사슬은 산화제에 의하여 쉽게 산화되어 카복실기로 전환된다(4.8절). 산화제는 $KMnO_4$와 $Na_2Cr_2O_7$과 같은 강산화제를 사용한다.

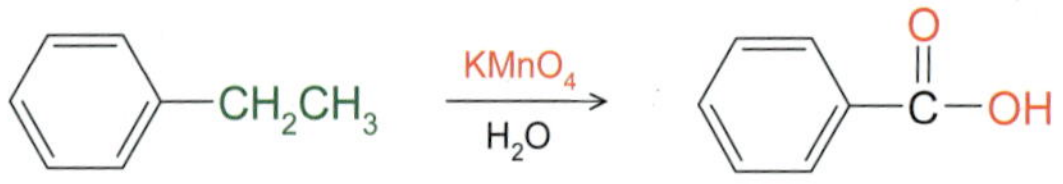

$$C_6H_5-CH_2CH_3 \xrightarrow[H_2O]{KMnO_4} C_6H_5-C(=O)-OH$$

ethylbenzene　　　　benzoic acid

(2) 1차 알코올과 알데하이드의 산화

1차 알코올은 CrO_3 수용액이나 $Na_2Cr_2O_7$으로 산화시켜 카복실산을 얻고(7.8절), 알데하이드는 산성 CrO_3나 $KMnO_4$ 또는 염기성 Ag_2O(Tollens'시약)에 의해 산화된다(8.8절).

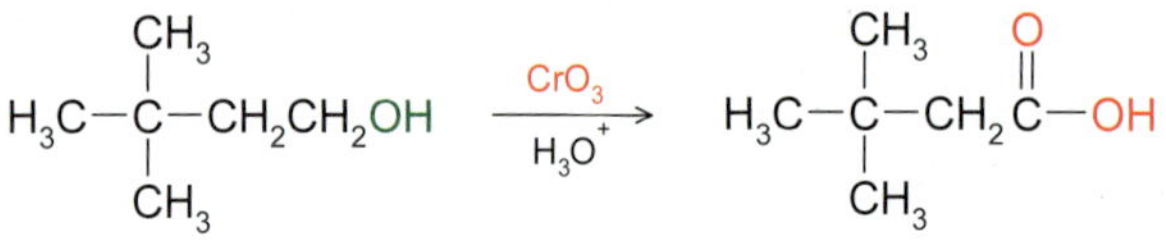

$$H_3C-C(CH_3)_2-CH_2CH_2OH \xrightarrow[H_3O^+]{CrO_3} H_3C-C(CH_3)_2-CH_2C(=O)-OH$$

3,3-dimethylbutan-1-ol　　　　3,3-dimethylbutanoic acid

$$CH_3(CH_2)_6-C(=O)-H \xrightarrow[H_3O^+]{CrO_3} CH_3(CH_2)_6-C(=O)-OH$$

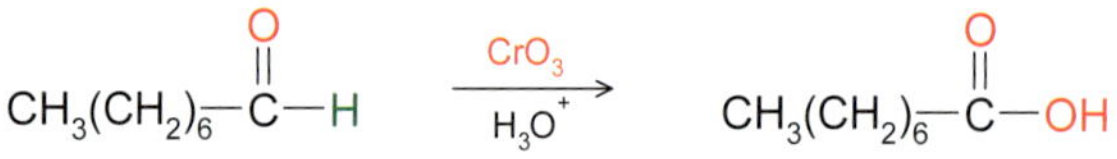

octanal　　　　octanoic acid

(3) 알켄의 산화

이중결합 탄소에 최소한 한 개의 수소를 가진 알켄은 산성 조건하의 $KMnO_4$에 의해 산화성 분해반응이 일어나 카복실산을 생성한다(3.6절).

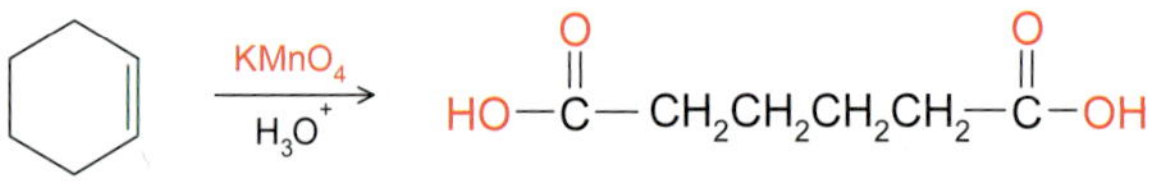

$$\text{cyclohexene} \xrightarrow[H_3O^+]{KMnO_4} HO-C(=O)-CH_2CH_2CH_2CH_2-C(=O)-OH$$

cyclohexene　　　　hexanedioic acid

$$CH_3CH(CH_3)CH{=}CHCH_2CH_3 \xrightarrow[H_3O^+]{KMnO_4} CH_3CH(CH_3)-\overset{O}{\overset{\|}{C}}-OH + CH_3CH_2-\overset{O}{\overset{\|}{C}}-OH$$

2-methylhex-3-ene 2-methylpropanoic acid propanoic acid

(4) Grignard 시약의 카복실화 반응

Grignard 시약과 이산화탄소와의 반응으로 카복실산 마그네슘 염을 생성하고, 이어서 산으로 처리하면 카복실산이 생성된다. 이 반응은 **카복실화 반응**(carboxylation)으로 Grignard 시약이 이산화탄소의 C=O 결합에 첨가되고, 이때 생긴 카복실산염 중간체를 HCl 수용액으로 처리하면 카복실산이 생성된다.

$$R-MgBr + O{=}C{=}O \longrightarrow R-\overset{O}{\overset{\|}{C}}-OMgBr \xrightarrow{H_3O^+} R-\overset{O}{\overset{\|}{C}}-OH$$

일반적으로 Grignard 시약을 이용한 카복실산 합성은 할로젠화 알킬로부터 좋은 수득률로 얻을 수 있으나 Grignard 시약을 형성할 수 있는 할로젠화 알킬만을 사용해야 하는 제약이 있다. 즉 유기할로젠화물에 반응성 작용기인 $-CHO$, $-COR$, $-NO_2$, $-OH$, $-CN$, $-NH_2$, $-SH$, $-CO_2H$ 등이 있으면 Grignard 시약이 만들어지지 않는다. 카복실화 반응생성물은 Grignard 시약의 탄소수보다 한 개 많은 탄소수를 가진 카복실산이 합성된다.

$$H_3C-C_6H_4-Br \xrightarrow[ether]{Mg} H_3C-C_6H_4-MgBr \xrightarrow[2.\ H_3O^+]{1.\ CO_2} H_3C-C_6H_4-CO_2H$$

p-bromotoluene *p*-methylbenzoic acid

(5) 나이트릴의 가수분해 반응

탄소와 질소가 삼중결합을 가진 나이트릴은 산성 혹은 염기성 수용액과의 반응으로 카복실산으로 가수분해된다. 나이트릴은 할로젠화 알킬(주로 1차 화합물)과 사이안화이온 (CN^-)과의 S_N2 반응으로 만들어진다. 이 반응은 1차 할로젠화 알킬에서 가장 잘 일어난다. 2차와 3차 할로젠화 알킬은 E2 제거반응이 일어나며 아릴 및 바이닐 할로젠화물은 반응하지 않는다. 입체장애가 없는 몇 개의 2차 할로젠화 알킬은 반응이 잘 일어난다.

나이트릴의 가수분해반응은 두 단계 과정으로 할로젠화 알킬로부터 카복실산을 제조하는 좋은 방법이다 ($R-Br \rightarrow RC{\equiv}N \rightarrow RCO_2H$). 생성된 카복실산은 할로젠화 알킬보다 탄소가 한 개 많은 카복실산이다.

$$CH_3CH_2CH_2Br \xrightarrow{NaCN} CH_3CH_2CH_2C{\equiv}N \xrightarrow{H_3O^+} CH_3CH_2CH_2CO_2H + NH_4^+$$

1-bromopropane　　butanenitrile　　butanoic acid

$$C_6H_5\text{-}CH(CH_3)Br \xrightarrow[\text{2. } OH^-,\ H_2O \quad \text{3. } H_3O^+]{\text{1. NaCN}} C_6H_5\text{-}CH(CH_3)CO_2H$$

1-bromo-1-phenylethane　　2-phenylpropanoic acid

문제 10 다음 반응의 생성물을 적으시오.

(1) $Cl\text{-}C_6H_4\text{-}CH_2CH_3$ (para) $\xrightarrow[H_2O]{KMnO_4}$

(2) $CH_3CH_2CH(CH_3)CH_2CH_2OH \xrightarrow[H_3O^+]{CrO_3}$

(3) $CH_3CH{=}CHCH(CH_3)CH_3 \xrightarrow[H_3O^+]{KMnO_4}$

문제 11 Grignard 시약의 카복실화에 의한 다음 화합물의 변환과정을 제시하시오.

(1) 1-브로모뷰테인 → 펜탄산　　(2) 브로민화 벤질 → 페닐아세트산

9.6 카복실산의 반응

(1) 중화반응 : 염의 생성

카복실산은 NaOH, KOH와 같은 강염기로 처리하면 염이 생성한다. 이 반응은 중화반응이며 발열반응이다.

$$RC(=O)OH + NaOH \xrightarrow{H_2O} RC(=O)O^-Na^+ + H_2O$$

$$CH_3COOH + NaOH \xrightarrow{H_2O} CH_3COONa + H_2O$$

acetic acid　　sodium acetate

$$C_6H_5\text{-}COOH + KOH \xrightarrow{H_2O} C_6H_5\text{-}COOK + H_2O$$

benzoic acid　　　　potassium benzoate

(2) 에스터화 반응 : 에스터 생성

카복실산을 알코올과 함께 산촉매 하에서 가열하면 에스터가 생성된다. 이 반응은 친핵성치환반응으로 Fischer **에스터화 반응**(Fischer esterification)이라고 한다. 에스터화 반응은 진한 황산의 촉매 하에서 환류시키면서 진행한다. 카복실산의 OH기와 알코올의 H 원자가 결합하여 물이 제거된다.

$$R\text{-}C(=O)\text{-}OH + H\text{-}OR' \xrightarrow{H^+} R\text{-}C(=O)\text{-}OR' + H_2O$$

$$H_3C\text{-}C(=O)\text{-}OH + CH_3CH_2OH \xrightarrow{H^+} H_3C\text{-}C(=O)\text{-}OCH_2CH_3 + H_2O$$

acetic acid　　ethanol　　ethyl acetate

$$C_6H_5\text{-}C(=O)\text{-}OH + CH_3CH(OH)CH_3 \xrightarrow{H^+} C_6H_5\text{-}C(=O)\text{-}O\text{-}CH(CH_3)_2 + H_2O$$

benzoic acid　　propan-2-ol　　isopropyl benzoate

(3) 염화 아실의 생성

카복실산은 오염화인(PCl_5) 혹은 염화 싸이오닐($SOCl_2$)과 반응하면 염화 아실이 생성된다. 이 반응은 알코올에서의 반응(7.8절)과 유사함에 주목하자.

$$R\text{-}C(=O)\text{-}OH + PCl_5 \rightarrow R\text{-}C(=O)\text{-}Cl + HCl + POCl_3$$

$$R\text{-}C(=O)\text{-}OH + SOCl_2 \rightarrow R\text{-}C(=O)\text{-}Cl + HCl + SO_2$$

$$CH_3CH_2\text{-}C(=O)\text{-}OH + PCl_5 \rightarrow CH_3CH_2\text{-}C(=O)\text{-}Cl + HCl + POCl_3$$

propanoic acid　　phosphorus pentachloride　　propanoyl chloride

$$C_6H_5-\overset{O}{\overset{\|}{C}}-OH + SOCl_2 \longrightarrow C_6H_5-\overset{O}{\overset{\|}{C}}-Cl + HCl + SO_2$$

benzoic acid thionyl chloride benzoyl chloride

(4) 환원반응 : 1차 알코올로 전환

카복실산은 수소화 알루미늄리튬(LiAlH₄)으로 환원시키면 1차 알코올을 생성한다.

$$R-\overset{O}{\overset{\|}{C}}-OH \xrightarrow[2.\ H_3O^+]{1.\ LiAlH_4} R-CH_2-OH + H_2O$$

$$C_6H_5-CH_2-\overset{O}{\overset{\|}{C}}-OH \xrightarrow[2.\ H_3O^+]{1.\ LiAlH_4} C_6H_5-CH_2CH_2OH + H_2O$$

phenylacetic acid 2-phenylethanol

알코올을 산화시키면 알데하이드를 거쳐 카복실산으로 전환되듯이, 카복실산을 환원시키면 알데하이드 단계를 거쳐 알코올로 전환된다.

문제 12 다음 반응의 생성물을 적으시오.

(1) $Cl-C_6H_4-\overset{O}{\overset{\|}{C}}-OH \xrightarrow[HCl]{CH_3CH_2OH}$

(2) $CH_3\overset{CH_3}{\overset{|}{C}}HCO_2H \xrightarrow{SOCl_2}$

(3) $CH_3CH_2\overset{CH_3}{\overset{|}{C}}HCH_2CO_2H \xrightarrow[H_3O^+]{LiAlH_4}$

(4) 2-bromobenzoic acid (o-$BrC_6H_4-\overset{O}{\overset{\|}{C}}-OH$) $\xrightarrow{NaOH}$

문제 13 Fischer 에스터화 반응을 통해 다음 에스터를 합성하는 방법을 제시하시오.

(1) $CH_3CH_2CH_2\overset{O}{\overset{\|}{C}}OCH_2CH_3$

(2) $CH_3\overset{O}{\overset{\|}{C}}OCH_2-C_6H_5$

9.7 친핵성 아실 치환반응 및 카복실산 유도체의 반응성

카보닐기의 반응성은 카보닐기의 극성 때문이다. 산소는 탄소보다 전기음성도가 크므로 카보닐 탄소는 부분적으로 양전하를 띠고 친핵체의 공격을 받기 쉽다.

카복실산 유도체는 아실기에 이탈기(Y)가 붙어 있는 반면에, 알데하이드와 케톤에는 이탈기가 없고 C=O 이중결합만 존재한다. 따라서 알데하이드와 케톤의 카보닐기에는 첨가반응이 일어나고 카복실산 유도체는 이탈기와 교체되는 치환반응이 일어난다. 카보닐기에 친핵체가 첨가될 때, 탄소－산소 π결합은 끊어지고 중간체가 생성된다. 중간체에서 반응물의 sp^2 탄소가 sp^3 탄소가 되어 정사면체형 중간체(tetrahedral intermediate)라 한다. 알데하이드와 케톤은 초기에 형성된 정사면체형 중간체에 양성자가 첨가되어 알코올이 얻어지거나 카보닐기가 제거되어 새로운 C－Nu 결합이 생길 수 있다. 그러나 카복실산 유도체에 친핵체(:Nu⁻)가 첨가될 때에는 다른 반응과정이 일어난다. 일반적으로 산소에 결합되어 있는 sp^3 탄소는 다른 전기음성도가 큰 원자에 결합되어 있으면 불안정하다. Y와 Nu가 모두 전기음성도가 큰 원자이므로 산소의 고립전자쌍은 π결합을 다시 형성하고 두 치환기 Y와 Nu 중 하나는 결합전자와 함께 이탈된다. 이 반응은 친핵체가 반응물의 아실기에 결합하고 있는 치환체(Y)를 치환하였으므로 **친핵성 아실 치환반응**(nucleophilic acyl substitution reaction)이라 한다. 여기서 Y는 보통 －Cl, －OR, －NH_2이다.

정사면체형 중간체

친핵성 아실 치환반응에서 연속된 두 단계 과정, 즉 친핵체가 첨가되어 정사면체 중간체가 생성되는 첨가반응과 치환체가 제거되는 제거반응으로 이루어져 있다. 따라서 최종효과는 아실 탄소에 결합된 －Y기가 친핵체에 의해 치환이 일어난 것으로 볼 수 있고, 이 과정은 외견상으로는 친핵성 치환반응의 S_N2 반응과정과 동일하게 보인다. 그러나 두 반응 사이의 메커니즘은 전혀 다르다. S_N2 반응은 이탈기의 뒤쪽을 공격하여 치환되는 일 단계 친핵성 치환반응이지만, 친핵성 아실 치환반응은 정사면체형 중간체를 포함하는 두 단계 반응으로 일어난다.

친핵성 아실 치환반응에서 두 단계 과정인 첨가와 제거단계 모두 반응속도에 영향을 미친다. 카복실산 유도체의 반응성은 아실기에 붙은 치환체의 염기성에 의존한다. 치환체의 염기성이 약할수록 좋은 이탈기로 카복실산 유도체는 반응성이 좋다. 이탈기의 상대적인 염기성 세기는 $-Cl < -OR < -OH < -NH_2$ 순이다. 따라서 카복실산 유도체의 반응성은 산 염화물이 가장 세고 아마이드가 가장 약하다. 카복실산 유도체의 상대적인 반응성순서는 다음과 같다.

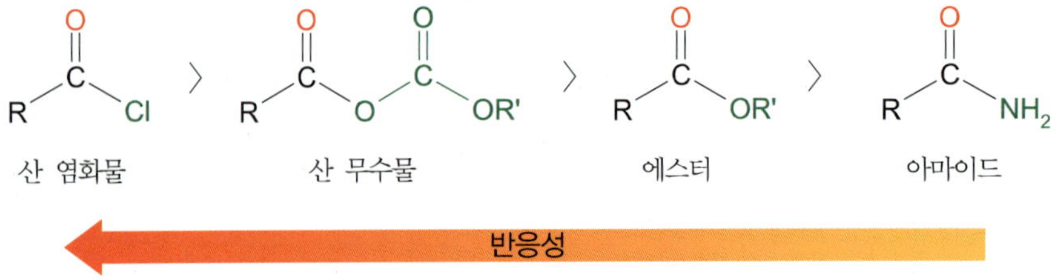

$$RC(=O)Cl > RC(=O)OC(=O)OR' > RC(=O)OR' > RC(=O)NH_2$$

산 염화물 〉 산 무수물 〉 에스터 〉 아마이드

← 반응성

문제 14 다음 친핵성 아실 치환반응의 생성물을 예측하시오.

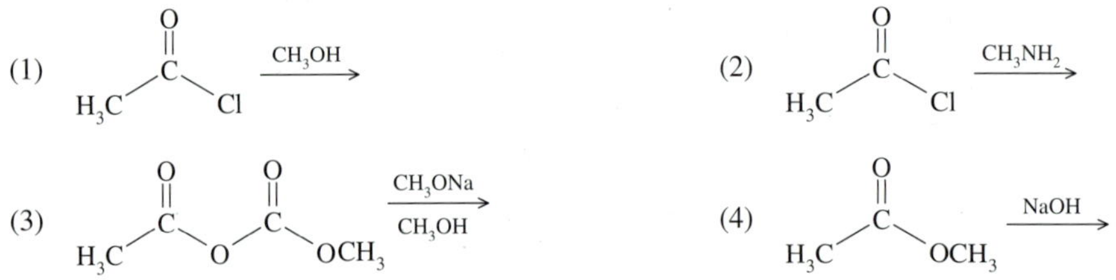

(1) $H_3C-C(=O)-Cl \xrightarrow{CH_3OH}$

(2) $H_3C-C(=O)-Cl \xrightarrow{CH_3NH_2}$

(3) $H_3C-C(=O)-O-C(=O)-OCH_3 \xrightarrow[CH_3OH]{CH_3ONa}$

(4) $H_3C-C(=O)-OCH_3 \xrightarrow{NaOH}$

9.8 산 염화물

(1) 제법

앞에서 살펴보았듯이(9.6절), 산 염화물(acyl chloride)은 카복실산과 염화 싸이오닐($SOCl_2$) 혹은 오염화인(PCl_5)의 반응으로 합성된다.

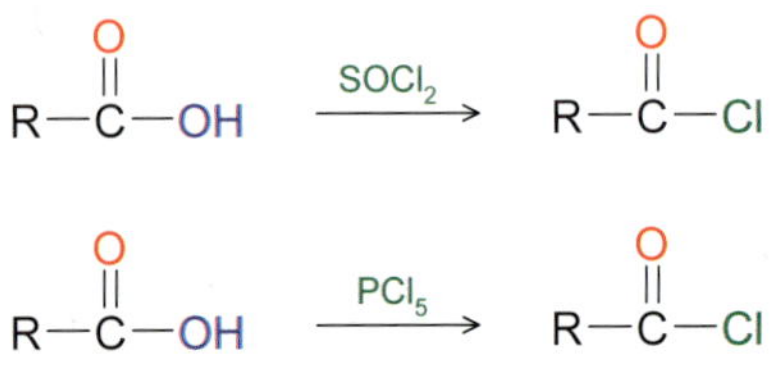

$$R-C(=O)-OH \xrightarrow{SOCl_2} R-C(=O)-Cl$$

$$R-C(=O)-OH \xrightarrow{PCl_5} R-C(=O)-Cl$$

(2) 화학반응

산 염화물은 카복실산 유도체 중에서 가장 반응성이 좋은 유도체로서 다른 많은 화합물로 전환될 수 있다. 산 염화물의 할로젠이 $-OH$로 치환되면 카복실산, $-OR$로 치환되면 에스터, $-NH_2$로 치환되면 아마이드가 된다. 그 외에 산 염화물은 $LiAlH_4$로 환원시키면 알데하이드를 거쳐 1차 알코올을 생성한다. 그리고 Grignard 시약과 반응하여 케톤을 거쳐 3차 알코올을 생성한다. 산 염화물로부터 알코올의 합성은 에스터로부터 더 편리하게 합성할 수 있기 때문에 잘 이용하지 않는 반응이다. 다른 카복실산 유도체에도 산 염화물과 비슷한 반응이 일어난다.

$$R-C(=O)-Cl \xrightarrow{H_2O} R-C(=O)-OH \text{ (carboxylic acid)}$$

$$R-C(=O)-Cl \xrightarrow{LiAlH_4} R-C(=O)-H \text{ (aldehyde)} \rightarrow R-CH_2-OH \text{ (1° alcohol)}$$

$$R-C(=O)-Cl \xrightarrow{R'OH} R-C(=O)-OR' \text{ (ester)}$$

$$R-C(=O)-Cl \xrightarrow{NH_3} R-C(=O)-NH_2 \text{ (amide)}$$

$$R-C(=O)-Cl \xrightarrow{2\ R'MgX} R-C(=O)-R' \text{ (ketone)} \rightarrow R-C(OH)(R')-R' \text{ (3° alcohol)}$$

① 가수분해 : 카복실산 생성

물에 의한 분해를 **가수분해**(hydrolysis)라 하는데, 산 염화물과 물의 반응에서 카복실산을 생성한다. 이 가수분해 반응은 산 염화물의 카보닐기에 친핵체인 물이 공격하여 사면체형 중간체를 형성하여 $-Cl$이 제거되는 전형적인 친핵성 아실 치환반응이다.

$$R-C(=O)-Cl + H_2O \rightarrow R-C(=O)-OH + HCl$$

② 가알코올 분해반응 : 에스터 생성

산 염화물은 알코올과 반응하여 에스터를 생성한다. 이 반응은 가수분해와 유사하며 가알코올 분해반응(alcoholysis)이라 한다.

$$C_6H_5-C(=O)-Cl + CH_3OH \rightarrow C_6H_5-C(=O)-OCH_3 + HCl$$

benzoyl chloride methanol methyl benzoate

HCl이 부산물로 생성되기 때문에 반응을 피리딘과 같은 아민 염기 존재 하에서 실시하면 피리딘이 생성된 HCl과 반응하여 부산물이 생기지 않는다.

$$H_3C-\overset{O}{\overset{\|}{C}}-Cl + CH_3CH_2OH \xrightarrow{\text{pyridine}} H_3C-\overset{O}{\overset{\|}{C}}-OCH_2CH_3$$

acetyl chloride ethanol ethyl acetate

③ 가아민 분해반응 : 아마이드 생성

암모니아와 아민은 산 염화물과 격렬하게 반응하여 아마이드를 생성한다. 이때 암모늄 이온이 형성되어서 이당량의 암모니아나 아민을 사용해야 한다. 아민은 1차 (RNH_2), 2차 (R_2NH)가 사용될 수 있고, 3차 아민(R_3N)은 사용할 수 없다. 1차 아민은 암모니아(NH_3)의 질소 원자에 붙어있는 수소 원자 한 개가 다른 유기기로 치환된 화합물을 말하고, 2차 및 3차는 수소 원자가 각각 두 개 및 세 개의 유기기로 치환된 화합물로서 다음 장에서 자세히 다룰 것이다.

$$R-\overset{O}{\overset{\|}{C}}-Cl + 2NH_3 \longrightarrow R-\overset{O}{\overset{\|}{C}}-NH_2 + N\overset{+}{H_4}Cl^-$$

acyl chloride ammonia 1° amide ammonium chloride

$$R-\overset{O}{\overset{\|}{C}}-Cl + 2RNH_2 \longrightarrow R-\overset{O}{\overset{\|}{C}}-NHR + RN\overset{+}{H_3}Cl^-$$

acyl chloride 1° amine 2° amide

$$R-\overset{O}{\overset{\|}{C}}-Cl + 2R_2NH \longrightarrow R-\overset{O}{\overset{\|}{C}}-NR_2 + R_2N\overset{+}{H_2}Cl^-$$

acyl chloride 2° amine 3° amide

$$CH_3\overset{CH_3}{\overset{|}{C}H}-\overset{O}{\overset{\|}{C}}-Cl + 2NH_3 \longrightarrow CH_3\overset{CH_3}{\overset{|}{C}H}-\overset{O}{\overset{\|}{C}}-NH_2 + N\overset{+}{H_4}Cl^-$$

2-methylpropanoyl chloride 2-methylpropanamide

$$C_6H_5-\overset{O}{\overset{\|}{C}}-Cl + 2CH_3NH_2 \longrightarrow C_6H_5-\overset{O}{\overset{\|}{C}}-NHCH_3 + CH_3N\overset{+}{H_3}Cl^-$$

benzoyl chloride methylamine *N*-methylbenzamide

문제 15 산 염화물과 알코올의 반응으로부터 다음 에스터의 합성법을 제시하시오.

(1) 아세트산 프로필
(2) 프로판산 에틸
(3) 벤조산 사이클로헥실

문제 16 산 염화물과 아민의 반응으로부터 다음 아마이드의 합성법을 나타내시오.

(1) *N*-에틸아세트아마이드
(2) *N,N*-다이메틸벤즈아마이드
(3) 프로판아마이드

9.9 산 무수물

카복실산 무수물(acid anhydride)은 두 분자의 카복실산에서 물 한 분자가 제거된 나머지 부분으로 이루어진 구조이다.

$$R-\overset{O}{\overset{\|}{C}}-O-H + H-O-\overset{O}{\overset{\|}{C}}-R \longrightarrow \underset{\text{산 무수물}}{R-\overset{O}{\overset{\|}{C}}-O-\overset{O}{\overset{\|}{C}}-R} + H_2O$$

(1) 제법

몇 가지 경우를 제외하고는 산 무수물은 산 염화물과 카복실산염을 반응시켜 만든다. 대칭 또는 비대칭 산 무수물은 주로 이 방법으로 합성한다.

$$\underset{\text{acyl chloride}}{R-\overset{O}{\overset{\|}{C}}-Cl} + \underset{\text{sodium carboxylate}}{R'-\overset{O}{\overset{\|}{C}}-O^- Na^+} \xrightarrow[\Delta]{\text{ether}} \underset{\text{acid anhydride}}{R-\overset{O}{\overset{\|}{C}}-O-\overset{O}{\overset{\|}{C}}-R'} + NaCl$$

$$\underset{\text{propanoylchloride}}{CH_3CH_2-\overset{O}{\overset{\|}{C}}-Cl} + \underset{\text{sodium acetate}}{H_3C-\overset{O}{\overset{\|}{C}}-O^- Na^+} \xrightarrow[\Delta]{\text{ether}} \underset{\text{acetic porpanoic anhydride}}{CH_3CH_2-\overset{O}{\overset{\|}{C}}-O-\overset{O}{\overset{\|}{C}}-CH_3} + NaCl$$

산 무수물은 해당하는 산에서 직접 얻기가 어려워 아세트산 무수물(acetic anhydride)을 제외하고는 상업적으로 제조하지 않는 경향이다.

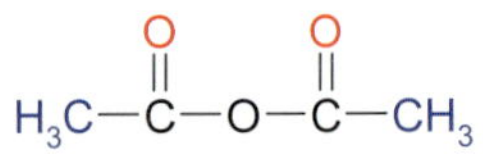

$$H_3C-\overset{O}{\overset{\|}{C}}-O-\overset{O}{\overset{\|}{C}}-CH_3$$

acetic anhydride

한 분자에 카복실기가 두 개 있는 이산(dicarboxylic acid)은 가열하면 적당한 공간배치가 이루어져 고리 무수물이 생성된다. 보통 5-원자 고리 또는 6-원자 고리 산 무수물은 대응하는 다이카복실산을 가열하면 얻어진다. 그러나 옥살산(oxalic acid)이나 말론산(malonic acid)은 가열하면 CO_2가 발생되고 무수물이 생성되지 않는다.

succinic acid $\xrightarrow{135℃}$ succinic anhydride

maleic acid $\xrightarrow{135℃}$ maleic anhydride

(2) 화학반응

산 무수물은 산 할로젠화물보다는 반응성은 약하나 산 할로젠화 반응에서 일어나는 반응종류는 거의 유사하다. 따라서 산 무수물은 물과 반응하여 카복실산을 생성하고, 알코올과 반응하여 에스터, 암모니아나 아민과 반응하여 아마이드를 생성한다. 또한 $LiAlH_4$로 환원반응을 하여 1차 알코올을 생성하며 Grignard 반응으로 3차 알코올을 생성할 수 있으나 이들 반응은 에스터로부터 더 쉽게 합성할 수 있기 때문에 잘 이용되지 않는다.

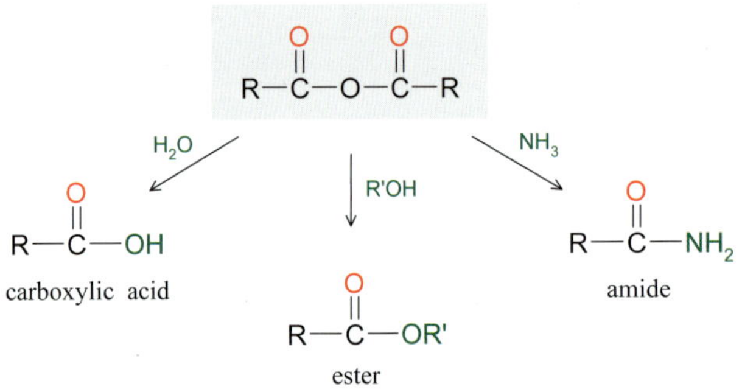

$$R-\overset{O}{\overset{\|}{C}}-O-\overset{O}{\overset{\|}{C}}-R$$

H_2O → $R-\overset{O}{\overset{\|}{C}}-OH$ carboxylic acid

$R'OH$ → $R-\overset{O}{\overset{\|}{C}}-OR'$ ester

NH_3 → $R-\overset{O}{\overset{\|}{C}}-NH_2$ amide

① 가수분해 : 카복실산 생성

물과 반응하여 카복실산을 생성한다.

$$\underset{\text{acetic anhydride}}{H_3C-\overset{O}{\overset{\|}{C}}-O-\overset{O}{\overset{\|}{C}}-CH_3} + H_2O \longrightarrow \underset{\text{acetic acid}}{2\,CH_3-\overset{O}{\overset{\|}{C}}-OH}$$

② 가알코올 분해반응 : 에스터 생성

알코올과 반응하여 에스터를 생성한다. 부산물로 생성되는 카복실산을 제거하기 위하여 피리딘이나 3차 아민을 이용한다.

$$\underset{\text{acetic anhydride}}{H_3C-\overset{O}{\overset{\|}{C}}-O-\overset{O}{\overset{\|}{C}}-CH_3} + \underset{\text{ethanol}}{CH_3CH_2OH} \xrightarrow{\text{pyridine}} \underset{\text{ethyl acetate}}{H_3C-\overset{O}{\overset{\|}{C}}-OCH_2CH_3} + C_5H_5\overset{+}{N}H\ \overset{-}{O}\overset{O}{\overset{\|}{C}}CH_3$$

③ 가아민 분해반응 : 아마이드 생성

산 무수물은 암모니아, 1차 또는 2차 아민과 반응하여 아마이드를 생성한다. 이당량의 암모니아나 아민을 사용하여 생성되는 카복실산을 중화한다.

$$\underset{\text{acetic anhydride}}{H_3C-\overset{O}{\overset{\|}{C}}-O-\overset{O}{\overset{\|}{C}}-CH_3} + \underset{\text{ammonia}}{2\,NH_3} \longrightarrow \underset{\text{acetamide}}{H_3C-\overset{O}{\overset{\|}{C}}-NH_2} + CH_3CO_2^-NH_4^+$$

아세트산 무수물은 복잡한 알코올의 에스터와 아민으로부터 아세트아마이드를 합성하는데 주로 사용된다. 예를 들면, *o*-하이드록시벤조산(살리실산)을 아세트산 무수물과 반응시켜 살리실산 에스터인 아스피린을 합성한다. 또한 유사한 방법으로 *p*-하이드록시아닐린을 아세트산 무수물과 반응시켜 진통제인 타일레놀(Tylenol)의 활성성분인 아세트아미노펜을 합성한다.

$$\underset{\substack{o\text{-hydroxybenzoic acid} \\ \text{(salicylic acid)}}}{o\text{-}HOC_6H_4\overset{O}{\overset{\|}{C}}-OH} + \underset{\text{acetic anhydride}}{CH_3\overset{O}{\overset{\|}{C}}O\overset{O}{\overset{\|}{C}}CH_3} \xrightarrow[H_2O]{NaOH} \underset{\substack{\text{2-acetoxybenzoic acid} \\ \text{(aspirin)}}}{o\text{-}(CH_3\overset{O}{\overset{\|}{C}}-O)C_6H_4\overset{O}{\overset{\|}{C}}-OH} + CH_3\overset{O}{\overset{\|}{C}}O$$

$$p\text{-}HOC_6H_4NH_2 + CH_3COOCCH_3 \xrightarrow[H_2O]{NaOH} p\text{-}HOC_6H_4NHCOCH_3 + CH_3CO^-$$

p-hydroxyaniline　　acetic anhydride　　*N*-(4-hydroxyphenyl)acetamide (acetaminophen)

문제 17 프탈산을 가열하여 생성되는 프탈산 무수물을 쓰시오.

문제 18 아세트산 무수물과 프로판-1-올의 반응식을 쓰시오.

문제 19 말레산 무수물과 다음 각 화합물과의 반응식을 쓰시오.

(1) 물　　(2) 에탄올　　(3) 암모니아

9.10 에스터

에스터는 자연에 널리 분포하는 화합물로 과일과 꽃의 향기에 존재하는 향긋한 냄새는 액체 에스터로 향수로 쓰인다. 예를 들면, propyl acetate는 배의 향기, ethyl butanoate는 파인애플의 향기, 3-methylbutyl(혹은 isopentyl) acetate는 바나나의 향기를 내는 에스터이다.

(1) 제법

에스터는 보통 카복실산으로부터 합성한다. 이미 앞에서 언급한 방법에 의해 무기산(HCl, H_2SO_4) 촉매 하에서 카복실산과 알코올과의 Fischer 에스터화 반응에 의해 에스터로 전환된다. 이 방법은 간단한 에스터 제조에 한정된다.

$$R-\overset{O}{\overset{\|}{C}}-OH + R'O-H \xrightarrow{H^+} R-\overset{O}{\overset{\|}{C}}-OR + H_2O$$

$$C_6H_5-\overset{O}{\overset{\|}{C}}-OH + CH_3OH \xrightarrow{H^+} C_6H_5-\overset{O}{\overset{\|}{C}}-OCH_3 + H_2O$$

benzoic acid　　methanol　　methyl benzoate

에스터 제조법으로 널리 사용되는 일반적인 방법은 산 염화물과 알코올의 반응이다. 이 방법은 덩치가 큰 에스터 제조에 유용하다.

$$\underset{\text{carboxylic acid}}{R-\overset{\overset{\displaystyle O}{\|}}{C}-OH} \xrightarrow{SOCl_2} \underset{\text{acid chloride}}{R-\overset{\overset{\displaystyle O}{\|}}{C}-Cl} \xrightarrow[\text{pyridine}]{R'OH} \underset{\text{ester}}{R-\overset{\overset{\displaystyle O}{\|}}{C}-OR'}$$

$$\underset{\text{acetic acid}}{H_3C-\overset{\overset{\displaystyle O}{\|}}{C}-OH} \xrightarrow{SOCl_2} \underset{\text{acetyl chloride}}{H_3C-\overset{\overset{\displaystyle O}{\|}}{C}-Cl} \xrightarrow[\text{pyridine}]{CH_3CH_2OH} \underset{\text{ethyl acetate}}{H_3C-\overset{\overset{\displaystyle O}{\|}}{C}-OCH_2CH_3}$$

(2) 화학반응

에스터는 산 할로젠화물 및 산 무수물과 유사한 화학반응을 한다. 반응성은 산 할로젠화물이나 무수물보다 작다. 다음은 에스터의 몇 가지 반응을 보여준다.

$$\underset{\text{carboxylic acid}}{R-\overset{\overset{\displaystyle O}{\|}}{C}-OH} \xleftarrow{H_2O} R-\overset{\overset{\displaystyle O}{\|}}{C}-OR' \xrightarrow{LiAlH_4} \underset{\text{aldehyde}}{R-\overset{\overset{\displaystyle O}{\|}}{C}-H} \longrightarrow \underset{1^\circ\ \text{alcohol}}{R-\overset{\overset{\displaystyle OH}{|}}{CH_2}}$$

$$R-\overset{\overset{\displaystyle O}{\|}}{C}-OR' \xrightarrow{2\,R'MgX} \underset{\text{ketone}}{R-\overset{\overset{\displaystyle O}{\|}}{C}-R'} \longrightarrow \underset{3^\circ\ \text{alcohol}}{R-\overset{\overset{\displaystyle OH}{|}}{\underset{\underset{\displaystyle R'}{|}}{C}}-R'}$$

$$R-\overset{\overset{\displaystyle O}{\|}}{C}-OR' \xrightarrow{NH_3} \underset{\text{amide}}{R-\overset{\overset{\displaystyle O}{\|}}{C}-NH_2}$$

① 가수분해 : 카복실산 생성

에스터는 물과 염기나 산수용액 중에서 가수분해되어 카복실산과 알코올을 생성한다.

$$R-\overset{\overset{\displaystyle O}{\|}}{C}-OR' + H_2O \xrightarrow[\text{NaOH, }H_2O]{H_3O^+\ \text{or}} R-\overset{\overset{\displaystyle O}{\|}}{C}-OH + R'OH$$

이 반응은 가역과정이다. 즉, 에스터와 과량의 물을 사용하면 가수분해되어 카복실산이 생성된다. 역반응으로 에스터를 합성하기 위해서는 일반적으로 알코올을 과량으로 사용하면 된다.

② 가아민 분해반응 : 아마이드 생성

에스터는 암모니아나 1차 및 2차 아민과 반응하여 아마이드를 생성한다. 아마이드 제조는 산 염화물로부터 출발하는 것이 경제적으로 에스터를 이용하는 반응은 잘 이용되지 않는다.

$$\underset{\text{ethyl acetate}}{H_3C-\overset{\overset{\displaystyle O}{\|}}{C}-OCH_2CH_3} \xrightarrow[\text{ether}]{NH_3} \underset{\text{acetamide}}{H_3C-\overset{\overset{\displaystyle O}{\|}}{C}-NH_2} + \underset{\text{ethanol}}{CH_3CH_2OH}$$

③ 환원반응 : 1차 알코올 생성

에스터를 $LiAlH_4$로 환원하면 1차 알코올이 생성된다.

$$\underset{\text{methyl hex-3-enoate}}{CH_3CH_2CH{=}CHCH_2\overset{\overset{\displaystyle O}{\|}}{C}OCH_3} \xrightarrow[2.\ H_3O^+]{1.\ LiAlH_4} \underset{\text{hex-3-en-1-ol}}{CH_3CH_2CH{=}CHCH_2CH_2OH} + CH_3OH$$

이 방법으로 분자 내에 있는 C=C 이중결합에 수소화를 시키지 않고 카보닐기만 환원시킬 수 있다.

④ Grignard 반응 : 3차 알코올 생성

에스터를 Grignard 시약과 반응시키면 3차 알코올이 생성된다. 이때 Grignard 시약은 이 당량이 필요하다.

$$\underset{\text{ethyl benzoate}}{C_6H_5-\overset{\overset{\displaystyle O}{\|}}{C}-OCH_2CH_3} + 2\,CH_3MgBr \xrightarrow[2.\ H_3O^+]{1.\ \text{ether}} \underset{\text{2-phenylpropan-2-ol}}{C_6H_5-\overset{\overset{\displaystyle OH}{|}}{\underset{\underset{\displaystyle CH_3}{|}}{C}}-CH_3} + CH_3CH_2OH$$

이 방법은 −OH기가 붙어 있는 탄소에 결합된 치환기 세 개 중 두 개가 동일한 3차 알코올을 만드는 데 유용하다. 폼산 에스터는 Grignard 반응을 시키면 두 개의 동일한 치환기를 가진 2차 알코올이 생성된다.

$$H-\overset{\overset{\displaystyle O}{\|}}{C}-OR + 2\,R'MgBr \xrightarrow[2.\ H_3O^+]{1.\ \text{ether}} H-\overset{\overset{\displaystyle OH}{|}}{\underset{\underset{\displaystyle R'}{|}}{C}}-R' + ROH$$

⑤ 에스터 축합반응 : Claisen 축합반응

α-수소가 있는 에스터는 에톡시화 나트륨과 같은 염기 존재 하에서 자체 축합반응을 하여 에스터의 엔올산 염(ester enolate)을 형성한다. 이 같은 축합반응을 Claisen **축합반응**(Claisen condensation)이라 한다. 새로운 결합은 한 카보닐 화합물의 α-탄소와 다른 카보닐 화합물의 카보닐 탄소 사이에 생성된다.

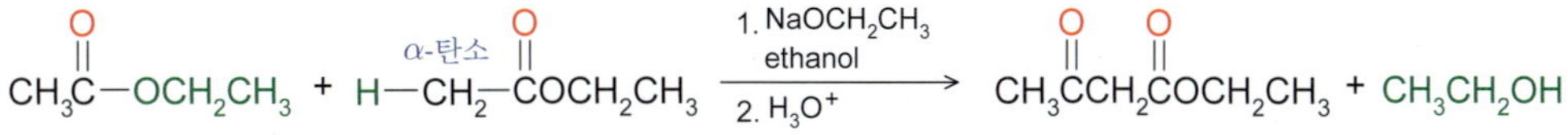

$$CH_3\overset{O}{\overset{\|}{C}}-OCH_2CH_3 + H-\underset{\alpha\text{-탄소}}{CH_2}-\overset{O}{\overset{\|}{C}}OCH_2CH_3 \xrightarrow[2.\ H_3O^+]{1.\ NaOCH_2CH_3,\ ethanol} CH_3\overset{O}{\overset{\|}{C}}CH_2\overset{O}{\overset{\|}{C}}OCH_2CH_3 + CH_3CH_2OH$$

ethyl acetate ethyl acetate ethyl 3-oxobutanoate

⑥ 락톤

하이드록시 카복실산의 하이드록시기와 카복실기가 분자 내 탈수에 의해 에스터화 반응을 통해 형성된 고리형 에스터를 **락톤**(lactone)이라 한다. γ- 및 δ-하이드록시카복실산은 안정한 5-원자고리 또는 6-원자고리 락톤을 형성하기 때문에 자발적으로 반응이 일어난다. 그 외의 위치에 하이드록시기가 있는 카복실산은 산 촉매 하에 에스터가 형성된다.

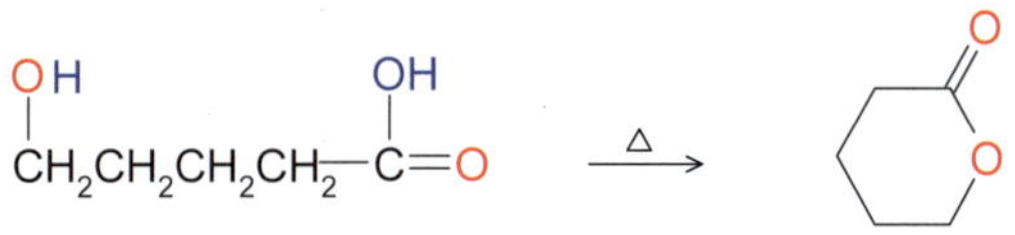

$$\underset{|}{\overset{OH}{}}CH_2CH_2CH_2CH_2-\overset{OH}{\overset{|}{C}}=O \xrightarrow{\Delta} \text{(6-membered ring lactone)}$$

5-hydroxypentanoic acid
(δ-hydroxyvaleric acid)

pentano-5-lactone
(δ-hydroxyvalerolactone)

락톤의 명명은 카복실산 명칭의 $-$ic acid 대신에 $-$lactone을 붙여서 명명하고 이때 하이드록시기의 위치를 나타내는 번호를 명칭 앞에 붙인다. 락톤은 자연에 널리 존재하며 비타민 C인 아스코르브산은 락톤류이다.

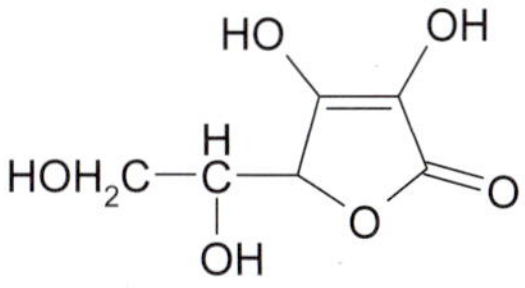

HO OH
HOH$_2$C$-$C(H)(OH)$-$ (five-membered lactone ring, =O)

ascorbic acid (vitamin C)

문제 20 다음 알코올을 제조하기 위하여 사용할 에스터와 Grignard 시약을 제시하시오.

(1) 3-메틸펜탄-3-올

(2) 프로판-2-올

(3) 1-사이클로헥실-2-에틸뷰탄-2-올

문제 21 다음 반응생성물을 적으시오.

(1) 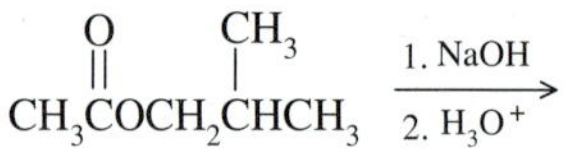 $CH_3COCH_2CH(CH_3)CH_3$ (O on C2) $\xrightarrow[2.\ H_3O^+]{1.\ NaOH}$

(2) $C_6H_5COOCH_2CH_3$ $\xrightarrow[H_3O^+]{H_2O}$

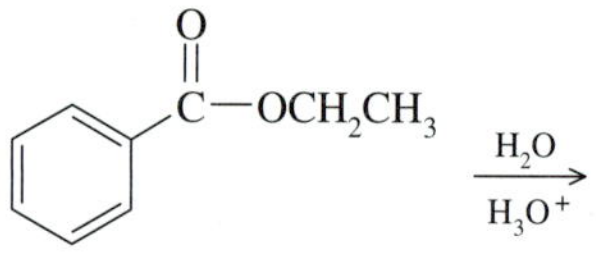

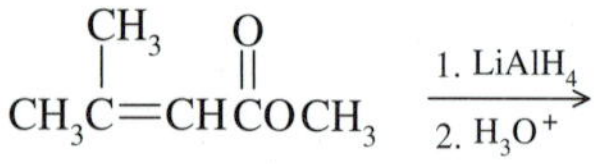

(3) $CH_3C(CH_3){=}CHCOCH_3$ (ester, C=O) $\xrightarrow[2.\ H_3O^+]{1.\ LiAlH_4}$

(4) $C_6H_5C(=O)O$–cyclopentyl $\xrightarrow[2.\ H_3O^+]{1.\ LiAlH_4}$

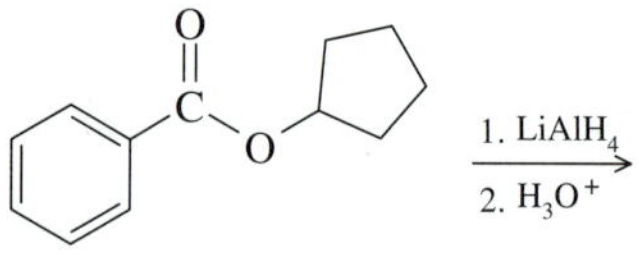

(5) 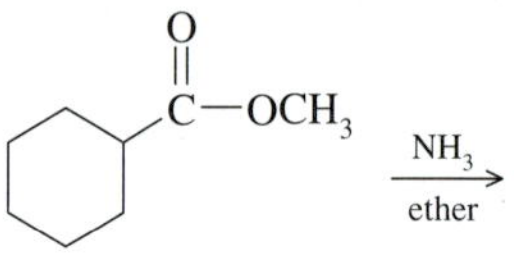 cyclohexyl–$C(=O)OCH_3$ $\xrightarrow[ether]{NH_3}$

(6) 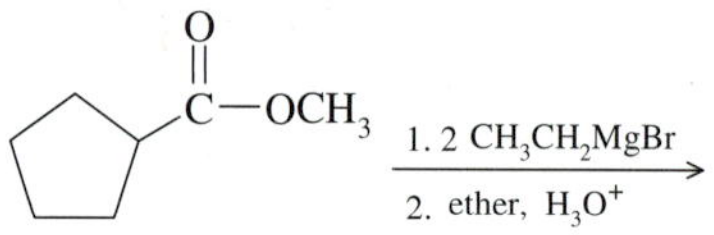 cyclopentyl–$C(=O)OCH_3$ $\xrightarrow[2.\ ether,\ H_3O^+]{1.\ 2\ CH_3CH_2MgBr}$

문제 22 프로판산 에틸(ethyl propanoate)의 Claisen 축합반응을 쓰고 생성물의 이름을 쓰시오.

9.11 아마이드

(1) 제법

아마이드는 산 염화물(또는 산 무수물, 에스터)을 암모니아 또는 1차 및 2차 아민과의 반응으로 제조할 수 있다. 가장 일반적인 방법은 산 염화물로부터 아마이드를 합성하는 방법이다. 산 염화물과 암모니아의 반응은 1차 아마이드를 생성하고, 1차 아민은 *N*-치환 아마이드인 2차 아마이드, 2차 아민은 *N,N*-이치환 아마이드인 3차 아마이드를 생성한다.

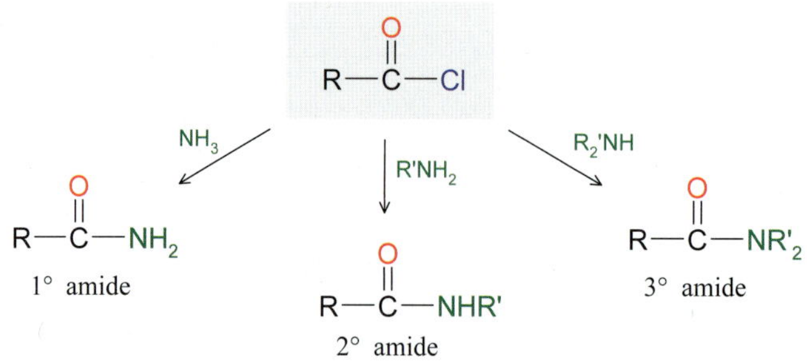

$$R{-}C(=O){-}Cl \xrightarrow{NH_3} R{-}C(=O){-}NH_2 \quad (1°\ \text{amide})$$

$$R{-}C(=O){-}Cl \xrightarrow{R'NH_2} R{-}C(=O){-}NHR' \quad (2°\ \text{amide})$$

$$R{-}C(=O){-}Cl \xrightarrow{R_2'NH} R{-}C(=O){-}NR'_2 \quad (3°\ \text{amide})$$

이때 이당량의 암모니아나 아민이 필요하다. 아민 일당량은 친핵체로 작용하고 나머지 일당량은 Brönsted 염기로 작용하여 부산물로 생긴 HCl을 염으로 전환시킨다.

$$C_6H_5-\overset{O}{\overset{\|}{C}}-Cl \;+\; 2\,NH_3 \longrightarrow C_6H_5-\overset{O}{\overset{\|}{C}}-NH_2 \;+\; NH_4Cl$$

benzoyl chloride　ammonia　benzamide　ammonium chloride

$$H_3C-\overset{O}{\overset{\|}{C}}-Cl \;+\; 2\,C_6H_5NH_2 \longrightarrow H_3C-\overset{O}{\overset{\|}{C}}-NH-C_6H_5 \;+\; 2\,C_6H_5NH_3Cl^-$$

acetyl chloride　aniline　*N*-phenylacetamide　anilinium chloride

(2) 화학반응

아마이드는 카복실산 유도체중에서 가장 반응성이 낮은 화합물이다. 아마이드는 자연계에 널리 분포한다.

① 가수분해 : 카복실산 생성

아마이드는 에스터와 마찬가지로 산성이나 알칼리성 용액에서 가수분해되어 카복실산을 생성한다. 이 경우 산과 알칼리는 촉매가 아니고 반응물이다. 이 반응은 가역과정이 아니다.

$$R-\overset{O}{\overset{\|}{C}}-NH_2 \xrightarrow[\Delta]{H_3O^+} R-\overset{O}{\overset{\|}{C}}-OH \;+\; NH_3$$

$$R-\overset{O}{\overset{\|}{C}}-NHR' \xrightarrow[\Delta]{OH^-} R-\overset{O}{\overset{\|}{C}}-O^- \;+\; R'NH_2$$

② 환원반응 : 아민 생성

아마이드는 $LiAlH_4$로 환원되어 아민을 생성한다. 다른 카복실산 유도체와 달리 환원반응 생성물은 알코올이 아니라 아민임을 유의하자.

$$R-\overset{O}{\overset{\|}{C}}-NH_2 \xrightarrow[2.\ H_2O]{1.\ LiAlH_4,\ ether} R-\underset{H}{\underset{|}{\overset{H}{\overset{|}{C}}}}-NH_2 \;+\; H_2O$$

$$C_6H_5-C(=O)-NH_2 \xrightarrow[2.\ H_2O]{1.\ LiAlH_4,\ ether} C_6H_5-CH_2-NH_2 + H_2O$$

benzamide　　　　benzylamine

아마이드의 환원효과는 아마이드 카보닐기를 메틸렌기($-CH_2-$)로 전환시키는 것임을 알 수 있다. 이 반응은 아민을 합성하는 좋은 방법이다. 아민은 다음 장에서 자세히 다루게 된다.

③ 락탐

고리에 아마이드기(－CONH－)를 가진 고리형 아마이드 화합물을 **락탐**(lactam)이라 한다. 락탐은 아미노산으로부터 생성되며, 아미노기와 카복실기가 결합하여 물이 제거되고 아마이드를 형성한다.

$$H_2N-(CH_2)_5-C(=O)-OH \xrightarrow{\Delta} \text{(7-membered ring lactam, NH)} + H_2O$$

6-aminohexanoic acid
(ϵ-aminocaproic acid)

hexano-6-lactam
(ϵ-caprolactam)

락탐의 명명은 카복실산 어미 －ic acid 대신에 lactam을 붙이고 이때 아미노기는 생략하며 그 위치를 나타내는 번호를 lactam 앞에 붙여서 명명한다. 헥산오-6-락탐은 관용명으로 ϵ-카프로락탐이라고 하며 이것은 나일론 6을 만드는 원료이다.

문제 23 다음 아마이드를 합성하시오.

(1) 산 무수물과 암모니아로부터 아세트아마이드
(2) 산 염화물과 아민으로부터 *N*-사이클로헥실아세트아마이드
(3) 산 염화물과 아민으로부터 *N*,*N*-다이메틸사이클로헥세인카복스아마이드

문제 24 *N*-에틸프로판아마이드로부터 다음 물질의 합성법을 제시하시오

(1) 프로판산　(2) 프로판-1-올　(3) *N*-에틸프로필아민

문제 25 벤조산으로부터 벤질아민($C_6H_5-CH_2-NH_2$)을 합성하는 단계적 반응을 적으시오. 3단계가 필요하다.

9.12 나이트릴

(1) 제법

1차 할로젠화 알킬을 KCN(혹은 NaCN)의 사이안산 음이온으로 S_N2 치환하여 제조한다(6.5절). 일차 알킬 나이트릴을 합성하는 가장 좋은 방법이다.

$$RCH_2Br + Na^+CN^- \longrightarrow RCH_2C{\equiv}N + NaBr$$

방향족 나이트릴은 아닐린으로부터 다이아조늄 염(diazonium salt)을 통해서 쉽게 합성된다.

$$C_6H_5NH_2 \xrightarrow[HCl,\ 0℃]{NaNO_2} C_6H_5\overset{+}{N}_2Cl^- \xrightarrow[\Delta]{CuCN + KCN} C_6H_5CN$$

aniline　benzenediazonium chloride　benzonitrile

(2) 화학반응

나이트릴은 질소 원자의 전기음성도가 탄소 원자보다 커서 질소 원자쪽에 강하게 편극화 되어 있다. 따라서 나이트릴의 탄소 원자는 친전자성이며 친핵체의 공격을 받아 친핵성 첨가반응을 하기 쉽다. 나이트릴이 가수분해되어 카복실산과 암모니아가 생성되고, 환원되어 아민을 생성하며 Grignard 반응으로 케톤을 생성한다.

$$R{-}C{\equiv}N \xrightarrow{H_2O} R{-}\overset{O}{\overset{\|}{C}}{-}OH \text{ (carboxylic acid)}$$

$$R{-}C{\equiv}N \xrightarrow{R'MgX} R{-}\overset{O}{\overset{\|}{C}}{-}R' \text{ (ketone)}$$

$$R{-}C{\equiv}N \xrightarrow{LiAlH_4} R{-}CH_2{-}NH_2 \text{ (1° amine)}$$

① 가수분해 : 카복실산 생성

나이트릴은 산성 또는 알칼리성 용액에서 가수분해되어 카복실산과 암모니아(또는 아민)를 생성한다.

$$R{-}C{\equiv}N + 2H_2O \xrightarrow[\text{or NaOH, } H_2O]{H_3O^+} R{-}\overset{O}{\overset{\|}{C}}{-}OH + NH_3$$

$$C_6H_5-C\equiv N + 2H_2O \xrightarrow[\text{or NaOH, } H_2O]{H_3O^+} C_6H_5-\overset{O}{\overset{\|}{C}}-OH + NH_3$$

benzonitrile → benzoic acid

② 환원반응 : 1차 아민 생성

나이트릴을 $LiAlH_4$로 환원하면 1차 아민 RNH_2가 생성된다.

$$R-C\equiv N \xrightarrow[2.\ H_2O]{1.\ LiAlH_4,\ \text{ether}} R-CH_2-NH_2$$

$$C_6H_5-C\equiv N \xrightarrow[2.\ H_2O]{1.\ LiAlH_4,\ \text{ether}} C_6H_5-CH_2-NH_2$$

benzonitrile → benzyl amine

③ Grignard 반응 : 케톤 생성

나이트릴을 Grignard 시약으로 처리하면 중간체 이민 음이온을 거쳐 가수분해되어 케톤을 생성한다.

$$R-C\equiv N \xrightarrow[2.\ H_3O^+]{1.\ R'MgBr,\ \text{ether}} R-\overset{O}{\overset{\|}{C}}-R' + NH_3$$

$$C_6H_5-C\equiv N \xrightarrow[2.\ H_3O^+]{1.\ CH_3MgBr,\ \text{ether}} C_6H_5-\overset{O}{\overset{\|}{C}}-CH_3 + NH_3$$

benzonitrile → 1-phenylethan-1-one (acetophenone)

문제 26 다음 화학반응을 나타내시오.

(1) Propanenitrile의 산용액 하에서의 가수분해

(2) *o*-methylbenzonitrile의 $LiAlH_4$로 환원

문제 27 Grignard 시약과 나이트릴로부터 다음 케톤을 어떻게 합성하는 지를 나타내시오.

(1) $CH_3CH_2-\overset{O}{\overset{\|}{C}}-CH_2CH_3$

(2) (2-methylphenyl) $-\overset{O}{\overset{\|}{C}}-CH_2CH_3$ (벤젠 고리의 오르토 위치에 CH_3)

반응요약

1. 카복실산의 합성	
(1) 1차 알코올과 알데하이드의 산화반응	$RCH_2OH \xrightarrow[H_3O^+]{CrO_3} RCH_2C(=O)-OH$ $R-C(=O)-H \xrightarrow[H_3O^+]{CrO_3} R-C(=O)-OH$
(2) 알킬벤젠의 산화반응	$C_6H_5-CH_3 \xrightarrow[H_2O]{KMnO_4} C_6H_5-C(=O)-OH$
(3) Grignard 시약의 카복실화 반응	$R-MgBr + CO_2 \longrightarrow R-C(=O)-OMgBr \xrightarrow{H_3O^+} R-C(=O)-OH$
(4) 산성 $KMnO_4$를 이용한 알켄의 산화성 쪼개짐	$(H)(R)C=C(H)(H) \xrightarrow[H_3O^+]{KMnO_4} R-C(=O)-OH + CO_2$
(5) 나이트릴의 가수분해	$RC\equiv N + 2H_2O \xrightarrow{H^+} RCO_2H + NH_4^+$
2. 카복실산의 반응	
(1) 중화반응	$R-C(=O)-OH + NaOH \xrightarrow{H_2O} R-C(=O)-O^- Na^+ + H_2O$
(2) Fischer 에스터화반응	$R-C(=O)-OH + H-OR' \xrightarrow{H^+} R-C(=O)-OR' + H_2O$
(3) 산 염화물로 전환	$R-C(=O)-OH + PCl_5 \longrightarrow R-C(=O)-Cl + HCl + POCl_3$ $R-C(=O)-OH + SOCl_2 \longrightarrow R-C(=O)-Cl + HCl + SO_2$
(4) 환원반응 : 1차 알코올로 전환	$R-C(=O)-OH \xrightarrow[2.\ H_3O^+]{1.\ LiAlH_4} R-CH_2-OH + H_2O$

3. 산 할로젠화물의 반응	
(1) 가수분해 : 카복실산으로 전환	$R-\overset{O}{\overset{\parallel}{C}}-Cl + H_2O \longrightarrow R-\overset{O}{\overset{\parallel}{C}}-OH + HCl$
(2) 에스터로 전환	$R-\overset{O}{\overset{\parallel}{C}}-Cl + R'OH \longrightarrow R-\overset{O}{\overset{\parallel}{C}}-OR' + HCl$
(3) 아마이드로 전환	$R-\overset{O}{\overset{\parallel}{C}}-Cl + 2NH_3 \longrightarrow R-\overset{O}{\overset{\parallel}{C}}-NH_2 + NH_4^+Cl^-$
4. 산 무수물의 반응	
(1) 카복실산으로 전환	$R-\overset{O}{\overset{\parallel}{C}}-O-\overset{O}{\overset{\parallel}{C}}-R + H_2O \longrightarrow 2R-\overset{O}{\overset{\parallel}{C}}-OH$
(2) 에스터로 전환	$R-\overset{O}{\overset{\parallel}{C}}-O-\overset{O}{\overset{\parallel}{C}}-R + R'OH \longrightarrow R-\overset{O}{\overset{\parallel}{C}}-OR' + R-\overset{O}{\overset{\parallel}{C}}-OH$
(3) 아마이드로 전환	$R-\overset{O}{\overset{\parallel}{C}}-O-\overset{O}{\overset{\parallel}{C}}-R + 2NH_3 \longrightarrow R-\overset{O}{\overset{\parallel}{C}}-NH_2 + RCO_2^-NH_4^+$
5. 에스터의 반응	
(1) 카복실산으로 전환	$R-\overset{O}{\overset{\parallel}{C}}-OR' + H_2O \xrightarrow[\text{NaOH, } H_2O]{H_3O^+ \text{ or}} R-\overset{O}{\overset{\parallel}{C}}-OH + R'OH$
(2) 환원반응 : 1차 알코올로 전환	$R-\overset{O}{\overset{\parallel}{C}}-OR' \xrightarrow[2.\ H_3O^+]{1.\ LiAlH_4} RCH_2OH + R'OH$
(3) Grignard 반응 : 3차 알코올로 전환	$R-\overset{O}{\overset{\parallel}{C}}-OR + 2R'MgBr \xrightarrow[2.\ H_3O^+]{1.\ \text{ether}} R-\underset{R'}{\overset{OH}{C}}-R' + ROH$
(4) Claisen 축합반응	$2RCH_2\overset{O}{\overset{\parallel}{C}}OR' \xrightarrow[2.\ H_3O^+]{1.\ NaOCH_2CH_3,\ \text{ethanol}} RCH_2\overset{O}{\overset{\parallel}{C}}-\underset{R}{CH}\overset{O}{\overset{\parallel}{C}}OR' + HOR'$

6. 아마이드의 반응	
(1) 카복실산으로 전환	$R-\overset{O}{\overset{\|}{C}}-NH_2 \xrightarrow[NaOH,\ H_2O]{H_3O^+\ or} R-\overset{O}{\overset{\|}{C}}-OH + NH_3$
(2) 환원반응 : 아민으로 전환	$R-\overset{O}{\overset{\|}{C}}-NH_2 \xrightarrow[2.\ H_2O]{1.\ LiAlH_4,\ ether} R-CH_2-NH_2 + H_2O$
7. 나이트릴의 반응	
(1) 카복실산으로 전환	$R-C\equiv N + 2H_2O \xrightarrow[or\ NaOH,\ H_2O]{H_3O^+} R-\overset{O}{\overset{\|}{C}}-OH + NH_3$
(2) 환원반응 : 아민으로 전환	$R-C\equiv N \xrightarrow[2.\ H_2O]{1.\ LiAlH_4,\ ether} R-CH_2-NH_2$
(3) Grignard 반응 : 케톤으로 전환	$R-C\equiv N \xrightarrow[2.\ H_3O^+]{1.\ R'MgBr,\ ether} R-\overset{O}{\overset{\|}{C}}-R' + NH_3$

|추가문제|

28. 다음 카복실산의 IUPAC명을 쓰시오.

(1) $(CH_3)_2CHCH_2COOH$

(2) $CH_3CH_2CH(Br)CH(CH_3)COOH$

(3) 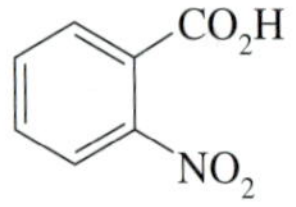 CO_2H, NO_2

(4) 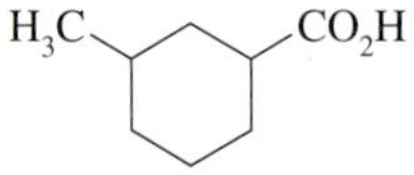 H_3C, CO_2H

(5) $CH_3CHCH_2CH_2CHCH_2CH_3$ (COOH, COOH)

(6) $CH_3C{=}CHCH_2COOH$ (Br)

(7) 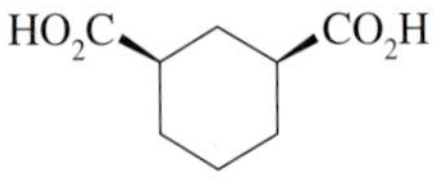 HO_2C, CO_2H

(8) 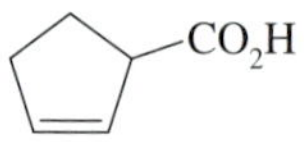 CO_2H

29. 다음 카복실산 유도체의 IUPAC명을 쓰시오.

(1) $BrCH_2CH{=}CHCH_2CCl$ (O)

(2) $ClC(CH_2)_4CCl$ (O, O)

(3) 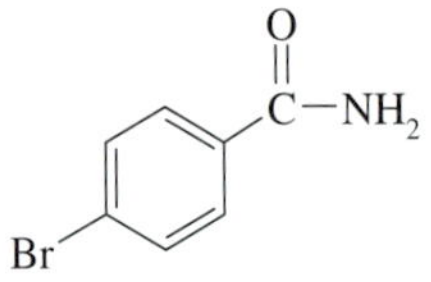 $C{-}NH_2$ (O), Br

(4) 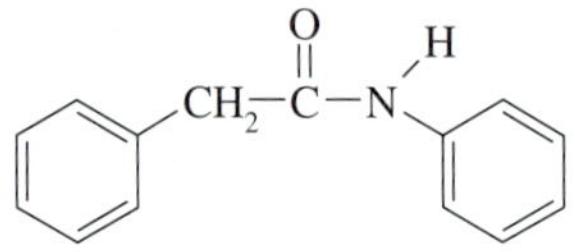 $CH_2{-}C{-}N$ (O, H)

(5) 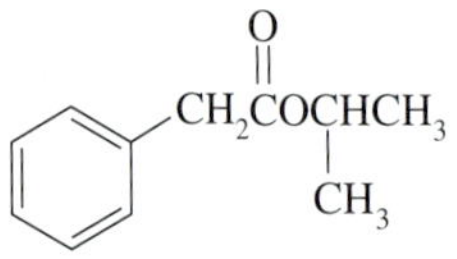 $CH_2COCHCH_3$ (O, CH_3)

(6) $CH_3OCCH_2CH_2COCH_3$ (O, O)

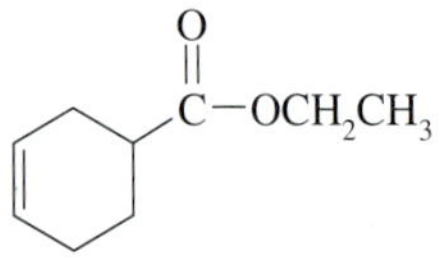

(7) $C{-}OCH_2CH_3$ (O)

(8) H_3C, C, O, C, CH_2CH_3 (O, O)

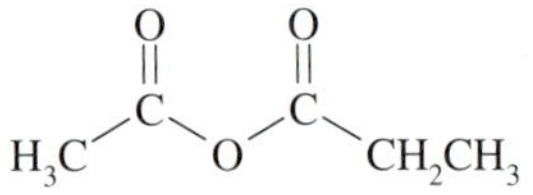

(9) $CH_3CH{=}CHCH_2C{\equiv}N$

(10) 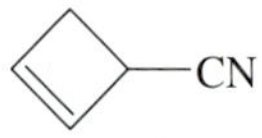 CN

30. 다음 화합물의 구조를 그리시오.

(1) 3,4-다이메틸펜탄산

(2) *트랜스*-사이클로펜테인-1,2-다이카복실산

(3) 트라이페닐아세트산

(4) 아세트산 사이클로프로필

(5) 뷰트-2-엔산 에틸

(6) *N,N*-다이메틸펜타-2,4-다이엔아마이드

(7) 2,3-다이메틸펜탄아마이드
(8) 프로판산 무수물
(9) 염화 4-클로로뷰탄오일
(10) 3-메틸펜테인나이트릴

31. 다음 화합물의 산도가 증가하는 순서대로 나열하시오.

(1) 아세트산, 브로모아세트산, 다이브로모아세트산
(2) *p*-클로로벤조산, *p*-하이드록시벤조산,벤조산
(3) 벤조산, 사이클로헥산올, 아세트산, 페놀

32. 펜탄산을 다음 화합물로 전환시키는 방법을 필요한 시약과 함께 반응식을 적으시오.

(1) 펜탄-1-올
(2) 1-브로모펜테인
(3) 헥산산
(4) 펜트-1-엔
(5) 펜탄아마이드

33. 다음 반응생성물을 적으시오.

(1) (cyclopentyl)$-CO_2CH_3$ $\xrightarrow[2.\ H_3O^+]{1.\ CH_3CH_2MgBr}$

(2) (2-bromocyclohexyl)$-CH_2CO_2H$ $\xrightarrow{PCl_5}$

(3) $CH_3C(CH_3){=}CHCH_2COCH_3$ (C=O) $\xrightarrow[2.\ H_3O^+]{1.\ LiAlH_4}$

(4) $CH_3CH_2CH(CH_3)CH_2COCl$ $\xrightarrow{CH_3NH_2}$

(5) (2-methylphenyl)$-CONH_2$ $\xrightarrow[2.\ H_2O]{1.\ LiAlH_4}$

(6) $CH_3CH_2CH(CH_3)CH_2C{\equiv}N$ $\xrightarrow[2.\ H_2O]{1.\ LiAlH_4}$

(7) (cyclopropyl)$-OH$ $\xrightarrow[pyridine]{CH_3COOCOCH_3}$

(8) (cyclobutane with wedged CO_2H and hashed CH_3) $\xrightarrow[H^+]{CH_3OH}$

(9) (1-methylcyclohexyl)$-C(=O)-Cl$ $\xrightarrow[2.\ H_2O]{1.\ LiAlH_4}$

(10) (1-methylcyclopentyl)$-C(=O)-Cl$ $\xrightarrow[2.\ H_3O^+]{1.\ CH_3MgBr}$

34. *p*-나이트로벤조산을 다음 시약과 반응시켜 생성되는 생성물을 적으시오.

(1) $SOCl_2$
(2) $LiAlH_4$, H_3O^+
(3) CH_3OH, H_3O^+
(4) KOH 후 CH_3Br

35. 브롬화 아세틸과 다음 시약과의 반응 생성물을 적으시오.

(1) NaOH 수용액
(2) 에터 중의 CH_3MgBr, H_3O^+
(3) $LiAlH_4$, H_3O^+
(4) CH_3NH_2
(5) CH_3CH_2OH, pridine
(6) CH_3COONa

36. 아세트산 아이소펜틸은 바나나향을 가진 에스터이다. 이 물질을 합성하는 방법 두 가지를 제시하시오.

$$\overset{\text{O}}{\overset{\|}{\text{CH}_3\text{C}}}\text{OCH}_2\overset{\text{CH}_3}{\overset{|}{\text{CH}}}\text{CH}_2\text{CH}_3$$

isopentyl acetate
(2-methylbutyl acetate)

37. 브롬모벤젠으로부터 *N,N*-다이에틸벤즈아마이드를 합성하는 방법을 고안하시오.

38. 테레프탈산(벤젠-1,4-다이카복실산)과 에틸렌글라이콜(에테인-1,2-다이올)과의 축합반응에서 얻을 수 있는 폴리에스터를 대표하는 조각을 그리시오.
(힌트 : 축합반응에서 카복실기의 −OH와 알코올의 −H가 반응하여 물이 제거된다)

10장
아 민

10.1 서론
10.2 아민의 명명법
10.3 아민의 구조 및 성질
10.4 아민의 염기성
10.5 아민의 합성
10.6 아민의 반응
10.7 알칼로이드

10.1 서론

질소 원자에 하나 이상의 유기 치환기(알킬기 혹은 아릴기)가 결합된 암모니아의 유도체를 **아민**(amine)이라 한다. 아민은 질소 원자에 결합된 유기 치환기가 한 개, 두 개 또는 세 개인지에 따라 각각 1차, 2차, 3차 아민으로 분류한다.

H—N̈—H, H (ammonia, 암모니아) R—N̈—H, H (primary amine, 1차 아민) R—N̈—H, R (secondary amine, 2차 아민) R—N̈—R, R (tertiary amine, 3차 아민)

ammonia
(암모니아)

primary amine
(1차 아민)

secondary amine
(2차 아민)

tertiary amine
(3차 아민)

> 아민의 분류는 알코올의 경우와 다름에 유의하자. 알코올의 경우에는 하이드록시기가 붙어 있는 탄소에 결합된 치환기의 수에 따라 결정되나 아민은 질소 원자에 직접 붙어 있는 치환기의 수에 따라 분류한다.

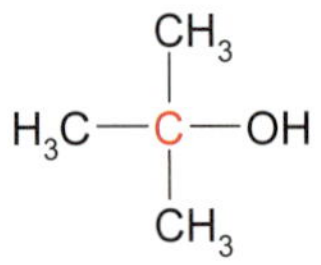

$H_3C—C(CH_3)_2—OH$

tert-butyl alcohol
3차 알코올

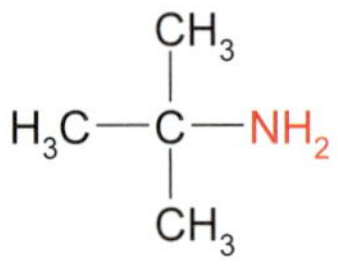

$H_3C—C(CH_3)_2—NH_2$

tert-butylamine
1차 아민

질소에 알킬기와 수소가 직접 결합되어 있는 아민은 **지방족 아민**(aliphatic amine), 한 개 이상의 아릴기가 질소에 결합되어 있는 아민은 **방향족 아민**(aromatic amine)이라 한다. 아민은 자연계에 존재하는 가장 중요한 염기성 유기화합물로 생물학적 산-염기 반응에 관여하는 물질이다.

질소는 네 개의 치환기와 결합할 수 있다. 질소 원자에 수소가 없이 네 개의 치환기 모두가 알킬기나 아릴기이면 **4차 암모늄염**(quaternary ammonium salt)이라 한다. 이 경우 하나 이상의 수소가 질소 원자에 결합되어 있으면 **아민염**(amine salt)이라 한다. 이때 질소 원자는 형식 양전하를 가지고 있다.

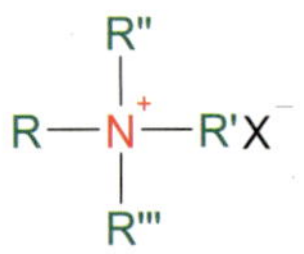

$R—N^+(R'')(R''')—R'\ X^-$

4차 암모늄염
(quaternary ammonium salt)

$R—N^+(H)(H)—R'\ X^-$

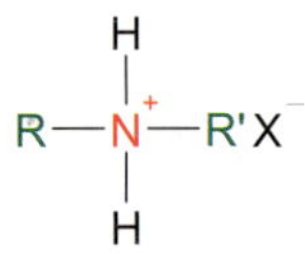

2차 아민염
(dialkylammonium salt)

10.2 아민의 명명법

규칙 1. 지방족 1차 아민의 IUPAC명은 알킬기의 탄소수에 해당하는 알케인명 '−e' 대신에 '−아민(−amine)'을 붙여서 alkanamine으로 명명한다. 아미노기가 붙은 탄소 위치의 번호는 되도록 작은 숫자로 하여 −amine 앞에 붙인다.

CH_3NH_2 methanamine

$CH_3CH_2NH_2$ ethanamine

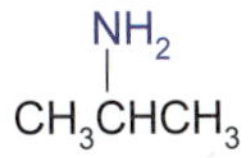

$CH_3CH(NH_2)CH_3$ propan-2-amine

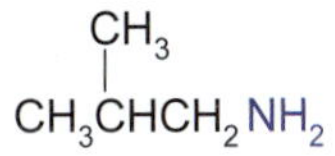

$CH_3CH(CH_3)CH_2NH_2$ 2-methylpropan-1-amine

$H_2C{=}CHCH_2NH_2$ prop-2-en-1-amine

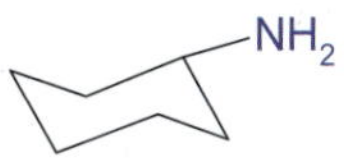

cyclohexanamine

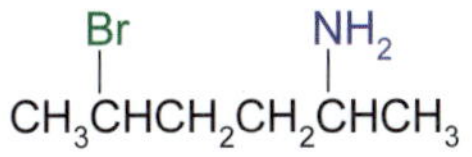

$CH_3CH(Br)CH_2CH_2CH(NH_2)CH_3$ 5-bromohexan-2-amine

> 아미노기를 치환기로 간주하고 알케인을 모체로 하여 아미노에테인(aminoethane), 2-아미노프로페인(2-aminopropane) 등과 같이 명명하기도 하나(2.6절), IUAPC에서는 alkanamine명을 권장하고 있다.

규칙 2. 비대칭적으로 치환된 2차 및 3차 아민은 가장 큰 알킬기를 모체로 하고 나머지 알킬기는 *N*-알킬 치환기로 간주하여 명명한다(질소에 붙어 있기 때문에 N을 쓴다). 질소 원자에 치환된 유기기의 명칭은 알파벳 순으로 배열한다.

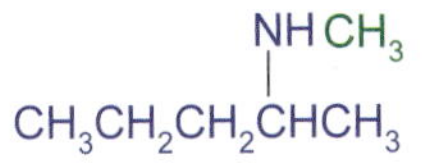

$CH_3CH_2CH_2CH(NHCH_3)CH_3$ *N*-methylpentan-2-amine

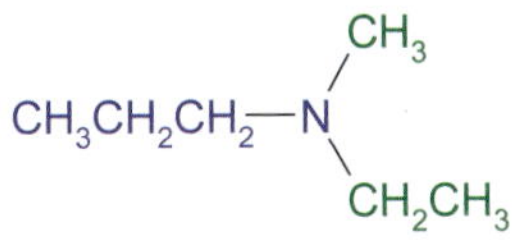

$CH_3CH_2CH_2{-}N(CH_3)(CH_2CH_3)$ *N*-ethyl-*N*-methylpropan-1-amine

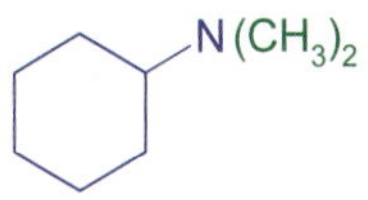

$C_6H_{11}N(CH_3)_2$ *N,N*-dimethylcyclohexanamine

규칙 3. 아미노기가 두 개 이상을 가진 아민은 접미사 '−다이아민(−diamine)', '−트라이아민(−triamine)' 등을 모체화합물 이름 뒤에 붙여서 명명한다. 이때 아미노기의 위치를 나타내는 숫자는 −다이아민 앞에 놓는다.

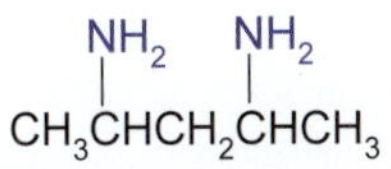

$CH_3CH(NH_2)CH_2CH(NH_2)CH_3$ pentane-2,4-diamine

$H_2N{-}(CH_2)_6{-}NH_2$ hexane-1,6-diamine (hexamethylenediamine)

$H_2N{-}C_6H_4{-}NH_2$ benzene-1,4-diamine

규칙 4. 방향족 아민은 아닐린을 기본명으로 하고 그 유도체에 해당하는 치환기의 이름을 붙여 명명한다. 아닐린은 관용명이나 IUPAC 추천명의 모체명이다.

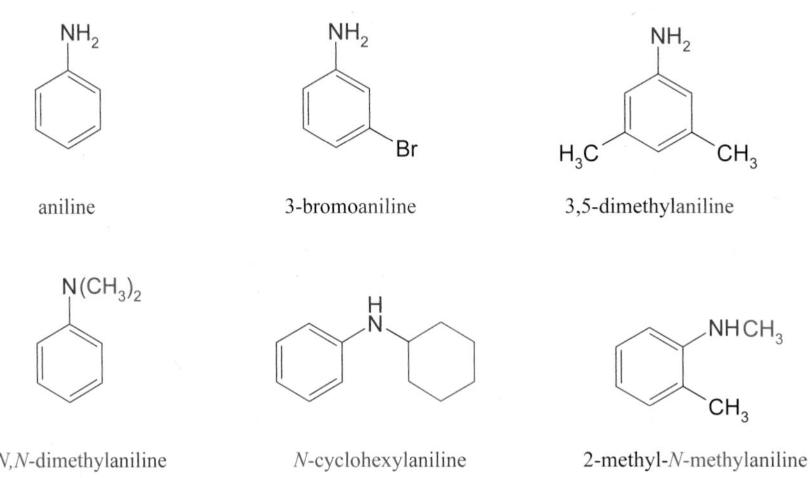

규칙 5. 관용명으로 간단한 아민은 질소 원자에 연결된 알킬기의 이름 뒤에 '－아민(－amine)'을 붙여서 명명한다.

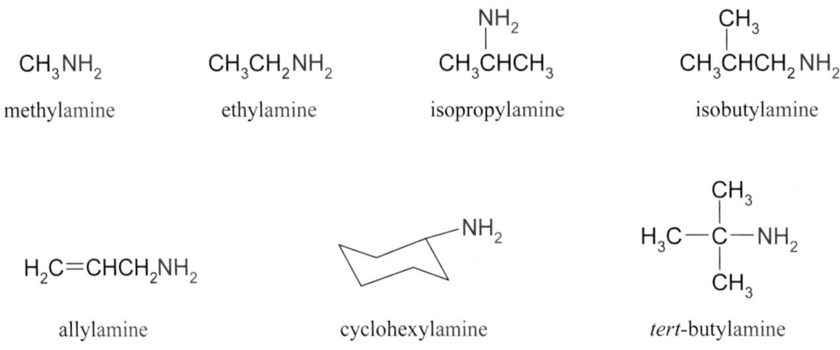

규칙 6. 대칭적인 2차 및 3차 아민은 알킬기에 접두어 다이－(di－), 트라이－(tri－)를 붙여서 명명한다. 괄호 안은 IUPAC 추천명이다.

C_6H_5—NH—C_6H_5

diphenylamine
(*N*-phenylaniline*)

CH_3CH_2—N(CH_2CH_3)—CH_2CH_3

triethylamine
(*N,N*-diethylethanamine*)

규칙 7. 비대칭적인 2차 및 3차 아민은 가장 긴 유기기를 모체로 택하여 N－치환 1차 아민으로 명명한다.

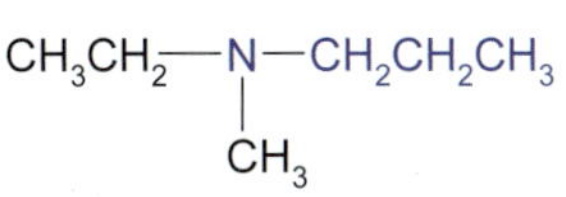

$CH_3CH_2-N(CH_3)-CH_2CH_2CH_3$

N-ethyl-*N*-methylpropylamine

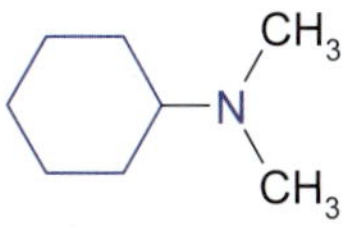

N,N-dimethylcyclohexylamine

규칙 8. 우선 순위가 큰 다른 작용기를 가진 아민에서는 $-NH_2$를 아미노(amino) 치환기로 취급하여 명명한다.

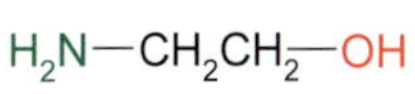

$H_2N-CH_2CH_2-OH$

2-aminoethanol

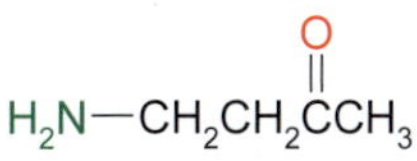

$H_2N-CH_2CH_2C(=O)CH_3$

4-aminobutan-2-one

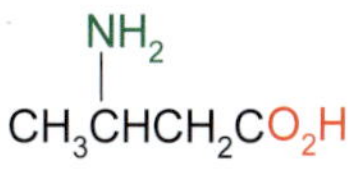

$CH_3CH(NH_2)CH_2CO_2H$

3-aminobutanoic acid

규칙 9. 헤테로고리 아민은 질소 원자가 고리의 한 부분을 차지하는 화합물로 자신들의 모체명을 가지고 있다. 헤테로 고리 질소 원자를 1번으로 한다.

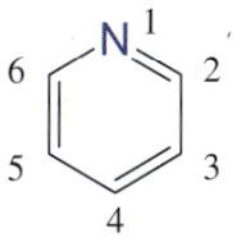

pyridine
(피리딘)

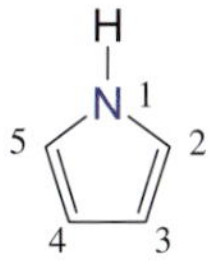

pyrrole
(피롤)

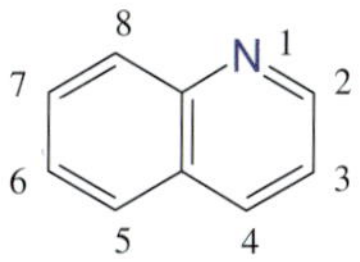

quinoline
(퀴놀린)

규칙 10. 아민염 및 암모늄염의 명명은 다음과 같다.

$CH_3\overset{+}{N}H_3Cl^-$

methylammonium chloride
(염화 메틸암모늄)

$(CH_3CH_2)_2\overset{+}{N}H_2Br^-$

diethylammonium bromide
(브로민화 다이에틸암모늄)

$(CH_3)_4N^+Cl^-$

tetramethylammonium chloride
(염화 사메틸암모늄)

문제 1 다음 아민 화합물의 IUPAC명을 쓰시오.

(1) 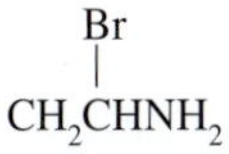 $CH_2CH(Br)NH_2$

(2) $CH_3C(CH_3)=CHCH_2NH_2$

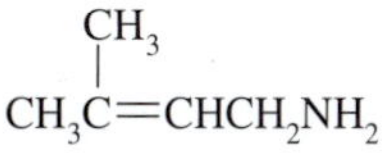

(3) $CH_3CH_2CH_2NHCH_2CH_3$

(4) $H_2N-CH_2CH_2CH_2-NH_2$

(5) $CH_3CH_2-N(CH_3)-CH_2CH_3$

(6) $H_2N-CH_2CH_2CH(CH_3)CH_2-NH_2$

(7) $N(CH_3)_2$

(8) $(Ph)_3N$

(9) CH_3 N

(10) H_3C- $-NHCH_3$

(11) CH_3 N

(12) $(CH_3CH_2)_4N^+Br^-$

문제 2 다음 화합물의 구조를 그리시오.

(1) hexan-3-amine
(2) 2-bromocyclopentanamine
(3) *N*-methylpropan-2-amine
(4) but-2-en-1-amine
(5) *N,N*-dimethylbenzylamine
(6) *N,N*-diethylaniline
(7) *N*-ethyl-N-methylcyclopentylamine
(8) 3-methyl-N-methylaniline
(9) 2-methylbutane-1,3-diamine
(10) trimethylammonium bromide

문제 3 (문제 1)의 모노아민(아미노기를 한 개 가진 아민) 중에서 1차, 2차, 3차 아민으로 분류하시오.

10.3 아민의 구조 및 성질

아민의 구조는 암모니아의 결합 구조와 비슷하다. 질소 원자는 5개의 원자가전자를 가지고 있고 비공유 전자쌍을 가지고 있다. 질소 원자는 sp^3 혼성궤도함수를 가지며 세 개는 정사면체의 세 모서리를 차지하며 고립 전자쌍은 나머지 모서리를 차지한다. 따라서 아민은 피라미드형의 구조를 가지고 있다.

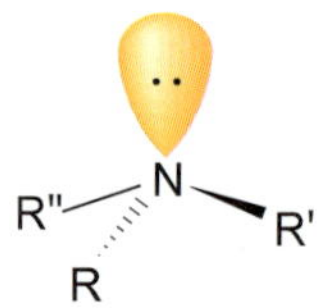

질소 원자는 sp^3 혼성궤도함수 세 개를 사용하여 치환기 세 개와 결합하여 σ결합을 형성한

다. 나머지 한 개의 궤도함수는 고립 전자쌍으로 존재하여 아민에 염기성과 친핵성을 부여하는 역할을 한다.

알코올과 유사하게 탄소 수가 여섯 개 이하인 아민은 물에 잘 녹는다. 또한 질소 원자가 수소 원자를 가진 1차 및 2차 아민은 알코올과 같이 분자간에 수소결합을 형성하고 회합한다. 그러나 순수한 액체상태의 3차 아민은 N−H 결합이 없기 때문에 아민 분자간의 수소결합은 없다.

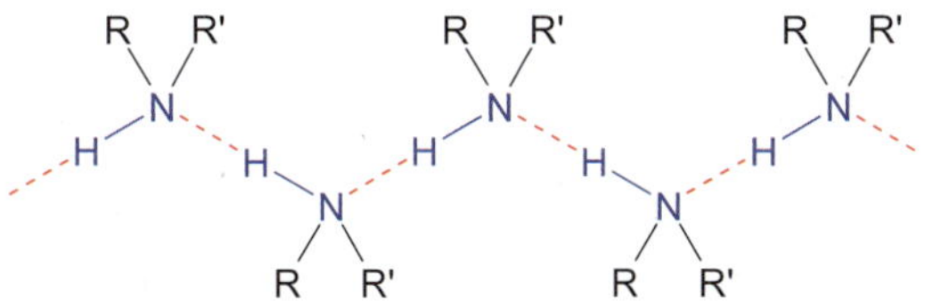

질소 원자는 산소 원자보다 전기음성도가 작고 N−H 결합이 O−H보다 덜 극성이기 때문에 알코올의 수소결합보다 약하다. 따라서 비슷한 분자량의 에터보다는 끓는점이 높고 알코올보다는 낮다.

$CH_3CH_2OCH_2CH_3$	$(CH_3CH_2)_2NH$	$CH_3CH_2CH_2CH_2OH$
(b.p. 34.5℃)	(b.p. 56℃)	(b.p. 117℃)

3차 아민의 끓는점은 비슷한 분자량의 2차 아민이나 1차 아민보다 낮고 알케인의 끓는점과 비슷하다. 아민의 또 다른 특징으로 표준상태에서 가스상태인 메틸아민 및 에틸아민은 암모니아 냄새가 나고 저분자량의 아민은 불쾌한 고기 비린내가 나는 액체이다. 아릴아민은 끓는점이 상대적으로 높고 물에 대한 용해도가 낮다. 아닐린은 실온에서 액체이며 끓는점이 184℃이다.

10.4 아민의 염기성

아민의 질소에 있는 고립 전자쌍은 이온이나 분자에 전자를 제공할 수 있는 Lewis 염기로 아민의 염기성과 친핵성을 나타낸다. 따라서 아민은 산과 반응하여 산−염기 가역반응을 한다.

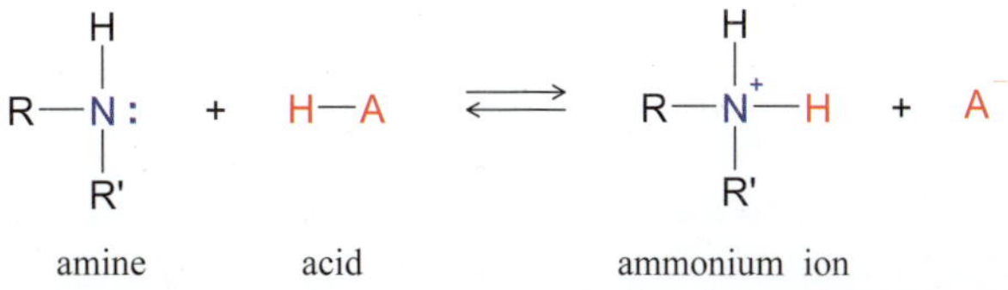

$$R-\underset{R'}{\overset{H}{N}}: + H-A \rightleftharpoons R-\underset{R'}{\overset{H}{N^+}}-H + A^-$$

amine acid ammonium ion

아민이 물에 녹으면 물은 산으로 작용하여 물 분자의 양성자를 받아 OH^- 이온을 만들어 평형이 이루어진다. 카복실산의 산의 세기를 산도 상수 K_a로 나타내는 것과 마찬가지로 아민의 염기의 세기를 **염기도 상수** K_b로 나타낸다. K_b값이 클수록 (pK_b 값이 작을수록) 더 센 염기이다.

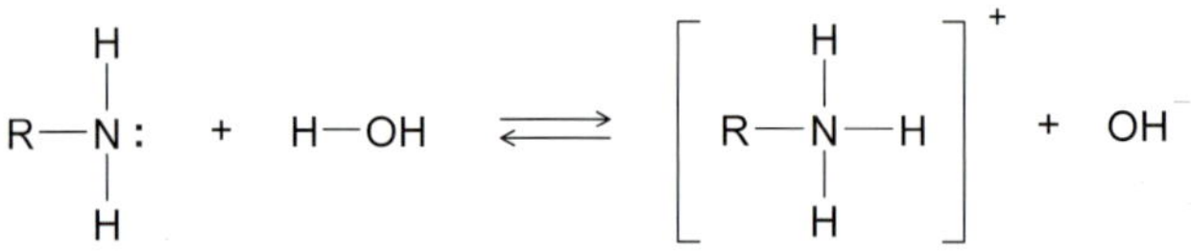

$$R-\ddot{N}H_2 + H-OH \rightleftharpoons [R-NH_3]^+ + OH^-$$

$$K_b = \frac{[RNH_3^+][OH^-]}{[RNH_2]} \qquad pK_b = -\log K_b$$

알킬아민은 암모니아보다 약 10배 정도 강한 염기이다. 일반적으로 암모니아보다 알킬기가 하나 치환된 1차 알킬아민의 염기도가 크며 2차 알킬아민은 더 크다. 그러나 3차 알킬아민의 염기도는 2차 알킬아민보다 작은데, 그 이유는 3차 알킬아민은 크기가 커서 짝양이온을 형성하는데 방해가 이루어져 용매화(수화)가 어렵기 때문이다.

	NH_3	CH_3NH_2	$CH_3CH_2NH_2$	$(CH_3CH_2)_2NH$	$(CH_3CH_2)_3N$
pK_b	4.74	3.46	3.25	3.02	3.24

일반적으로 아민 화합물에서 치환기가 전자 주는 기(electron-donating substituent)는 아민의 염기도를 증가시키고, 전자 끄는 기(electron-withdrawing substituent)는 염기도를 감소시킨다 (9.4절 참고). 아릴아민은 암모니아나 지방족 아민보다 훨씬 약한 염기이다. 예를 들면, 아닐린의 염기도는 사이클로헥실아민의 약 1백만분의 1밖에 안 된다.

	$C_6H_5-NH_2$	$C_6H_{11}-NH_2$
pK_b =	9.37	3.38

알킬아민보다 아릴아민의 염기도가 낮은 이유는 아닐린에서 질소의 고립 전자쌍은 공명구조를 이루어 비편재화 되어 있어 아닐린을 안정화시킨다. 따라서 아닐린이 전자를 내주기 어렵게 되고 산과 결합하기가 어려워지기 때문이다.

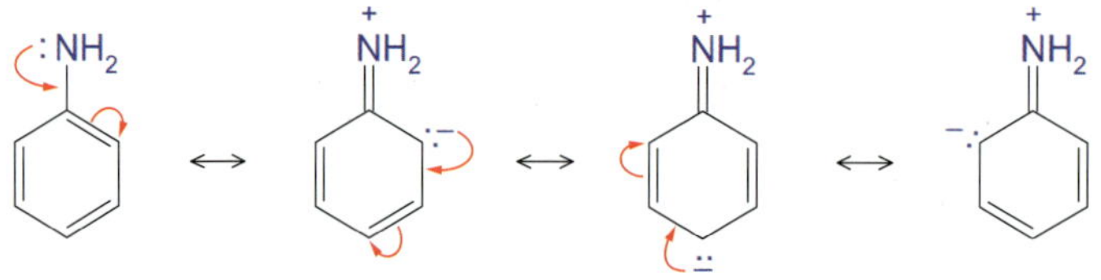

$$:NH_2 \longleftrightarrow \overset{+}{N}H_2 \longleftrightarrow \overset{+}{N}H_2 \longleftrightarrow \overset{+}{N}H_2$$

아민과 달리 아마이드는 염기성이 아니다. 아민의 수용액은 염기성이지만 아마이드 수용액은 중성이다. 그 이유는 아민에서는 고립 전자쌍이 질소 원자에 편재되어 있으나, 아마이드는 질소의 고립 전자쌍이 카보닐기의 공명구조와 겹침에 의해 산소 원자까지 비편재화 되어 아민보다 더 안정하게 되며 반응성이 작게 되고 따라서 염기성이 작다.

문제 4 다음 반응식을 완결하고 생성물의 이름을 쓰시오.

(1) $CH_3CH_2NH_2$ + HBr →

(2) (cyclohexyl)—$NHCH_3$ + HCl →

문제 5 다음 각 쌍의 화합물 중에서 더 센 염기를 고르고 그 이유를 설명하시오.

(1) 다이메틸아민, *N*-메틸아닐린
(2) 아닐린, *N,N*-다이메틸아닐린
(3) 에탄아민, 프로판아마이드
(4) *N*-메틸아닐린, *p*-클로로아닐린

10.5 아민의 합성

(1) 아마이드와 나이트릴 화합물의 환원

앞에서 이미 다룬 바와 같이 아민은 아마이드와 나이트릴을 $LiAlH_4$로 환원하여 합성할 수 있다. 1차, 2차 및 3차 아마이드를 환원시켜 각각 1차, 2차 및 3차 아민으로 전환할 수 있다(9.11절). 즉, 카복실산을 $SOCl_2$로 반응시켜 산 할로젠화물로 전환한 다음 암모니아 혹은 아민과 가아민분해반응을 시켜 아마이드를 합성하고 이것을 환원시켜 아민을 합성할 수 있다.

$$R-\overset{O}{\overset{\|}{C}}-OH \xrightarrow{SOCl_2} R-\overset{O}{\overset{\|}{C}}-Cl \xrightarrow{NH_3} R-\overset{O}{\overset{\|}{C}}-NH_2 \xrightarrow[2.\ H_2O]{1.\ LiAlH_4,\ ether} R-\underset{H}{\underset{|}{\overset{H}{\overset{|}{C}}}}-NH_2$$

carboxylic acid　　acyl chloride　　amide　　amine

$$R{-}\overset{O}{\overset{\|}{C}}{-}NHR' \xrightarrow[2.\ H_2O]{1.\ LiAlH_4,\ ether} R{-}CH_2NHR'$$

2° amide → 2° amine

$$R{-}\overset{O}{\overset{\|}{C}}{-}NR'_2 \xrightarrow[2.\ H_2O]{1.\ LiAlH_4,\ ether} R{-}CH_2NR'_2$$

3° amide → 3° amine

$$C_6H_{11}{-}\overset{O}{\overset{\|}{C}}{-}OH \xrightarrow[2.\ NH_3]{1.\ SOCl_2} C_6H_{11}{-}\overset{O}{\overset{\|}{C}}{-}NH_2 \xrightarrow[2.\ H_2O]{1.\ LiAlH_4,\ ether} C_6H_{11}{-}CH_2NH_2$$

cyclohexanecarboxylic acid → cyclohexanecarbonyl amide → cyclohexylmethanamine

할로젠화 알킬로부터 CN^-로 S_N2 치환반응으로 나이트릴을 만든 다음 환원시키는 두 단계 과정을 거쳐 아민을 합성할 수 있다(9.12절). 이 경우에 할로젠화 알킬보다 탄소수가 한 개 더 많은 1차 아민이 만들어진다.

$$RCH_2X \xrightarrow{NaCN} RCH_2C{\equiv}N \xrightarrow[2.\ H_2O]{1.\ LiAlH_4,\ ether} RCH_2CH_2NH_2$$

alkyl halide → nitrile → 1° amine

$$CH_3CH_2CH_2Br \xrightarrow{NaCN} CH_3CH_2CH_2C{\equiv}N \xrightarrow[2.\ H_2O]{1.\ LiAlH_4,\ ether} CH_3CH_2CH_2CH_2NH_2$$

propyl bromide → butanenitrile → butan-1-amine

(2) 할로젠화 알킬의 S_N2 반응

할로젠화 알킬을 암모니아와 다른 아민으로 S_N2 알킬화 반응시켜 아민 화합물을 생성한다. 할로젠화 알킬과 암모니아를 사용하여 1차 아민을 얻고, 1차 아민을 사용하여 2차 아민, 그리고 2차 아민을 사용하여 3차 아민을 얻는다. 3차 아민은 할로젠화 알킬과 반응하여 4차 암모늄염을 생성한다.

$$R{-}X + NH_3 \longrightarrow RNH_3^+X^- \xrightarrow{NaOH} RNH_2 \quad 1°\ amine$$

$$R{-}X + RNH_2 \longrightarrow R_2NH_2^+X^- \xrightarrow{NaOH} R_2NH \quad 2°\ amine$$

$$R-X + R_2NH \longrightarrow R_3NH^+X^- \xrightarrow{NaOH} R_3N$$

3° amine

$$R-X + R_3N \longrightarrow R_4N^+X^-$$

4° ammonium salt

이들 반응은 단일 알킬화가 일어난 후에 생성된 1차 아민 자체가 친핵체로서 할로젠화 알킬과 2차 아민을 생성하고 계속 진행되어 트라이알킬 아민과 4차 암모늄염도 형성하여 다양한 생성물의 혼합물을 생성하기 때문에 아민 합성법으로 좋은 제조법은 아니다.

(3) 나이트로 화합물의 환원 : 방향족 아민 합성

아릴아민을 합성하는 가장 일반적인 방법은 방향족 출발물질을 나이트로 화합물로 만든 후 나이트로기를 환원시켜 아민을 합성한다.

$$Ar-H \xrightarrow[H_2SO_4]{HNO_3} Ar-NO_2 \xrightarrow[2.\ NaOH]{1.\ SnCl_2,\ H_3O^+} Ar-NH_2$$

방향족 나이트로 화합물의 나이트로기는 Pt, Pd, Ni 촉매에 의한 수소첨가 반응이나 염산 존재하에서 Fe나 Sn 및 $SnCl_2$에 의한 환원이 주로 이용된다.

$$O_2N-C_6H_4-CH_2CH_3 \xrightarrow[EtOH]{H_2,\ Pt\ cat.} H_2N-C_6H_4-CH_2CH_3$$

p-ethylnitrobenzene　　　*p*-ethylaniline

$$m\text{-}O_2N-C_6H_4-CHO \xrightarrow[2.\ NaOH]{1.\ SnCl_2,\ H_3O^+} m\text{-}H_2N-C_6H_4-CHO$$

m-nitrobenzaldehyde　　　*m*-aminobenzaldehyde

문제 6 다음 화학반응의 단계를 제시하시오.

(1) 아세트산으로부터 다이에틸아민 제조

(2) 브로민화 벤질로부터 2-페닐에탄아민 제조

문제 7 할로젠화 알킬과 암모니아로부터 트라이에틸아민을 합성하는 방법을 제시하시오.

문제 8 벤젠으로부터 다음 아민을 합성하는 단계들을 제시하시오.

(1) *o*-메틸아닐린

(2) 2,4,6-트라이브로모아닐린

(3) *m*-아미노벤조산

10.6 아민의 반응

(1) 아민염 형성

지방족 및 방향족 아민은 산과 반응하여 안정한 결정성 아민염을 형성한다.

$$CH_3CH_2NH_2 + HCl \longrightarrow CH_3CH_2\overset{+}{N}H_3\ Cl^-$$

ethylamine → ethylammonium chloride

$$(CH_3)_3N + HBr \longrightarrow (CH_3)_3\overset{+}{N}H\ Br^-$$

trimethylamine → trimethylammonium bromide

$$C_6H_5NH_2 + HNO_3 \longrightarrow C_6H_5NH_3NO_3$$

aniline → phenylammonium nitrate

아민염을 NaOH, KOH 수용액에서 가열하면 아민으로 전환된다.

$$CH_3CH_2\overset{+}{N}H_3\ Cl^- + NaOH \longrightarrow CH_3CH_2NH_2 + NaCl + H_2O$$

ethylammonium chloride → ethylamine

(2) 아실화 반응 : 아마이드 형성

1차 및 2차 아민(3차 아민은 제외)은 산 염화물이나(9.8절) 산 무수물과(9.9절) 반응하여 아실화되어 아마이드를 생성한다.

$$R-\overset{O}{\overset{\|}{C}}-Cl + NH_3 \longrightarrow R-\overset{O}{\overset{\|}{C}}-NH_2 + HCl$$

acyl chloride　　　　amide

$$R-\overset{O}{\overset{\|}{C}}-Cl + R'NH_2 \longrightarrow R-\overset{O}{\overset{\|}{C}}-NHR' + HCl$$

$$R-\overset{O}{\overset{\|}{C}}-Cl + R'_2NH \longrightarrow R-\overset{O}{\overset{\|}{C}}-NR'_2 + HCl$$

$$CH_3CH_2-\overset{O}{\overset{\|}{C}}-Cl + CH_3NH_2 \longrightarrow CH_3CH_2-\overset{O}{\overset{\|}{C}}-NHCH_3 + HCl$$

propanoyl chloride　methyhlamine　*N*-methylpropanamide

방향족 아민과 산 무수물이 반응하여 아마이드 화합물을 생성할 수 있다. 예를 들면, 해열제 성분인 아세트아닐라이드(*N*-페닐아세트아마이드)는 아닐린과 아세트산 무수물의 아실화 반응으로 된 아마이드 화합물이다.

$$C_6H_5NH_2 + H_3C-\overset{O}{\overset{\|}{C}}-O-\overset{O}{\overset{\|}{C}}-CH_3 \longrightarrow C_6H_5-N(H)-\overset{O}{\overset{\|}{C}}-CH_3 + CH_3COOH$$

aniline (acetanilide)　acetic anhydride　*N*-phenylacetamide　acetic acid

문제 9 다음 화학반응식을 완결하고 생성물의 이름을 쓰시오.

(1) $C_6H_5-NH_2 + HCl \longrightarrow$

(2) $C_6H_5-NH_2 + CH_3COCl \longrightarrow$

(3) $C_6H_5-\overset{O}{\overset{\|}{C}}-Br + (CH_3CH_2)_2NH \longrightarrow$

(4) $CH_3CH_2NH_2 + CH_3-\overset{O}{\overset{\|}{C}}-O-\overset{O}{\overset{\|}{C}}-CH_3 \longrightarrow$

10.7 알칼로이드

식물에서 얻은 천연 아민을 **알칼로이드**(alkaloids)라 부르고 이들은 생물학적으로 활성을 가진 아민의 일종으로서 수용액에 약간 염기성을 나타낸다. 이들은 한 개 이상의 질소 헤테로 원자를 가지며 식물의 잎, 나무껍질, 뿌리, 씨앗에서 생산되는 천연물질로 현재 알칼로이드는 30,000 여종에 이른다. 많은 알칼로이드는 훌륭한 생물학적인 성질을 가지는데 천연물로부터 얻을 수 있는 알칼로이드로 코카인, 몰핀, 니코틴, 카페인 등이 이에 속한다. 또한 오늘날 사용되는 많은 약품들은 천연에서 얻은 알칼로이드가 많다. 대장염 치료에 쓰이는 아트로핀(atropine), 기관지 확장 및 가래 제거제로 쓰이는 에페드린(ephedrine) 등이 천연 식물에서 얻은 것들이다.

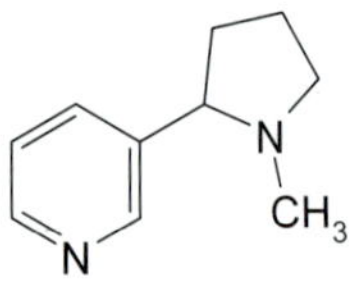

N, N, CH_3

nicotine

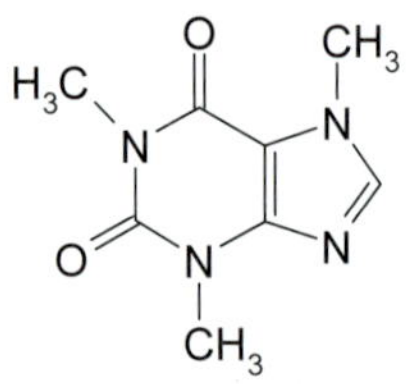

H_3C, O, CH_3, N, N, N, O, N, CH_3

caffeine

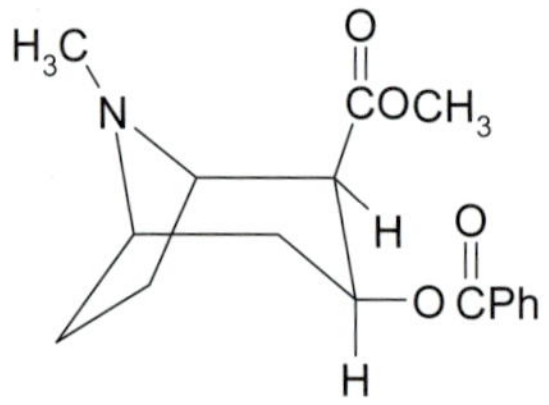

H_3C, N, O, $COCH_3$, H, O, O CPh, H

cocaine

반응요약

1. 아민의 합성	
(1) 아마이드의 환원	$R-C(=O)-NH_2 \xrightarrow[2.\ H_2O]{1.\ LiAlH_4,\ ether} R-CH_2NH_2$ 1차 아민 $R-C(=O)-NHR' \xrightarrow[2.\ H_2O]{1.\ LiAlH_4,\ ether} R-CH_2NHR'$ 2차 아민 $R-C(=O)-NR'_2 \xrightarrow[2.\ H_2O]{1.\ LiAlH_4,\ ether} R-CH_2NR'_2$ 3차 아민
(2) 나이트릴의 환원	$RCH_2C\equiv N \xrightarrow[2.\ H_2O]{1.\ LiAlH_4,\ ether} RCH_2CH_2NH_2$
(3) 할로젠화 알킬의 S_N2 반응	$R-X + NH_3 \longrightarrow RNH_3^+X^- \xrightarrow{NaOH} RNH_2$ 1차 아민 $R-X + RNH_2 \longrightarrow R_2NH_2^+X^- \xrightarrow{NaOH} RNH$ 2차 아민 $R-X + R_2NH \longrightarrow R_3NH^+X^- \xrightarrow{NaOH} R_3N$ 3차 아민 $R-X + R_3N \longrightarrow R_4N^+X^-$ 4차 암모늄염
(4) 방향족 나이트로 화합물의 환원	$Ar-NO_2 \xrightarrow[2.\ NaOH]{1.\ SnCl_2,\ H_3O^+} Ar-NH_2$
2. 아민의 반응	
(1) 아민염 형성	$RNH_2 + HX \longrightarrow RNH_3^+X^-$
(2) 1차 및 2차 아민의 아실화 반응 : 아마이드로 전환	$R'NH_2 + R-C(=O)-Cl \longrightarrow R-C(=O)-NHR' + HCl$ $R'_2NH + R-C(=O)-Cl \longrightarrow R-C(=O)-NR'_2 + HCl$

추가문제

10. 다음 화합물의 구조를 그리시오.

(1) 3-메틸펜탄-2-아민
(2) 프로판-1,3-다이아민
(3) 펜트-3-엔-1-아민
(4) 3-메틸사이클로헥산아민
(5) 사이클로헥실메틸아민
(6) *N*-메틸벤질아민
(7) *N*-메틸사이클로헥실아민
(8) 3-(*N,N*-다이메틸아미노)뷰탄산
(9) 브롬화 트라이에틸암모늄
(10) (2,4,6-트라이브로모사이클로헥실)아민

11. 다음 화합물의 IUPAC명을 쓰시오.

(1) $CH_3CH_2CH_2N(CH_3)_2$

(2) 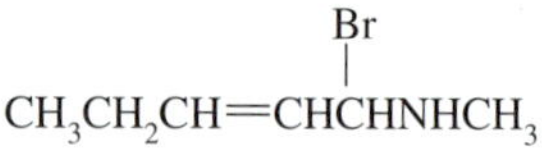 $CH_3CH_2CH{=}CHCH(Br)NHCH_3$

(3) (cyclobutyl)–$CH_2CH_2NH_2$

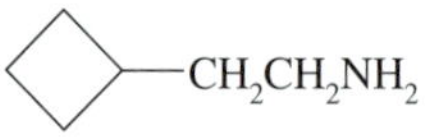

(4) 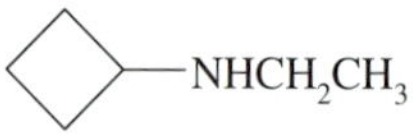 (cyclobutyl)–$NHCH_2CH_3$

(5) 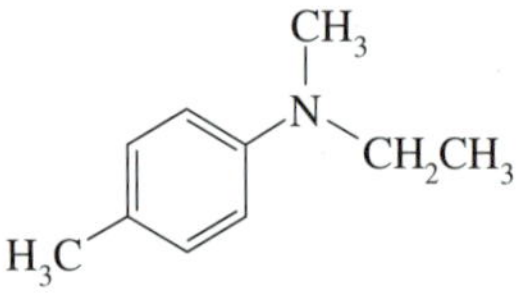 H_3C–C_6H_4–$N(CH_3)CH_2CH_3$ (para)

(6) 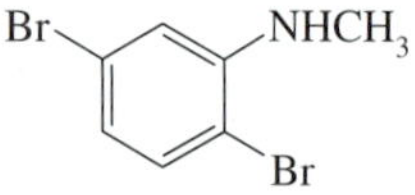 Br, $NHCH_3$, Br 치환 벤젠 고리

(7) 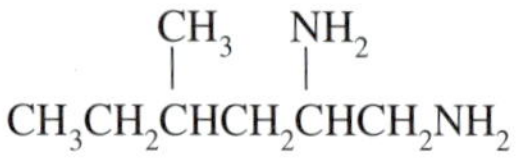 $CH_3CH_2CH(CH_3)CH_2CH(NH_2)CH_2NH_2$

(8) 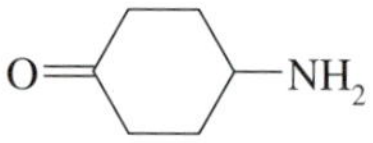 O=(cyclohexane)–NH_2

(9) 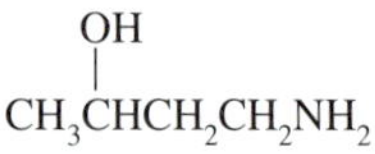 $CH_3CH(OH)CH_2CH_2NH_2$

(10) 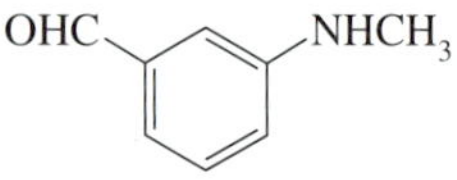 OHC, $NHCH_3$ 치환 벤젠 고리 (meta)

(11) $NH_2CH_2CH_2CH_2CN$

(12) 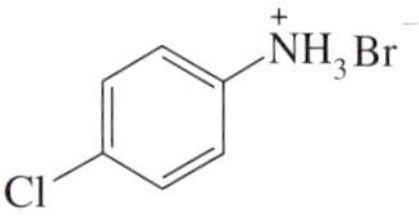 Cl–C_6H_4–$\overset{+}{N}H_3\,Br^-$ (para)

12. 화학식 $C_4H_{11}N$인 8개의 아민 이성질체의 구조를 모두 그리고 IUPAC명을 쓰시오. 그리고 1차, 2차, 3차 아민으로 분류하시오.

13. 분자량이 거의 비슷한 다음의 화합물들의 끓는점이 높아지는 순서대로 나열하시오. 그 이유를 설명하시오.

프로판-1-아민, 프로판-1-올, 에틸메틸에터, 뷰테인

14. 다음 반응의 생성물을 예측하시오.

(1) $CH_3CH_2CH_2NH_2 \xrightarrow{HBr}$

(2) 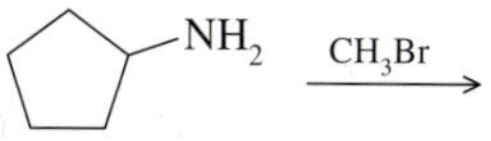 (사이클로펜틸)$-NH_2 \xrightarrow{CH_3Br}$

(3) $CH_3CH_2\overset{O}{\overset{\|}{C}}NHCH_3 \xrightarrow[2.\ H_2O]{1.\ LiAlH_4,\ ether}$

(4) 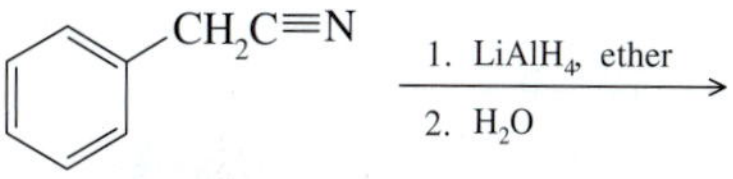 $C_6H_5-CH_2C{\equiv}N \xrightarrow[2.\ H_2O]{1.\ LiAlH_4,\ ether}$

(5) $CH_3\overset{CH_3}{\overset{|}{C}H}CH_2\overset{O}{\overset{\|}{C}}Br + (CH_3)_2NH \longrightarrow$

(6) 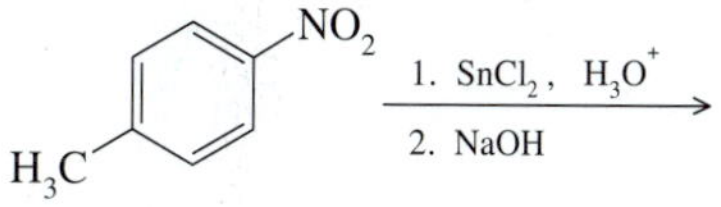 $H_3C-C_6H_4-NO_2$ (*p*-) $\xrightarrow[2.\ NaOH]{1.\ SnCl_2,\ H_3O^+}$

15. 1-브로모프로페인으로부터 다음 아민을 합성하시오.

(1) 프로필아민　(2) 다이프로필아민

(3) 뷰틸아민

16. 다음 출발물질로부터 헥실아민을 합성하는 방법을 제시하시오.

(1) 헥산아마이드　(2) 헥산산

(3) 헥세인나이트릴

17. 벤조산으로부터 페닐메탄아민($C_6H_5CH_2NH_2$)을 어떻게 합성할 수 있는가? 2단계 이상이 필요할 수 있다.

18. 벤젠을 출발물질로 하여 페닐메탄아민을 합성하는 방법을 제시하시오.

19. 다음 화합물 중에서 어느 것이 염기성이 더 센가? 설명하시오.

(1) 아닐린, *p*-사이아노아닐린　(2) 아닐린, *p*-아미노벤즈알데하이드

(3) 메탄아민, 다이브로모메탄아민　(4) *p*-나이트로아닐린, *p*-메톡시아닐린

20. 사이클로헥실아민, 아닐린, *p*-나이트로아닐린, *p*-메틸아닐린을 염기도 순으로 나열하시오.

21. 다음 화학반응식을 완성하시오.

(1) 사이클로헥산아민 + 아세트산 무수물　(2) *N,N*-다이메틸아닐린 + 요오드화 메틸

22. 다음 반응 과정에서 적당한 시약을 A~G에 채우시오.

$C_6H_5CHO \xrightarrow{A} C_6H_5CH_2OH \xrightarrow{B} C_6H_5CH_2Br \xrightarrow{C} C_6H_5CH_2CN$

$\xrightarrow{D} C_6H_5CH_2CH_2NH_2 \xrightarrow{E} C_6H_5CH_2CH_2NHCCH_3$ (C=O)

$\xrightarrow{F} O_2N\text{-}C_6H_4CH_2CH_2NHCCH_3$ (C=O) $\xrightarrow{G} H_2N\text{-}C_6H_4CH_2CH_2NHCCH_3$ (C=O)

23. 국소 마취제로 쓰이는 벤조카인(benzocaine)은 *p*-아미노벤조산의 에틸 에스터(ethyl 4-amino benzoic acid)이다. 그 구조를 그리시오. 벤젠에서 출발하여 벤조카인 합성법을 제시해 보시오.

11장
생체화합물

11.1 서론
11.2 탄수화물
11.3 아미노산
11.4 지질
11.5 핵산과 뉴클레오타이드

11.1 서론

생체유기화합물(bioorganic compound)은 동식물의 살아있는 생물체에서 발견되는 유기화합물로 생명과정에서 중요한 역할을 하는 물질이다. 자연에 가장 많이 존재하는 생체화합물은 다당류(polysaccharide), 단백질(protein), 지질(lipid), 핵산(nucleic acid) 등이다. 식품의 당과 녹말, 나무 및 종이의 셀룰로오스는 탄수화물로 모든 동식물에 들어 있는 필수적인 화합물이다. 동식물의 생물세포를 구성하고 있는 아미노산이 펩타이드 결합하여 생긴 고분자 물질이 단백질이다. 지질은 세포막의 구성성분으로 생체에서 중요한 유기화합물이다. 핵산은 생물체의 유전정보를 저장하고 전달하는 기능을 가진 당－인산 골격의 화합물이다. 이 장에서는 생물세계에 중요한 네 가지 주요 생체화합물 중 탄수화물, 단백질, 지질 및 핵산에 대하여 간략히 다루기로 한다.

11.2 탄수화물

탄수화물은 자연상에 널리 분포하고 있으며 대부분은 성장하는 녹색식물들에 의해 이산화탄소와 물로부터 태양 에너지를 이용하여 글루코오스(glucose)로 변환시키는 광합성 과정을 통해서 만들어진다. 많은 글루코오스 분자들이 식물체에 저장되기 위하여 화학적으로 결합하여 녹말이나 셀룰로오스 형태로 변환된다.

$$6CO_2 + 6H_2O \xrightarrow{\text{햇빛}} \underset{\text{글루코오스}}{C_6H_{12}O_6} + 6O_2 \longrightarrow \text{녹말, 셀룰로오스}$$

(1) 탄수화물의 정의 및 분류

탄수화물(carbohydrate)은 대부분이 분자식 $C_m(H_2O)_n$으로 나타낼 수 있어 탄소의 수화물(hydrate)의 의미로 쓰였으나, 이러한 의미는 오늘날 쓸모가 없어졌지만 명칭만은 아직도 그대로 사용하고 있다. 현재의 탄수화물은 **폴리하이드록시알데하이드**(polyhydroxyaldehyde)와 **폴리하이드록시케톤**(polyhydroxyketone)으로 정의한다. 이러한 화합물은 보통 단맛을 내기 때문에 **당**(sugar)이라고 부른다. 글루코오스(포도당)는 의료분야에서는 **덱스트로오스**(dextrose)로 부르는 탄수화물로 펜타하이드록시헥산알이다.

HC=O
H−C−OH
HO−C−H
H−C−OH
H−C−OH
CH_2OH

glucose
(dextrose)
pentahydroxyhexanal

탄수화물은 구조에 따라 단당류, 이당류, 다당류로 분류한다. **단당류**(monosaccharide)는 글루코오스와 프룩토오스(fructose, 과당) 같이 더 작은 당으로 가수분해할 수 없는 당이다. **이당류**(disaccharide)는 수크로오스(sucrose, 설탕)와 말토오스(maltose, 맥아당)처럼 두 개의 단당류로 이루어진 당이다. 수크로오스를 가수분해하면 글루코오스와 프룩토오스가 한 분자씩을 생성한다. 말토오스는 글루코오스 두 분자로 이루어져 있다.

$$\underset{\text{sucrose}}{C_{12}H_{22}O_{11}} + H_2O \longrightarrow \underset{\text{glucose}}{C_6H_{12}O_6} + \underset{\text{fluctose}}{C_6H_{12}O_6}$$

다당류(polysaccharide)는 셀룰로오스(cellulose)나 녹말(starch)과 같이 여러 개의 단당류로 이루어진 당으로 효소 촉매로 가수분해되어 수많은 단당류로 분해된다. 당류 중에 글루코오스와 플룩토오스가 일반적인 당 중에서 가장 달고, 여러 과실이나 벌꿀 등에 존재한다.

단당류는 **알도오스**(aldose)와 **케토오스**(ketose)로 세분할 수 있다. 접미사 －오스(－ose)는 당의 끝에 붙는 탄수화물 군의 의미이다. 접두사 알도－(aldo－)는 분자내 카보닐기의 종류가 알데하이드를 나타내고, 케토－(keto－)는 케톤을 나타낸다. 단당류는 탄소의 수에 따라 세 개의 탄소를 가진 단당류는 트라이오스(triose, 3탄당), 넷, 다섯, 여섯 개의 탄소를 가진 단당류는 각각 테트로오스(tetrose, 4탄당), 펜토오스(pentose, 5탄당), 헥소오스(hexose, 6탄당)로 분류된다. 예를 들면, 글루코오스는 6탄당으로 된 알데하이드 당이므로 **알도헥소오스**(aldohexose)이고, 프룩토오스는 6탄당의 케토 당이므로 **케토헥소오스**(ketohexose)이다. 라이보오스(ribose)는 5탄당의 알데하이드 당이므로 알도펜토오스이다. 트레오스(threose)는 4탄당의 알데하이드 당으로 알도테트로오스이다. 대부분의 단량류는 알도헥소오스나 알도펜토오스로 존재한다.

```
  HC=O            CH2OH
   |                |
H—C—OH             C=O            HC=O
   |                |               |               HC=O
HO—C—H          HO—C—H          H—C—OH              |
   |                |               |            HO—C—H
H—C—OH           H—C—OH         H—C—OH              |
   |                |               |             H—C—OH
H—C—OH           H—C—OH         H—C—OH              |
   |                |               |              CH2OH
  CH2OH            CH2OH           CH2OH
```

glucose (aldohexose) | fluctose (ketohexose) | ribose (aldopentose) | threose (aldotetrose)

(2) Fischer 투영도와 D,L 기호

단당류 중 가장 간단한 화합물은 알도트라이오스(aldotriose)인 글리세르알데하이드(glyceraldehyde)이다. 글리세르알데하이드는 유일하게 '－ose'로 끝나지 않는 알도오스이다.

글리세르알데하이드는 카이랄성 중심 탄소가 하나 존재한다. 따라서 글리세르알데하이드는 가장 작은 카이랄 탄수화물로 한 쌍의 거울상 이성질체가 존재한다. 이 구조를 나타내는 방법은 두 가지가 있을 수 있는데 그 하나는 원근법을 사용한 정사면체형의 절대배열 구조를 그리는 방법이다. 그러나 이 방법은 탄수화물과 같이 복잡한 구조를 가지는 화합물에는 불편한 점이 많기 때문에 1891년 Emil Fischer가 고안한 Fischer **투영식**을 주로 사용한다.

Fisher 투영식에서는 수평으로 그어진 선은 종이면의 앞쪽으로 향하는 작용기를 나타내고 수직으로 그어진 선은 종이면의 뒤로 향하고 있음을 의미한다(5.5절). 분자의 구조에서 가장 긴 탄소사슬을 수직선상으로 놓고 카보닐 탄소와 같은 산화상태가 가장 높은 원자단을 수직선상의 맨 꼭대기에 놓고 그 아래에 중심을 하나씩 쌓아서 나타낸다. Fischer 투영식은 특히 탄수화물에 카이랄성 입체화학을 나타내는 데 적합하다.

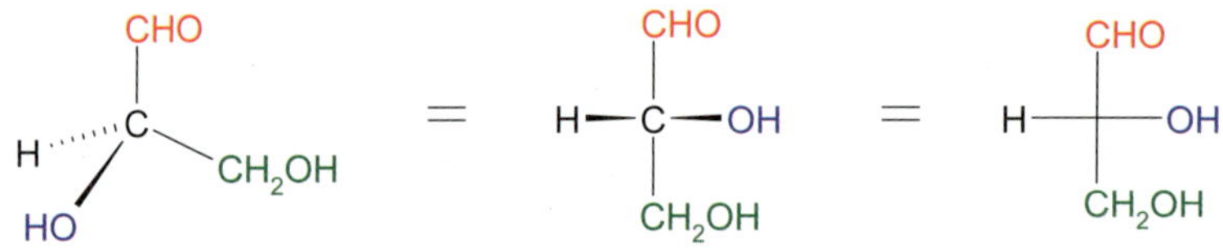

CHO, H, CH_2OH, HO (wedge–dash) = H—C—OH (CHO top, CH_2OH bottom) = H—+—OH (CHO top, CH_2OH bottom)

(*R*)-(+)-glyceraldehyde

CHO, CH_2OH, H, OH (wedge–dash) = HO—C—H (CHO top, CH_2OH bottom) = HO—+—H (CHO top, CH_2OH bottom)

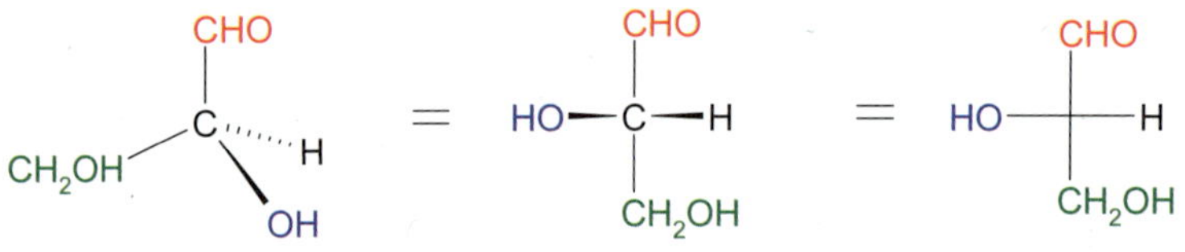

(*S*)-(−)-glyceraldehyde

R-*S*계에서는 편광성이 가장 작은 작용기를 관찰자의 눈에서 가장 멀리 놓고 나머지 작용기를 쳐다보아 작용기의 우선순위대로 읽었을 때 시계방향이면 *R*, 반시계방향이면 *S* 구조이다(5.4절). 글리세르알데하이드 분자구조에서 작용기 편광성의 우선순위는 OH 〉 CHO 〉 CH_2OH 〉 H 순이다. 어떤 분자에 편광을 통과시키고 광원을 향하여 보고 있을 때 편광의 회전은 시계방향 또는 반시계방향의 두 방향이 가능한데, 광학회전이 시계방향이면 우회전성(dextrorotatory)으로 (+)기호로 나타내고, 반시계방향이면 좌회전성(levorotatory)으로 (−)기호로 표시한다(5.6절). 광학회전성은 화합물이 가진 물리적 성질이다. *R*, *S* 배열과 광학회전 부호는 직접적인 관련이 없다는 점을 주목해야 한다.

탄수화물의 구조를 나타내기 위하여 D, L기호가 사용된다. D-L표시법은 카이랄성 중심의 탄수화물 분자구조를 나타낼 때 사용된다. Fisher 투영식에서 카보닐기로부터 가장 멀리 있는 카이랄성 중심원자에 −OH기가 오른쪽에 있으면 D−**당**(D-sugar), 반대로 −OH기가 왼쪽에 있으면 **L-당**(L sugar)이라고 부른다. L-당은 해당하는 D-당의 거울상 이성질체로서 모든 카이랄 중심에서 반대의 배열을 가진다. D, L 표기가 주어진 당이 평면 편광을 회전시키는 방향과는 아무런 관계가 없음에 유의하라. D-당은 어떤 것은 우회전성(+)이고 또 어떤 것은 좌회전성(−)으로 존재한다.

D-(+)glyceraldehyde　　*L*-(−)-glyceraldehyde

D-aldose　　*L*-aldose

대부분의 천연에서 합성되는 글루코오스, 프룩토오스, 라이보오스 등은 가장 멀리 떨어져 있는 카이랄성 중심은 우회전성으로 *R*의 입체배열을 가진다. 그러므로 Fischer 투영식에서 대부분의 천연 당들은 카보닐기에서 가장 먼 쪽 카이랄성 중심의 −OH기가 오른쪽을 향하게 되어 D-당이다. 따라서 대부분의 자연에 존재하는 탄수화물은 D-당이다. D-플룩토오스는 일반적으로 얻어지는 유일한 케토헥소오스이다.

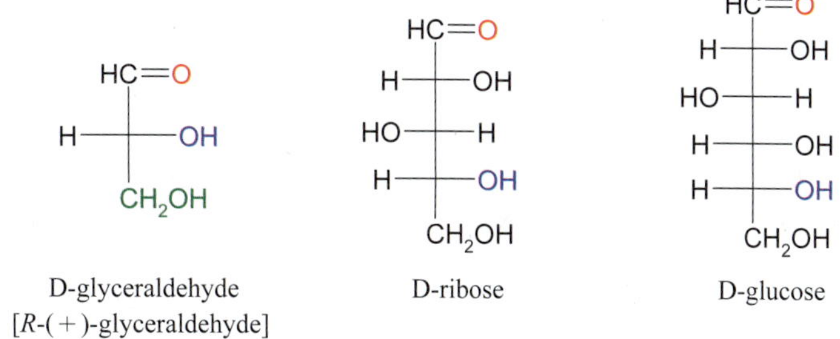

D-glyceraldehyde [*R*-(+)-glyceraldehyde]　　D-ribose　　D-glucose

문제 1 다음 락트산을 Fischer 투영식으로 나타내고 *R*, *S*를 표시하시오.

lactic acid

문제 2 다음 Fischer 투영식을 정사면체형 원근법으로 묘사하고 각각에 대하여 *R*, *S* 입체화학을 표시하시오.

(1) CO_2H / H—C—NH_2 / CH_2CH_3

(2) CHO / HO—C—H / CH_3

문제 3 D-플룩토오스의 거울상 이성질체인 L-플룩토오스의 Fischer 투영식을 그리시오.

(3) 알도오스의 배열

알도오스 중 가장 간단한 **알도트라이오스**인 글리세르알데하이드는 한 개의 카이랄성 탄소를 가지고 있는 3탄당으로 한 개의 거울상 이성질체가 존재한다. **알도테트로오스**는 4탄당으로 두 개의 카이랄성 탄소를 가지고 있으므로 $2^2 = 4$개의 입체이성질체가 가능하고, 이들은 에리트로오스, 트레오스라고 부른다. 입체 이성질체 중 두 개는 D-당이고 두 개는 L-당이다.

D-erythrose	L-erythrose	D-threose	L-threose
HC=O	HC=O	HC=O	HC=O
H—C—OH	HO—C—H	HO—C—H	H—C—OH
H—C—OH	HO—C—H	H—C—OH	HO—C—H
CH_2OH	CH_2OH	CH_2OH	CH_2OH

알도펜토오스는 세 개의 카이랄성 중심 탄소가 있으므로 $2^3 = 8$개의 거울상 이성질체가 가능하고 *R*,*S* 쌍이 네 개 있다. 이들은 라이보오스, 아라비노오스, 자일로오스 및 라이조오스이다. 가장 흔한 **알도헥소오스**는 네 개의 비대칭 탄소가 존재하므로 $2^4 = 16$개의 입체 이성질체, 즉 8쌍의 거울상 이성질체를 가질 수 있고, 이들은 알로오스, 알트로오스, 글루코오스, 만노오스, 글루오스, 아이도오스, 갈락토오스 및 탈로오스이다. 4, 5 및 6탄당의 D-알도오스의 Fischer 투영식을 그림 11.1에 나타내었다.

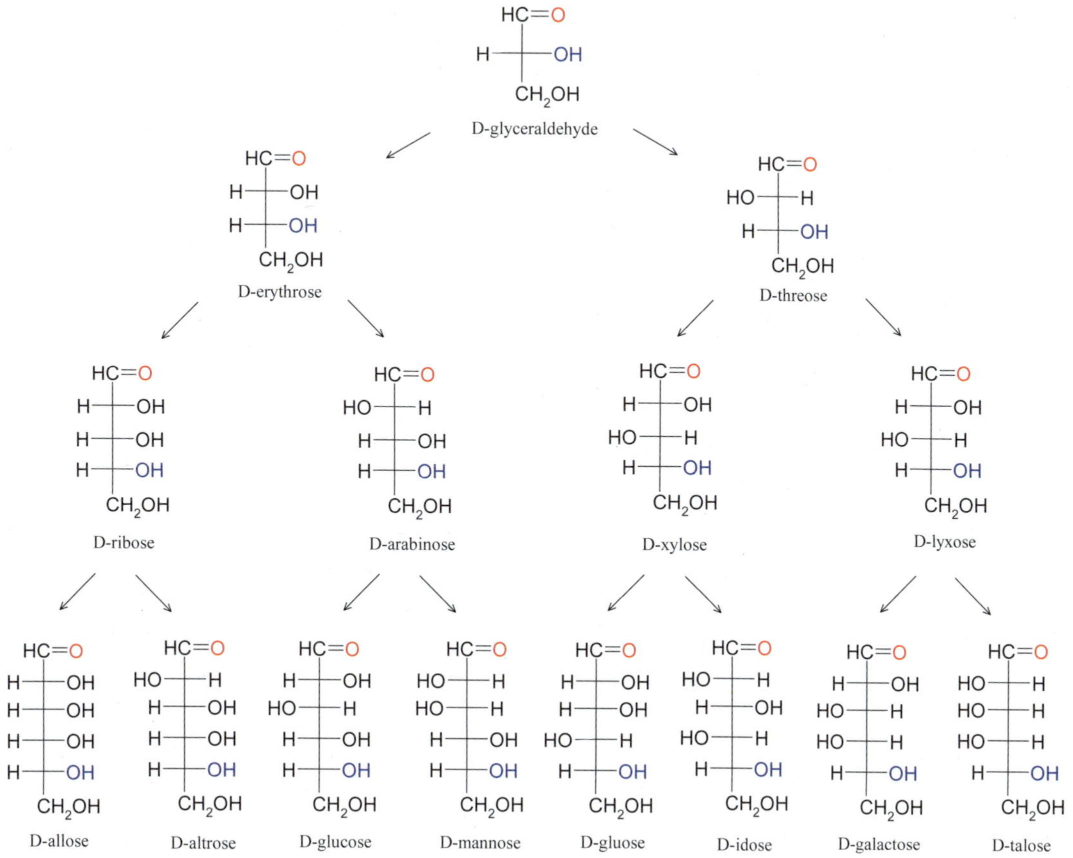

D-glyceraldehyde

D-erythrose D-threose

D-ribose D-arabinose D-xylose D-lyxose

D-allose D-altrose D-glucose D-mannose D-gluose D-idose D-galactose D-talose

그림 11.1 D–알도오스의 구조

(4) 단당류의 고리구조 : 반아세탈 형성

카보닐기 화합물에 알코올이 첨가되면 친핵성 첨가반응으로 반아세탈(hemiacetal)을 생성하는 것을 앞에서 다루었다(8.6절). 분자 내에 서로 반응할 수 있는 작용기 즉, −OH기와 C=O기를 동시에 가지고 있는 분자는 고리형 반아세탈을 생성한다. 고리형 반아세탈 형성은 생성되는 고리가 5원자 또는 6원자일 때 가장 안정하여 열린 사슬과 고리형 반아세탈 사이에 평형으로 존재한다. 알도오스는 분자내에 하이드록시기와 카보닐기를 모두 가지고 있기 때문에 이 두 작용기가 서로 작용하여 고리형 반아세탈을 형성하며, 이때 5원자 고리 구조를 **퓨라노오스**(furanose), 6원자 고리형을 **피라노오스**(pyranose) 형태라고 부른다.

고리 형태를 그리기 위하여 Fischer 투영식의 말단 $-CH_2OH$기를 고리 왼쪽 코너의 뒤에 놓고 Fischer 투영식의 오른쪽에 있는 −OH기는 고리의 아래쪽에 위치시키고 왼쪽에 있는 −OH기는 고리의 위쪽에 위치시킨다. 말단 $-CH_2OH$기는 D-당에서는 고리 위쪽에 위치하고 L-

당은 아래쪽에 위치시킨다. D-글루코오스는 육각고리 반아세탈인 피라노오스 고리를 두 개 형성한다. 피라노오스 고리는 사이클로헥세인 고리와 같이 축방향과 적도방향 치환기를 갖는 의자형태의 기하구조를 가진다.

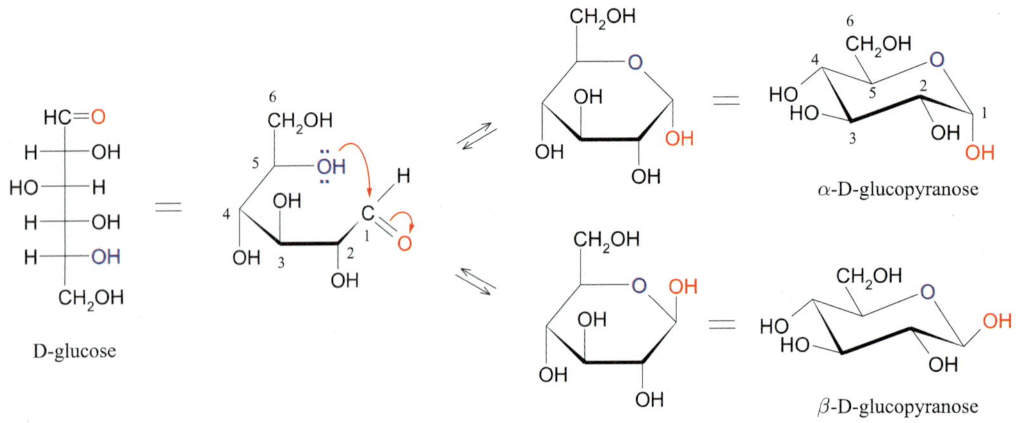

D-glucose

α-D-glucopyranose

β-D-glucopyranose

열린 사슬 단당류가 고리 아세탈 형태로 고리화할 때 열린 사슬 알데하이드의 카보닐 탄소가 고리 아세탈에서 새로운 카이랄성 중심이 되기 때문에 두 개의 다른 반아세탈이 생긴다. 이렇게 생긴 두 개의 부분입체 이성질체를 **아노머**(anomer)라고 하고, 반아세탈 탄소를 **아노머 탄소**(anomeric carbon)라 한다. 이때 반아세탈 탄소, 즉 C1의 $-$OH기가 아래쪽에 있으면 **알파(α)−아노머**, $-$OH기가 위쪽에 있으면 **베타(β)−아노머**라 부르고, 완전한 이름은 각각 α-D-글루코피라노오스, β-D-글루코피라노오스라 한다. β-D-글루코피라노오스는 치환기가 모두 적도방향임을 유의하자. D-글루코오스는 수용액에서 가역적으로 반아세탈을 형성하여 α-아노머와 β-아노머가 36 : 64의 비율로 혼재한다. 여기서 열린 사슬 형태의 글루코오스는 미량으로(약 0.02%) 거의 존재하지 않는다.

단당류의 케토오스의 구조는 2번 위치에 케톤기가 있다. 케토오스는 같은 수의 탄소를 가진 알도오스보다 비대칭 중심 탄소 원자가 하나 적다. 그러므로 케토오스의 입체이성질체는 같은 수의 탄소를 가진 알도오스의 입체이성질체 수의 절반이다.

문제 4 D-글루코오스의 피라노오스 형태를 나타내시오.

문제 5 D-프룩토오스의 피라노오스 및 퓨라노오스 형태를 나타내시오.

문제 6 D-갈락토오스의 두 가지 피라노오스 아노머를 나타내고 각각을 α, β로 표시하시오.

(5) 단당류의 반응

① 글라이코사이드 결합

단당류는 고리형태의 반아세탈로 존재하기 때문에 이들은 1당량의 알코올 혹은 다른 단당류와 결합하여 아세탈을 형성한다. 이때 α형과 β형 이성질체를 구별하는 탄소인 아노머 탄소에 붙은 $-$OH기만이 $-$OR 형태로 바뀌게 되는데 이렇게 생성된 아세탈을 **글라이코사이드**(glycoside)라 부르고, 아노머 탄소와 $-$OR기를 연결하는 결합을 **글라이코사이드 결합**(glycosidic bond)이라 한다.

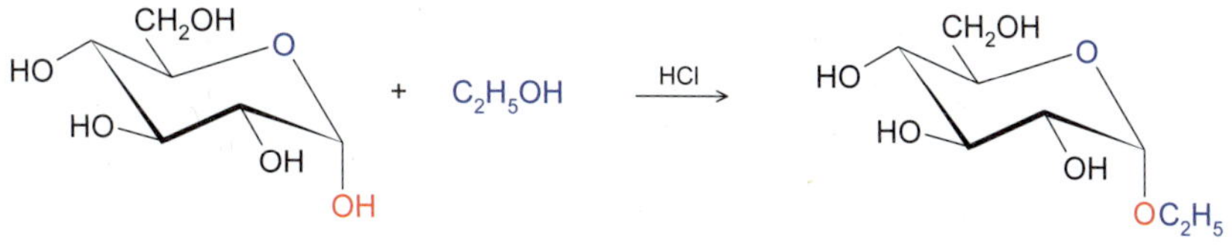

CH₂OH, HO, HO, O, OH, OH + C_2H_5OH $\xrightarrow{HCl}$ CH₂OH, HO, HO, O, OH, OC_2H_5

α-D-glucopyranose　　ethyl α-D-glucopyranoside

탄수화물의 아세탈인 글라이코사이드의 명명은 먼저 알킬기를 부르고 당의 접미어 '$-$오스($-$ose)'를 '$-$오사이드($-$oside)'로 치환하여 부른다.

② 환원 반응

알도오스와 케토오스의 카보닐기는 환원제로 환원시키면 **알디톨**(alditol)이라 부르는 폴리올(polyols)이 생성된다. 이 반응은 고리형 반아세탈과 열린 사슬 형태의 카보닐 화합물이 반응하는 것이다. 예를 들면, D-글루코오스는 환원제 $NaBH_4$로 환원시키면 D-글루시톨(솔비톨이라고 함)로 전환된다. D-솔비톨은 감미료로 쓰인다.

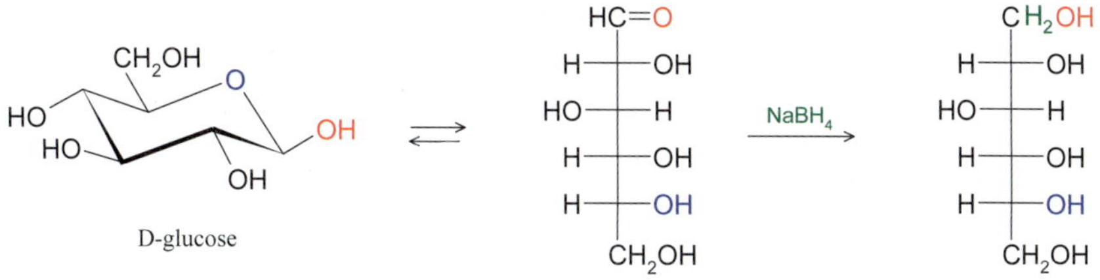

D-glucose ⇌ HC=O / H–OH / HO–H / H–OH / H–OH / CH_2OH $\xrightarrow{NaBH_4}$ CH_2OH / H–OH / HO–H / H–OH / H–OH / CH_2OH

D-glucitol
(sorbitol)

③ 산화 반응

알도오스는 분자 내에 알데하이드기를 가지고 있으므로 알데하이드와 마찬가지로 산화제와 쉽게 반응하여 **알돈산**(aldonic acid)을 만든다. 예를 들면, D-글루코오스는 Br_2 수용액이나 톨렌스 시약 또는 베네딕트 시약 등으로 산화되어 D-gluconic acid로 전환된다.

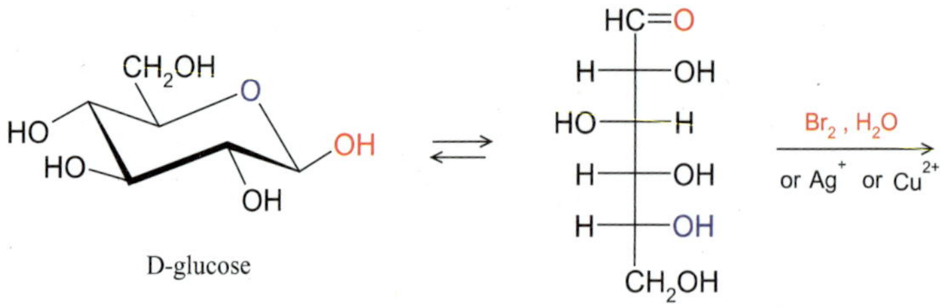

D-glucose

D-gluconic acid

알도오스는 산화제로 암모니아 수용액 중의 Ag^+(Tollens 시약)나 시트르산 나트륨 수용액의 Cu^{2+}(Bennedict 시약) 등과 반응하여 산화된 당을 생성하며 금속이온은 환원된다. Tollens 시약을 사용하면 금속 은이 석출되어 반응 용기 내벽에 은거울이 생성된다(8.8절). 이와 같이 산화제로 쉽게 산화되는 당류를 **환원당**(알도오스가 금속 산화제를 환원시키기 때문)이라 한다. 모든 알도오스는 카보닐기가 있어 환원당(reducing sugar)이 되나 글라이코사이드는 아세탈기가 염기성 조건에서 알데하이드로 열릴 수 없기 때문에 **비환원당**이다.

문제 7 D-자일로오스의 환원으로 얻어지는 D-자일리톨(D-xylitol)의 구조를 그리시오.

문제 8 β-D-플룩토퓨라노오스와 에탄올의 산-촉매 반응으로 생성되는 화합물을 적으시오.

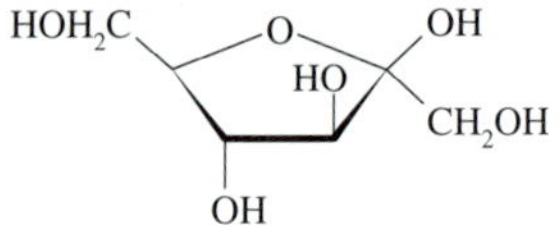

β-D-플룩토퓨라노오스

(6) 이당류

탄수화물이 가수분해하여 생성되는 2~6분자의 단당류의 당을 **올리고당**(oligosaccharide)이라 하며 결합된 단당류의 수에 따라 이당류(disaccharide), 삼당류(trisaccharide) 등으로 분류한다. 자연계의 올리고당류의 대부분은 이당류로 그 중에서 말토오스(maltose, 맥아당) 및 셀로비오스(cellobiose), 락토오스((lactose, 유당), 수크로오스(sucrose, 설탕)는 가장 널리 분포되어 있는 이당류이다.

이당류는 한 당의 아노머 탄소의 −OH기와 다른 당의 임의의 위치에 있는 −OH기가 글라이코사이드 아세탈 결합을 형성하여 만들어 진다. 이당류의 글라이코사이드 결합은 한 당의 C1과 다른 당의 C4사이에 1→4 연결(1-4 link)이 주로 이루어진다. 아노머 탄소에 대한 글라이코사이드 결합은 α 또는 β가 가능하다.

녹말의 효소 촉매로 가수분해되어 얻어지는 **말토오스**는 두 개의 D-글루코오스가 아세탈을 형성한 1→4-α-D-글라이코사이드 결합으로 연결된 α-D-글루코피라노오스로 이루어져 있다. 말토오스의 완전한 이름은 4-*O*-α-D-glucopyranosyl-α-D-glucopyranose이다.

셀룰로오스를 부분적으로 가수분해할 때 얻어지는 이당류인 **셀로비오스**는 1→4-β-D-글라이코사이드 결합으로 연결된 두 개의 β-D-글루코피라노오스로 이루어져 있다. 셀로비오스의 이름은 4-*O*-β-D-glucopyranosyl-β-D-glucopyranose이다.

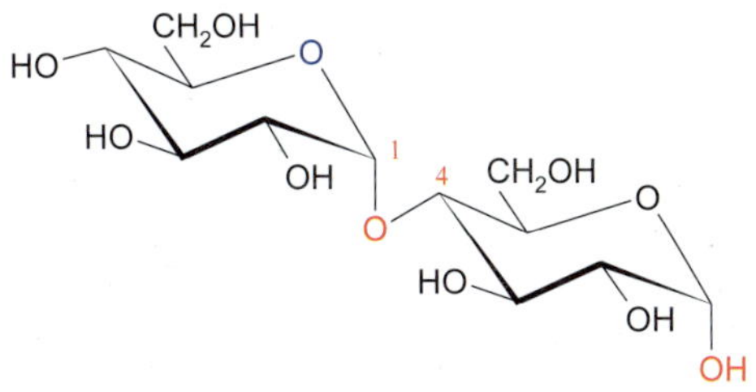

maltose

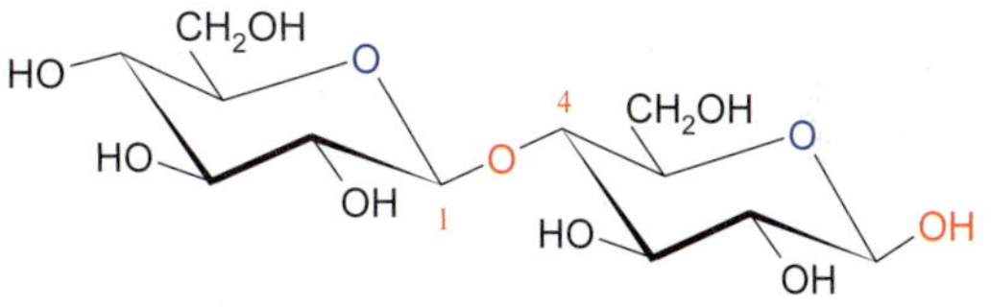

cellobiose

말토오스와 셀로비오스는 각각의 오른쪽에 위치한 글루코피라노오스 단위에 있는 아노머 탄소가 반아세탈기를 가지며 비고리 형태의 알데하이드형과 평형을 이루기 때문에 둘 다 환원당이다.

락토오스는 우유나 모유에 있는 이당류이다. 락토오스를 구성하는 한 가지 당은 D-갈락토오스이고 다른 한 가지 당은 D-글루코오스이다. 갈락토오스의 아노머 탄소는 C1에서 β-배열을 하고 있으며 글루코오스의 C4에 있는 $-$OH기와 1→4-β-D-글라이코사이드 결합을 이루고 있다. 락토오스는 소화되는 과정에서 세포의 락타아제(lactase) 효소에 의하여 가수분해되어 갈락토오스와 글루코오스로 분해된다.

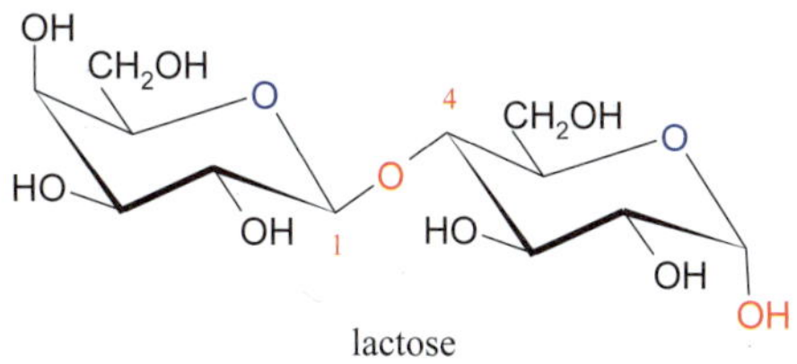

lactose

가장 흔한 이당류는 설탕(sugar)인 **수크로오스**이다. 수크로오스는 보통 사탕무우와 사탕수수에서 얻는다. 수크로오스를 가수분해하면 D-글루코오스와 D-플룩토오스를 같은 당량으로 얻는다. 수크로오스는 D-글루코오스의 C1과 D-플룩토오스의 C2 사이의 글라이코사이드 결합으로 이루어져 있다. 대부분의 다른 이당류와 달리 수크로오스는 반아세탈기가 없기 때문에 환원당이 아니다.

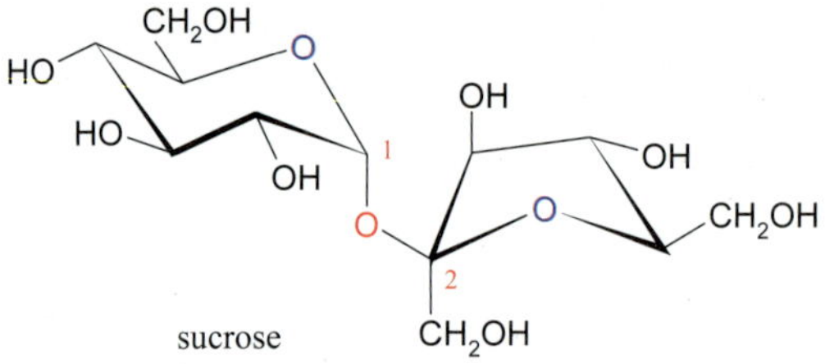

sucrose

문제 9 α-D-glucopyranose는 환원당이나 α-D-glucopyranoside는 환원당이 아니다. 그 이유를 설명하시오.

(7) 다당류

다당류는 여러 개의 단당류가 글라이코사이드 결합에 의하여 연결된 탄수화물로 자연계에 존재하는 대부분의 탄수화물은 분자량이 큰 다당류이다. 가장 일반적인 다당류는 녹말(starch)과 셀룰로오스(cellulose)이다.

녹말은 아밀로오스(amylose)와 아밀로펙틴(amylopectin) 두 가지 다당류의 20 : 80 혼합물이다. **아밀로오스**는 D-글루코오스가 α-1,4-글라이코사이드 결합에 의해 가지없는 사슬로 구성된

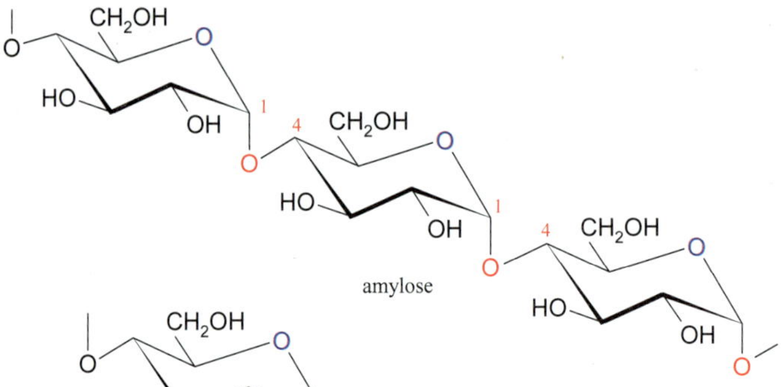

amylose

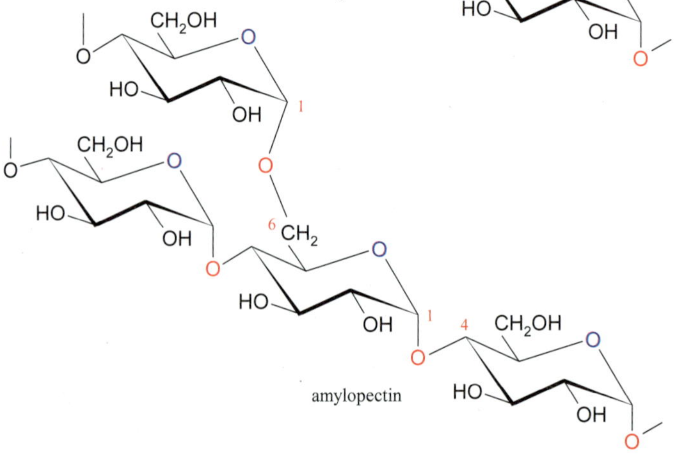

amylopectin

다당류이고, **아밀로펙틴**은 약 25개의 D-글루코오스 단위마다 곁사슬 α-1,6-글라이코사이드 결합으로 연결된 다당류이다. 이처럼 녹말은 곁가지가 많이 달려 있기 때문에 물에 녹이면 부풀어 올라 콜로이드를 형성한다.

녹말은 감자, 쌀, 옥수수, 콩 등의 주성분이다. 식물은 잉여 포도당을 저장용 다당류인 녹말로 세포에 저장하지만 동물은 섭취한 탄수화물을 분해하여 에너지원으로 즉각 필요하지 않은 포도당을 **글라이코겐**(glycogen)이라는 저장용 다당류로 세포에 저장한다. 동물의 에너지 저장용 탄수화물인 글라이코겐은 녹말보다 분자량이 더 크다 (약 10만 개의 글루코오스 단위로 구성되어 있다). 글라이코겐은 아밀로펙틴보다 곁가지가 더 많고, 장으로부터 피속으로 흡수된 글루코오스를 통해 생성되어, 간이나 근육 등으로 운반되어 효소에 의해 중합된다. 동물이 녹말을 섭취하면 아밀라아제 효소에 의하여 말토오스(맥아당)로 되고, 이는 다시 말타아제에 의해 글루코오스로 변하여 장에서 혈액에 흡수된다. 체내에서 쓰고 남은 글루코오스는 다시 중합하여 장기간 저장되는 글라이코겐이 되어 간이나 골격근육의 세포에 저장되었다가 필요할 때 글루코오스로 분해한 다음 사용된다.

섬유소인 **셀룰로오스**는 식물의 보호 세포벽에 있는 강하고 물에 녹지 않는 물질이다. 식물의 잎, 풀, 면화, 짚 및 옥수수의 속대 등은 주로 셀룰로오스로 이루어져 있다. 셀룰로오스는 수천 개의 곁가지가 없는 D-글루코오스가 β-1,4-글라이코사이드 결합으로 연결되어 있다. 이러한 셀룰로오스 분자는 다른 셀룰로오스 분자들과 수소결합으로 집합을 이루어 거대한 구조를 이루고 있다.

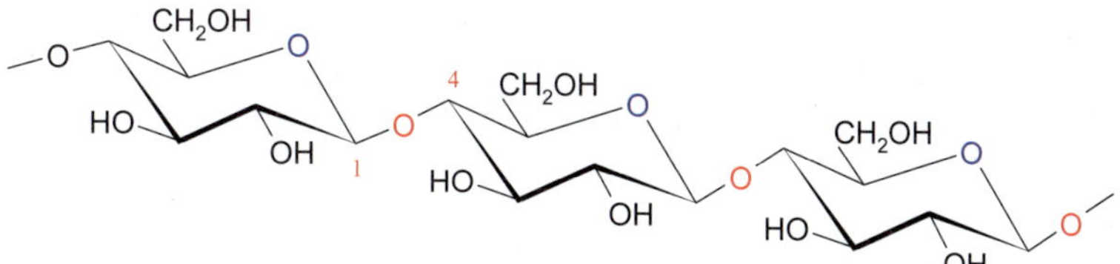

cellulose

사람과 동물은 녹말과 글라이코겐을 소화시킬 수 있지만 셀룰로오스는 소화시키지 못한다. 이것은 생화학반응이 가지는 아주 특이한 특징 중의 하나이다. 녹말과 셀룰로오스의 유일한 화학적 차이는 글라이코사이드 결합의 아노머 탄소 C1의 입체화학인 α-와 β-글라이코사이드 연결이다. 사람의 몸에는 α-글라이코사이드 결합을 가수분해시킬 수 있는 효소가 있지만 β-글라이코사이드 결합을 가수분해시키는 효소는 없다. 그러므로 인간은 감자와 곡물 같은 α-글라이코사이드 결합으로 이루어진 녹말은 소화할 수 있지만 β-글라이코사이드 결합으로 이루어진 식물의 풀과 잎은 소화할 수가 없다.

11.3 아미노산

단백질은 아미노산이 아마이드 결합으로 연결된 천연고분자이다. 단백질을 가수분해하여 얻은 아미노산은 아미노기가 α-탄소에 결합된 α-아미노카복실산이다. 아미노산(amino acid)은 이름에서 의미하듯이 아미노기($-NH_2$)와 카복실기($-COOH$)의 두 개의 작용기를 가지며, α-아미노산은 두 작용기가 같은 α-탄소 즉, 카보닐기에 인접한 탄소에 결합되어 있다.

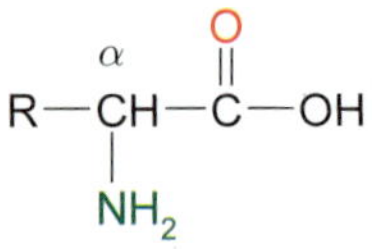

$$R-\overset{\alpha}{C}H(NH_2)-C(=O)-OH$$

α-amino acid

(1) 아미노산의 종류

생체내의 단백질의 종류는 수백 가지지만, 이것을 이루는 구성성분인 아미노산은 대개 20가지 정도이다. 20종 아미노산 모두 단백질 합성에 필수적이지만 인간은 20개 중 10종은 인체 내에서 합성할 수 없어서 식품에서 얻을 수밖에 없기 때문에 이들을 **필수 아미노산**(essential amino acid)이라 한다. 단백질에서 나타나는 대표적인 20가지 아미노산을 표 11.1에 나타내었다.

20종의 아미노산은 작용기의 구조에 따라 중성, 산성, 염기성으로 세분될 수 있다. 표의 위에서부터 15종은 중성 작용기의 곁사슬을 가지고 있으며, 두 가지(아스파트산, 글루탐산)는 곁사슬에 카복실기 두 개로 아미노기보다 한 개가 많아 산성을 띠며, 세 가지(라이신, 알지닌, 히스티딘)는 곁사슬에 염기성인 아미노기가 하나 더 있어 염기성 아미노산이다. 시스테인(싸이올)과 타이로신(페놀)은 중성으로 분류되나 약한 산성 곁사슬을 가지고 있어 센 염기와 양성자 이탈반응을 할 수 있다.

글라이신을 제외하면 모든 아미노산은 분자 내에 $-NH_2$, $-COOH$기가 붙어 있는 탄소, 즉 α-탄소가 카이랄성 중심으로 거울상 이성질체가 가능하다. 그러나 천연에서 얻는 아미노산은 한 가지 거울상 이성질체가 단백질을 생성한다.

단당류에서 사용되었던 D, L표시법이 아미노산에도 적용된다. Fisher 투영식에서 수직선상에서 아미노산의 카복실기를 위쪽에 놓고, 알킬기를 아래에 오도록 그렸을 때, 아미노기가 오른쪽에 있으면 D−**아미노산**(D-amino acid)이고, 왼쪽에 있으면 L−**아미노산**(L-amino acid)으로 부른다. 자연에서 발견되는 아미노산은 모두 L-구조이다.

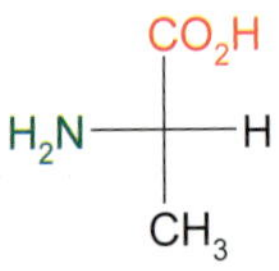

CO_2H / H_2N—+—H / CH_3	CO_2H / H_2N—+—H / CH_2OH	CO_2H / H_2N—+—H / CH_2SH
L-alanine (*S*)-alanine	L-serine (*S*)-serine	L-cysteine (*R*)-cysteine

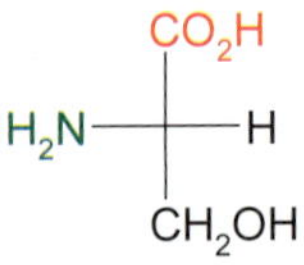

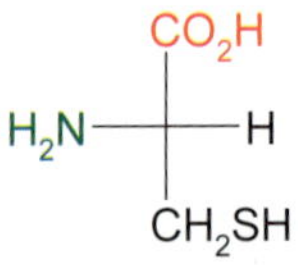

표 11.1 대표적인 아미노산 20가지 종류

이름	약어	구조	등전점(pI)
1. glycine (글라이신)	Gly	$CH_2(NH_2)-COOH$	6.0
2. alanine (알라닌)	Ala	$H_3C-CH(NH_2)-COOH$	6.0
3. *valine* (발린)	Val	$H_3C-CH(CH_3)-CH(NH_2)-COOH$	6.0
4. *leucine* (류신)	Leu	$H_3C-CH(CH_3)CH_2-CH(NH_2)-COOH$	6.0
5. *isoleucine* (아이소류신)	Ile	$CH_3CH_2-CH(CH_3)CH_2-CH(NH_2)-COOH$	6.0
6. serine (세린)	Ser	$H_2C(OH)-CH(NH_2)-COOH$	5.7
7. *threonine* (트레오닌)	Thr	$H_3C-CH(OH)-CH(NH_2)-COOH$	5.6
8. cysteine (시스테인)	Cys	$H_2C(SH)-CH(NH_2)-COOH$	5.1
9. *methionine* (메싸이오닌)	Met	$CH_3S-CHCH_2-CH(NH_2)-COOH$	5.7
10. proline (프롤린)	Pro	(pyrrolidine ring, N–H)–COOH	6.3
11. *phenylalanine* (페닐알라닌)	Phe	$C_6H_5-CH_2-CH(NH_2)-COOH$	5.5
12. tyrosine (타이로신)	Tyr	$HO-C_6H_4-CH_2-CH(NH_2)-COOH$	5.7

이름	약어	구조	등전점(pI)
13. *tryptophan* (트립토판)	Trp	(indole ring, N–H)$-CH_2-CH(NH_2)-COOH$	5.9
14. asparagine (아스파라진)	Asn	$H_2N-C(=O)-CH_2-CH(NH_2)-COOH$	5.4
15. glutamine (글루타민)	Gln	$H_2N-C(=O)-CH_2CH_2-CH(NH_2)-COOH$	5.7
16. aspartic acid (아스파트산)	Asp	$HOOC-CH_2-CH(NH_2)-COOH$	3.0
17. glutamic acid (글루탐산)	Glu	$HOOC-CH_2CH_2-CH(NH_2)-COOH$	3.2
18. *lysine* (라이신)	Lys	$CH_2(NH_2)CH_2CH_2CH_2-CH(NH_2)-COOH$	9.7
19. *arginine* (알지닌)	Arg	$H_2N(HN=)C-NH-CH_2CH_2CH_2-CH(NH_2)-COOH$	10.8
20. *histidine* (히스티딘)	His	(ring, N–H)$-CH_2-CH(NH_2)-COOH$	7.6

주) 이탤릭체 아미노산은 필수아미노산

문제 10 α-탄소를 가진 19개의 L-아미노산 중에서 시스테인을 제외하고는 모두 *S* 배열을 가진다. L-시스테인이 *R* 배열을 가지는 이유를 설명하시오.

문제 11 L-시스테인의 3차원 구조를 원근법으로 그리시오.

(2) 아미노산의 성질

아미노산은 한 분자 내에 산성을 나타내는 카복실기와 염기성인 아미노기를 동시에 가지고 있어서 산으로 작용하여 강염기에 양성자를 줄 수도 있고, 염기로 작용하여 강산으로부터 양성자를 받을 수도 있는 **양쪽성 이온**(amphoteric ion) 혹은 **쯔비터이온**(zwitterion) 형태로 존재한다. 센 산성용액에서는 (+)전하를 띤 $-NH_3^+$로, 센 염기용액에서는 (−)전하를 띤 $-CO_2^-$ 음이온으로 존재한다.

$$\overset{+}{NH_3}-\underset{}{\overset{R}{\overset{|}{C}H}}-COOH \underset{H^+}{\overset{OH^-}{\rightleftharpoons}} \overset{+}{NH_3}-\overset{R}{\overset{|}{C}H}-COO^- \underset{H^+}{\overset{OH^-}{\rightleftharpoons}} NH_2-\overset{R}{\overset{|}{C}H}-COO^-$$

(산성용액) (중성용액) (염기성용액)

산성용액에서 아미노기는 양성자화되어 양이온으로 존재하고, 염기성 용액에서는 아미노산은 양성자가 떨어져 나가 음이온으로 존재한다. 즉, 낮은 pH(산성 용액)에서 아미노산은 암모늄 이온의 형태로 존재하고, 높은 pH(염기성 용액)에서는 카복실 이온으로 존재한다. 어떤 중간 pH에서 아미노산은 양이온 형태와 음이온 형태가 정확히 평형을 이루어 중성인 양쪽성 이온으로 존재한다. 이런 pH값을 아미노산의 **등전점**(isoelectric point, pI)이라 한다.

$$H_3\overset{+}{N}-\overset{R}{\overset{|}{C}H}-COOH \underset{H^+}{\rightleftharpoons} H_3\overset{+}{N}-\overset{R}{\overset{|}{C}H}-COO^- \overset{OH^-}{\rightleftharpoons} H_2N-\overset{R}{\overset{|}{C}H}-COO^-$$

낮은 pH 등전점(pI) 높은 pH

아미노산의 등전점은 구조에 따라 다르며 20가지 일반적인 아미노산에 대한 값은 표 11.1에 나타내었다. 중성인 15개 아미노산의 등전점은 pH 범위가 5.0 ~ 6.5이다. 두 가지의 산성 아미노산은 카복실기의 양성자 이탈이 억제될 수 있도록 낮은 pH의 등전점을 가지며, 3가지의 염기성 아미노산은 곁사슬 아미노기의 양성자화가 억제될 수 있도록 높은 pH의 등전점을 가진다. 산성의 아미노산 분자에서 용액의 pH가 pK_a보다 작으면 양성자가 산성을 나타내는 원자에 그대로 붙어 있고, 반대로 pH가 pK_a보다 더 크면 양성자는 그 원자로부터 떨어져 나가고 아미노 카복실산 음이온이 생성된다.

pH에 따른 등전점의 차이를 이용하여 단백질 혼합물을 그 순수한 성분으로 분리할 수가 있다. 이 방법을 **전기이동법**(electrophoresis)이라 한다. 이것은 단백질 혼합물 용액을 긴 종이 띠나 젤의 중심 부근에 놓고 전극을 띠의 양끝에 연결한다. 전압을 걸어주면 완충용액의 pH보다 낮은 등전점의 아미노산은 양성자가 이탈되고 음전하를 가지게 되어 양극 쪽으로 서서히 이동하고, 동시에 완충용액의 pH보다 높은 등전점의 아미노산은 양성자화 되어 양전하를 띠어 음극 쪽으로 이동한다. 이동속도는 아미노산의 등전점(pI)과 용액의 pH와의 절대 차이가 클수록 빠르다.

문제 12 알라닌 하이드로클로라이드, $Cl^- \ ^+H_3N(CH_3)CHCO_2H$와 1당량의 NaOH와의 반응 후 다시 1당량의 NaOH를 가했을 때의 반응식을 적으시오.

문제 13 위 문제의 생성물에 1당량의 HCl을 가하고 난 다음 다시 1당량을 가한 후의 반응식을 적으시오.

문제 14 알라닌과 아스파트산의 아미노산 혼합물을 전기이동 장치에서 분리하고자 한다. 표 11.1을 활용하여 완충용액의 pH가 4.5일 때 각 아미노산의 이동방향(양극, 음극 쪽)을 예측하시오.

문제 15 전기이동법 사용시 다음 아미노산 혼합물의 이동방향(양극 또는 음극 쪽)과 상대이동속도를 예측하시오.

(1) pH 7에서 발린, 라이신, 글루타민

(2) pH 5.5에서 알라닌, 세린, 페닐알라닌

(3) 펩타이드와 단백질

아미노산의 카복실기와 다른 아미노산의 α-아미노기가 서로 탈수 축합하여 이루어진 결합을 아마이드 결합(amide bond) 또는 **펩타이드 결합**(peptide bond)이라고 하며 이렇게 형성한 화합물을 **펩타이드**(peptide)라 한다.

$$R-CH(NH_2)-\overset{O}{\overset{\|}{C}}-OH + H-NH-CH(R')-\overset{O}{\overset{\|}{C}}-OH \longrightarrow R-CH(\overset{+}{N}H_3)-\overset{O}{\overset{\|}{C}}-NH-CH(R)-\overset{O}{\overset{\|}{C}}-O^- + H_2O$$

peptide bond

단백질과 펩타이드는 여러 개의 아미노산이 서로 펩타이드 결합으로 연결된 아미노산 중합체이다. 한 아미노산의 아미노기가 둘째 아미노산의 카복실기와 아마이드 결합을 생성하고 둘째 아미노산의 아미노기는 셋째의 카복실기와 아마이드 결합을 생성하는 등 연속하여 결합이 진행된다. 두 개의 아미노산만으로 이루어진 결합은 다이펩타이드(dipeptide)이다. 예를 들면,

알라닌과 글라이신으로 이루진 다이펩타이드는 다음과 같이 두 개가 가능하다.

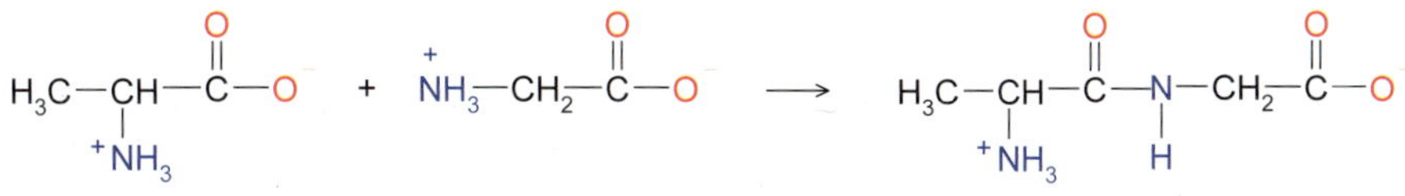

alanine(Ala) glycine(Gly) alanylglycine(Ala-Gly)

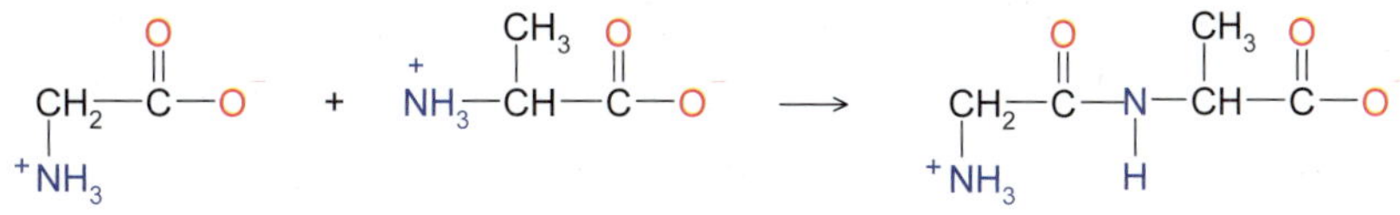

glycine(Gly) alanine(Ala) glycylalanine(Gly-Ala)

펩타이드 결합 화합물을 표현할 때는 규약에 따라, 왼쪽에 **N−말단 아미노산**(N-terminal amino acid, $-NH_3^+$기를 가지는 아미노산)을 그리고 오른쪽에 **C−말단 아미노산**(C-terminal amino acid, $-CO_2-$기를 가진 아미노산)을 그린다. 펩타이드명은 각 아미노산에 대하여 세 글자 약자를 이용하여 표시한다. 예를 들면 alanylglycine은 Ala-Gly로, glycylalanine은 Gly-Ala로 나타낸다. **아스파테임**(aspartame)은 1980년 미국 FDA가 승인한 설탕보다 200배나 단 인공감미료로 이것은 천연 아미노산 아스파트산과 페닐알라닌의 메틸 에스터가 축합한 다이펩타이드이다.

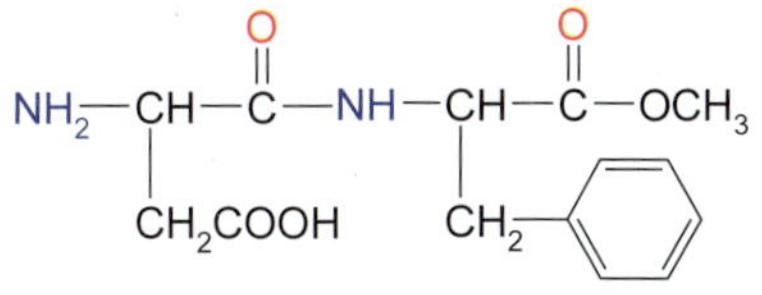

N-(L-α-aspartyl)-L-phenylalanine, methyl ester
(aspartame)

단백질(protein)은 많은 아미노산이 아마이드(펩타이드) 결합으로 이루어진 **폴리펩타이드**(polypeptide)이다. 대부분의 단백질은 생체고분자로 생체 내에서 중요한 역할을 담당한다. 단백질은 근육, 피부, 머리 등의 신체 조직의 주성분이다. 이외에도 세포조직에서 수많은 생물학적 반응을 매개하는 대부분의 효소 촉매는 모두 단백질이다. 단백질을 이루고 있는 아미노산의 종류, 함량 및 아미노산의 결합 서열을 알아내는 것이 필요하다. 단백질을 염산 수용액을 넣고 가열하면 가수분해하여 아마이드 결합에 있는 C−N 결합이 끊어져 아미노산 혼합물을 얻을 수 있다.

$$-\overset{O}{\overset{\|}{C}}-\underset{H}{\underset{|}{N}}- + H_2O \xrightarrow[\Delta]{HCl} -\overset{O}{\overset{\|}{C}}-OH + -NH_2$$

아미노산 혼합물로부터 **아미노산 분석기**(amino acid analyzer)라는 분석기기를 사용하여 아미노산의 조성과 함량을 확인할 수 있다. 아미노산이 어떤 순서로 연결되어 있는 지를 알아내는 데는 분석기기를 이용하는 질량 분석법과 사슬의 한 끝으로부터 한 번에 하나의 아미노산만을 떼어내어 확인하는 화학적인 방법인 Edman **분해**로 수행한다.

문제 16 알라닌과 발린으로 이루어진 펩타이드 결합의 구조를 그리시오.

문제 17 라이신, 타이로신, 페닐알라닌을 포함하는 여섯 개의 트라이펩타이드가 있다. 약어 세 글자를 사용하여 명명하시오.

11.4 지질

지질(lipid, 脂質)은 살아있는 생명체의 세포의 구성물질 중 비수용성 물질로서 물에는 녹지 않으나 에터, 벤젠 등과 같은 비극성 유기용매에는 잘 용해한다. 이러한 용해 성질 때문에 세포나 조직에서 지질을 쉽게 분리해 낼 수가 있다. 비극성 용매에 대한 지질의 용해도는 지질의 탄화수소 성분 때문이다. 지질은 기름(oil)이나 지방(fat)의 성질을 가진다.

(1) 지방산

대부분의 지질은 가수분해하면 지방산을 생성한다. **지방산**(fatty acid)은 긴 탄소사슬을 가진 카복실산이다. 지방산의 성질은 탄소 사슬에 의해 좌우된다. 자연에서 발견되는 대부분의 지방산은 탄소 두 개를 가진 아세트산 유도체에서 합성되기 때문에 탄소 수가 짝수이며 가지가 없다. 지방산은 **포화 지방산**과 이중결합을 가진 **불포화 지방산**이 있다. 두 개 이상의 이중결합을 가진 지방산을 다중불포화 지방산이라 한다. 자연계에서 발견되는 불포화 지방산은 안전한 트랜스 형태가 아니고 시스 구조로서 하나의 CH_2에 의해 나누어져 있다. 표 11.2에 자연에서 흔히 발견되는 지방산을 나타내었다.

표 11.2 자연계에 흔한 대표적인 지방산

탄소 수	관용명 (계통명)	구 조 식	녹는점 (℃)
포화 지방산			
12	lauric acid (dodecanoic acid)	COOH	44
14	myristic acid (tetradecanoic acid)	COOH	54
16	palmitic acid (hexadecanoic acid)	COOH	63
18	stearic acid (octadecanoic acid)	COOH	69
20	arachidic acid (icosanoic acid)	COOH	76
불포화 지방산			
18	oleic acid [(*Z*)-hexadec-9-eonic acid]	COOH	13
18	linoleic acid [(9*Z*,12*Z*)-octadeca-9,12-dienoic acid]	COOH	−5
18	linolenic acid [(9*Z*,12*Z*,15*Z*)-octadeca-9,12,15-trienoic acid]	COOH	−11
20	EPA [(5*Z*,8*Z*,11*Z*,14*Z*,17*Z*)-icosa-penta-5,8,11,14,17-enoic acid	COOH	−49

포화 지방산의 녹는점은 분자량이 증가함에 따라 증가한다. 불포화 지방산의 녹는점도 분자량이 증가함에 따라 증가하나 비슷한 분자량을 가진 포화 지방산보다 현저하게 낮다. 이는 시스 형태의 이중결합은 분자 안에서 지그재그 형태의 구부러진 구조를 만들고 이는 불포화 지방산이 포화 지방산처럼 층층이 쌓이는 것을 막아서 분자상호간의 인력을 작게 하여 녹는점이 낮아진다. 시스 형태의 이중결합의 갯수가 증가할수록 녹는점은 더 낮아짐을 알 수 있다.

오메가 지방산

불포화 지방산에서 메틸기로부터 첫 번째 이중결합의 위치를 가리킬 때 오메가(ω) 지방산으로 부른다. 예를 들면, 리놀렌산은 첫 번째 이중결합이 세 번째 탄소에 있기 때문에 **오메가-3 지방산**(omega-3 fatty acid)이라고 하고, 같은 방법으로 리놀레산은 **오메가-6 지방산**이 된다. 불포화 지방산은 인체 내에서 합성되지 않지만 대사활동에 필수적인 물질이다.

오메가-3 지방산을 가진 불포화지방산에는 리놀렌산 외에 EPA와 DHA [(4*Z*,7*Z*,10*Z*,13*Z*,16*Z*,19*Z*)-docosahexa-4,7,10,13,16,19-enoic acid] 등이 있다. 리놀렌산은 아마인유(linseed oil)에 다량 함유되어 있고, EPA와 DHA는 고등어, 정어리, 청어, 참치, 꽁치 등과 같은 등이 푸른 생선에 많이 함유되어 있다. DHA는 어린이들의 뇌발달, 노화방지, 기억력 향상에 효과가 있고, EPA는 혈중 LDL(저밀도 지질 단백질) 콜레스테롤(cholesterol)을 저하시키고 고혈압, 동맥경화, 심근경색 등 심혈관계 질환을 예방하는 효과가 있는 것으로 알려져 있다.

문제 18 불포화 지방산인 올레산과 리놀렌산의 녹는점은 각각 13℃와 −11℃로 현저하게 차이가 난다. 그 이유를 설명하시오.

(2) 유지

동물성 **지방**(fat)과 식물성 **기름**(oil)을 **유지**라 하는데 이것은 자연계에 널리 분포하는 지질이다. 유지는 글리세롤의 세 개의 OH기가 지방산과 에스터를 이루는 **트라이아실글리세롤**(triacylglycerol) 또는 **트라이글리세라이드**(triglyceride) 이다.

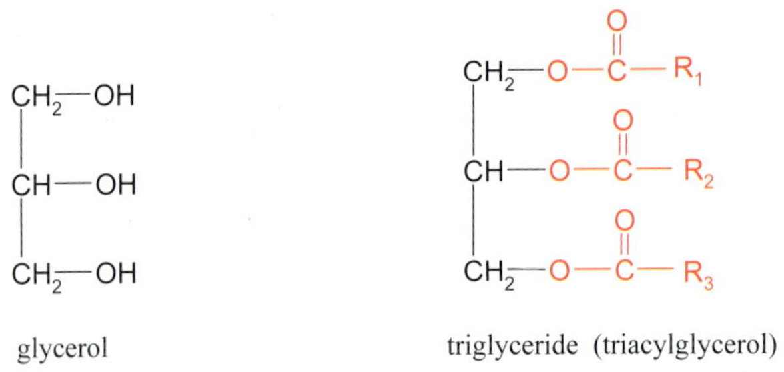

$$\begin{array}{l} CH_2-OH \\ | \\ CH-OH \\ | \\ CH_2-OH \end{array} \qquad\qquad \begin{array}{l} CH_2-O-\overset{O}{\overset{\|}{C}}-R_1 \\ | \\ CH-O-\overset{O}{\overset{\|}{C}}-R_2 \\ | \\ CH_2-O-\overset{O}{\overset{\|}{C}}-R_3 \end{array}$$

glycerol　　　　triglyceride (triacylglycerol)

트라이글리세라이드는 두 가지 형태가 가능한데, 세 가지 지방산이 모두 같은 단순형 트라이글리세라이드와 서로 다른 지방산으로 이루어진 혼합형 트라이글리세라이드가 있다. 일반적으로 지방이나 기름은 한 종류의 단순형 트라이글리세라이드가 아니라 트라이글리세라이드의 복잡한 혼합물로 이루어져 있다.

기름은 상온에서 액체이나 지방은 고체 혹은 반고체이다. 기름은 보통 옥수수, 콩, 올리브,

땅콩 등의 식물에서 얻는다. 기름은 주로 불포화 지방산 성분의 트라이글리세라이드로 시스 형태의 구조를 가진다. 이러한 구조는 지그재그 형태로 꼬여서 서로 단단하게 쌓일 수 없어 상대적으로 낮은 녹는점을 가지고 실온에서 액체로 존재하게 된다.

지방은 보통 동물들에서 얻어지며 포화되거나 혹은 하나의 이중결합만을 가진 지방산을 성분으로 가진 트라이글리세라이드로 이루어져 있다. 포화 지방산 성분의 지방은 서로 가깝게 쌓여서 분자들간의 결합력이 상대적으로 커져서 녹는점이 높게 되고 실온에서 고체가 된다.

기름은 액체이고 지방은 고체이나 이 둘은 기본적으로 같은 구조를 가진 트라이글리세라이드이다. 자연에서 산출되는 대부분의 지방과 기름은 다양한 포화 지방산과 불포화 지방산이 포함된 트라이글리세라이드 혼합물이다. 일반적으로 식물과 냉혈동물로부터 얻은 기름은 항온동물로부터 나온 기름보다 불포화도가 높다. 표 11.3에 몇 가지의 지방과 기름을 가수분해시에 얻어지는 지방산의 대략적 조성을 나타내었다.

표 11.3 몇 가지 유지의 지방산 조성

Source	mp (℃)	포화 지방산				불포화 지방산		
		lauric C_{12}	myristic C_{14}	palmitic C_{16}	stearic C_{18}	oleic C_{18}	linoleic C_{18}	linolenic C_{18}
동물성 지방								
버터	32	2	10	30	9	25	4	–
고래기름	24	–	8	12	3	35	10	–
쇠기름	44	–	1	3	28	23	40	2
식물성 기름								
옥수수	20	–	1	10	4	35	45	–
올리브	−6	–	–	10	2	81	7	
땅콩	3	–	–	8	3	56	26	–
참깨	−6	–	–	10	4	45	40	–
콩	−16	–	–	8	5	28	54	5

다중불포화 기름의 C=C 이중결합은 니켈 촉매를 사용하는 촉매 수소첨가반응(catalytic hydrogenation)에 의하여 환원시킬 수 있는데 이 반응을 **경화**(hardening)라고 하며, 이 반응으로 고체 또는 반고체 상태의 지방을 만들 수 있다. 쇼트닝(shortening)은 홍화씨 기름과 콩 기름과 같은 식물성 기름을 수소를 첨가하여 만드는 식물성 지방이다. 수소첨가반응으로 이중결합을 환원하면 라드(lard, 정제된 동물성 기름에서 얻어지는 부드럽고 흰 고체)와 비슷한 크림같고 부드러운 지방이 생성된다. 마가린(margarine)은 버터 맛과 같은 맛을 내려고 뷰탄알로 풍미를 더한 쇼트닝과 유사한 물질이다. 쇼트닝과 마가린은 라드를 대신하여 음식을 만들고 빵을 굽는데 사용되고 있다. 그러나 식물성 기름의 수소화 과정에서 자연계에서 존재하던 시스 구조가

수소화 반응에 사용되는 열에 의하여 이중결합의 일부에 시스-트랜스 이성질화 반응이 일어나 약 10~15%의 **트랜스 지방산**(trans fatty acid)이 포함된 지방이 생성된다. 예를 들면 리놀레산이 이성질화 반응에 의해 올레산의 이성질체인 엘라이드산으로 전환된다.

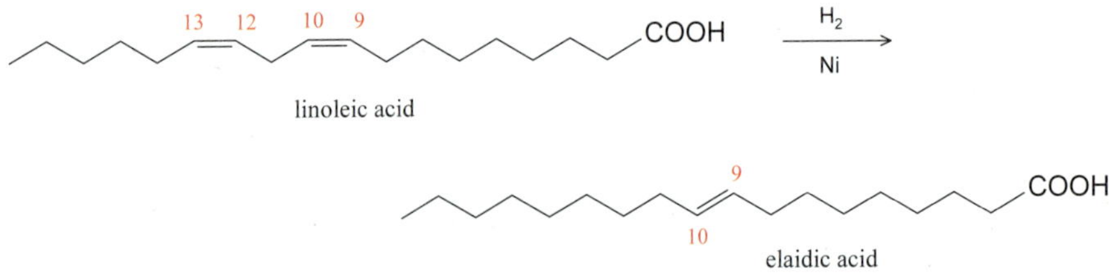

13 12 10 9 COOH $\xrightarrow[Ni]{H_2}$

linoleic acid

9 COOH 10

elaidic acid

트랜스 지방산은 인지질과 단백질로 구성된 세포막을 대신할 수 있어서 인체에 영향을 미칠 수 있다. 포화 지방산과 트랜스 지방산은 심장병과 고지혈증 등과 연관이 있다고 알려져 있다.

(3) 비누

유지를 알칼리와 함께 가수분해하면 글리세롤과 긴 사슬의 지방산 나트륨 혹은 칼륨 염의 혼합물이 생기는데 이 반응을 **비누화 반응**(saponification)이라 한다.

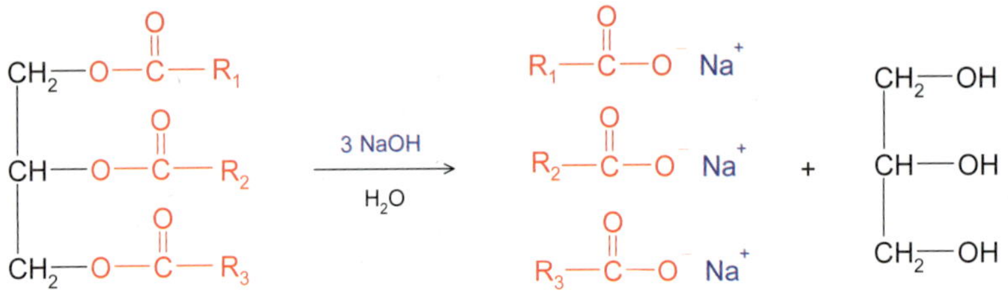

$$\begin{array}{l} CH_2-O-\overset{O}{\overset{\|}{C}}-R_1 \\ | \\ CH-O-\overset{O}{\overset{\|}{C}}-R_2 \\ | \\ CH_2-O-\overset{O}{\overset{\|}{C}}-R_3 \end{array} \xrightarrow[H_2O]{3\ NaOH} \begin{array}{l} R_1-\overset{O}{\overset{\|}{C}}-O^-\ Na^+ \\ R_2-\overset{O}{\overset{\|}{C}}-O^-\ Na^+ \\ R_3-\overset{O}{\overset{\|}{C}}-O^-\ Na^+ \end{array} + \begin{array}{l} CH_2-OH \\ | \\ CH-OH \\ | \\ CH_2-OH \end{array}$$

유지 (triglyceride) 비누 (soap) 글리세롤 (glycerol)

비누화 반응으로 생긴 혼합물에는 지방산 나트륨 염인 비누와 함께 글리세롤과 과잉의 남은 알칼리가 포함되어 있다. 여기에 물과 함께 NaCl을 첨가하면(염석이라 함) 순수한 비누를 정제해 낼 수 있다. 비누는 분자의 양쪽 끝이 서로 다른 작용기를 가지기 때문에 세척제로 사용된다. 비누 분자의 카복실산 음이온 말단은 **친수성**(hydrophilic, 물과 친함)으로 물에 잘 녹는 성질이 있고, 분자의 긴 지방족 사슬 부분은 **친유성**(hydrophobic, 기름과 친함)으로 기름에 잘 녹게 된다. 일반적으로 한 분자 내에 친수성기와 친유성(소수성)기를 동시에 가진 화합물을 **계면활성제**(surface active agent)라 한다. 비누는 계면활성제로 분류되며, 비누의 이러한 두 가지의 상반된 성질 때문에 비누는 물때와 기름때 모두에 결합성을 가지게 되므로 세제로 사용된다.

문제 19 트라이스테아르산 글리세릴(glyceryl tristearate)의 구조를 그리시오.

문제 20 트라이올레산 글리세릴(glyceryl trioleate)의 니켈 촉매 하의 수소화반응 생성 반응식을 적으시오.

문제 21 Glyceryl dipalmitate monooleate와 NaOH 수용액의 비누화 반응을 쓰시오.

(4) 인지질

인지질(phospholipid)은 인산(H_3PO_4)의 에스터로 세포막을 구성하는 주요 구성성분이다. 가장 일반적인 인지질은 **글리세로포스포리피드**(glycerophospholipid)로 이것은 트라이글리세라이드의 한 개의 지방산 대신에 인산기를 가지고 있다. 글리세로포스포리피드 중 가장 간단한 것은 포스파티드산(phosphatidic acid)인데, 이것은 두 개의 지방산과 한 개의 인산기에 의해 에스터화한 글리세롤로 이루어져 있다. 인지질의 지방산 부분은 일반적으로 팔미틸(palmityl), 스테아릴(stearyl), 올레일(oleyl) 등으로 C1의 아실기는 보통 포화되고 C2의 아실기는 불포화되어 있다. C3의 인산기는 에탄올아민($HOCH_2CH_2NH_2$), 콜린[$HOCH_2CH_2N(CH_3)_3{}^+$]과 같은 아미노알코올의 에스터이다.

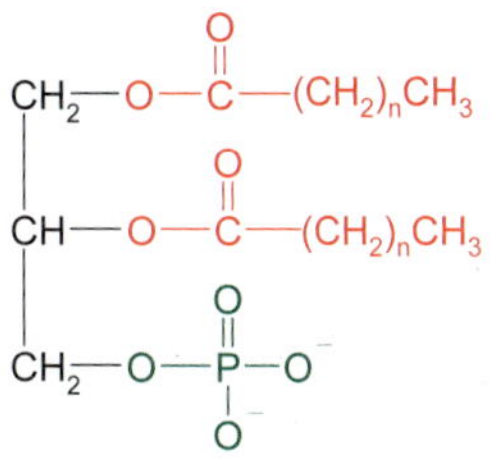

$CH_2-O-C(=O)-(CH_2)_nCH_3$
$CH-O-C(=O)-(CH_2)_nCH_3$
$CH_2-O-P(=O)(O^-)-O^-$

phosphatidic acid

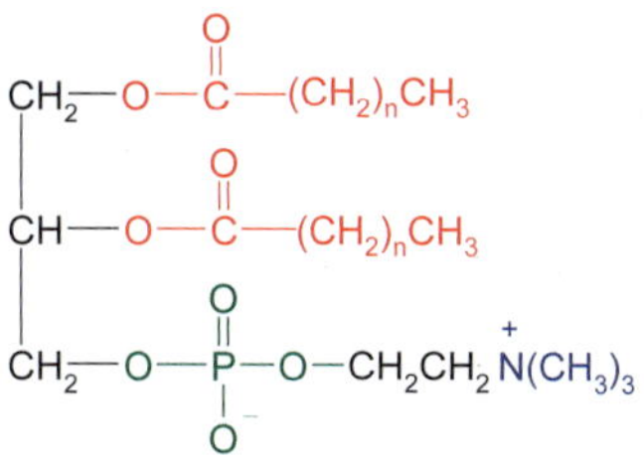

$CH_2-O-C(=O)-(CH_2)_nCH_3$
$CH-O-C(=O)-(CH_2)_nCH_3$
$CH_2-O-P(=O)(O^-)-O-CH_2CH_2\overset{+}{N}(CH_3)_3$

phosphatidylcholine
(lecithin)

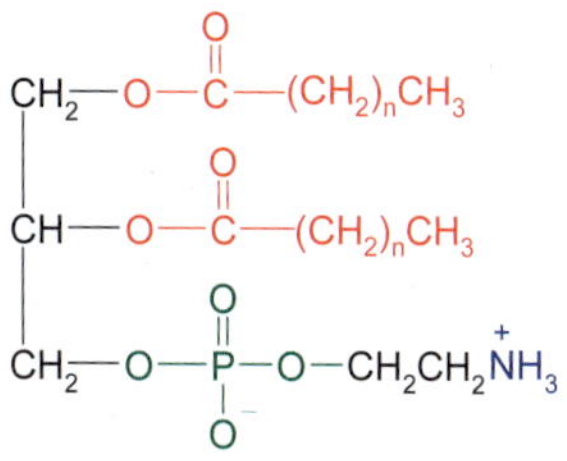

$CH_2-O-C(=O)-(CH_2)_nCH_3$
$CH-O-C(=O)-(CH_2)_nCH_3$
$CH_2-O-P(=O)(O^-)-O-CH_2CH_2\overset{+}{N}H_3$

phosphatidylethanolamine

인지질은 동물과 식물 조직에 널리 분포하며 세포막 성분의 약 50%를 차지하며 나머지 절반은 단백질이다. 세포막은 세포의 내용물을 격리할 뿐만 아니라 이온과 유기분자를 세포의 안과 밖으로 선택적으로 운반한다. 생체 세포막은 인지질의 이중층 구조로 이루어져 있다. 레시틴(lecithin)은 이러한 구조로 이루어진 인지질로 특히 뇌와 신경조직에 많다. 인지질의 화학적 특성성 친수성 머리부분(음이온을 띠는 인산기나 양이온을 띠는 아민기)과 소수성 꼬리부분(긴 아실 사슬기)으로 구분되는 인지질 분자가 두 층으로 나란히 배열되어 이중층을 형성함으로써 세포로 통하는 물질을 운반하는 것을 선택적으로 조절하는 역할을 한다. 유기 용매에 잘 녹는 분자는 세포막의 지질층을 쉽게 통과하지만 수용성인 분자는 쉽게 통과하지 못하게 된다. 따라서 인지질 이중층은 물, 이온 및 여러 물질들이 세포로 들어오고 나가는 것을 효과적으로 막아주는 역할을 한다.

(5) 왁스

왁스(wax)는 긴 사슬의 카복실산과 긴 사슬의 알코올이 반응하여 생긴 에스터 혼합물이다. 카복실산은 보통 탄소 수가 16~36개 사이의 짝수이며, 알코올은 탄소 수가 24~36개 사이의 짝수로 이루어져 있다. 예를 들면, 벌꿀 밀랍(beexwax)의 주성분은 탄소 수가 16개인 헥사데칸산과 탄소 수가 30개인 트라이아콘탄-1-올간의 에스터 화합물인 지질이다.

$$CH_3(CH_2)_{14}-\overset{\overset{\displaystyle O}{\|}}{C}-O-(CH_2)_{29}CH_3$$

triacontyl hexadecanoate

왁스는 살아 있는 생물체에 의해 합성된다. 새의 깃털은 왁스로 덮여 있어 방수포로 작용한다. 체적에 비해 표면적이 큰 곤충들은 왁스를 분비하여 방수가 되도록 한다. 연잎과 같은 식물잎이나 과일은 왁스를 배출하여 기생충으로부터 잎이나 과일을 보호하고 물의 증발을 막는다.

(6) 스테로이드

스테로이드(steroid)는 주요 지질의 하나로 모든 동식물에서 생합성되는 다중고리 분자이다. 이 화합물은 네 개의 접합 고리 구조로 되어 있다. 네 개의 고리는 왼쪽 밑에서부터 A, B, C, D로 표시한다. A, B 및 C고리는 6원자 고리형이고 D고리는 5원자 고리형이며 모든 고리는 트랜스 형태로 접합되어 있다. 탄소 원자에 번호를 붙일 때는 A고리에서부터 시작하여 두 개의 뾰족한 메틸기로 끝난다.

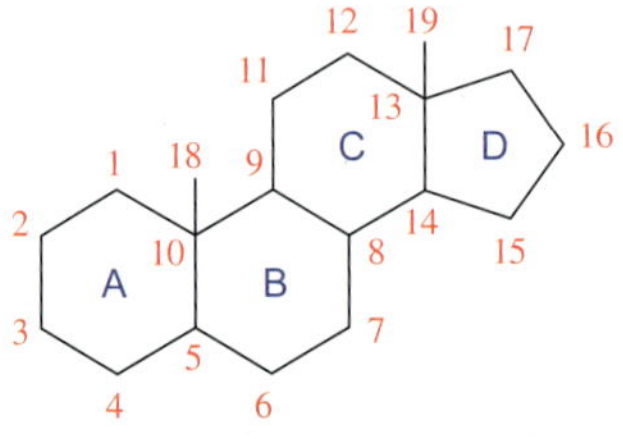

steroid

인체 내에서 대부분의 스테로이드는 분비선에서 생성되어 혈액으로 목표지점에 운반된 후 호르몬(hormone)으로 작용한다. 스테로이드 호르몬은 성홀몬, 부신피질홀몬, 담즙산 등이다.

콜레스테롤(cholesterol)은 가장 흔한 스테로이드이며 모든 동물 세포에 존재하며 주로 뇌와 척수에 집중되어 있다.

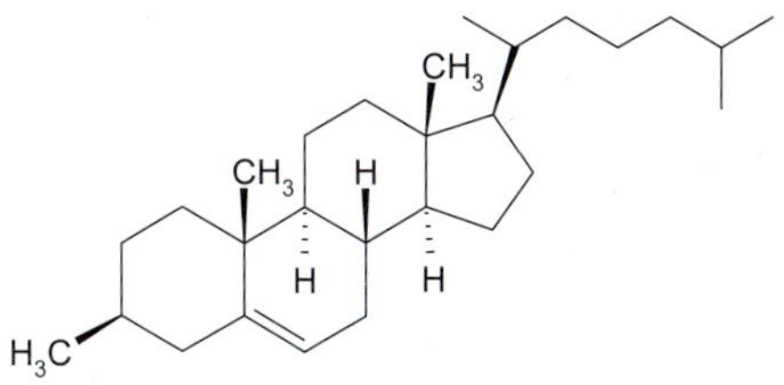

cholesterol

일반 성인은 보통 200g 이상의 콜레스테롤을 가지고 있으며 모든 신체조직에서 발견되고 뇌의 척수에 비교적 다량 존재한다. 콜레스테롤은 동맥 벽에 쌓이며 동맥경화로 알려진 순환계 질환에서 혈액의 흐름을 방해하는 혈관벽 찌꺼기의 주요 성분이기도 하다. 콜레스테롤은 지질이기 때문에 물에 녹지 않는다. 혈액은 액상 매질이므로 콜레스테롤 분자는 수송되려면 현탁되어 있어야 한다. 수용성 단백질 덩어리인 지질단백질(lipoprotein)이 지질을 현탁시켜 몸 전체에 수송하는 역할을 담당한다. **고밀도 지질단백질**(high density lipoprotein, HDL)은 세포로부터 콜레스테롤을 제거해서 간으로 수송하는 역할을 하며 콜레스테롤은 간에서 산화되어 **담즙산**(bile acid)을 형성한다. 담즙산은 지방의 소화를 돕는 유화제 역할을 하며 지질의 수송을 돕는다. 그래서 HDL을 '좋은' 콜레스테롤이라 부른다. **저밀도 지질단백질**(low density lipoprotein, LDL)은 콜레스테롤을 세포로 옮기며 동맥 내 콜레스테롤 축적의 주된 근원이라 생각되고 심장질환과 동맥경화를 일으킬 경향이 높다.

성 호르몬(sex hormone)은 난소와 고환에서 콜레스테롤로부터 합성되는 스테로이드이다. 남성 호르몬은 **안드로젠**(androgen)으로 가장 중요한 두 가지 남성 호르몬은 테스토스테론(testosterone)과 안드로스테론(androsterone)이다. 이들은 모두 고환에서 콜레스테롤로부터 합성되어 이차 성징을 나타나게 하고 근육과 조직의 성장을 촉진한다.

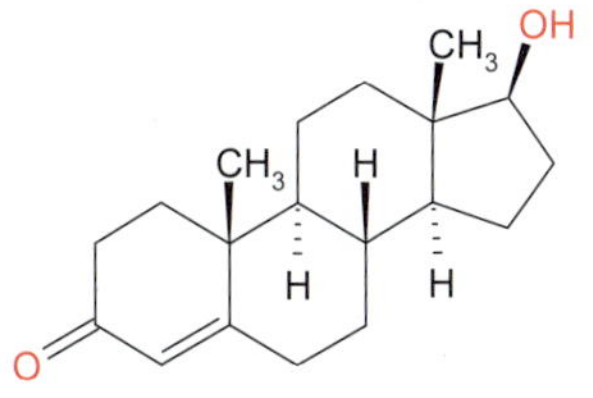

testosterone

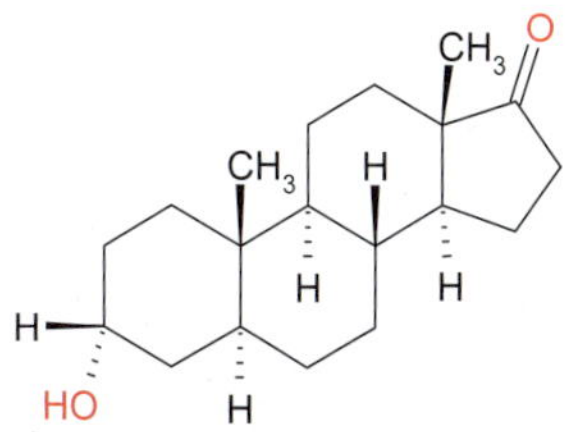

androsterone

androgen

여성 호르몬은 **에스트로젠**(estrogen)으로 가장 중요한 두 가지 여성 호르몬은 에스트론(estrone)과 에스트라다이올(estradiol)이다. 이들은 여성의 난소에서 합성되어 이차 성질 발달과 월경 주기 조절을 담당한다.

estrone

estradiol

estrogen

11.5 핵산과 뉴클레오타이드

핵산(nucleic acid)은 뉴클레오타이드가 선형의 사슬모양으로 중합된 고분자이다. 단백질을 가수분해하면 아미노산이 생기는 것처럼, 핵산을 가수분해하면 **뉴클레오타이드**(nucleotide)가 생긴다. 뉴클레오타이드는 인산기에 결합된 **뉴클레오사이드**(nucleoside)로 구성되어 있고, 뉴클레오사이드는 핵염기와 알도펜토오스 당이 *N*-글라이코사이드 결합을 이루고 있다.

뉴클레오타이드를 가수분해하면 뉴클레오사이드와 인산이 각각 1당량씩 생긴다. 뉴클레오사이드는 더 가수분해되어 당(sugar)과 이원자 고리 아민 염이 각각 1당량씩 생긴다.

nucleic acid

enzyme H_2O

H_2O / OH^-

$+ H_3PO_4$

nucleotides

nucleosides

H_2O / H^+

sugar

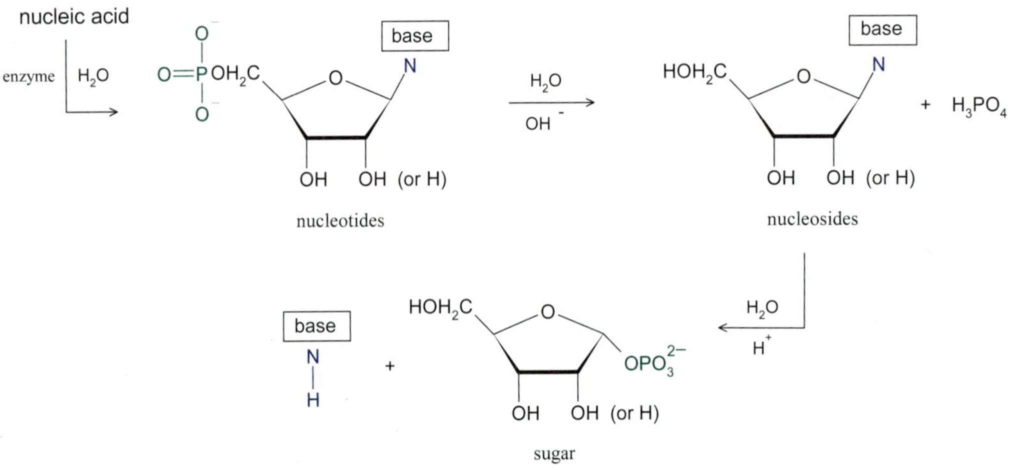

핵산은 **데옥시라이보핵산**(deoxyribonucleic acid, DNA) 및 **라이보핵산**(ribonucleic acid, RNA)과 같은 유전물질을 만든다. 세포의 성질을 결정하고 세포의 성장과 분열을 조절하는 모든 정보는 세포의 DNA에 암호화되어 쓰여 있다. DNA를 가수분해하면 인산과 한 종류의 당 및 네 개의 이종원자 고리 염기의 혼합물이 생긴다. DNA를 구성하는 당 성분은 2-데옥시-D-라이보오스이다. 네 개의 이종고리 아민염은 사이토신(C), 타이민(T), 아데닌(A), 구아닌(G)이다.

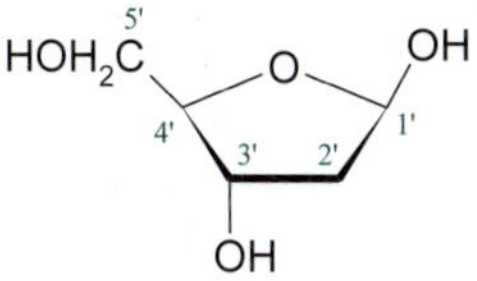

2-deoxy-D-ribose 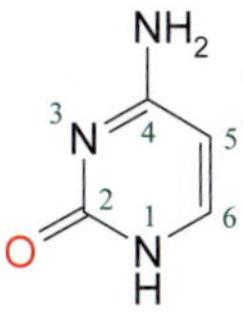　cytosine(C) 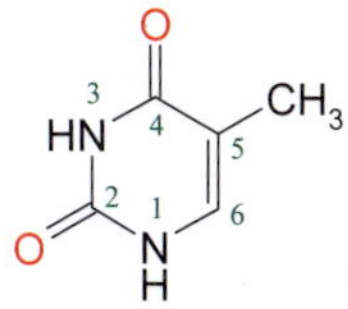　thymine(T) 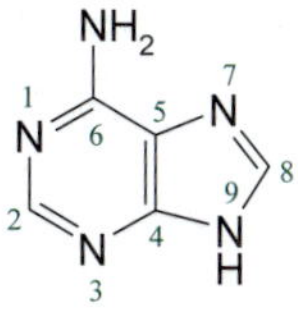　adenine(A) 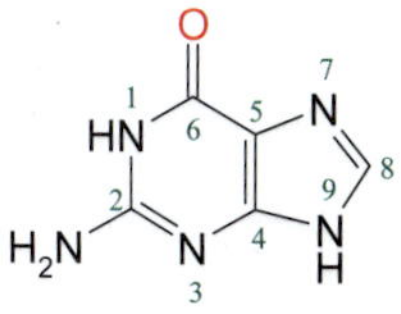　guamine(G)

RNA를 구성하는 당 성분은 D-라이보오스이다. 네 개의 아민 염기는 아데닌, 구아닌 및 사이토닌 그리고 타이민 대신에 유라실(U)이 붙어있다.

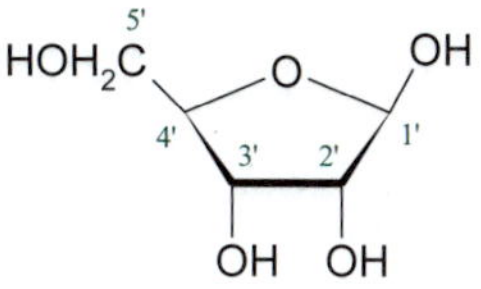

D-ribose 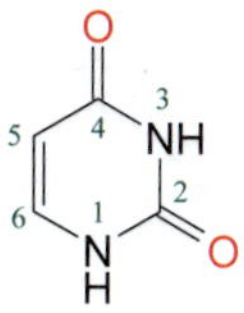　Uracil (U)

DNA와 RNA는 뉴클레오타이드로 이루어진 화학적으로 비슷하나 크기가 매우 다르다. DNA는 RNA보다 분자량이 수만 배 만큼 큰 분자이다. DNA 분자는 사슬이 꼬인 나선 형태로 존재할 수 있지만, 대부분의 RNA 분자는 단일 사슬구조로 되어 있다. DNA와 RNA의 가장 큰 차이점은 염기 종류와 사슬구조이다.

DNA와 RNA의 뉴클레오타이드는 뉴클레오사이드의 인산염 에스터이다. 한 뉴클레오사이드의 당에 있는 5'-하이드록시기기와 다른 뉴클레오사이드의 3'-하이드록시기 사이의 인산 다이에스터 결합 [RO－(PO_2^-)－OR']으로 연결된다. 뉴클레오사이드의 구조는 당과 마찬가지 방식으로 숫자를 매기는데 당 부분에 대해서는 프라임 부호(')로 나타낸다. DNA 뉴클레오타이드는 2-데옥시-D-라이보오스의 5' 또는 3'의 하이드록시기가 에스터화 된다. 이때 염기

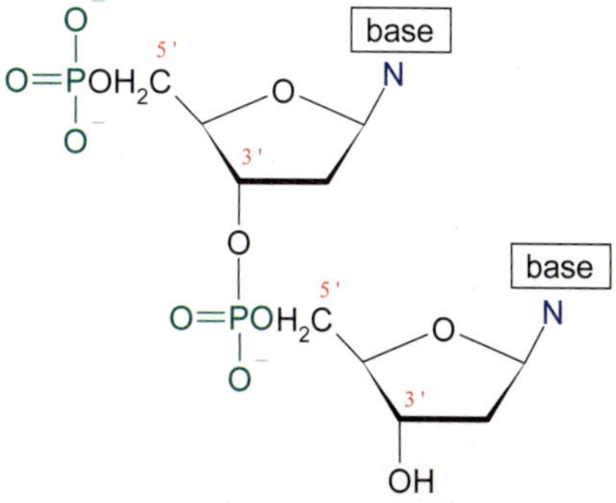

DNA의 Nucleotide

(base) – 아데닌(A)과 구아닌(G)은 *N*-9 위치에 연결되고, 나머지 아민염은 모두 *N*-1 위치에 연결된다.

1953년 영국의 과학자 James Watson과 Francis Crick은 DNA 모델에 대한 **이중나선 모델**(double helix model)을 제안하였다. DNA는 서로 반대 방향으로 꼬여 진행하는 두 개의 뉴클레오타이드 사슬로 구성되어 있으며, 이들은 나선형 계단의 난간과 같이 이중나선의 구조를 가진다. 이중나선 모델의 중요한 특징은 염기쌍의 상보성이다. 염기쌍 A – T와 G – C가 나선 구조에 잘 들어맞는다. 즉, 한 사슬에 A가 나타나면 다른 사슬에는 T가 나타나며, 또한 한 사슬에 G가 나타나면 다른 사슬에는 C가 나타난다. A와 T는 두 개의 수소결합에 의하여 연결되어 A – T 염기쌍을 이루고, G와 C는 세 개의 수소결합에 의하여 연결되어 G – C 염기쌍을 이룬다. 이러한 염기의 상보적 짝지음은 왜 DNA에서 A와 T가 그리고 G와 C가 항상 같은 양으로 나타나는 지를 설명해 준다. 예를 들면, 사람의 DNA에는 A와 T가 각각 30%씩 들어 있고, G와 C가 각각 20%씩 들어 있다. 다른 샘플의 DNA에는 다른 백분율로 들어있다. DNA 염기쌍은 항상 A와 T가 같은 양으로 들어 있고, G와 C가 같은 양을 가지고 있다.

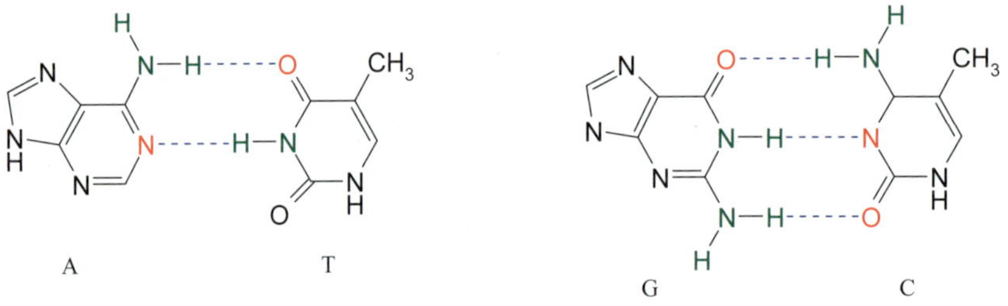

A T G C

DNA에서 상보적인 염기쌍간의 수소결합

문제 22 DNA 다이뉴클레오타이드 AG의 전체 구조를 그리시오.

문제 23 RNA 다이뉴클레오타이드 UC의 전체구조를 그리시오.

문제 24 DNA 한 사슬의 서열이 GATCAG라면 이에 상보적인 다른 사슬의 서열은 무엇인가?

추가문제

25. 다음 용어를 정의하고 예를 하나씩 제시하시오.

① 단당류 ② 이당류 ③ 다당류
④ 알도오스 ⑤ 아노머 탄소 ⑥ 피라노오스 형태
⑦ 환원당 ⑧ D당 ⑨ 아미노산
⑩ 펩타이드 ⑪ 단백질 ⑫ 글라이코사이드 결합

26. 다음 용어를 정의하고 예를 하나씩 제시하시오.

① 지질 ② 유지 ③ 지방산
④ 트랜스지방산 ⑤ 오메가-3-지방산 ⑥ 비누화 반응
⑦ 인지질 ⑧ 스테로이드 ⑨ 콜레스테롤
⑩ 왁스

27. 다음 용어를 정의하고 예를 하나씩 제시하시오.

① 핵산 ② 뉴클레오타이드 ③ 뉴클레오사이드
④ DNA ⑤ RNA ⑥ 이중나선 모델

28. D-트레오스는 피라노오스 형태는 없고 퓨라노오스 형태만 가능하다 그 이유를 설명하시오. α-트레오퓨라노오스 구조를 그리시오.

29. D-에리트로오스의 입체중심 원자 C2, C3에 대한 절대배열(R, S)을 표시하시오.

30. 4-탄소 아미노당의 열린 사슬 구조를 그리시오.

31. 다음은 탈로오스의 고리형 구조이다. 물음에 답하시오.

(1) 이것은 퓨라노오스 형태인가 혹은 피라노오스 형태인가?
(2) α-아노머인가 β-아노머인가?
(3) D당인가 혹은 L당인가?
(4) 열린 사슬 형태로 나타내시오.

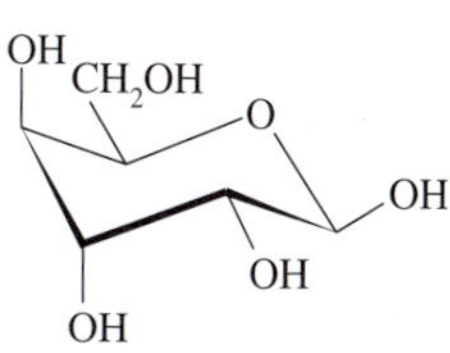

탈로오스 고리형 구조

32. β-D-만노피라노오스와 다음 시약과의 반응 생성물을 적으시오.

(1) $NaBH_4$　　(2) Br_2 수용액　　(3) CH_3CH_2OH, H^+

33. 다음 화합물은 곤충의 혈액 속에 있는 주요 탄수화물인 트레할로오스 이당류이다.

(1) 트레할로오스를 가수분해하면 얻어지는 두 개의 당은 무엇인가?

(2) 트레할로오스와 펠링 시약과 반응시키면 양성 반응인가 혹은 음성 반응인가?

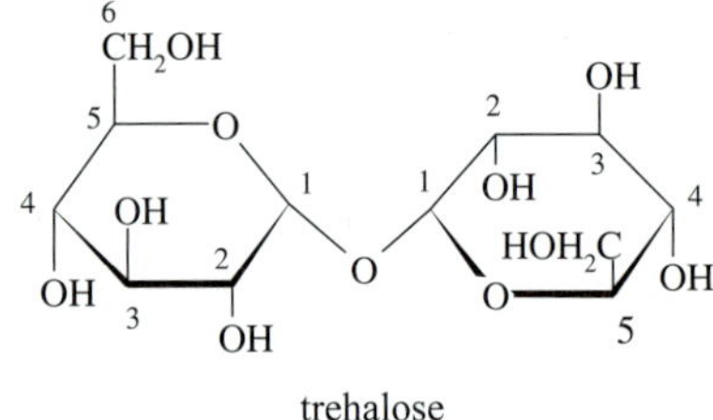

trehalose

34. 다음 아미노산을 쯔비터이온 형으로 나타내시오.

(1) 알라닌　　(2) 세린　　(3) 시스테인

(4) 트레오닌

35. 아스파라진, 히스티딘, 아스파트산 혼합물을 전기이동 장치를 이용하여 분리할 때 pH 6에서 아미노산 혼합물의 이동방향(양극 또는 음극 쪽)과 상대이동속도를 예측하시오.

36. 히스티딘, 메싸이오닌, 글루탐산의 혼합물을 전기이동법으로 분리하려면 얼마의 pH에서 실시하여야 하는가? 그 이유를 설명하시오.

37. 다음 펩타이드의 완전한 구조를 그리시오. 그리고 아마이드 결합의 위치를 표시하시오.

(1) Val－Cys－Ala　　(2) Ala－Gln－Gly－Leu

38. 다음 화합물의 일반식을 적으시오

(1) 지방　　(2) 식물성 기름　　(3) 왁스

(4) 인지질　　(5) 스테로이드

39. 다음 화학반응식의 생성물을 적으시오.

(1) 올레산＋메탄올, H^+　　(2) 올레산＋$KMnO_3$, H_3O^+　　(3) 올레산＋H_2, Ni

40. 다음 DNA 염기서열의 상보적인 염기서열을 적으시오.

(5') AGACTGTAC (3')

부록

부록 A. 접두사로 사용되는 치환기의 명명
부록 B. 여러 작용기를 가진 유기화합물의 명명법
부록 C. 화합물의 한글 명명법 기본원칙
부록 D. 용어해설

부록 A. 접두사로 사용되는 치환기의 명명

표 A.1에 유기화합물 명명에 자주 사용되는 치환기의 접두사 이름을 나타내었다. 기호 *는 IUPAC 추천명(PIN : Preferred IUPAC Name)을 나타낸다. Not이 붙은 명명은 IUPAC에서 허용되지 않는 명명이다(Preferred IUPAC Name, Appendix 2, September 2004).

표 A.1 치환기의 접두사명

치환기 접두사명	구조
acetoamido* = acetylamino	$CH_3-CO-NH-$
acetyloxy* = acetoxy	$CH_3-CO-O-$
acetyl* = ethanoyl	CH_3-CO-
acryloyl = prop-2-enoyl*	$CH_2=CH-CO-$
allyl = prop-2-en-1-yl*	$CH_2=CH-CH_2-$
amino*	H_2N-
aminocarbonyl = carbamoyl*	H_2N-CO-
aminooxy* (not aminoxy)	H_2N-O-
benzoyl* = benzenecarbonyl	C_6H_5-CO-
benzamido* = benzoylamino	$C_6H_5-CO-NH-$
benzoyloxy*	$C_6H_5-CO-O-$
benzyl* = phenylmethyl	$C_6H_5-CH_2-$
benzyloxy = phenylmethoxy*	$C_6H_5-CH_2-O-$
bromo*	$Br-$
butanoyl* = butryl	$CH_3-(CH_2)_2-CO-$
butan-2-yl* = 1-methylpropyl (not sec-butyl)	$CH_3-CH_2-CH(CH_3)-$
butoxy* (not butyloxy)	$CH_3-CH_2-CH_2-CH_2-O-$
tert-butoxy* (not tert-butyloxy) = (2-methylpropan-2-yl)oxy = (1,1-dimethylethyl)oxy	$(CH_3)_3C-O-$
butyl* (not butan-1-yl)	$CH_3-CH_2-CH_2-CH_2-$
sec-butyl (허용 안됨, see butan-2-yl*)	$CH_3-CH_2-CH(CH_3)-$
tert-butyl* = 2-methylpropan-2-yl = 1,1-dimethylethyl	$(CH_3)_3C-$
carbamoyl* = aminocarbonyl	H_2N-CO-
carbonyl*	$OC-$
carboxy*	$HOOC-$
carboxyamino*	$HOOC-HN-$
carboxyoxy*	$HOOC-O-$
chloro*	$Cl-$

chlorsyl* (not chloroso)	ClO−
cyano*	NC−
cyclohexyl* (not cyclohexanyl)	C_6H_{11}−
cyclopropyl* (not cyclopropanyl)	C_3H_7−
decanoyl*	CH_3−$(CH_2)_8$−CO−
decyl* (decanyl)	CH_3−$(CH_2)_9$−
diazo*	N=N−
1,1-dimethylethyl=*tert*-butyl*(unsubstituted)	$(CH_3)_3CH$−
(1,1-dimethylethyl)oxy=tert-butoxy*	$(CH_3)_3C$−O−
disulfanediyl* (not dithio)	−SS−
disulfanyl*	HSS−
dodecyl* (not dodecanyl)	CH_3−$(CH_2)_{11}$−
epoxy*	−O− (고리 형태)
ethane-1,2-diyl*=ethylene	−CH_2−CH_2−
ethanoyl=acetyl*	CH_3−CO−
ethanesulfonyl* (not ethylsulfonyl)	CH_3−CH_2−SO_2−
ethenyl*=vinyl	CH_2=CH−
ethoxy* (not ethyloxy)	CH_3−CH_2−O−
ethoxycarbonyl* (not carbethoxy)	CH_3−CH_2−O−CO−
ethyl* (not ethanyl)	CH_3−CH_2−
ethylene=ethane-1,2-diyl*	−CH_2−CH_2−
ethylsulfanyl* (not ethylthio)	CH_3−CH_2−S−
fluoro*	F−
fluoryl*	O_2F−
formamido* (not fromamino)	HCO−NH−
formyl*=methanoyl	HCO−
formylamido*	HCO−N=
formyloxy	O=CH−O−
formylsulfanyl	O=CH−S−
heptanoyl*	CH_3−$(CH_2)_5$−CO−
heptyl (not hetan-1-yl)	CH_3−$(CH_2)_6$−
hexadecanoyl*=palmitoyl	CH_3−$(CH_2)_{14}$−CO−
hexadecyl* (not hexadecanyl)	CH_3−$(CH_2)_{15}$−
hexanedioyl*=adipoyl	−OC−$(CH_2)_4$−CO−
hexane-1,6-diyl* (not hexamethylene)	−CH_2−$(CH_2)_4$−CH_2−
hexanoyl*	CH_3−$(CH_2)_4$−CO−

hexyl* (not hexan-1-yl)	$CH_3-(CH_2)_5-$
hexyloxy*	$CH_3-(CH_2)_5-O-$
hydroperoxy*	$HOO-$
hydrosulfonyl*	$H-SO_2-$
hydroxy*	$HO-$
hydroxyamino*	$HO-NH-$
imino* (not anzanylidene)	$HN=$
iodo*	$I-$
isocyanato*	$OCN-$
isopropoxy = (propan-2-yl)oxy*	$(CH_3)_2-CH-O-$
isopropyl = propan-2-yl* = 1-methylethyl	$(CH_3)_2-CH-$
isothiocyanato*	$SCN-$
malonyl = propanedioyl*	$-CO-CH_2-CO-$
mercapto (허용 안됨, see sulfanyl*)	$HS-$
mercaptooxy (허용 안됨, see sulfanyloxy*)	$HS-O-$
methanesulfonyl* (not methylsulfonyl)	CH_3-SO_2-
methanoyl = formyl*	$HCO-$
methoxy* (not methyloxy)	CH_3-O-
methoxycarbonyl* (not carbomethoxy)	$CH_3-CO-O-$
methoxysulfanyl* (not methoxythio)	CH_3-O-S-
methyl* (not methanyl)	CH_3-
methylene*	$-CH_2-$
2-methylphenyl* = *o*-tolyl (3- = *m*- ; 4- = *p*-)	(benzene ring with CH_3 substituent)
2-methylpropan-2-yl = *tert*-butyl* = 1,1-dimethylethyl	$(CH_3)_3C-$
(2-methylpropan-2-yl)oxy = *tert*-butoxy* = (1,1-dimethylethyl)oxy	$(CH_3)_3C-O-$
methylsulfanyl* (not methylthio)	CH_3-S-
methylsulfanyloxy*	CH_3-S-O-
nitro*	O_2N-
nitrooxy*	O_2N-O-
nitroso*	$O=N-$
nonanoyl	$CH_3-(CH_2)_7-CO-$
nonyl* (not nonan-1-yl)	$CH_3-(CH_2)_8-$
octadecanoyl* = stearyl	$CH_3-(CH_2)_{16}-CO-$

octadecyl* (not octadecan-1-yl)	$CH_3-(CH_2)_{17}-$
octanoyl*	$CH_3-(CH_2)_6-CO-$
octyl* (not octan-1-yl)	$CH_3-(CH_2)_7-$
oxo*(not keto)	$O=$
oxy*	$-O-$
palmitoyl = hexadecanoyl*	$CH_3-(CH_2)_{14}-CO-$
pentanoyl*	$CH_3-(CH_2)_3-CO-$
pentan-2-yl* = 1-methylbutyl	$CH_3-CH_2-CH_2-CH(CH_3)-$
pentyl* (not pentan-1-yl)	$CH_3-(CH_2)_3-CH_2-$
pentyloxy*	$CH_3-(CH_2)_3-CH_2-O-$
peroxy* (not dioxy)	$-OO-$
phenoxy* (not phenyloxy)	C_6H_5-O-
phenyl*	C_6H_5-
phenylamino = anilino*	C_6H_5-NH-
phenylcarbonyl = benzoyl*	C_6H_5-CO-
phenylsulfanyl* (not phenylthio)	C_6H_5-S-
phthaloyl = benzene-1,2-dicarbonyl*	$C_6H_4(CO-)_2$ (1,2-)
propanoyl* = propionyl	CH_3-CH_2-CO-
propanoyloxy* = propionyloxy	$CH_3-CH_2-CO-O-$
propan-2-yl* = isopropyl = 1-methylethyl	$(CH_3)_2-CH-$
propan-2-yloxy* = isopropoxy	$(CH_3)_2-CH-O-$
prop-2-enoyl* = acryloyl	$CH_2=CH-CO-$
prop-2-en-1-yl* = allyl	$CH_2=CH-CH_2-$
propionyl = propanoyl*	CH_3-CH_2-CO-
propoxy (not propyloxy)	$CH_3-CH_2-CH_2-O-$
propyl* (not porpan-1-yl)	$CH_3-CH_2-CH_2-$
silyl* (not silanyl)	H_3Si-
sulfanyl* (not mercapto)	$HS-$
sulfanylcarbonyl*	$HS-CO-$
sulfide*	$-S-$
sulfonyl* = sulfuryl	$-SO_2-$
thionyl = sulfinyl*	$-SO-$
trityl* = triphenylmethyl	$(C_6H_5)_3C-$
vinyl = ethenyl*	$CH_2=CH-$

부록 B. 여러 작용기를 가진 유기화합물의 명명법

수 천만 종의 유기화합물을 명명함에 있어 화학자들은 국제 순수 응용화학 협회(IUPAC: International Union of Pure and Applied Chemistry)에서 제안되고 관리되는 계통명을 주로 이용하고 있다. 단일 작용기를 가진 화합물에 대한 명명은 이 교재를 통하여 이미 살펴보았다. 복잡한 여러 종류의 작용기를 가진 다작용기 화합물을 명명하는 것은 경험이 많은 화학자들조차 가끔 어려움을 겪는다. 화합물에 여러 개의 다른 작용기를 가진 화합물의 명명에는 한 가지 접미사만을 사용하여 명명한다. 즉, 작용기가 제일 우선하는 접미사를 사용하여 명명하였고 다른 작용기는 접두사명으로 하여 명명한다. 유기화합물의 명명에서 작용기에 대한 접미사의 우선순위를 표 B.1에 나타내었다. 접미사명은 화합물의 기본명으로 사용할 때 사용하고, 접두사명은 치환기로 취급할 때 사용한다.

표 B.1 작용기의 분류

작용기	구조	접미사명	접두사명
카복실산 (carboxylic acid)	$-\overset{O}{\overset{\Vert}{C}}-OH$	–oic acid –carboxylic acid	carboxy
산 무수물 (acid anhydride)	$-\overset{O}{\overset{\Vert}{C}}-O-\overset{O}{\overset{\Vert}{C}}-$	–oic anhydride –carboxylic anhydride	–
에스터 (ester)	$-\overset{O}{\overset{\Vert}{C}}-O-\overset{\vert}{\underset{\vert}{C}}-$	–oate –carboxylate	alkoxycarbonyl
산 할로젠화물 (acyl halide)	$-\overset{O}{\overset{\Vert}{C}}-X$ (X=Cl, Br)	–oyl halide –carbonyl halide	halocarabonyl
아마이드 (amide)	$-\overset{O}{\overset{\Vert}{C}}-NH_2$	–amide –carboxamide	carbamoyl
나이트릴 (nitrile)	$-C\equiv N$	–nitrile –carbonitrile	cyano
알데하이드 (aldehyde)	$-\overset{O}{\overset{\Vert}{C}}-H$	–al –carbaldehyde	oxo
케톤 (ketone)	$-\overset{\vert}{\underset{\vert}{C}}-\overset{O}{\overset{\Vert}{C}}-\overset{\vert}{\underset{\vert}{C}}-$	–one	oxo
알코올 (alcohol)	$-\overset{\vert}{\underset{\vert}{C}}-OH$	–ol	hydroxy

페놀 (phenol)	Ar−OH	−ol	hydroxy
싸이올 (thiol)	$-\overset{|}{\underset{|}{C}}-SH$	−thiol	sulfanyl
아민 (amine)	$-\overset{|}{\underset{|}{C}}-NH_2$	−amine	amino
에터 (ether)	$-\overset{|}{\underset{|}{C}}-O-\overset{|}{\underset{|}{C}}-$	ether	alkoxy
설파이드 (sulfide)	$-\overset{|}{\underset{|}{C}}-S-\overset{|}{\underset{|}{C}}-$	sulfide	alkylsulfanyl
다이설파이드 (disulfide)	$-\overset{|}{\underset{|}{C}}-S-S-\overset{|}{\underset{|}{C}}-$	disulfide	−
알켄 (alkene)	$>C=C<$	−ene	−
알카인 (alkyne)	$-C\equiv C-$	−yne	−
알케인 (alkane)	$-\overset{|}{\underset{|}{C}}-\overset{|}{\underset{|}{C}}-$	−ane	−
할로젠화물 (alkyl halide) (haloalkane)	$-\overset{|}{\underset{|}{C}}-X$ (X=F, Cl, Br, I)	−	halo−

㈜ 우선순위가 감소하는 순서로 나열됨. 단, 할로젠화물은 우선순위가 없다.

예를 들면, 다음 화합물에서 1)은 알데하이드기와 에스터기를 가진 화합물로 알데하이드로 명명할지 에스터로 명명하여야 하는지를 먼저 결정해야 한다. 또한 아미노기와 하이드록시기를 가진 2)는 아민 혹은 알코올로 명명할지를 먼저 결정한 하여야 한다.

1) 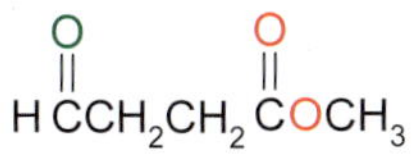 $H\overset{O}{\overset{\|}{C}}CH_2CH_2\overset{O}{\overset{\|}{C}}OCH_3$ 2) $CH_3\overset{OH}{\overset{|}{C}}CH_2CH_2CH_2NH_2$

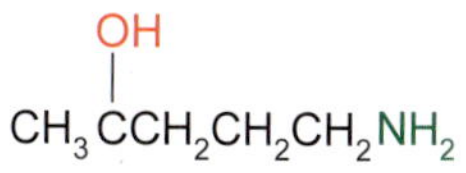

표 B.1을 살펴보면, 예제 1)의 명명은 에스터 작용기가 알데하이드보다 우선순위가 높으므로 알데하이드가 아니라 에스터로 명명하여야 한다. 마찬가지로 아미노 알코올 2)는 아민이 아니라 알코올로 명명해야 한다. 따라서 1)의 이름은 4-옥소뷰탄산 메틸이고, 2)의 이름은 5-아미노펜탄-2-올이 된다.

1) 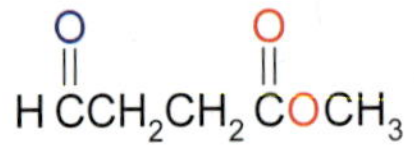 $HCCH_2CH_2COCH_3$ (O above first C and third C)

methyl 4-oxobutanoate

2) 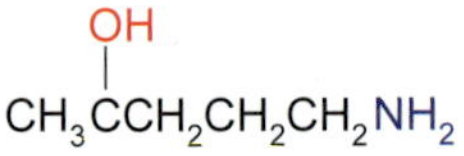 $CH_3CCH_2CH_2CH_2NH_2$ (OH on second C)

5-aminopentan-2-ol

우선순위에 따라 기본명을 확인한 후에 나머지 작용기는 치환기로 취급하여 접두사명으로 명명한다. 이때 적용해야 하는 몇 가지 규칙은 다음과 같다.

1. **접두사의 순서** : 치환기를 확인하고 주 사슬에 번호를 붙인 후 치환기를 번호순이 아닌 알파벳 순으로 기본명 앞에 나열한다. 다이-(di-), 트라이-(tri-) 등의 배수어는 알파벳 순에 포함되지 않으며, 아이소-(iso-), 사이클로-(cycloｰ)는 알파벳으로 고려한다.

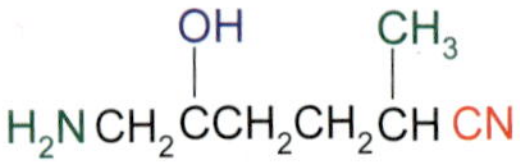

$H_2NCH_2CCH_2CH_2CHCN$ (OH on third C, CH_3 on CH)

5-amino-4-hydroxy-2-methylhexanenitrile

2. **한 단어와 여러 단어 이름** : 모체가 원소 또는 화합물이면 이름은 붙여서 한 단어로 한다. 그렇지 않으면 여러 단어로 쓴다. 예를 들면 클로로벤젠은 벤젠이 화합물이므로 한 단어로 쓴다. 반면에 다이메틸 에터는 두 단어로 쓰는데, 모체인 에터는 화합물이 아니라 종류를 나타내는 이름이기 때문이다. 다음 예제를 살펴보자.

$H_3C—Mg—CH_3$

dimethylmagnesium

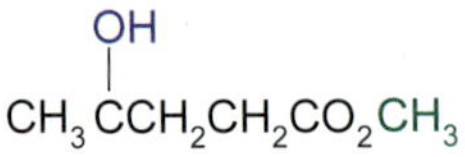

$CH_3CCH_2CH_2CO_2CH_3$ (OH on second C)

methyl 4-hydroxypentanoate

3. **괄호 사용** : 구조가 복잡한 모호한 치환기는 괄호를 사용하여 나타낸다.

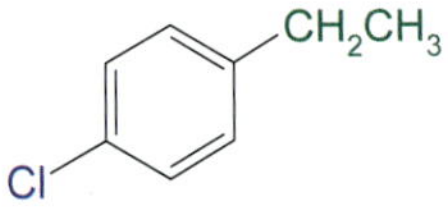

CH_2CH_3, Cl

4-chloroethylbenzene

CH_2CH_2Cl

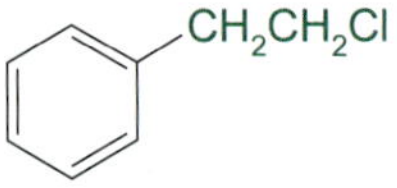

(2-chloroethyl)benzene

O, CO_2H

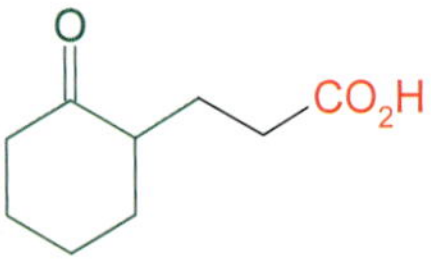

3-(2-oxocyclohexyl)propanoic acid

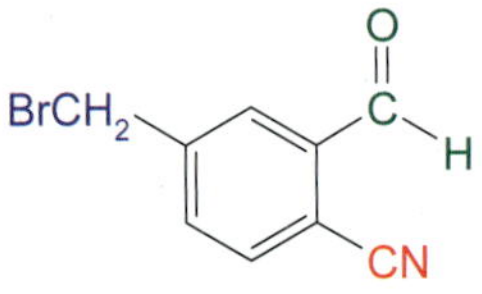

$BrCH_2$, O, C, H, CN

(4-bromomethyl)-2-formylbenzonitrile

부록 C. 화합물의 한글 명명법 기본원칙

화합물 명명 원칙은 대한화학회(http://www.kcsnet.or.kr)에서 1998년 확정하여 발표한 것으로, IUPAC(International Union of Pure and Applied Chemistry)의 화합물 이름을 우리말로 표현하는 데에 필요한 원칙을 담고 있다. 여기에 언급되지 않은 부분은 기존의 화합물명명법 원칙을 따른다.

1) 화합물 이름의 로마자 한글 표기 방법

① 자음

로마자 자음	한글표기
b, v	ㅂ
c (a, o, u의 앞), k, q, ch	ㅋ
d	ㄷ
f, p, ph	ㅍ
g	ㄱ 또는 ㅈ (모음 앞)
h	ㅎ
l (모음 앞)	ㄹㄹ
m	ㅁ
n	ㄴ
r	ㄹ*
s, c (i, e, y 앞), sh	ㅅ
t	ㅌ
th	ㅌ 또는 ㅆ
j, x, z	ㅈ

* 모음과 자음 사이에 오는 경우에는 표기하지 않거나 모음에 ㄹ 받침으로 붙여 표기한다.
"-ar"로 시작되는 경우에는 "아르-"로 표기한다.

② 받침으로는 "ㄱ, ㄴ, ㄷ, ㄹ, ㅁ, ㅂ, ㅅ, ㅇ" 만 사용한다.

③ 모음과 중모음

모음/중모음	한글표기
a	ㅏ 또는 ㅔ이
ane	ㅔ인
an	ㄴ
e	ㅔ
er	ㅓ
i	ㅣ 또는 ㅏ이
y (모음 앞)	ㅑ, ㅛ, ㅠ

2) 접두사는 아래와 같이 표기한다.

접두사	개정	현행	비고
trans	트랜스	트란스	
di－	다이－	디－	원칙적으로 '디－'와 '트리－'는 허용하지 않음.
tri－	트라이－	트리－	
bi－	바이－	비－	
icos－	아이코사－	이코사－	
iso	아이소	이소	
cyclo－	사이클로－	시클로－	
meso－	메소	메소	
abeo－	아비오－		신규 제정
retro－	레트로		
des－	데스－		
de－	데－	데－	기존의 di－('디－')와의 혼란을 피하기 위함.

3) "－ate"와 "－ite"는 각각 "－산"과 "아(亞)－산"으로 표기한다.

(예) thioate　　티오산/싸이오산
　　thioite　　아티오산/아싸이오산

4) "－ium"은 "－윰"으로 표기하되 앞의 자음과 연음하여 표기한다.

(예) pyrazinium　　피라지늄

5) 분류명을 표시하는 접미사(－ol, －al, －one, －yl 등)는 앞의 자음과 분리하여 표기한다.
단 'phenol'과 'phenyl'은 예외로 하여 "페놀"과 "페닐"로 표기한다.

(예) butanol　　뷰탄올
　　hexanal　　헥산알
　　pentanone　　펜탄온
　　butanyl　　뷰탄일
　　silanyl　　실란일

6) IUPAC 표기에서 모음 중복으로 생략된 'o'는 표기하지 않는다.

(예) benz-[ ]-anthracene　　벤즈[ ]안트라센 ('벤조－'가 아님)
　　benzaldehyde　　벤즈알데하이드 ('벤조알데히드'가 아님)
　　acetonitrile　　아세토나이트릴

7) 유기산의 경우에 "－oic acid"와 "－ic acid"는 "－산"으로 쓰고 띄어 쓰지 않는다.

(예)	maleic acid	말레산
(예외)	benzoic acid	벤조산 ('벤즈산'이 아님)
	thioic acid	티오산/싸이오산

8) 할로젠 화합물, 산화물, 황화물, 에스터의 경우에는 아래의 두 표기를 모두 허용한다.

(예)	methyl chloride	염화 메틸/메틸 클로라이드
	ethylene dibromide	다이브롬화 에틸렌/에틸렌 다이브로마이드
	ethylacetate	아세트산 에틸/에틸 아세테이트
	sodium hexanoate	헥산산 소듐/소듐 헥사노에이트
	sulfide	황화/설파이드
	oxide	산화/옥사이드

※ 중요한 변화

① "alkane, alkene, alkyne"은 각각 "알케인", "알켄", "알카인"으로 표기한다.
그러나 널리 사용되고 있는 methane부터 octane까지의 경우에는 당분간 '－ane'를 '－안'으로 적는 것을 허용한다.

(예)	methane	메테인/메탄
	ethane	에테인/에탄
	ethene	에텐
	ethyne	에타인 ('에틴'이 아님)

② "－ane"과 "－an"은 각각 "－에인"과 "－안"으로 구별하여 표기한다.

(예)	borane	보레인 ('보란'이 아님)
	silane	실레인
	sulfane	설페인 ('술판'이 아님)
	furan	퓨란 ('푸란'이 아님)
	morphinan	모피난
	silanyl	실란일
	butane	뷰테인/부탄
	sodium hydrogen heptanedioate	헵테인이산 수소 나트륨

③ 모음과 자음 사이의 "r"은 표기하지 않거나 앞의 모음에 "ㄹ" 받침으로 붙여 표기한다. 단

"ar－"로 시작되는 경우는 "아(亞)－산"과의 혼동을 피하기 위하여 "아르－"로 표기.

(예) carboxylic acid 카복실산 ('카르복실산'이 아님)
carbaldehyde 카브알데하이드
bornane 보네인
norbornane 노보네인
formic acid 폼산 (또는 개미산)
formyl 폼일
chloroform 클로로폼
carbazide 카바자이드
carbohydrazide 카바하이드라자이드
arsine 아르신
arsa－ 아르사－

④ "－er"은 "－ㅓ"로 표기한다.

(예) ester 에스터 ('에스테르'가 아님)
ether 에터/에테르
terpene 터펜

⑤ "th"는 "트"로 표기하지만, "thio－"와 "ortho"는 각각 "티오/싸이오"와 "오쏘"로 표기한다.

(예) sodium thiosulfate 티오황산 나트륨/싸이오황산 소듐
threonine 트레오닌
* ether 는 "에터/에테르" 와 ester는 "에스터" 로 표기한다.

⑥ "－ene"는 현재와 같이 "－엔"으로 표기한다.

(예) benzene 벤젠 ('벤진'이 아님)
toluene 톨루엔
allene 알렌
mesitylene 메시틸렌
indene 인덴
acetylene 아세틸렌
xylene 자일렌 ('크실렌'이 아님)

⑦ "－ide"는 "－아이드"로 표기한다. 단 "imide"는 "이미드"로 표기하고, "amido"와 "imido"는 각각 "아미도"와 "이미도"로 표기한다.

(예) succinamide 석신아마이드
succinimide 석신이미드
hydride 하이드라이드
carbazide 카바자이드
carbohydrazide 카보하이드라자이드
halide 할라이드
chloride 클로라이드
sulfide 설파이드
cyanide 사이아나이드

⑧ “g” 다음에 모음이 오는 경우에는 “ㅈ”으로 표기할 수 있다.

(예) geraniol 제라니올
halogen 할로젠/할로겐

⑨ “hy－, cy－, xy－, ty－”는 각각 “하이－”, “사이－”, “자이－”, “타이－”로 표기한다.

(예) hydride 하이드라이드 (‘히드리드’가 아님)
cyanide 사이아나이드 (‘시아니드’가 아님)
xylene 자일렌
styrene 스타이렌 (‘스티렌’이 아님)
anhydro 안하이드로
aldehyde 알데하이드 (‘알데히드’가 아님)

⑩ “u”는 일반적으로 “ㅜ”로 표기하지만, “ㅓ”, 또는 “ㅠ”로 표기하는 경우도 있다.

(예) toluene 톨루엔 (‘톨류인’이 아님)
sulfane 설페인 (‘술판’이 아님)
sulfide 설파이드
urea 요소/유레아 (‘우레아’가 아님)
furan 퓨란 (‘푸란’이 아님)
butane 뷰테인/부탄 (‘부테인’이나 ‘뷰탄’이 아님)

⑪ “i”는 일반적으로 “ㅣ”로 표기하지만, “ㅏ이”로 표기하는 경우도 있다.

(예) iso 아이소 (‘이소’가 아님)
vinyl 바이닐/비닐
vitamine 바이타민/비타민

부록 D. 용어해설

α**-아노머**(α-anomer) : 당의 고리형 반아세탈 형태에서 고리 측면에 $-OH$기가 말단 $-CH_2OH$에 반대인 반아세탈 형태.

α**-아미노산**(α-amino acid) : 카복실기 바로 이웃의 탄소인 α-탄소 원자에 아미노기($-NH_2$)를 가진 카복실산. α-아미노산은 펩타이드와 단백질을 구성하는 단위이다. α-아미노산은 보통 쯔비터이온으로 존재한다.

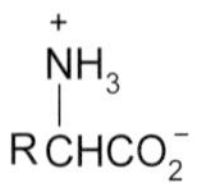

$$\mathrm{R\overset{\overset{+}{N}H_3}{\overset{|}{C}}HCO_2^-}$$

α**-위치**(α-position) : 카보닐기 탄소의 바로 다음 탄소 위치. (그 다음 차례로 β, δ, γ, ϵ 등이 된다).

β**-아노머**(β-anomer) : 당의 고리형 반아세탈 형태에서 고리의 같은 측면에 $-OH$기와 말단 $-CH_2OH$가 위치한 반아세탈 형태.

σ**결합**(sigma bond) : 전자 확률분포가 핵간 축을 따라 회전 대칭을 갖는 두 원자 사이의 결합. 보통 *s-s*, *s-p* 궤도함수간 결합 및 *p-p* 궤도함수가 핵간 축방향으로 나란히 결합하여 생기는 결합 형태이다. σ결합은 π 결합보다 결합력이 세다.

π**결합**(phi bond) : 다중결합에서 *p*궤도함수들간에 서로 수직으로 중첩되어 형성된 결합. 알켄의 탄소-탄소 이중결합은 sp^2-sp^2 혼성궤도가 핵간 축방향으로 수평으로 만나서 생기는 σ결합과 *p*전자들끼리 서로 수직으로 평행하게 중첩되어 만든 π결합으로 이루어져 있다.

CIP **우선순위 결정 규칙**(Cahn-Ingold-Prelog sequence rule) : 이중결합 탄소 원자나 카이랄성 중심 원자에 붙은 치환기의 상대적인 우선순위를 결정하는 일련의 규칙.

cis-trans **이성질체**(*cis-trans* isomer) : 한 분자의 고정된 골격의 같은 쪽 또는 반대쪽에 치환기들이 붙어 있는 입체이성질체. 배위 이성질체 또는 기하 이성질체라고도 함. 시스(cis)는 두 치환기가 이중결합의 같은 편에 있음을 나타내고, 트랜스(trans)는 다른 쪽에 있음을 나타낸다.

C-**말단 아미노산**(C-terminal amino acid) : 단백질이나 펩타이드 사슬의 끝 부분에 있는 아미노산으로, 카복실기가 펩타이드 결합에 관여하지 않는 아미노산.

DNA(deoxyribonucleic acid) : 유전정보를 저장하고 복제하는 역할을 하는 세포핵 내에 존재하는 2-데옥시라이보오스의 폴리뉴클레오타이드. 유전자는 곧 DNA이다. DNA의 질소 염기는 아데닌(A), 구아닌(G), 사이토닌(C), 타이민(T)이다. A-T와 C-G 염기 형태로 결합한다.

D-**당**(D sugar) : 탄수화물의 Fischer 투영식에서 카보닐기로부터 가장 멀리 있는 비대칭 중심원자에 $-OH$기가 오른쪽에 위치한 탄수화물. 자연계에 존재하는 대부분의 탄수화물은 D-당이다.

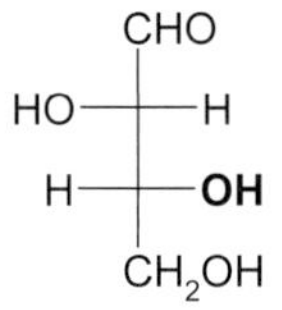

```
      CHO
  HO——+——H
   H——+——OH
      CH2OH
```

E **기하구조**(*E* geometry) : 탄소-탄소 이중결합의 입체화학에서 각 탄소에 결합된 치환기들 중에 보다 높은 우선순위의 기들이 이중결합의 서로 반대 쪽에 위치한 입체 구조.

Fisher **에스터화 반응**(Fischer esterification reaction) : 카복실산과 알코올이 산 촉매 하에서 에스터를 생성하는 반응.

$$\mathrm{R\overset{O}{\overset{\|}{C}}OH + R'OH \longrightarrow R\overset{O}{\overset{\|}{C}}OR' + H_2O}$$

Fischer **투영식**(Fischer projection) : 분자의 구조를 평면에 투영된 사면체 탄소 원자에 바탕을 둔 방법으로 표현하는 식. 입체중심 원자에 연결된 네 개의 결합을 십자로 표시하는데, 수평으로 된 선은 입체중심 원자로부터 결합들이 지면 앞쪽으로 향한 것으로 간주하고, 수직으로 놓인 결합은 지면 뒤쪽으로 향한 결합으로 간주한다. 이때 산화상태가 높은 치환기는 수직선상의 제일 위에 놓고 탄소사슬은 수직으로 배치한다.

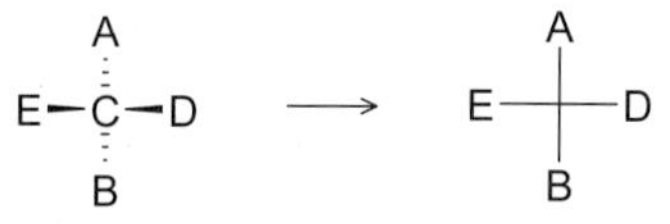

A, E—C—D, B ⟶ A, E—+—D, B

Friedel-Crafts **아실화 반응**(Friedel-Crafts acylation) : 방향족 화합물이 염화 알루미늄 촉매 하에서 염화 아실이나 카복실산 무수무물과 반응하여 방향족 고리에 아실기를 도입하는 친전자성 치환반응.

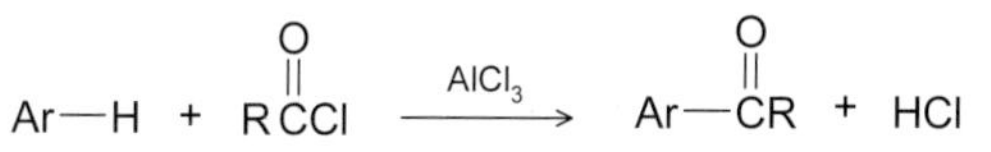

$$Ar{-}H + RCCl(=O) \xrightarrow{AlCl_3} Ar{-}CR(=O) + HCl$$

Friedel-Crafts **알킬화반응**(Friedel-Crafts alkylation) : 방향족 화합물이 염화 알루미늄 촉매 하에서 할로젠화 알킬과 반응하여 방향족 고리에 알킬기를 도입하는 친전자성 치환반응.

$$Ar{-}H + R{-}X \xrightarrow{AlCl_3} Ar{-}X + HX$$

Grignard **시약**(Grignard's reagent) : RMgX나 ArMgX 형태의 유기마그네슘 화합물. 금속 마그네슘과 할로젠화 알킬 혹은 할로젠화 아릴을 에터에 넣어 반응시켜 합성한다.

Hund **규칙**(Hund's rule) : 전자배치에서 두 궤도함수가 동일한 에너지를 가질 때 각각의 궤도함수는 각각의 궤도함수의 반을 먼저 채운 다음 짝을 이루어 두 전자로 채운다.

IUPAC **명명**(IUPAC nomenclature) : 국제 순수 및 응용화학 협회(IUPAC, International Union of Pure and Applied Chemistry)에서 고안한 화합물의 명명 규약.

Lewis **구조**(Lewis structure) : 분자를 구성하는 원자들의 원소기호와 원자가전자를 점으로 표시한 화학식. 두 원자 사이의 두 점은 한 개의 선으로 표시하기도 하며 공유결합을 나타낸다. 비공유전자쌍이 모두 나타나며, 안정한 Lewis 구조는 팔전자 규칙을 따른다.

L-아미노산(L-amino acid) : 카이랄성 α-아미노산의 입체화학을 나타내는 것으로, Fischer 투영식에서 아미노기가 좌측에 위치한 아미노산. 보통 카복실기는 위에 놓고 탄소사슬은 수직으로 배치한다.

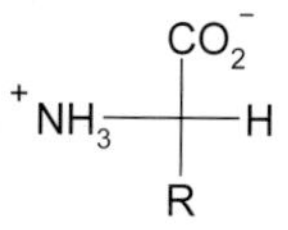

CO_2^- (위), $^+NH_3$—+—H, R (아래)

Markovnikov **법칙**(Markovnikov's rule) : 비대칭 알켄에 비대칭 시약이 첨가될 때 비대칭 시약의 양성부분(수소)은 수소 원자가 많은 이중결합의 탄소에 첨가된다.

Newman **투영식**(Newman projection) : 탄소−탄소 결합을 겹쳐서 보면서 이웃한 탄소의 입체형태를 나타내는 수단. 앞의 탄소는 점으로 뒤의 탄소는 원으로 나타낸다.

Lindlar **촉매**(Lindlar catalyst) : 알카인의 수소 첨가반응에서 시스 형태의 알켄으로 전환하는데 사용되는 백금 촉매.

N-말단 아미노산(N-terminal amino acid) : 펩타이드나 단백질 사슬의 말단 한 쪽에 자유 $-NH_2$기를 가진 아미노산. 즉, α-아미노기가 펩타이드 결합을 이루지 않는다.

Pauli **배타원리**(Pauli exclusion principle) : 한 원자의 궤도함수 내에서 어떤 두 전자도 동일한 스핀양자수 쌍을 가질 수 없다. 즉, 반대의 스핀을 가진 두 개의 전자만이 동일한 원자궤도함수를 차지할 수 있다.

PCC : 피리듐 클로로크롬산($C_5H_5NH^+ClCrO_3^-$). PCC는 일차 알코올을 알데하이드까지만 산화시킨다.

pK_a : 산의 이온화 상수인 산도 상수 K_a의 음의 상용대수, $pK_a = -\log K_a$ 산의 세기를 나타냄.

RNA(ribonucleic acid) : 세포 내 단백질 합성에 관여하는 고분자량의 생중합체로 라이보오스의 폴리뉴클레오타이드. RNA모양은 나선 형태이다. RNA의 질소염기는 아데닌, 구아닌, 사이토닌, 유라실이다.

R **배열**(*R* configuration) : 카이랄성 중심 탄소 원자에 붙은 치환기들에 CIP 우선순위 규칙을 준용하여 시계방향으로 회전하는 입체 배열.

sp **혼성궤도함수**(*sp* hybrid orbital) : 탄소가 두 개의 다른 원자나 기와 결합할 때 가지는 모델로, *s*궤도함수 한 개와 *p*궤도함수 한 개의 조합으로 유도되는 혼성궤도함수. 혼성화로 생긴 두 개의 *sp* 궤도함수는 180°로 선형 구조이다.

sp^2 **혼성궤도함수**(sp^2 hybrid orbital) : 탄소가 세 개의 다른 원자 또는 기와 결합할 때 나타나는 모델로, *s* 궤도함수 한 개와 *p*궤도함수 두 개의 조합으로 유도되는 혼성궤도함수. 혼성화로 생긴 세 개의 sp^2 궤도함수는 120°로 평면 구조이다.

sp^3 **혼성궤도함수**(sp^3 hybrid orbital) : 탄소가 네 개의 다른 원자나 기와 결합하는 모형으로, *s*궤도함수 한 개와 *p*궤도함수 세 개의 조합으로 유도되는 혼성궤도함수. 혼성화로 생긴 네 개의 sp^3 궤도함수는 109°로 정사면체 구조이다.

S **배열**(*S* configuration) : 카이랄성 중심 탄소 원자에 붙은 치환기들에 CIP 우선순위 규칙을 준용하여 반시계방향으로 회전하는 입체 배열.

Williamson **에터 합성반응**(Williamson ether synthesis) : 알콕시화이온과 일차 할로젠화 알킬 사이의 S_N2반응에 의해 에터를 제조하는 방법.

$$RONa + R'CH_2Br \longrightarrow RCH_2OR + NaBr$$

Zaitsev **법칙**(Zaitsev's rule) : 제거반응으로 두 개 이상의 알켄을 형성할 때 이중결합에 치환이 더 많이 된 알켄이 주생성물로 얻어진다.

Zwitter**이온**(zwitterion) : 분자에서 양전하와 음전하를 모두 가진 중성인 분자로 양쪽성 이온이라고도 함. 중성 아미노산은 쯔비터이온으로 존재한다.

$$\begin{array}{c} \overset{+}{N}H_3 \\ | \\ RCHCO_2^- \end{array}$$

Z **기하구조**(*Z* geometry) : 탄소-탄소 이중결합의 입체화학을 기술하는 데 사용하는 용어로서, 각 탄소에 결합된 치환기들 중에 보다 높은 우선순위의 기들이 이중결합의 같은 쪽에 위치한 입체 구조.

가소제(plasticizer) : 중합체를 부드럽게 하고 더 유연하게 하는 첨가제.

가지달린 사슬 구조(branched-chain structure) : 탄소-탄소 결합에서 가지를 가진 사슬 구조.

고분자(polymer) : 작은 단위 분자(단량체)가 반복적으로 결합되어 형성된 거대분자로 중합체라고도 함.

곧은 사슬 구조(straight-chain structure) : 탄소-탄소 결합에서 가지를 가지지 않은 탄소 사슬 구조.

공명 혼성(resonance hybrid) : 분자를 루이스 구조로 표시하는데 두 개 또는 그 이상의 결합구조로 표시할 수 있는 분자구조.

공유결합(covalent bond) : 분자를 이루고 있는 원자의 전자를 서로 공유하여 화학결합을 형성하는 결합. 보통 비금속 원자들간의 결합이다.

광학 이성질체(optical isomer) : 거울상 관계를 가지는 이성질체인 거울상 이성질체의 옛 이름.

거울상 이성질체(enantiomer) : 거울상 관계를 가지는 이성질체로 카이랄성 중심 원자를 가진 물체는 거울상 이성질체가 존재함.

결합 선분 구조식(bond-line structure) : 탄소 원자가 두 개의 선(결합)의 각 교차점과 각 선의 말단에 존재한다고 가정하여 쓴 간단한 화학 구조식. 탄소와 수소는 나타내지 않는다.

구조 이성질체(structural isomer) : 분자식은 같으나 원자들의 연결된 순서(구조식)이 다른 이성질체.

궤도함수(orbital) : 각 에너지 준위에서 전자가 어떤 공간에 존재할 확률을 나타내는 함수 또는 이 함수의 공간적 모양. 파동함수의 제곱은 궤도함수의 모양으로 정의한다.

극성공유결합(polar covalent bond) : 결합된 원자의 한 쪽으로 공유전자가 당겨져 전자밀도가 편재화된 공유결합.

글라이코겐(glycogen) : 동물이 섭취한 탄수화물을 분해하여 에너지원으로 즉각 필요하지 않은 글루코오스로부터 유래하는 동물성 다당류.

글라이코사이드 결합(glycoside bond) : 당의 아노머 탄소와 −OR기를 연결하는 결합.

기하 이성질체(geometric isomer) : cis-trans 이성질체를 보라.

나이트로화(nitration) : 수소 대신에 나이트로기($-NO_2$)로 치환하는 반응. 보통 방향족 고리에 나이트로기를 도입하는 친전자성 방향족 치환반응에 쓰인다.

$$\mathrm{Ar{-}H} \xrightarrow[\mathrm{H_2SO_4}]{\mathrm{HNO_3}} \mathrm{Ar{-}NO_2} + \mathrm{H_2O}$$

나일론(nylon) : 폴리아마이드의 단계-성장 중합체로서 보통 다이산과 다이아민 사이의 축합반응에 의해 합성된다.

노말 알케인(normal alkane) : 곧은 사슬 구조의 알케인.

뉴클레오사이드(nucleoside) : 하나의 헤테로고리의 질소 원자에 아노머 탄소를 통해 결합된 알도펜토오스당. 보통 라이보오스 또는 2-데옥시라이보오스와의 결합체.

뉴클레오타이드(nucleotide) : 뉴클레오사이드의 인산에스터 화합물.

다당류(polysaccharide) : 여러 개의 단당류가 글라코사이드 결합에 의해 연결된 탄수화물. 녹말과 셀룰로오스가 여기에 속한다.

다이설파이드(disulfide) : RSSR'의 일반식을 가진 화합물.

다이펩타이드(dipeptide) : 두 α-아미노산이 한 아미노산의 아미노기와 다른 아미노산의 카복실기 사이에서 아마이드 결합으로 형성된 화합물.

단당류(monosaccharide) : 더 작은 당으로 가수분해될 수 없는 당으로 글루코오스와 같은 탄수화물.

단백질(protein) : 펩타이드 결합으로 연결된 수 많은 아미노산으로 이루어진 생체 고분자.

단위체(monomer) : 특정 중합체를 만드는데 사용되는 기본단위로 반복되는 작은 분자. 단량체라고도 함.

대칭면(plane of symmetry) : 분자의 반쪽이 다른 반쪽의 거울상이 되도록 분자를 둘로 나누는 평면. 대칭면이 있는 분자는 카이랄성이다.

데옥시 당(deoxy sugar) : 하이드록시기 중의 하나가 수소로 치환된 탄수화물.

등전점(pI, isoelectric point) : 아미노산 또는 단백질에서 양전하 수와 음전하 수가 정확이 일치하는 pH.

라디칼(radical) : 짝을 이루지 않은 전자를 가진 화학종. 자유 라디칼이라고도 함.

라세미 혼합물(racemic mixture) : 카이랄인 물질의 거울상 이성질체가 동일한 양으로 섞여있는 혼합물. 이 혼합물은 광학활성이 없다.

락토오스(lactose) : 젖당. 글루코오스의 4번 탄소와 갈락토오스의 1번 탄소 사이에서 β-글라이코사이드 결합에 의해 생성된 이당류.

락탐(lactam) : 고리형 아마이드 화합물.

락톤(lactone) : 고리형 에스터 화합물.

말토오스(maltose) : 맥아당. 전분에서 얻을 수 있는 두 D-글루코오스 단위가 α-1,4-글라이코사이드 결합에 의해 연결된 이당류.

머캅탄(mercaptan) : 싸이올의 옛 이름.

메소 화합물(meso compound) : 두 개 이상의 카이랄성 중심 원자를 가진 화합물이 대칭면을 가지기 때문에 비카이랄인 부분입체 이성질체

메커니즘(mechanism) : 화학반응이 일어나는 과정을 기술하는 단계의 순서. 반응물이 생성물로 전환되는 동안 관여하는 중간물질과 전이상태를 기술한다.

메타(meta) : 벤젠에서 1,3-위치에 치환된 접두사 이름

메타 지향기(meta orientation) : 벤젠 고리에 존재할 때 친전자체가 도입되는 과정에서 메타 위치로 향하게 하는 작용기.

메틸렌기(methylene group) : $-CH_2-$기.

바닥상태 전자배치(ground-state electron configuration) : 분자나 원자의 가장 낮은 에너지 상태의 전자배치

반아세탈(hemiacetal) : 알코올 한 분자가 알데하이드나 케톤에 친핵성 첨가되어 $-$OR기와 $-$OH기가 동일한 탄소에 결합된 화합물.

$$R_2C(OH)-OR'$$

방향족 화합물(aromatic compound) : 모든 전자가 비공유전자쌍으로 비편재화된 화학종인 벤젠과 그 유도체.

부분입체 이성질체(diastereomer) : 서로 거울상이 아닌 입체 이성질체. 두 개 또는 그 이상의 카이랄성 중심에서 동일한 배열을 가지나 다른 카이랄성 중심에서 다른 배열을 가진다.

분자(molecule) : 두 개 이상의 원자가 일정한 조성으로 결합된 중성의 원자집단.

불포화 탄화수소(unsaturated hydrocarbon) : 다중결합을 가진 탄화수소. 첨가반응이 일어난다.

비누화 반응(saponification) : 염기성 용액 내에서 트라이글리세라이드 에스터의 가수분해. 생성물은 카복실산과 글리세롤이다.

비카이랄(achiral) : 어떤 물체가 거울상과 서로 겹쳐지는 것.

사이클로알케인(cycloalkane) : 세 개 이상의 탄소가 고리로 이루어진 포화탄화수소.

사차 암모늄염(quaternary ammonium salt) : $R_4N^+\ X^-$ 형의 염.

산도 상수(K_a, acidity constant) : 수용액에서 산의 이온화도 상수로 산의 세기 척도. 어떤 산 HA에서 산도 상수는 다음과 같다.

$$K_a = \frac{[A^-][H_3O^+]}{[HA]}$$

산 무수물(acid anhydride) : 산소 원자에 두 개의 아실기가 결합된 화합물, RCO_2COR' .

산 할로젠화물(acyl halide) : 일반적으로 아실기에 할로젠이 결합된 RCOX 화합물. X는 할로젠 원소로 보통 Cl, Br이 대부분이다.

산화(oxidation) : 탄소－산소 결합수 증가 또는 탄소－수소 결합수 감소에 해당하는 탄소의 산화.

삼중결합(triple bond) : 원자들 간에 전자 세 쌍을 공유함으로써 형성된 공유결합.

설폰화 반응(sulfonation) : 방향족 고리에 설폰산기 $-SO_3H$기를 도입시키는 반응.

$$Ar-H \xrightarrow[H_2SO_4]{SO_3} Ar-SO_3H$$

셀로바이오스(cellobiose) : 두 글루코오스 단위가 α-1,4-글라이코사이드 결합에 의해 연결된 이당류. 셀룰로오스를 가수분해하여 만든다.

셀룰로오스(cellulose) : 수천 개의 글루코오스 단위가 β-1,4 결합으로 이루어진 다당류.

소수성(hydrophobic) : 물을 좋아하지 않는 성질.

수소결합(hydrogen bond) : 한 분자의 양으로 분극된 수소가 인접한 분자의 음으로 분극된 원자에 약하게 결합되어 있는 쌍극자-쌍극자 인력의 형태. 보통 -OH기의 수소와 다른 -OH기의 산소 사이에서 일어난다.

수소첨가반응(hydrogenation) : 다중결합에 수소 H_2가 첨가되는 반응.

수화 반응(hydration) : 물의 원소가 다중결합에 첨가되는 반응.

수크로오스(sucrose) : 설탕. 글루코오스와 프락토오스가 아노머 탄소 위치에서 결합된 이당류.

스핀 양자수(spin quantum number) : 전자를 묘사하는 4가지 양자수의 하나. 두 개의 서로 다른 스핀 양자수[(+1/2), 또는 (-1/2)]를 가진다.

스테로이드(steroid) : 세 개의 6각 고리와 한 개의 5각 고리를 가진 네 개의 고리로 이루어진 탄소골격의 지질. 동식물에 들어 있는 지질.

싸이올(thiol) : RSH 또는 ArSH형의 화합물.

아노머 탄소(anomeric carbon) : 탄수화물의 열린 사슬형의 카보닐 탄소의 반아세탈 탄소. 퓨라노오스 또는 피라노오스형의 탄소 원자. 두 산소 원자에 결합된 고리 탄소이다.

아렌(arene) : 방향족 탄화수소. ArH로 적음.

아마이드(amide) : $RCONR'_2$ 형태의 화합물.

아미노 당(amino sugar) : -OH기 한 개가 $-NH_2$기로 치환된 당.

아민(amine) : 알케인에서 수소 한 개 이상이 아미노기로 치환된 화합물, RNH_2, R_2NH, R_3N. 1차 아민(RNH_2), 2차 아민(R_2NH), 3차 아민(R_3N)으로 분류한다.

아밀로오스(amylose) : 녹말의 물에 분산되는 부분. 글루코오스 단위가 α-1,4 결합을 하고 있는 중합체.

아릴기(aryl group) : 방향족 탄화수소기, Ar-.

아세탈(acetal) : 알데하이드나 케톤에 두 분자의 알코올이 반응하여 생성되는 탄소에 두 개의 -OR기로 구성된 화합물, $R_2C(OR)_2$.

$$\mathrm{R\overset{O}{\overset{\|}{C}}R'} + 2\,\mathrm{R''OH} \xrightarrow{H^+} \mathrm{R\underset{OR''}{\underset{|}{\overset{OR''}{\overset{|}{C}}}}R'} + H_2O$$

아세틸기(acetyl group) : CH_3CO-기.

아실기(acyl group) : RCO- 기. R은 알킬기 또는 아릴기이다.

아실화 반응(acylation) : 분자에 아실기(RCO-)를 도입시키는 반응. 예를 들면, 방향족 고리의 아실화는 케톤을 생성하고, 알코올의 아실화는 에스터를, 그리고 아민의 아실화는 아마이드를 생성한다.

안드로젠(androgen) : 남성 호르몬의 일종.

알도오스(aldose) : 알데하이드의 카보닐기를 가진 열린 사슬 탄수화물.

알데하이드(aldehyde) : 알데하이드기(-CHO)를 가진 화합물.

알돌 반응(aldol reaction) : 두 개의 알데하이드나 케톤 사이에 카보닐 축합반응으로 β-하이드록시카보닐 화합물이 생성되는 반응

알카인(alkyne) : 탄소-탄소 삼중결합을 가진 불포화 탄화수소, $RC\equiv CR$.

알칼로이드(alkaloid) : 식물 속에 천연으로 존재하는 아민.

알케인(alkane) : 탄소-탄소 단일결합을 가진 포화 탄화수소.

알켄(alkene) : 탄소-탄소 이중결합을 가진 불포화 탄화수소, $R_2C=CR_2$.

알코올(alcohol) : 하이드록시기($-OH$)를 가진 ROH 화합물. 1차 알코올(RCH_2OH), 2차 알코올(R_2CHOH), 3차 알코올(R_3COH)로 나눈다.

알콕시화 이온(alkoxide ion) : 알코올의 탈양성자화로 생긴 음이온 RO^-.

알킬기(alkyl group) : 알케인에서 수소 원자 한 개를 제거할 때 남은 부분의 원자단. 보통 R로 표기한다.

양이온(cation) : 양으로 하전된 이온.

양쪽성(amphiprotic) : 산 또는 염기로 작용하는 성질, 혹은 음전하 또는 양전하로 작용하는 성질

염화 아실(acyl chloride) : RCOCl 형태의 화합물. R은 알킬기 또는 아릴기이다.

에너지 그림(energy diagram) : 반응 동안 일어나는 에너지 변화를 나타내는 그래프.

에스터(ester) : $-CO_2R$ 작용기를 가진 화합물.

에스트로젠(estrogen) : 포유류 여성 호르몬의 일종.

에터(ether) : ROR', ROAr, ArOAr 형태의 화합물.

에틸렌(ethylene) : $CH_2=CH_2$. 가장 간단한 알켄이며 가장 중요한 산업용 유기화합물이다.

에폭시화물(epoxide) : $C-O-C$의 3원자 고리형 에터.

엔올(enol) : $RCOH=CR_2$형의 화합물. 엔올류는 알데하이나 케톤과 평형을 이루고 있다.

오쏘(*o*-, ortho) : 벤젠의 2치환체에서 1,2-위치에 치환된 접두사 이름.

오쏘-파라 지향기(ortho-para orientation) : 벤젠 고리에 존재할 때 친전자체의 치환반응이 일어나는 위치가 오쏘와 파라 위치로 향하게 하는 기.

연쇄반응(chain reaction) : 반응에서 사용된 반응 중간물질이 연이은 단계에서 재생되어 여러 번에 걸쳐 반복되는 반응 메커니즘. 알케인의 할로젠화 반응이 그 예이다.

올레핀(olefin) : 알켄의 다른 이름

왁스(wax) : 아실기와 알킬기가 긴 탄소사슬을 이루고 있는 에스터.

원근법(perspective view) : 점선 쐐기(dash)나 실선 쐐기(wedge) 모양을 사용하여 분자모형의 3차원 구조를 나타내는 방법.

원유(petroleum) : 동식물이 지하에서 장시간 동안 압력과 화학반응으로 전화된 탄화수소로 이루어진 혼합물.

원자가 전자(valence electron) : 원자의 전자배치에서 최외각 원자껍질에 배열된 전자. 전형원소의 원자가 전자수는 족수와 일치한다.

원자번호(atomic number) : 어떤 원자가 지니는 핵 내의 양성자 수.

유기금속 화합물(organometallic compound) : 탄소-금속 결합을 가진 화합물. Grignard 시약, RMgX가 그 예이다.

유기할로젠화물(organic halide) : 탄소에 한 개 이상의 할로젠 원자를 포함한 화합물. 알킬 할라이드, RX가 그 예이다.

유지(fat and oil) : 지방(fat)과 기름(oil).

음이온(anion) : 음으로 하전된 이온.

이당류(disaccharide) : 두 개의 단당류가 글라이코사이드 결합으로 연결되어 생성된 복합 탄수화물

이민(imine) : $R_2C=NR$ 형태의 화합물.

이성질체(isomer) : 분자식이 같으나 다른 물질. 구조이성질체와 입체이성질체가 있다.

이중결합(double bond) : 두 원자 사이에 네 개의 전자를 공유하여 형성된 결합.

이중 나선(double helix) : 두 개의 폴리뉴클레타이드 가닥이 서로 꼬인 DNA 구조.

이합체(dimer) : 두 개의 동일한 분자의 결합으로 생성된 분자.

인지질(phospholipid) : 세포막을 구성하는 주요 구성성분으로 인산기를 함유한 지질.

일차, 이차, 삼차, 사차(primary, secondary, tertiary, quaternary) : 탄소나 질소의 특정한 자리에 치환된 상태를 나타내는 데 쓰이는 용어. 일차 자리는 그것에 붙어 있는 유기 치환체가 한 개, 이차 자리는 두 개, 삼차 자리는 세 개, 그리고 사차 자리는 네 개이다.

입체 이성질체(steroisomer) : 분자식이 같고 분자내에서 원자들이 같은 순서로 연결되어 있으나 공간상에서 원자들의 3차원 배열이 다른 물질. 형태 이성질체, 기하 이성질체, 거울상 이성질체가 여기에 속한다.

입체 중심 원자(stereogenic atom) : 주위에 네 개의 다른 치환기가 달린 탄소 원자. 카이랄성 중심 원자라고도 함.

작용기(functional group) : 특정 조건에서 반응성을 지니는 분자 내 한 원자 또는 원자단.

적도방향 자리(equatorial position) : 사이클로헥세인 고리 구조에서 대략적으로 적도방향(수평방향)으로 놓인 결합.

전기음성도(electronegativity) : 분자에서 원자가 전자를 끌어 당기는 상대적인 세기.

전기이동법(electrophoresis) : pH에 따른 등전점의 차이를 이용하여 단백질 혼합물을 그 순수한 성분으로 분리하는 방법.

전자점 구조(electron-dot structure) : 분자를 이루고 있는 원자들의 각 원자가 전자를 점으로 표시하여 나타내는 분자의 표시법.

주양자수(principal quantum number) : 전자의 에너지 준위를 나타내는 최외각 원자껍질을 나타내는 양자수(n).

중합(polymerization) : 단위체를 고분자로 변환하는 화학반응.

지방산(fatty acid) : 긴 탄소사슬로 이루어진 카복실산.

지방족(aliphatic) : 벤젠이나 벤젠고리를 가지지 않은 화합물을 일컫는 용어.

지질(lipid) : 세포의 구성물질 중 비수용성 물질.

지질 이중층(lipid bilayer) : 세포막을 형성하는 인 지방질의 이중층.

첨가반응(addition) : 다중결합에 시약 X－Y가 하나씩 첨가되는 반응.

촉매(catalyst) : 화학반응에서 자신은 반응하지 않고 화학 변환속도를 증가시키는 물질.

축방향 자리(axial position) : 사이클로헥세인 고리 구조에서 대략적으로 축방향(수직방향)으로 놓인 결합.

축소 구조식(condensed structure) : C－H와 C－C 공유결합을 자세하게 그리기 보다는 생략하여 간단하게 표현하고 동일한 원자에 붙어 있는 동일한 기에 대해서는 아래 첨자를 사용하여 치환기의 수를 나타내는 구조.

친수성(hydrophilic) : 물을 좋아하는 성질.

친유성(lipophilic) : : 지방 친화성 성질.

친전자성 첨가반응(electrophilic addition reaction) : 알켄에 친전자체가 첨가하여 포화된 생성물을 생성하는 반응.

친전자체(electrophile) : Lewis 산, 즉 전자쌍 수용체로 작용하는 화학종으로서 '전자와 친한 화학종'이다. 탄소양이온은 친전자체이다.

친핵성 아실 치환반응(nucleophilic acyl substitution reaction) : 친핵체가 카보닐 화합물을 공격하여 카보닐 탄소에 결합된 이탈기를 치환시키는 반응.

친핵성 첨가반응(nucleophilic addition reaction) : 친핵체가 알데하이드나 케톤의 친전자성 카보닐기에 첨가하여 알코올을 생성하는 반응.

친핵성 치환반응(nucleophilic substitution reaction) : 친핵체가 포화된 탄소 원자에 결합된 다른 원자를 치환하는 반응.

친핵체(nucleophile) : 극성 결합-형성 반응에서 친전자체에 전자쌍을 주는 전자 풍부 종으로 '핵과 친한 화학종'이다.

카보닐기(carbonyl group) : C=O 작용기.

카복실산(carboxylic acid) : −COOH 작용기를 가진 화합물.

카복실산 음이온(carboxylate ion) : 카복실산의 음이온, RCO_2^-.

카복실화 반응(carboxylation) : 카복실산의 제조시 탄소 음이온과 CO_2와의 반응.

카이랄(chiral) : 어떤 물체가 거울상과 서로 겹쳐지지 않는 것.

카이랄성 중심(chirality center) : 주위에 네 개의 다른 치환기가 달린 탄소 원자. 입체 중심이라고도 한다.

케토오스(ketose) : 케톤 카보닐기를 가진 열린 사슬 탄수화물.

케토−엔올 토토머화(keto-enol tautomerism) : 한 분자의 카보닐형(케토형)과 바이닐성 알코올형(엔올형) 사이의 이성질 현상.

케톤(ketone) : 카보닐기에 두 개의 유기 치환기가 결합된 화합물, $R_2C=O$.

콜레스테롤(cholesterol) : 동물에 가장 풍부한 스테로이드로 담즙산과 성호르몬 등의 지질.

탄소양이온(carbocation) : 양전하를 띠고 있는 3가 탄소 원자를 가진 화학종. R_3C^+.

탄소음이온(carbanion) : 음전하를 띠고 있는 3가 탄소 원자를 가진 화학종. R_3C^-.

탄수화물(carbohydrates) : 폴리하이드록시 알데하이드 또는 폴리하이드록시 케톤 화합물.

탄화수소(hydrocarbon) : 탄소와 수소로만 이루어진 화합물.

탈수반응(dehydration) : 인접 원자들로부터 H와 OH가 제거되는 반응. 산촉매 하에서 알코올을 가열하여 알켄을 제조하는데 가장 널리 사용된다.

토토머(tautomer) : 케토-엔올 토토머화 현상에서 케토 및 엔올 형태의 이성질체. 보통 수소의 위치가 자발적으로 상호전환하는 이성질체.

트라이아실글리세롤(triacylglycerol) : 글리세롤의 지방산 트라이에스터(trimester) 화합물. 트라이글리세라이드라고도 함.

트라이글리세라이드(triglyceride) : 트라이아실글리세롤.

파라(*p*-, para) : 벤젠의 2치환체에서 1,4-위치에 치환된 접두사 이름.

파동함수(wave function) : 원자들이 나타내는 물리화학적 성질을 설명하기 위해 원자의 전자를 파동으로 간주하여 그 행동을 정의하는 파동 방정식에 대한 해. 파동함수의 제곱은 궤도함수의 모양으로 정의한다.

팔전자 규칙(octet rule) : 원자의 전자배치에서 원자가 껍질(최외각 원자껍질)에 8개의 전자를 채워서 안정한 불활성 기체의 전자배치를 하려는 경향.

페녹시화 음이온(phenoxide ion) : 페놀의 음이온, ArO^-.

페놀(phenol) : 방향족 고리에 결합된 −OH기를 가진 화합물, Ar−OH.

페닐기(phenyl group) : C_6H_5−기. 약자로 Ph−로 표시함.

페르몬(pheromone) : 동물에서 동일 종내의 다른 구성원과 생물학적 교신을 가능케 해 주는 화합물로 주로 알데하이드와 케톤 화합물이 많다.

펩타이드(peptide) : 둘 이상의 아미노산이 모여 한편의 아미노기와 다른 편의 카복실기가 물분자를 잃으면서 축합하여 아마이드 결합을 이루는 화합물.

펩타이드 결합(peptide bond) : 아미노산들이 서로 탈수 축합하여 이루어진 결합. 아마이드 결합이라고도 함.

포화 탄화수소(saturated hydrocarbon) : 다중결합을 가지지 않고 탄소-탄소 단일결합으로 이루어진 탄화수소.

폴리아마이드(polyamide) : 구조단위가 아마이드 결합으로 이루어진 중합체. 나일론은 합성 지방족 폴리아마이드이며 단백질은 천연 폴리아마이드이다.

폴리에스터(polyester) : 구조단위가 에스터 결합에 의해 결합된 중합체.

폴리에틸렌(polyethylene, PE) : 에틸렌의 중합체.

폴리펩타이드(polypeptide) : 많은 아미노산 잔기로 구성된 중합체.

폼일기(formyl group) : $-CHO$기.

퓨라노오스(furanose) : 한 탄수화물 내의 카보닐기와 하이드록시기의 고리형 반아세탈 형성으로 생기는 5원자 고리 화합물.

피라노오스(pyranose) : 탄수화물의 카보닐기와 하이드록시기 사이에서 고리형 반아세탈 형성으로 생기는 6원자 고리 화합물.

필수 아미노산(essential amino acid) : 생육과 건강 유지를 위해 필요하나 인체 내에서 합성할 수 없어서 식품에서 얻는 아미노산.

하이드로늄 이온(hydronium ion) : H_3O^+ 화학종.

할로젠화 반응(halogenation) : 할로젠과 알켄의 반응은 이중결합 탄소에 할로젠 원자가 부가되는 반응, 또는 방향족 화합물과 할로젠의 반응은 치환 생성물을 생성하는 반응.

할로젠화 알킬(alkyl halide) : 할로젠이 알킬기와 결합한 화합물, RX. 할로알케인(haloalkane)이라고 한다.

핵산(nucleic acid) : 세포의 핵을 구성하는 폴리뉴클레오타이드.

형식전하(formal charge) : 중성 원자의 원자가전자수에서 비공유전자쌍과 공유결합 전자쌍의 반을 합한 수를 빼서 계산한 양전하 또는 음전하.

혼성궤도함수(hybrid orbital) : 원자궤도함수의 조합으로 유도된 궤도함수. *s*궤도함수와 *p*궤도함수의 혼합으로 sp^3, sp^2, sp 혼성궤도함수를 만든다.

환원(reduction) : 탄소의 환원은 탄소-산소 결합의 수가 감소하거나 탄소-수소 결합수가 증가하는 현상.

환원당(reducing sugar) : 아노머 탄소에 유리 하이드록시기를 가진 탄수화물. Benedict 시약과 같은 물질로 산화되는 탄수화물.

Index

가수분해 ······ 189, 243
가지달린 사슬 알케인 ······ 41
가지달린 사슬구조 ······ 30
거울상 ······ 116
거울상 이성질체 ······ 116, 117
결합선분 구조식 ······ 29
겹친 입체형태 ······ 51
계면활성제 ······ 304
고리 뒤집힘 ······ 55
고리형 에터 ······ 188
고립전자쌍 ······ 17
고밀도 지질단백질 ······ 307
곧은 사슬 알케인 ······ 41
곧은 사슬구조 ······ 30
공명구조 ······ 19
　벤젠 ······ 95
　아닐린 ······ 270
　아세트산 이온 ······ 20
　페놀 ······ 171
공명혼성 ······ 95
공유결합 ······ 16
공유전자쌍 ······ 17
관용명 ······ 39
광학 이성질체 ······ 116
광학활성 ······ 125
구조 이성질체 ······ 116
국제 순수 및 응용화학 협회 ······ 40
궤도함수 ······ 10, 11
궤도함수표 ······ 14
극성 공유결합 ······ 18
글라이코겐 ······ 293
글라이코사이드 ······ 289
글라이코사이드 결합 ······ 289
글라이콜 ······ 165
글리세로포스포리피드 ······ 305
글리세린 ······ 165
기름 ······ 302
기질 ······ 141
기하 이성질체 ······ 56, 71, 116
나이트로화 반응 ······ 101
나이트릴 ······ 38, 222
　Grignard 반응 ······ 256
　가수분해 ······ 255
　명명법 ······ 229
　제법 ······ 255
　환원반응 ······ 256
네오알케인 ······ 45
노말 알케인 ······ 41
노말-알케인 ······ 45
녹말 ······ 292
뉴만 투영도 ······ 51
뉴클레오사이드 ······ 308
뉴클레오타이드 ······ 308

다당류 ······ 283, 292
단당류 ······ 283
단당류의 고리구조 ······ 287
단당류의 반응
　글라이코사이드 결합 ······ 289
　산화 반응 ······ 289
　환원반응 ······ 289
단량체 ······ 79
단백질 ······ 299
단일결합 ······ 18
담즙산 ······ 307
대칭면 ······ 117
데옥시라이보핵산 ······ 309
덱스트로오스 ······ 282
들뜬 상태 ······ 14
등전점 ······ 297

라디칼 반응 ······ 61
라세미 혼합물 ······ 126
라이보핵산 ······ 309
락탐 ······ 254
락토오스 ······ 291
락톤 ······ 251
루이스 구조식 ······ 16

말토오스 ······ 291
머캅탄 ······ 190
메소 화합물 ······ 129
메틸사이클로헥세인의 의자형태 ······ 55

바닥상태 전자배치 ······ 14
바닥상태의 전자배치 ······ 15
반아세탈 ······ 210
반응 메커니즘 ······ 58, 61
반응 중간체 ······ 86
반응속도 ······ 144
반응에너지 도표 ······ 86
방향족 아민 ······ 264
방향족 탄화수소 ······ 35
방향족 화합물 ······ 94
　관용명 ······ 97
　산화 ······ 109
　환원 ······ 109
배열 ······ 121
베타-아노머 ······ 288
벤젠
　공명구조 ······ 95
　혼성궤도함수 ······ 95
벤젠 유도체
　명명법 ······ 97
벤젠싸이올 ······ 162, 190
부가반응 ······ 58
부분양전하 ······ 18
부분음전하 ······ 18
부분입체 이성질체 ······ 127
부양자수 ······ 11
부원자껍질 ······ 11
분자궤도함수 이론 ······ 21
불포화 지방산 ······ 300
불포화 탄화수소 ······ 35, 66
불활성기체 ······ 15
비공유전자 ······ 17
비극성 공유결합 ······ 18
비누화 반응 ······ 304

비카이랄 117
비타민 C 183
비타민 E 183
비편재화 96
비환원당 290

사이클로알케인 52
　명명법 52
사이클로알케인의 형태 54
산 무수물 222
　가수분해 247
　가아민 분해반응 247
　가알코올 분해반응 247
　명명법 229
　제법 245
산 염화물
　가수분해 243
　가아민 분해반응 244
　가알코올 분해반응 243
　제법 242
산 할로젠화물 38, 222
　명명법 227
산화반응
　알데하이드와 케톤 214
삼중결합 18
생체유기화합물 282
설파닐기 190
설파이드 37
설폰화 반응 101
성 호르몬 307
셀로비오스 291
셀룰로오스 293
속도결정 단계 87, 145
수소결합
　아민 269
　알코올 분자 169
　알코올과 물분자 170
　카보닐기와 물분자 202
　카복실산과 물분자 233
수크로오스 291
수화반응 77
스테로이드 306
시그마 결합 21
시그마결합 22, 24
시스-트랜스 이성질체 56, 71
싸이올 37, 162, 190

아노머 탄소 288
아닐린의 공명구조 270
아렌 35
아릴기 99
아마이드 38, 222
　가수분해 253
　락탐 254
　명명법 228
　제법 252
　환원반응 253
아미노산
　성질 297
　종류 294
아미노산 분석기 300
아민 38, 264
　구조 268
　명명법 265
　염기성 269
아민염 264
아민의 반응
　아민염 형성 274
　아실화 반응 274
아민의 합성
　나이트릴 화합물의 환원 273
　아마이드와 나이트릴 화합물의
　　환원 271
　할로젠화 알킬의 S_N2 반응 272
아밀로오스 292
아밀로펙틴 293
아세탈 210
아세틸렌계 탄화수소 66
아스파테임 299
아실기 222
　명명법 206, 227
아이소알케인 45
안드로젠 307
알데하이드 37, 200
　관용명 204
　명명법 202
알데하이드와 케톤
　산화반응 214
　환원반응 213
알데하이드와 케톤의 합성
　Friedel-crafts 아실화 반응 208
　알카인의 수화반응 207
　알켄의 산화반응 208
　알코올의 산화반응 207
알도오스 283
　배열 286
알도테트로오스 286
알도트라이오스 286
알도펜토오스 286
알도헥소오스 283, 286
알돈산 289
알디톨 289
알카인 35, 66
　관용명 69
　명명법 67
　첨가반응 80
알카인의 첨가반응
　물 81
　수소 80
　할로젠 80
　할로젠화 수소 80
알칼로이드 276
알케인 35, 40
　구조이성질체수 45
　끓는점 50
　명명법 42
알케인의 구조 41
알켄 35, 66
　관용명 68
　구조 71
　명명법 66
　산화반응 78
　중합반응 79
　첨가반응 74
　친전자성 첨가반응 84
알켄의 산화반응 78
알켄의 제법
　알코올의 탈수반응 82
　할로젠화 알킬의 탈 HX 반응 83
알켄의 첨가반응

물 ··· 77
수소 ··· 75
할로젠 ··· 75
할로젠화 수소 ··· 76
알켄일기
명명법 ··· 69
알코올 ··· 36, 162
1가 ··· 163
관용명 ··· 165
구조 ··· 162
명명법 ··· 163
산도 ··· 170
알코올의 반응
PCl_5 및 $SOCl_2$와의 반응 ··· 181
Willianson 에터 합성 ··· 180
산화 ··· 178
할로젠화 수소와의 반응 ··· 180
에스터화 ··· 179
탈수반응 ··· 177
알코올의 제법
알켄의 산화반응 ··· 172
알켄의 수화반응 ··· 172
카보닐 화합물의 Grignard반응 174
카보닐 화합물의 환원 ··· 172
알콕시기
명명법 ··· 166
알킬기 ··· 47
관용명 ··· 45
알킬설파닐기 ··· 191
알파-아노머 ··· 288
양이온 ··· 16
양쪽성 이온 ··· 297
엇갈린 입체형태 ··· 51
에스터 ··· 222
Claisen 축합반응 ··· 251
Grignard 반응 ··· 250
가수분해 ··· 249
가아민 분해반응 ··· 250
락톤 ··· 251
명명법 ··· 227
제법 ··· 248
환원반응 ··· 250
에스트로젠 ··· 308
에터 ··· 37, 162, 168
명명법 ··· 168
에테인
뉴만 투영도 ··· 52
에테인 구조 ··· 51
에테인의 형태 ··· 51
에틸렌계 탄화수소 ··· 66
에폭시화물 ··· 162, 188
엔올 ··· 81
엔올형 ··· 216
연소반응 ··· 57
염기도 상수 ··· 270
염소화 반응 ··· 58
오메가-3 지방산 ··· 302
오메가-6 지방산 ··· 302
옥시레인 ··· 188
올레핀 ··· 66
올리고당 ··· 290
왁스 ··· 306
우회전성 ··· 125
원근법 ··· 30, 51
원자 ··· 9
원자가결합 이론 ··· 20
원자가전자 ··· 15
원자껍질 ··· 11
원자번호 ··· 9
유기반응의 표기법 ··· 60
유기할로젠화물 ··· 134
유기화학 ··· 34
유기화합물 ··· 8, 34
유지 ··· 302
은거울 반응 ··· 215
음이온 ··· 16
의자형태 ··· 54
이당류 ··· 283
이분자성 ··· 145, 146
이성질체 ··· 34, 116
이온결합 ··· 16
이온화상수
카복실산 ··· 234
이중결합 ··· 18, 25
이중나선 모델 ··· 310
인지질 ··· 305
일분자성 ··· 145
입체 이성질체 ··· 56, 116
입체중심 원자 ··· 119
입체화학 ··· 116

자기궤도함수 양자수 ··· 12
자기스핀 양자수 ··· 12
자이제프 법칙 ··· 82, 152, 177
자유 라디칼 ··· 61
저밀도 지질단백질 ··· 307
적도방향 ··· 54
전기음성도 ··· 18
전기이동법 ··· 297
전이상태 ··· 87
전자-점 구조식 ··· 16
전자구름 ··· 10
전자배치 ··· 14
전자표기법 ··· 14
제거반응 ··· 58, 59
좌회전성 ··· 125
주양자수 ··· 11
중합 ··· 79
중합체 ··· 79
지방 ··· 302
지방산 ··· 300, 301
지방족 아민 ··· 264
지방족 탄화수소 ··· 35
지질 ··· 300
지향성 비활성화기 ··· 106
쯔비터이온 ··· 297

첨가반응 ··· 58
축방향 ··· 54
축소 구조식 ··· 29
축조원리 ··· 14
치환반응 ··· 58, 59
친수성 ··· 304
친유성 ··· 304
친전자성 방향족 치환반응 ··· 100
Friedel-Crafts 반응 ··· 102
나이트로화 반응 ··· 101
설폰화 반응 ··· 101
지향성 ··· 105
할로젠화 반응 ··· 100

친전자성 첨가반응 메카니즘 ········· 84
친전자체 ········· 84
친핵성 아실 치환반응 ········· 241
친핵성 첨가반응 ········· 209
  Grignard 시약 ········· 211
  물 ········· 211
  아민 ········· 211
  알데하이드와 케톤 ········· 210
  알코올 ········· 210
  카보닐 화합물 ········· 209
친핵성 치환반응 ········· 141
친핵체 ········· 84, 141

카보닐 화합물
  친핵성 첨가반응 ········· 209
카보닐기 ········· 37, 200
  공명구조 ········· 201
  구조 ········· 201
  편극현상 ········· 201
카복실기 ········· 222
카복실산 ········· 38, 222
  공명구조 ········· 235
  구조 ········· 232
  명명법 ········· 223
  산도 ········· 233
  이온화상수 ········· 234
  합성 ········· 236
카복실산
  이합체 ········· 233
카복실산 유도체
  반응성순서 ········· 242
카복실산염 ········· 233
카복실산의 반응
  에스터화 반응 ········· 239
  염화 아실 ········· 239
  중화반응 ········· 238
  환원반응 ········· 240
카복실산의 합성
  1차 알코올과 알데하이드의 산화 ········· 236
  Grignard 시약 ········· 237
  나이트릴의 가수분해 ········· 237
  알켄의 산화 ········· 236
  알킬벤젠 곁사슬의 산화 ········· 236
카복실화 반응 ········· 237
카이랄 ········· 116
카이랄 중심 ········· 119
케토오스 ········· 283
케토헥소오스 ········· 283
케토형 ········· 216
케톤 ········· 38, 200
  명명법 ········· 204
콜레스테롤 ········· 307

탄소 골격구조 ········· 52
탄소골격 구조식 ········· 29
탄소양이온 ········· 85
탄수화물
  분류 ········· 282
탄화수소 ········· 35
토토머 ········· 216
톨렌스 시약 ········· 214
트라이글리세라이드 ········· 302
트라이아실글리세롤 ········· 302
트랜스 지방산 ········· 304

파동방정식 ········· 10
파동함수 ········· 10
파라핀계 탄화수소 ········· 40
파이 결합 ········· 21
파이결합 ········· 22
팔전자규칙 ········· 15
페놀 ········· 162, 167
  명명법 ········· 167
  산도 ········· 170
페놀류 ········· 37
페놀의 반응
  Williamson 에터 합성 ········· 184
  산화반응 ········· 185
  친전자성 방향족 치환반응 ········· 184
펠링 용액 ········· 215
펩타이드 ········· 298
편광계 ········· 125
포화 지방산 ········· 300
포화 탄화수소 ········· 35
폴리펩타이드 ········· 299
폴리하이드록시알데하이드 ········· 282
폴리하이드록시케톤 ········· 282
퓨라노오스 ········· 287
피라노오스 ········· 287
필수 아미노산 ········· 294

하이드록시기 ········· 162
하이드록실화 반응 ········· 78
할로알케인 ········· 36, 49, 134
할로젠화 반응 ········· 100
할로젠화 알킬 ········· 83, 134
  Grignard 시약 ········· 139
  관용명 ········· 135
  명명법 ········· 134
  제거반응 ········· 151
  치환반응 ········· 141
할로젠화 알킬의 합성
  알코올 ········· 136
할로하이드린 ········· 189
항산화제 ········· 183
핵산 ········· 308
형식전하 ········· 20
형태 이성질체 ········· 51, 116
혼성궤도함수 ········· 22
  벤젠 ········· 95
혼성궤도함수 겹침 ········· 24
화학결합 ········· 16
화합물 ········· 16
환원당 ········· 290
환원반응
  알데하이드와 케톤 ········· 213
활성화에너지 ········· 87
황화물 ········· 162

1차 알코올 ········· 162
1차반응 ········· 145
4차 암모늄염 ········· 264
Aufbau 축조원리 ········· 14
Bennedict 시약 ········· 290
BHA ········· 183
BHT ········· 183

C-말단 아미노산 ········· 299
caffeine ········· 276
CIP 우선순위 규칙 ········· 72, 121
cis-trans 이성질체 ········· 116
Claisen 축합반응 ········· 251
cocaine ········· 276
D-당 ········· 284
D-아미노산 ········· 294
D-알도오스 구조 ········· 287
DNA ········· 309
E1 반응 ········· 154
E2 반응 ········· 153
Edman 분해 ········· 300
E－Z 체계 ········· 72
Fischer 투영도 ········· 283
Fischer 투영식 ········· 123
Friedel-Crafts 반응 ········· 102
Friedel-Crafts 아실화 반응 ········· 208
Grignard 반응 ········· 174
  나이트릴 ········· 256
  에스터 ········· 250
Grignard 시약
  친핵성 첨가반응 ········· 211
  카복실화 반응 ········· 237
  할로젠화 알킬 ········· 139
Hund's 규칙 ········· 14
IUPAC 계통명 ········· 40
Jones'시약 ········· 179
Kekulé 구조 ········· 96
L-당 ········· 285
L-아미노산 ········· 294
Lewis 염기 ········· 269
Lewis구조 ········· 19
Lewis구조식 ········· 28
Madelung 규칙 ········· 14
Markovnikov 법칙 ········· 74, 137
N-말단 아미노산 ········· 299
nicotine ········· 276
Pauli의 배타원리 ········· 14
PCC ········· 179, 207
PIN ········· 40, 314
*p*궤도함수 ········· 13
RNA ········· 309
R－S 배열 ········· 121
S_N1 반응 ········· 148
S_N2 반응 ········· 146
  아민 ········· 272
  할로젠화 알킬과 아민 ········· 272
sp 혼성 ········· 27
sp 혼성궤도함수 ········· 27
sp 혼성화 ········· 27
sp^2 혼성궤도함수 ········· 25, 26
sp^2 혼성화 ········· 25
sp^3 혼성궤도함수 ········· 22
sp^3 혼성화 ········· 23
*s*궤도함수 ········· 13
Tollens'시약 ········· 215, 290
Williamson 에터 합성 ········· 184
Williamson 합성 ········· 180
Zaitsev 법칙 ········· 82, 152, 177
α-수소 ········· 216
α-탄소 ········· 216

쉽게 배우는 **유기화학** 정가 24,000원

발 행 2025년 9월 10일 2판 3쇄
편 저 박정환
발행인 정우용
발행처 도서출판 **동화기술**
경기도 파주시 광인사길 201(문발동, 파주출판도시)
Tel (031)955-4211~6 donghwapub@nate.com
Fax (031)955-4217 www.donghwapub.co.kr
(등록) 1977년 12월 19일/9-16호

Printed in Korea

ISBN 978-89-425-9196-1